面向新工科普通高等教育系列教材

MySQL 数据库应用教程

刘瑞新　主编

王浩轩　孙立友　杨素兰　副主编

机 械 工 业 出 版 社

本书为高等院校信息类专业基础教材，系统全面地讲述了 MySQL 数据库管理系统的应用，主要包括 MySQL 概述，数据库的操作、字符集和存储引擎，表的操作和数据的完整性约束，表记录的操作，表记录的查询，索引，视图，编程基础和自定义函数，存储过程、异常处理和游标，触发器和事件，事务和锁，用户和权限管理，备份和恢复，日志文件。为便于开展教学和上机实验，本书提供的配套教学资源包括电子课件、授课计划、微课视频，以及例题与习题的源代码等。

本书内容紧扣教学要求，结构清晰，案例选取合适，突出实用性和专业性，从基本概念出发，通过大量案例由浅入深、循序渐进地讲述 MySQL 数据库管理系统的基本概念和基本方法。本书适合作为本科和高职高专计算机类专业的基础教材，也可作为各类培训班的培训教材。

本书配有教学资源，需要的教师可登录 www.cmpedu.com 免费注册，审核通过后下载，或联系编辑索取（微信：13146070618，电话：010-88379739）。

图书在版编目（CIP）数据

MySQL 数据库应用教程 / 刘瑞新主编．—北京：机械工业出版社，2022.12

面向新工科普通高等教育系列教材

ISBN 978-7-111-72455-1

Ⅰ．①M… Ⅱ．①刘… Ⅲ．①SQL 语言-数据库管理系统-高等学校-教材 Ⅳ．①TP311.132.3

中国版本图书馆 CIP 数据核字（2022）第 255715 号

机械工业出版社（北京市百万庄大街 22 号 邮政编码 100037）

策划编辑：和庆娣　　责任编辑：胡 静 解 芳

责任校对：郑 婕 王明欣　　责任印制：刘 媛

北京盛通商印快线网络科技有限公司印刷

2023 年 4 月第 1 版 • 第 1 次印刷

184mm×260mm • 19.5 印张 • 503 千字

标准书号：ISBN 978-7-111-72455-1

定价：79.00 元

电话服务　　网络服务

客服电话：010-88361066　　机 工 官 网：www.cmpbook.com

010-88379833　　机 工 官 博：weibo.com/cmp1952

010-68326294　　金 书 网：www.golden-book.com

机工教育服务网：www.cmpedu.com

前　言

MySQL 是非常流行的关系型数据库管理系统之一。MySQL 数据库管理系统有许多特点，包括开放源代码、使用标准化的 SQL 语言、支持多种操作系统、软件占用资源少、安装方便、运行速度快、服务稳定、性能卓越、维护成本低等，受到许多中、小型网站开发公司的青睐。

本书作者长期从事数据库课程教学，参与甲骨文（中国）软件系统有限公司（Oracle Corporation）的 MySQL 数据库认证考试培训。本书从教学实际需求出发，结合学生的认知规律，由浅入深、循序渐进地讲解了 MySQL 数据库管理系统的功能和使用方法。

本书主要有以下特色。

1．在内容的编排上体现新的教学思想和方法，内容编写遵循教学规律。全书体系完整、可操作性强，以大量的例题对常用知识点操作进行示范，所有的例题均通过调试，内容涵盖了设计一个数据库应用系统要用到的主要知识。

2．校企结合共同编写。本书由教学第一线的高校教师，会同企业专家甲骨文（中国）软件系统有限公司（Oracle Corporation）杨素兰高级工程师共同组织、编写。

3．本书案例准确易懂，选取数据库应用开发设计的典型应用作为教学案例和练习，通过一个“学生管理数据库系统”作为示例，以一个“图书借阅数据库系统”作为学生的习题练习。案例具有代表性和趣味性，同学们可以在完成案例的同时掌握语法规则以及技术的应用。

4．采用高效的 Navicat 15 for MySQL 客户端程序，同时兼顾 MySQL Command Line Client 客户端程序，所有的例题均能在 Windows 10+MySQL 8.x+Navicat 15 for MySQL 或 MySQL Command Line Client 客户端程序环境下运行。

5．为配合教学，方便教师讲课和学生学习，本书配有完整、丰富的教学资源，精心制作了授课计划、电子课件、微课视频，以及例题与习题的源代码等。老师们可从机械工业出版社教育服务网（http://www.cmpedu.com）下载。

本书由刘瑞新担任主编，王浩轩、孙立友、杨素兰担任副主编。刘瑞新编写第 1～3 章，王浩轩编写第 4～6 章，孙立友编写第 7、8 章，杨素兰编写第 9～11 章，雷鸣编写第 12、13 章，刘克纯、徐军编写第 14 章。在本书编写过程中，编者参考了大量中外资料，包括已出版的教材和网络资源，由于篇幅限制不再一一列出，编者在此表示衷心的感谢。

由于编者水平有限，书中疏漏和不足之处在所难免，恳请读者批评指正，并提出宝贵意见。

编　者

目　录

前言

第1章 MySQL概述

MySQL 是一种开放源代码的关系型数据库管理系统。本章主要介绍 MySQL 体系结构、MySQL 的安装和设置及 MySQL 客户端程序等内容。

MySQL 体系结构

1.1 MySQL 体系结构

官方文档中 MySQL 的基础架构图如图 1-1 所示，MySQL 最上层是连接器组件，下面的服务器由连接池、管理工具和服务、SQL 接口、解析器、优化器、缓存、存储引擎、文件系统组成。从上到下依次为 MySQL Server 层（包括连接层和 SQL 层）、存储引擎层和文件系统层。

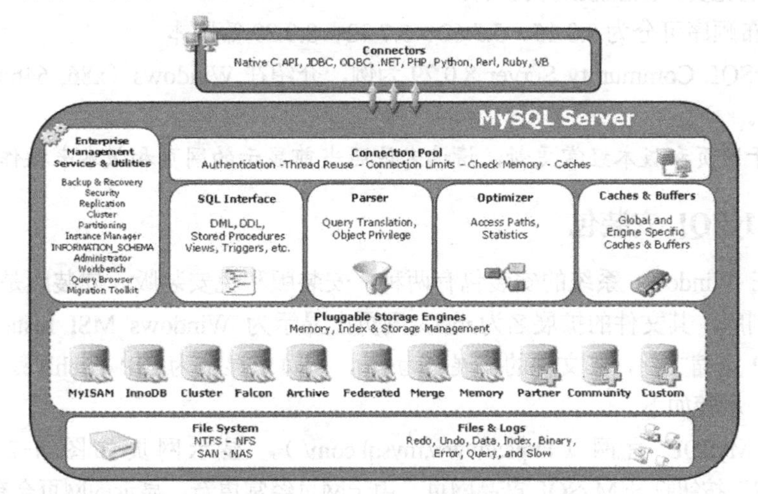

图 1-1 MySQL 的基础架构图

1. 连接层

Connection Pool（连接池）为连接层。应用程序通过接口（如 ODBC、JDBC）连接 MySQL，最先处理的是连接层。连接层包括通信协议、线程处理和用户名密码认证 3 部分。

2. SQL 层

Enterprise Management Services & Utilities、SQL Interface、…、Caches & Buffers 为 SQL 层。SQL 层是 MySQL 的核心，MySQL 的核心服务都是在这层实现的。

3. 存储引擎层

Pluggable Storage Engines 为存储引擎层，是 MySQL 中具体的与文件打交道的子系统，主要负责 MySQL 中数据的存储和提取。因为在关系数据库中，数据是以表的形式存储的，所以存储引擎也可以称为表类型（即存储和操作此表的类型）。

MySQL 数据库提供了多种存储引擎。用户可以根据不同的需求为数据表选择不同的存储引擎，用户也可以根据需要编写自己的存储引擎。甚至一个库中不同的表可以使用不同的存储引擎。

4. 文件系统层

File System、Files & Logs 为文件系统层。文件系统层主要是将数据库的数据存储在操作系统的文件系统之上，并完成与存储引擎的交互。

5. 客户端连接器

Connectors 不属于以上任何一层，可以将 Connectors 理解为客户端连接器，为外部程序提供的客户端应用服务，主要指的是不同语言（如 PHP、Java、.NET 等）与 SQL 的交互。

1.2 MySQL 的安装和设置

本节主要介绍 MySQL 的版本、下载、安装、启动或停止，以及配置文件等内容。

1.2.1 MySQL 的版本

MySQL 的版本按照不同的类型，有下面几种版本。

- 根据操作系统的类型可分为：Windows 版、UNIX 版、Linux 版和 macOS 版等版本。
- 根据用户群体的不同可分为：社区版（Community Edition）和企业版（Enterprise），社区版完全免费，企业版是收费的。
- 根据发布顺序可分为 5.0.15、5.5.62、5.7.32、8.0.29 等版本。

下面以 MySQL Community Server 8.0.29 为例，介绍在 Windows（x86, 64bit）平台上安装 MySQL 服务器。

注意：由于网页和版本经常更新，请读者依照当前显示的网页和版本来操作。

1.2.2 下载 MySQL 安装包

MySQL 在 Windows 系统的安装包有两种：安装版和免安装版。安装版是安装文件的格式，也称二进制版，其文件的扩展名为.msi，网页上显示为 Windows MSI Installer。免安装版的安装包是 ZIP 压缩文件，其文件的扩展名为.zip，网页上显示为 ZIP Archive。下面下载安装版的安装文件，步骤如下。

1）进入 MySQL 官网（https://www.mysql.com/），显示网页如图 1-2 所示，单击“DOWNLOADS”按钮打开 MySQL 产品网页。由于网页经常更新，显示的网页会有所不同。

2）将 DOWNLOADS 网页页面往下拉，直到看到“MySQL Community (GPL) Downloads”选项，如图 1-3 所示，这个链接就是 MySQL 社区版，单击这个链接。

图 1-2 MySQL 官网的首页

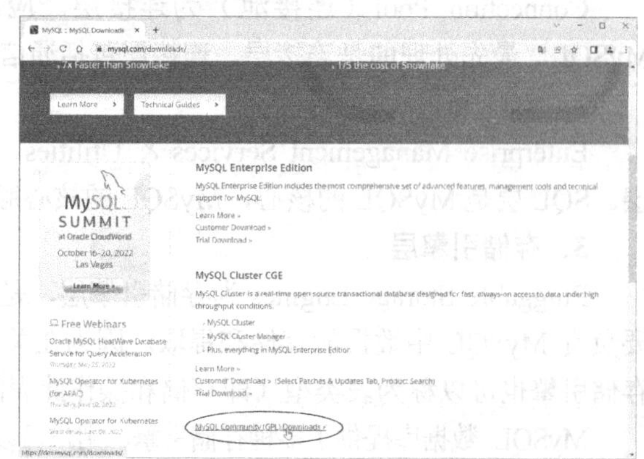

图 1-3 DOWNLOADS 网页

3）显示 MySQL Community Downloads 网页，在这个网页中选择要下载的社区版。因为要下载 Windows 安装版，所以单击“MySQL Installer for Windows”，如图 1-4 所示。如果要下载免安装版，则单击“MySQL Community Server”。

4）显示 MySQL Installer for Windows 网页，Windows 安装版文件分为在线安装文件（mysql-installer-web-community-8.0.29.0.msi）和离线安装文件（mysql-installer-community-8.0.29.0.msi）。在此下载离线安装文件，单击离线安装文件后面的“Download”按钮，如图 1-5 所示。

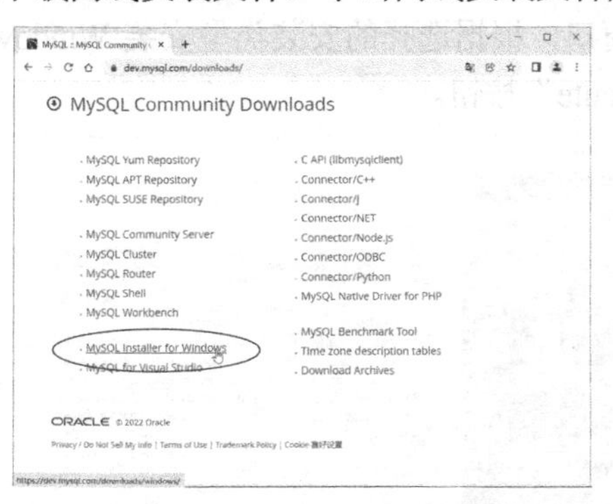

图 1-4　MySQL Community Downloads 网页

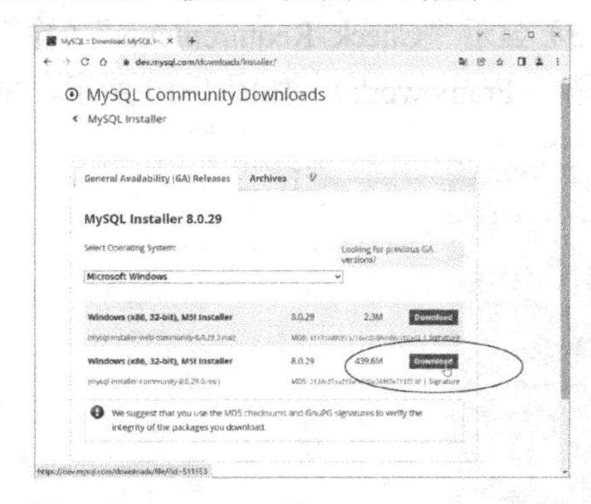

图 1-5　MySQL Installer for Windows 网页

5）显示的下载网页如图 1-6 所示，不登录仍然可以下载，选择“No thanks, just start my download”选项，就可以开始下载了。

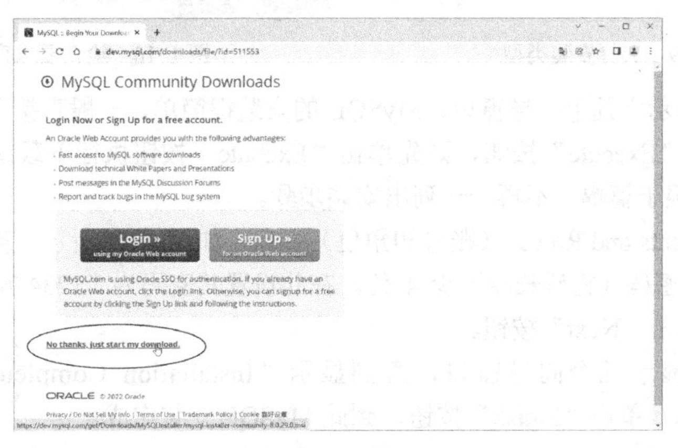

图 1-6　下载网页

1.2.3　安装 MySQL 服务器

由于软件、硬件环境不同，安装步骤会有不同。安装 MySQL 数据库管理系统的步骤如下。

1）双击下载的 MySQL 安装文件 mysql-installer-community-8.0.29.0.msi，显示 MySQL 安装引导窗口，先显示的界面如图 1-7 所示，再显示的界面如图 1-8 所示，大约等待几十秒的时间。

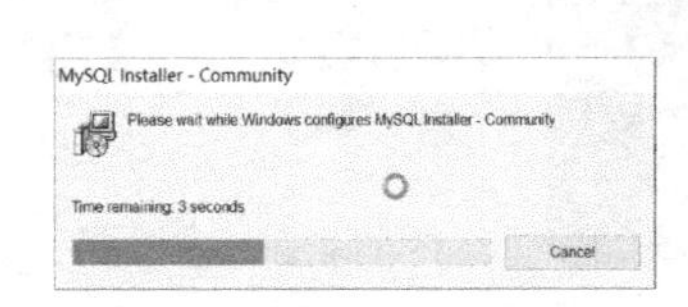

图 1-7　安装引导窗口 1

图 1-8　安装引导窗口 2

注意：双击下载的文件后，可能会显示两次“用户账户控制”对话框，单击“是”按钮允许此应用对设备的更改。

2）显示“Choosing a Setup Type”（选择安装类型）安装向导窗口，安装向导窗口中的安装类型有 5 种，分别是 Developer Default（默认安装）、Server only（仅作为服务器）、Client only（仅作为客户端）、Full（完全安装）和 Custom（自定义安装）。根据右侧的描述来选择相应的安装类型，这里选择默认安装，如图 1-9 所示，直接单击“Next”按钮。

3）显示“Check Requirements”（检查要求）窗口，根据选择的安装类型安装 Windows 系统框架（Framework），如图 1-10 所示，单击“Execute”按钮。

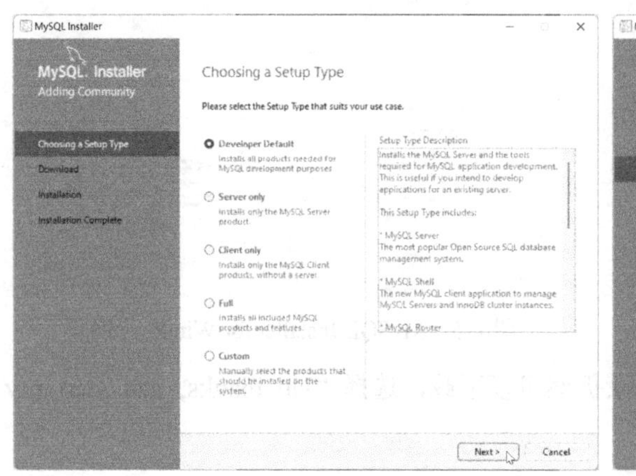

图 1-9　选择安装类型

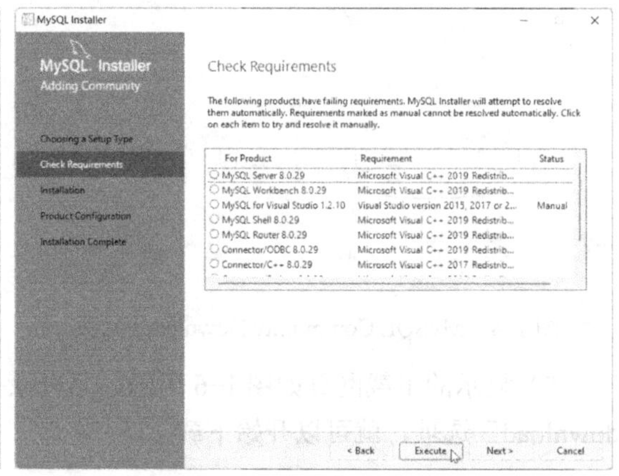

图 1-10　检查要求窗口-安装前

4）接下来将显示十几个向导窗口，MySQL 的安装很简单，一般直接单击“Next”按钮，如果向导窗口中有“Execute”按钮，则先单击“Execute”按钮执行下载或安装操作后，再单击“Next”按钮。限于篇幅，不再一一列出安装步骤。

其中的“Accounts and Roles”（账号和角色）窗口，如图 1-11 所示。需在此窗口设置系统管理员账号 root 的密码（密码长度至少 4 位，在此设置其密码为“123456”，后续也可以根据需要更改），然后单击“Next”按钮。

5）接下来将显示几个向导窗口，直到显示“Installation Complete”（安装完成）窗口，如图 1-12 所示，单击“Finish”按钮，到此 MySQL 安装完成。

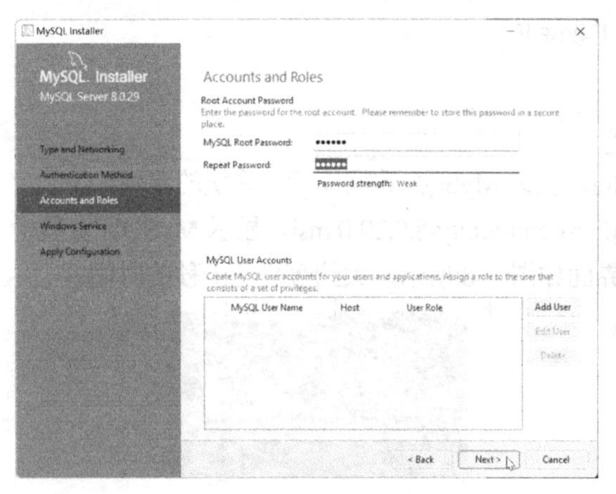

图 1-11　账号和角色窗口

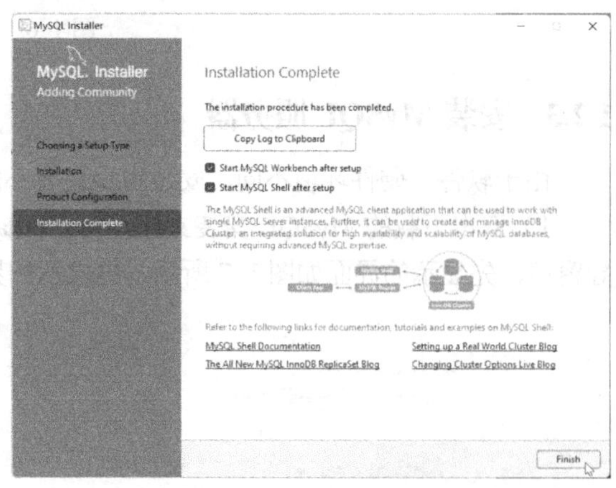

图 1-12　安装完成窗口

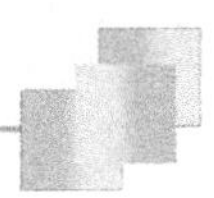

最后会显示两个窗口，将这两个窗口关闭就可以了。

安装程序会自动设置环境变量，MySQL 安装完成后，不用再手工做任何设置。

另外，由于读者的安装环境不同，安装过程也会有所不同。

1.2.4　MySQL 服务器的启动或停止

在安装完 MySQL 服务器后，系统会自动启动 MySQL 服务器。为了减少资源占用，在不用 MySQL 服务器的时候，可以将其停止，在需要的时候再启动。另外，对于免安装版的 MySQL，设置完成后，需要手工启动服务。启动和停止 MySQL 服务器有下面两种方法。

1．通过系统服务管理器来启动或停止 MySQL 服务

在 Windows 中，右击“开始”按钮，从弹出的快捷菜单中选择“计算机管理”命令。显示“计算机管理”窗口，在左侧的导航窗格中选择最下边的“服务和应用程序”选项，然后在右侧窗格中双击“服务”。右侧窗格显示“服务”，查看“名称”列表中的服务，在服务的“名称”列表中找到 MySQL80，并右击，从快捷菜单中选择相应的操作（启动、重新启动、停止、暂停和恢复），如图 1-13 所示。

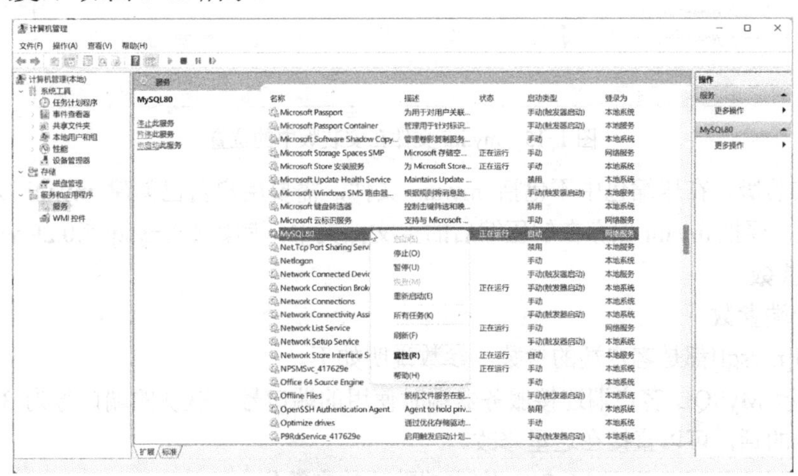

图1-13　“计算机管理”窗口中的“服务”窗格

2．在命令提示符下启动或停止 MySQL 服务

在开始菜单中找到“命令提示符”，在其上右击，从弹出的快捷菜单中选择“以管理员身份运行”命令。打开“管理员：命令提示符”窗口。

- 若停止 MySQL 服务，则在命令提示符后输入“net stop mysql80”，然后按〈Enter〉键。
- 若启动 MySQL 服务，则在命令提示符后输入“net start mysql80”，然后按〈Enter〉键。

运行结果如图 1-14 所示。其中，mysql80 是在配置 MySQL 环境中设置的服务器名称。

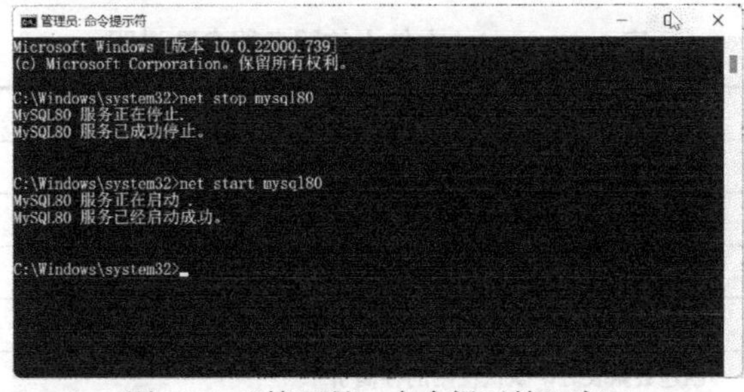

图1-14　“管理员：命令提示符”窗口

1.2.5 MySQL 配置文件

MySQL 配置文件 

my.ini 是 MySQL 数据库中使用的配置文件，MySQL 服务器启动时会读取这个配置文件，通过修改这个文件可以达到更新配置的目的。下面介绍 Windows 系统下 my.ini 配置文件中常用的几个参数。

1. my.ini 文件的位置

对于 MySQL 安装版，my.ini 文件在隐藏文件夹 C:\ProgramData\MySQL\MySQL Server 8.0 中，如图 1-15 所示。

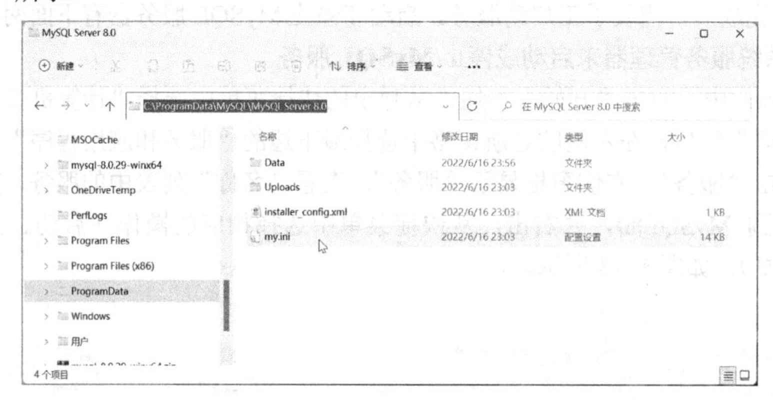

图 1-15　my.ini 文件在安装版中的位置

对于免安装版，在压缩包中不包括 my.ini 文件，需要用户自己创建 my.ini 文件。在创建 my.ini 文件时，要把 my.ini 保存在解压缩后的主文件夹中，例如 C:\mysql-8.0.29-winx64。

2. 配置参数

（1）客户端参数

[client]和[mysql]都是客户端的参数，参数说明如下。

port：表示 MySQL 客户端连接服务器端时使用的端口号，默认的端口号为 3306。如果需要更改端口号的话，可以直接在这里修改。

default-character-set：表示 MySQL 客户端默认的字符集。

例如，my.ini 配置中常见的客户端参数如下。

```
[client]
port=3306
[mysql]
default-character-set=gbk
```

（2）服务器端参数

[mysqld]是服务器端的参数，my.ini 文件中的服务器参数，见表 1-1。

表 1-1　my.ini 文件中的服务器参数说明

参数名称	说　明
port	表示 MySQL 服务器的端口号
basedir	表示 MySQL 的安装路径
datadir	表示 MySQL 数据文件的存储位置，也是数据表的存放位置
character-set-server	表示服务器端的字符集
default-storage-engine	创建数据表时，默认使用的存储引擎

（续）

参 数 名 称	说　明
sql-mode	表示 SQL 模式的参数，通过这个参数可以设置检验 SQL 语句的严格程度
max_connections	表示允许同时访问 MySQL 服务器的最大连接数。其中一个连接是保留的，留给管理员专用的
query_cache_size	表示查询时的缓存大小，缓存中可以存储以前通过 SELECT 语句查询过的信息，再次查询时就可以直接从缓存中拿出信息，从而改善查询效率
table_open_cache	表示所有进程打开表的总数
tmp_table_size	表示内存中每个临时表允许的最大容量
thread_cache_size	表示缓存的最大线程数
myisam_max_sort_file_size	表示 MySQL 重建索引时所允许的最大临时文件的大小
myisam_sort_buffer_size	表示重建索引时的缓存大小
key_buffer_size	表示关键词的缓存大小
read_buffer_size	表示 MyISAM 表全表扫描的缓存大小
read_rnd_buffer_size	表示将排序好的数据存入该缓存中
sort_buffer_size	表示用于排序的缓存大小

例如，my.ini 配置中常见的服务器参数如下。

```
[mysqld]
port=3306
basedir="C:/Program Files/MySQL/MySQL Server 8.0/"
datadir=C:/ProgramData/MySQL/MySQL Server 8.0/Data
character-set-server=gbk
default-storage-engine=INNODB
sql-mode="STRICT_TRANS_TABLES,NO_ENGINE_SUBSTITUTION"
```

3．编辑 my.ini 文件

必须使用记事本等纯文本编辑程序来编辑 my.ini 文件。要以管理员身份运行记事本，右击“记事本”，从快捷菜单中选择“以管理员身份运行”选项，再使用“记事本”的“文件”→“打开”命令打开 my.ini 文件，显示如图 1-16 所示。

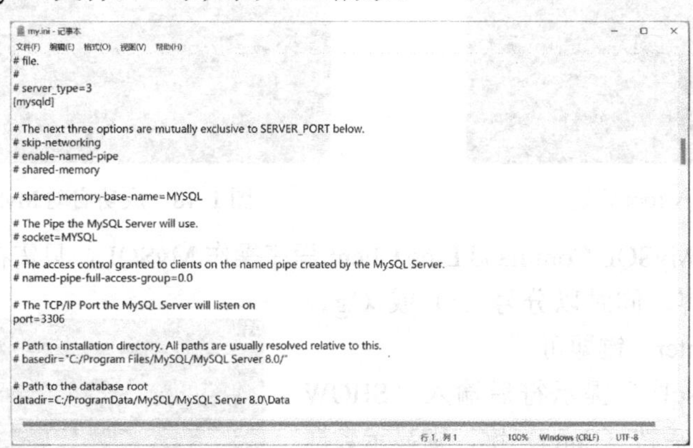

图 1-16　用记事本编辑 my.ini 文件

注意： 每次修改 my.ini 文件中的参数后，必须重新启动 MySQL 服务才会生效。

1.3　MySQL 客户端程序

MySQL 采用“客户机/服务器”体系结构，若要连接到服务器上的 MySQL 数据库管理系统，需要使用 MySQL 客户端程序。MySQL 客户机主要用于将 SQL 命令传递给服务器，并显示执行后的结果。客户端程序可以与服务器运行在同一台计算机上，也可以在网络中的两台计算机上分别运行。但在使用客户机连接服务器之前，只有确保成功启动 MySQL 数据库服务器才能监听客户机的连接请求。

MySQL 客户端程序分为命令方式客户端程序和图形方式客户端程序两类。

1.3.1 命令方式客户端程序

命令方式客户端程序没有下拉菜单，没有流行的用户界面，不支持鼠标，只能用键盘输入命令。

1. 命令行客户端程序

安装 MySQL 后，一般会安装两个命令行客户端程序 MySQL 8.0 Command Line Client 和 MySQL 8.0 Command Line Client - Unicode（多语言版）。在 Windows 开始菜单的 MySQL 文件夹中可以看到这两个 MySQL 客户端程序。

命令行客户端程序 

【例 1-1】 通过 MySQL 8.0 Command Line Client 或 MySQL 8.0 Command Line Client - Unicode，使用管理员账号“root”、密码“123456”登录本机的 MySQL 服务器。

操作步骤如下。

1）单击 MySQL 8.0 Command Line Client 或 MySQL 8.0 Command Line Client - Unicode，将打开 MySQL 的客户端程序，首先显示“Enter password”提示，如图 1-17 所示。

2）输入 root 用户的登录密码（本例为 123456）按〈Enter〉键后，显示欢迎使用和版权信息及“mysql>”提示，如图 1-18 所示，表示成功登录 MySQL 服务器。

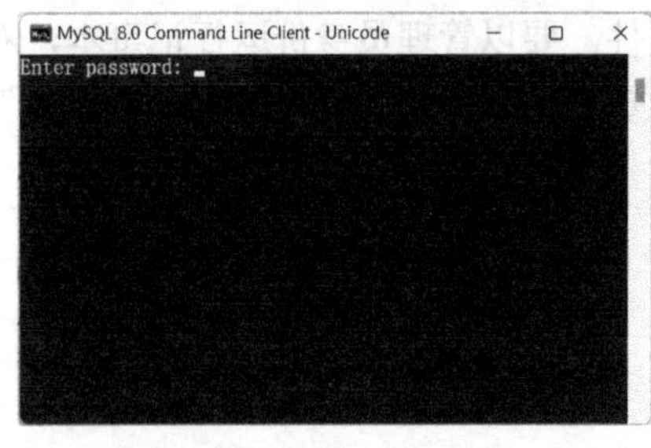

图 1-17　输入 root 密码

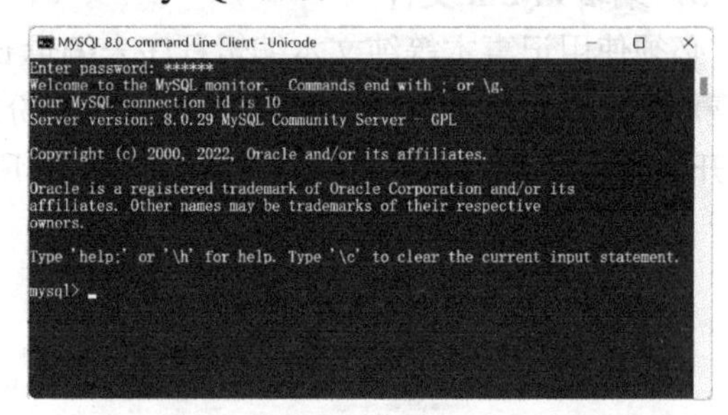

图 1-18　成功启动 MySQL 服务器

3）如果想通过 MySQL Command Line Client 程序操作 MySQL，只需在“mysql>”命令提示符后输入相应内容，同时以分号（;）或（\g、\G）结束，再按〈Enter〉键即可。

例如，在“mysql>”提示符后输入“SHOW DATABASES;”命令后按〈Enter〉键，则显示数据库名称，如图 1-19 所示。在输入 SQL 命令时，英语大小写字母都可以。

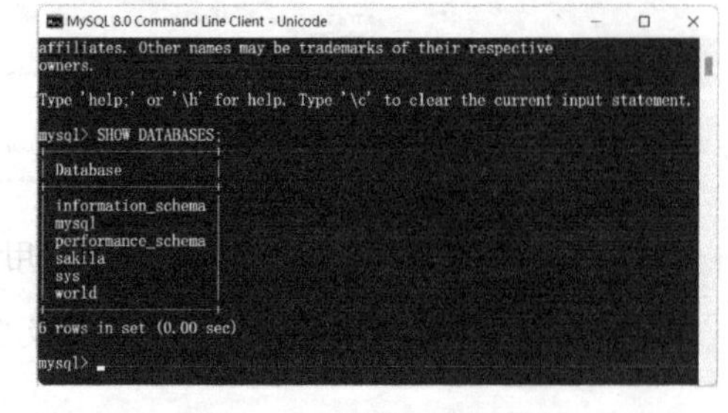

图 1-19　输入 SQL 命令

4）在“mysql>”提示符后输入“QUIT”后按〈Enter〉键，则退出 MySQL 客户端程序。

MySQL Command Line Client 程序是 MySQL 客户端程序中使用最多的工具之一，它可以快速地登录和操作 MySQL，本书中绝大多数实例都可由本客户端程序执行。

2. 通过“命令提示符”窗口执行客户端程序

在 Windows 的“命令提示符”窗口中，登录 MySQL 服务器和操作 MySQL。

（1）设置环境变量

使用本方法登录 MySQL 之前，需要设置环境变量，即把安装 MySQL 的路径添加到环境变量中，设置方法如下。

1）在桌面上或资源管理器中，右击“此电脑”图标，在弹出的快捷菜单中选择“属性”命令。

2）打开“设置”窗口，向下浏览找到“高级系统设置”链接，如图 1-20 所示。

3）打开“系统属性”对话框，在“高级”选项卡中，单击“环境变量”按钮，如图 1-21 所示。

4）打开“环境变量”对话框，先在“系统变量”列表框中选中“Path”选项，然后单击“编辑”按钮，如图 1-22 所示，此时，打开“编辑环境变量”对话框。

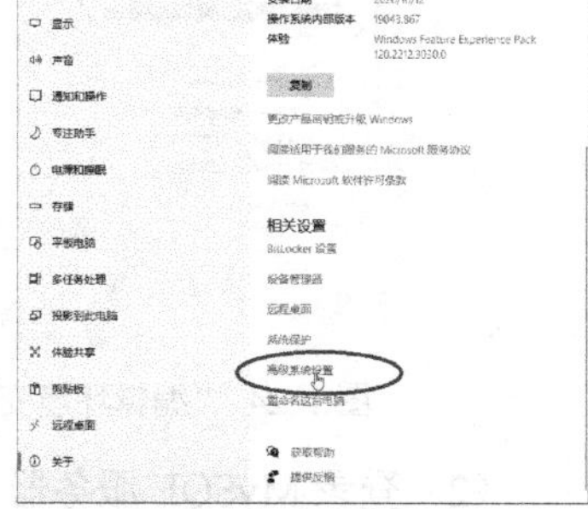

图 1-20 “设置”窗口

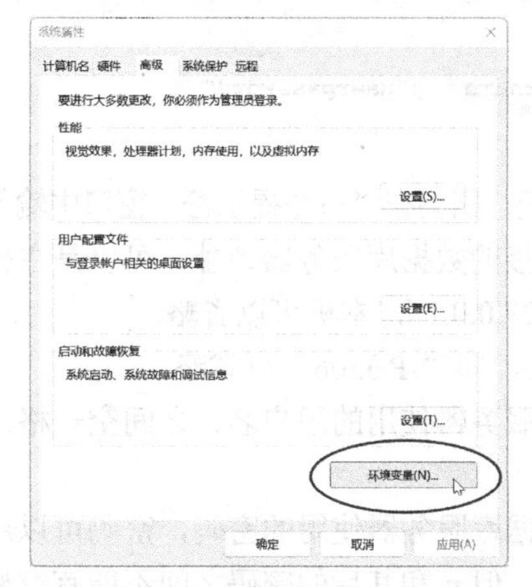

图 1-21 “系统属性”对话框

图 1-22 “环境变量”对话框

5）打开资源管理器，找到 mysql.exe 文件所在的文件夹，选中地址栏中的路径，按〈Ctrl+C〉键或者右击路径，在弹出的快捷菜单中选择“复制”命令，将该路径复制到剪贴板，如图 1-23 所示。

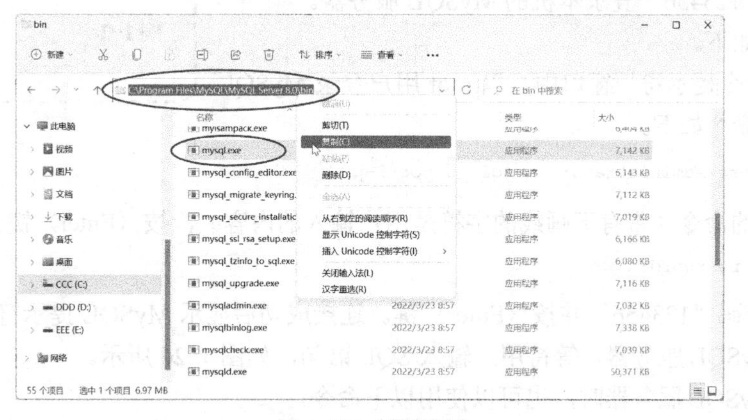

图 1-23 复制路径

6）在“编辑环境变量”对话框中单击“新建”按钮，如图 1-24 所示。按〈Ctrl+V〉组合键或者使用右键快捷命令，把安装 MySQL 服务器的 bin 路径（C:\Program Files\MySQL\MySQL Server 8.0\bin）粘贴进去，如图 1-25 所示。最后，单击“确定”按钮。

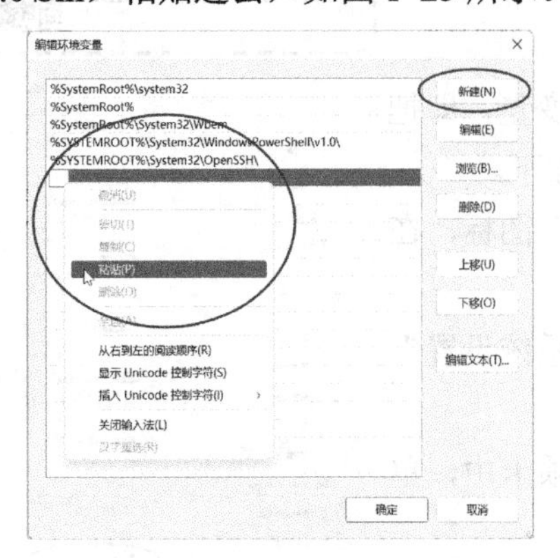

图 1-24 “编辑环境变量”对话框

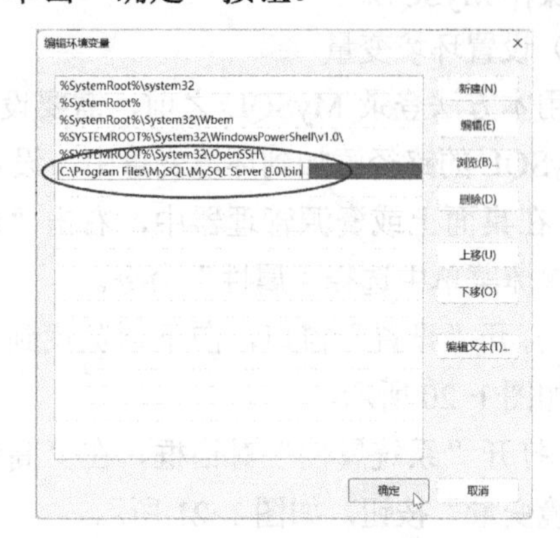

图 1-25 输入路径后的对话框

（2）登录 MySQL 服务器

MySQL 服务启动后，在“命令提示符”窗口中执行客户端程序 mysql.exe 登录 MySQL 服务器，其命令格式如下。

```
mysql [-h hostname | hostIP -P port] -u username -p"userpassword"
```

语法格式中的参数说明如下。

1）mysql 是登录服务器的命令。对于 Windows 系统，需要在“命令提示符”窗口中输入。

2）-h hostname | hostIP：-h 后面的参数指定所连接的数据库服务器地址，可以是主机名或 IP 地址，之间空一格。本机 IP 是 127.0.0.1，即“-h 127.0.0.1”，本机可以省略。

3）-P port：服务器的端口号，默认端口号为 3306，即“-P 3306”可省略。

4）-u username：-u 后面的参数指定连接数据库服务器使用的用户名，之间空一格。例如 root 表示管理员身份，具有所有权限。

5）-p"userpassword"：-p 后面的参数指定连接数据库服务器使用的密码，密码可以用双引号括起来，也可以省略双引号，直接在 p 后输入密码，但 p 和其后的密码之间不能有空格。也可以省略 p 后面的密码，直接按〈Enter〉键，以对话的形式输入密码。

【例 1-2】 通过“命令提示符”窗口，使用管理员账号“root”、密码“123456”登录本机的 MySQL 服务器。

例 1-2

操作步骤如下。

1）在“命令提示符”窗口中，以 root 用户登录 MySQL 服务器，登录命令如下。

```
C:\Users\Administrator> mysql -u root -p
```

输入上面的命令（带有下画线的字符是用户输入的内容），按〈Enter〉键，显示：

```
Enter password:
```

2）输入密码“123456”并按〈Enter〉键。连接成功后显示 MySQL 提示符号“mysql>”，表示连接到 MySQL 服务器，等待用户输入 SQL 语句，如图 1-26 所示。

在登录 MySQL 服务器时，也可以使用以下命令。

```
mysql -u root -p123456
mysql -h localhost -u root -p"123456"
mysql -h 127.0.0.1 -P 3306 -u root -p123456
mysql -h 127.0.0.1 -u root -p
```

（3）断开 MySQL 服务器

断开 MySQL 服务器的命令如下。

```
QUIT 或者 EXIT
```

在 MySQL 提示符“mysql>”后输入 QUIT 或者 EXIT（或者小写的 quit、exit），则断开与 MySQL 服务器的连接，如图 1-27 所示。

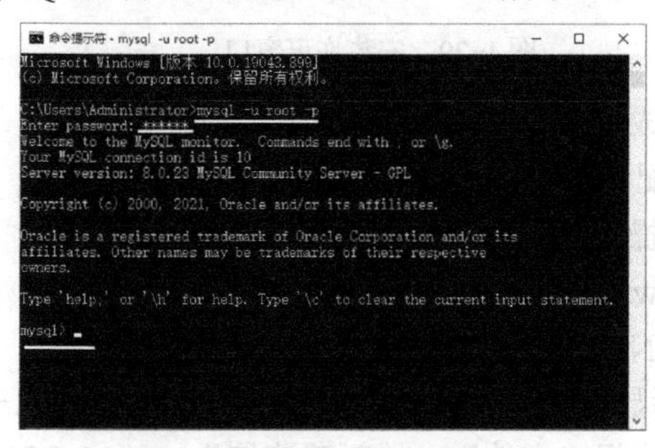

图 1-26　连接到 MySQL 服务器

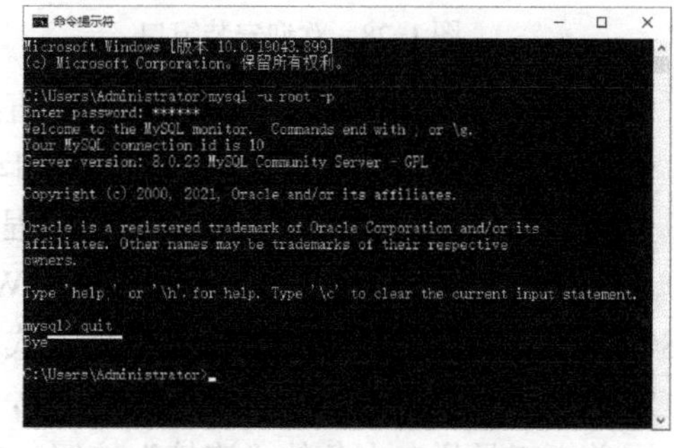

图 1-27　断开 MySQL 服务器

1.3.2　图形方式客户端程序

1．MySQL 常用图形客户端管理程序

MySQL 图形客户端管理程序可以用直观的方式操作服务器端上的数据库，常用的图形客户端管理程序有 MySQL Workbench、Navicat for MySQL、phpMyAdmin 等。下面介绍几种常用的图形管理工具。

（1）MySQL Workbench

MySQL Workbench 是官方提供的图形化客户端管理工具，MySQL Workbench 分为社区版和商业版（社区版完全免费，商业版按年收费）。

（2）Navicat for MySQL

Navicat for MySQL 是一个 MySQL 客户端管理和开发工具，提供直观的中文图形界面，支持 Unicode 以及本地或远程与 MySQL 服务器的连接，支持触发器、存储过程、函数、事件、视图、管理用户等操作。

（3）phpMyAdmin

phpMyAdmin 使用 PHP 编写，必须安装在 Web 服务器中，通过 Web 方式控制和操作 MySQL 数据库，可以对数据库进行操作，并支持中文。

2．Navicat for MySQL 客户端程序的安装和配置

本书主要使用 Navicat for MySQL 客户端程序来操作 MySQL 数据库。下面介绍 Navicat for MySQL 客户端程序的安装和配置。

（1）Navicat for MySQL 客户端程序的安装

下面以 Windows Navicat for MySQL 版本 15 为例，安装步骤如下。

1）双击下载的安装文件，例如 navicat150_mysql_cs_x64.exe，显示欢迎安装窗口，如图 1-28 所示，单击“下一步”按钮。

2）显示安装许可窗口，如图 1-29 所示，选中“我同意”选项，单击“下一步”按钮。

图 1-28　欢迎安装窗口

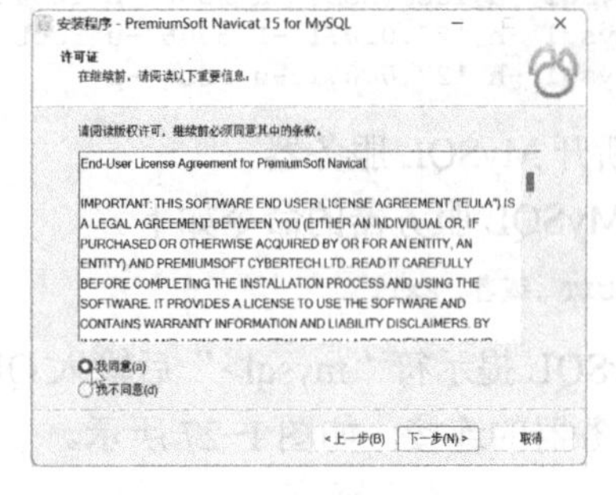

图 1-29　安装许可窗口

3）接下来只需单击“下一步”按钮，直到完成安装。

（2）Navicat for MySQL 客户端程序的启动和配置

启动和配置 Navicat for MySQL 客户端程序的操作步骤如下。

1）安装 Navicat for MySQL 后，在 Windows 开始菜单和桌面上可以看到 Navicat for MySQL 的快捷方式。单击或双击该快捷方式运行 Navicat for MySQL。

2）首次运行会显示新版本的新功能说明，然后显示“Navicat for MySQL”窗口，如图 1-30 所示。单击工具栏左上角的“连接”按钮，或者选择“文件”→“新建连接”→“MySQL”命令。

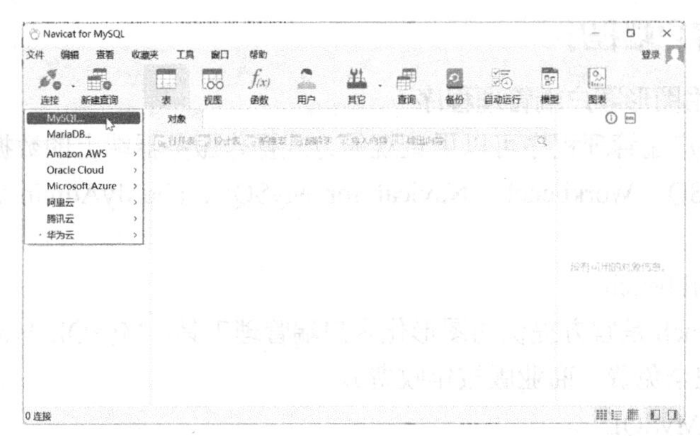

图 1-30　“Navicat for MySQL”初始窗口

3）显示“MySQL-新建连接”对话框，如图 1-31 所示。对话框中的相关选项说明如下。

连接名：与 MySQL 服务器连接的名称，名称可以任意选取。在此输入“MYSQL8”。

主机：MySQL 服务器的名称，可以用 localhost 代表本机；远程主机可以使用主机名或者 IP 地址。在此使用默认值“localhost”。

端口：MySQL 的服务端口，默认端口为 3306。在此使用默认值“3306”。

用户名：登录 MySQL 服务器的用户账号，root 是管理员账号。在此使用默认值“root”。

密码：登录 MySQL 服务器的用户账号的密码。在此输入安装时所设置的 root 账号密码“123456”。

保存密码：选中此复选框则下次无须输入密码。

设置完成以后，单击“测试连接”按钮，如果连接成功，则显示“连接成功”提示对话框，如图 1-32 所示，表示设置正确。单击“确定”按钮退出提示对话框，再单击“MySQL-新建连接”对话框中的“确定”按钮关闭对话框。

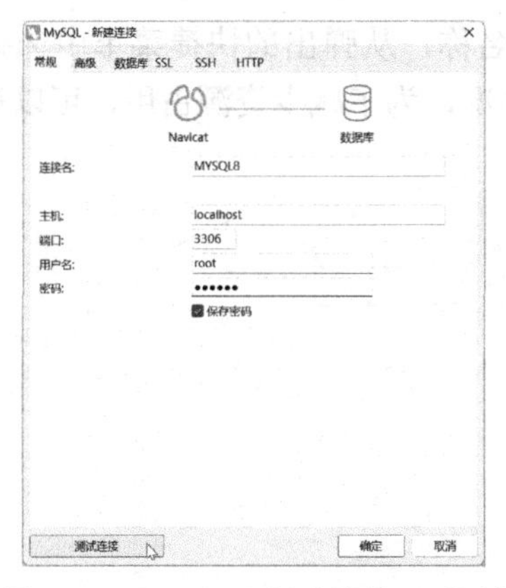

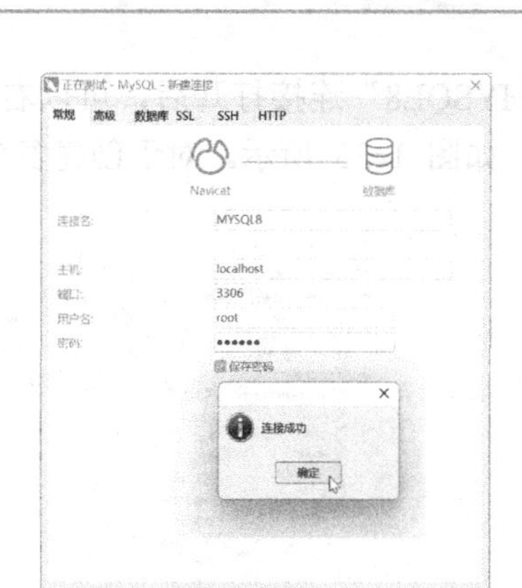

图 1-31　“MySQL-新建连接”对话框　　　　图 1-32　“连接成功”提示对话框

4）返回连接成功后的“Navicat for MySQL”窗口。左侧的树形列表中会出现刚才设置的连接“MYSQL8”，双击“MYSQL8”连接，展开 MySQL 服务器中的数据库列表，如图 1-33 所示。可以单击树形列表中的 › 展开列表（此时变为 ⌄），单击 ⌄ 收缩列表（此时变为 › ）；也可以双击列表名称，展开或收缩列表。

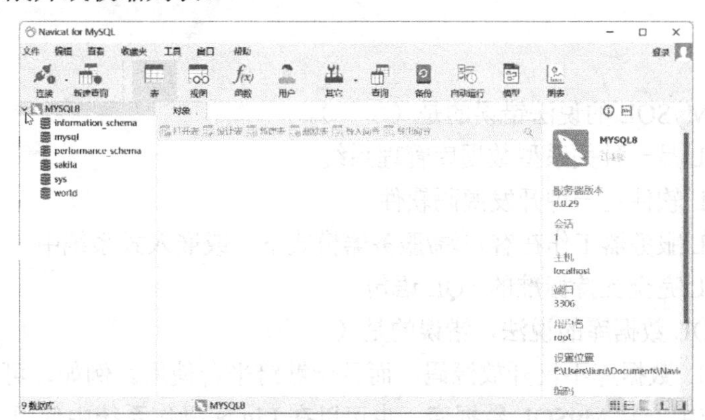

图 1-33　连接成功后的“Navicat for MySQL”窗口

注意：在 Navicat for MySQL 中，每个数据库的信息是单独获取的，对于没有获取的数据库，其图标显示为灰色。而一旦双击该数据库名称，则表示打开该数据库，相应的图标就会显示成彩色。对于不用的数据库，为了减少资源占用，应该将其关闭，可右击该数据库名，从弹出的快捷菜单中选择“关闭数据库”命令，如图 1-34 所示。

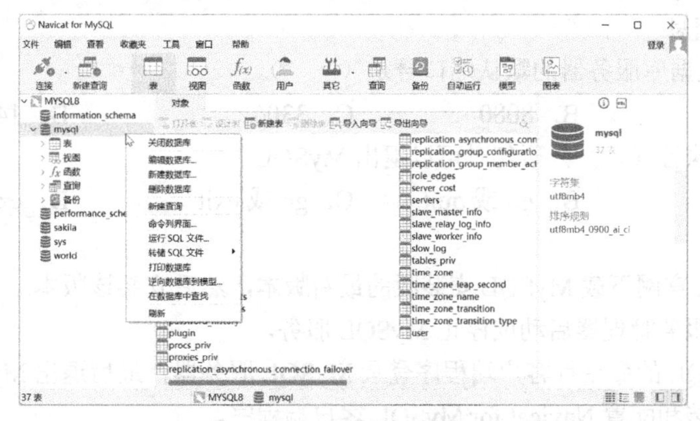

图 1-34　关闭打开的数据库

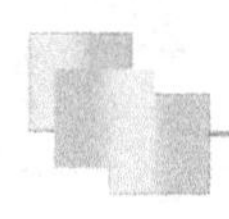

5）“MYSQL8”连接打开后，可以右击该连接名称，从弹出的快捷菜单中选择“关闭连接”命令，如图 1-35 所示。对于创建多个连接的情况，为了减少资源占用，可以把不用的连接关闭。

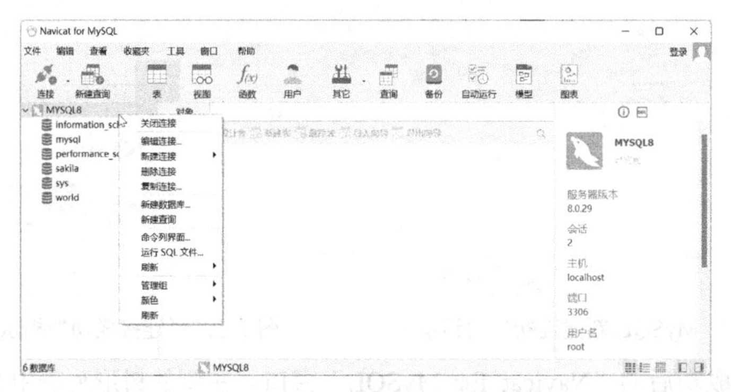

图 1-35　关闭打开的连接

1.4　习题 1

一、选择题

1. 以下关于 MySQL 的说法错误的是（　　）。
   A. MySQL 是一种关系型数据库管理系统
   B. MySQL 软件是一种开发源码软件
   C. MySQL 服务器工作在客户端/服务器模式下，或嵌入式系统中
   D. MySQL 完全支持标准的 SQL 语句
2. 关于 MySQL 数据库的说法，错误的是（　　）。
   A. MySQL 数据库不仅开放源码，而且能够跨平台使用。例如，可以在 Windows 操作系统中安装 MySQL 数据库，也可以在 Linux 操作系统中使用 MySQL 数据库
   B. MySQL 数据库启动服务时有两种方式，如果服务已经启动则可以在任务管理器中查找 mysqlld.exe 程序，如果该进程存在则表示正在运行
   C. 手动更改 MySQL 的配置文件 my.ini 时，只能更改与客户端有关的配置，而不能更改与服务器端相关的配置信息
   D. 登录 MySQL 数据库成功后，直接输入“help;”语句后，按〈Enter〉键可以查看帮助信息
3. MySQL 数据库服务器的默认端口号是（　　）。
   A. 80　　B. 8080　　C. 3306　　D. 1433
4. 控制台中执行（　　）语句时可以退出 MySQL。
   A. exit　　B. go 或 quit　　C. go 或 exit　　D. exit 或 quit

二、操作题

1. 从 MySQL 官网下载 MySQL 安装版的最新版本，然后安装该版本。
2. 通过系统服务管理器启动或停止 MySQL 服务。
3. 通过 MySQL 的命令行客户端程序登录 MySQL 服务器，最后退出 MySQL。
4. 下载、安装和配置 Navicat for MySQL 客户端程序。

第 2 章　数据库的操作、字符集和存储引擎

本章介绍 MySQL 的数据库管理、字符集和校对规则、存储引擎。

2.1　MySQL 数据库概述

MySQL 数据库管理系统是管理 MySQL 数据库的软件，用于建立和维护数据库。

2.1.1　MySQL 数据库简介

数据库是在数据库管理系统管理和控制下，在一定介质上的数据集合，是存储数据库对象的容器。数据库对象是指存储、管理和使用数据的不同结构形式，这里的数据库对象包括表、视图、存储过程、函数、触发器和事件等，其中表是最基本的数据对象。必须首先创建好数据库，然后才能创建存放于数据库中的数据对象。数据库的各种数据以文件的形式保存在操作系统中，每个数据库的文件保存在以数据库名命名的文件夹中。MySQL 配置文件（my.ini）中的 datadir 参数指定了数据库文件的存储位置。

通过 MySQL 客户端程序连接并登录 MySQL 服务器，就可以创建和管理数据库，数据库的操作包括创建、查看、选择和删除数据库等操作。

2.1.2　MySQL 数据库的分类

系统数据库

MySQL 数据库分为系统数据库和用户数据库两大类。

1．系统数据库

系统数据库是指安装完 MySQL 服务器后，会附带的一些数据库。在 MySQL 8.0 Command Line Client 程序中输入“SHOW DATABASES;”语句后显示的数据库名称，如图 2-1 所示。

在 Navicat for MySQL 客户端程序的“导航”窗格中看到 MySQL 8 中默认安装的几个系统数据库，如图 2-2 所示。

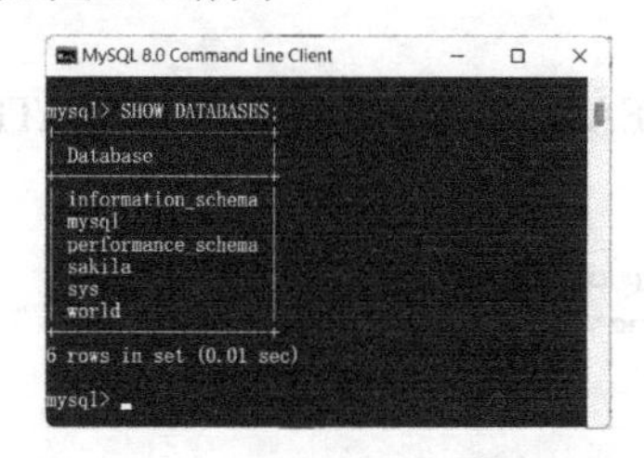

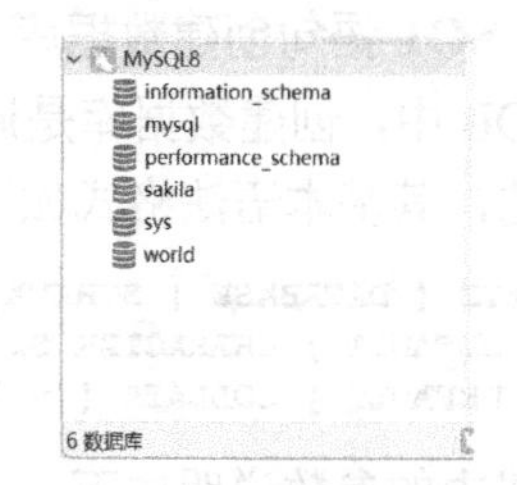

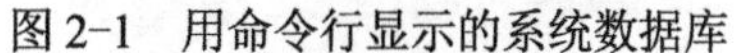

图 2-1　用命令行显示的系统数据库　　　　图 2-2　在 Navicat for MySQL 中显示的系统数据库

系统数据库会记录一些必需的信息，用户不能直接修改这些系统数据库。各个系统数据库的作用如下。

（1）mysql 系统数据库

mysql 数据库是 MySQL 的核心数据库，存储 MySQL 服务器正常运行所需的各种信息。

主要负责存储数据库的用户、权限设置、关键字等 MySQL 系统需要使用的控制和管理信息。

（2）information_schema 信息数据库

information_schema 数据库是一个信息数据库，主要存储 MySQL 服务器维护其他数据库的数据，包括数据库名、表名、列的数据类型、访问权限和字符集等。

（3）performance_schema 性能数据库

performance_schema 数据库为 MySQL 服务器运行时状态提供了一个底层的监控功能，主要存储数据库服务器性能参数、提供进程的信息、保存历史的事件汇总信息和监控事件等。

（4）sys 数据库

sys 数据库通过视图的形式把 information_schema 和 performance_schema 结合起来，查询出更加令人容易理解的数据。

（5）样例数据库

sakila、world 数据库是 MySQL 样例数据库。sakila 库是一个 MySQL 官方提供的模拟电影出租厅信息管理系统的数据库，可以作为学习数据库设计的参考示例。world 也是一个实例数据库，可以用来练习 SQL 语句。

2. 用户数据库

用户数据库是用户根据实际应用需求创建的数据库，例如，学生管理数据库、商品销售数据库和财务管理数据库等。MySQL 可以包含一个或多个用户数据库。

在 Navicat for MySQL 客户端程序左侧的“导航”窗格中，每个数据库节点下都拥有一个树形路径结构，如图 2-3 所示。树形路径结构中的每个具体子节点都是数据库对象，例如 world 数据库子节点下的“表”。关于数据库对象，后面章节将逐步介绍。

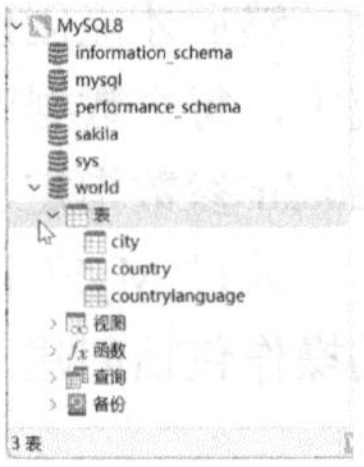

图 2-3　数据库对象

2.2　数据库的操作

数据库的基本操作包括数据库的创建、查看、选择、修改和删除。

2.2.1　创建数据库

连接到 MySQL 服务器后，可以创建数据库。创建数据库是在系统外存上划分一块区域用于表等数据对象的存储和管理。

1. 使用 SQL 语句创建数据库

在 MySQL 中，创建数据库是通过 SQL 语句 CREATE DATABASE 或 CREATE SCHEMA 语句来实现的，其基本语法格式如下。

```
CREATE { DATABASE | SCHEMA} [ IF NOT EXISTS ] db_name
[ [ DEFAULT ] CHARACTER SET [ = ] charset_name ]
[ [ DEFAULT ] COLLATE [ = ] collation_name ];
```

语法格式中的参数说明如下。

1）语句中“[ ]”内为可选项；“|”用于分隔花括号中的选择项，表示可任选其中一项来与花括号外的语法成分共同组成 SQL 语句，即选项彼此间是“或”的关系。

2）db_name：数据库名。在文件系统中，MySQL 的数据存储区将以文件夹方式表示 MySQL 数据库，即在 MySQL 的安装文件夹（默认 C:\ProgramData\MySQL\MySQL Server

8.0\Data）下创建一个与 db_name 相同的文件夹。因此，语句中的数据库名字必须符合操作系统的文件命名规则，而在 MySQL 中是不区分大小写的。

3）IF NOT EXISTS：在创建数据库前进行判断，只有该数据库目前不存在时才执行 CREATE DATABASE 操作。用此选项可以避免出现数据库已经存在而再新建的错误。

4）CHARACTER SET：用于指定数据库字符集，charset_name 为字符集名称。例如，简体中文字符集名称为 gb2312。

5）COLLATE：用于指定字符集的校对规则，collation_name 为校对规则的名称。例如，简体中文字符集的校对规则为 gb2312_chinese_ci。

6）DEFAULT：指定默认的数据库字符集和字符集的校对规则。

7）如果指定了 CHARACTER SET charset_name 和 COLLATE collation_name，那么采用指定的字符集 charset_name 和校验规则 colation_name；如果没有指定，那么采用默认的值。

【例 2-1】 创建一个名为 studentinfo 的学生管理数据库，在创建之前用 IF NOT EXISTS 语句先判断数据库是否存在；默认采用简体中文字符集和校对规则。

SQL 语句如下。

```
CREATE DATABASE IF NOT EXISTS studentinfo
DEFAULT CHARACTER SET = gb2312
DEFAULT COLLATE = gb2312_chinese_ci;
```

在 MySQL Command Line Client 程序窗口中，输入以上 SQL 语句，每输入完一行语句按〈Enter〉键，新行的行首显示“->”，接着输入新的一行语句并按〈Enter〉键，最后一行的行尾一定要以“;”结束，按〈Enter〉键后执行该语句，执行结果如图 2-4 所示。

SQL 语句执行后显示“Query OK, 1 row affected(0.02 sec)”表示创建成功，一行受到影响，处理时间是 0.02 秒。

注意：虽然创建数据库的 SQL 语句不属于查询语句，但是在 MySQL 中，所有 SQL 语句执行成功后都显示“Query OK”。

上述语句执行成功后，会在 MySQL 的安装文件夹（默认 C:\ProgramData\MySQL\MySQL Server 8.0\Data）下创建一个与数据库名相同的文件夹 studentinfo，如图 2-5 所示。

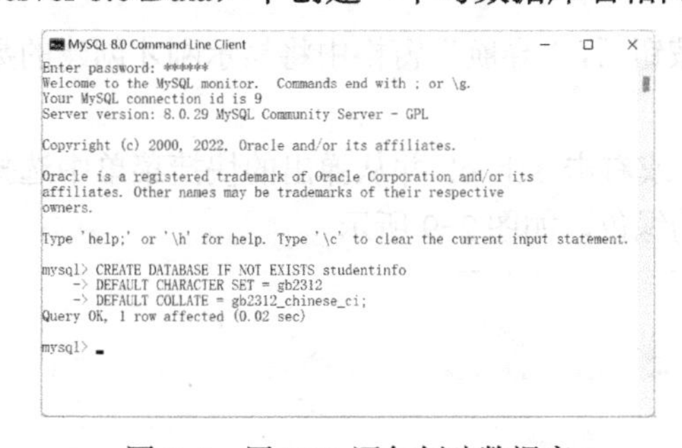

图 2-4 用 SQL 语句创建数据库

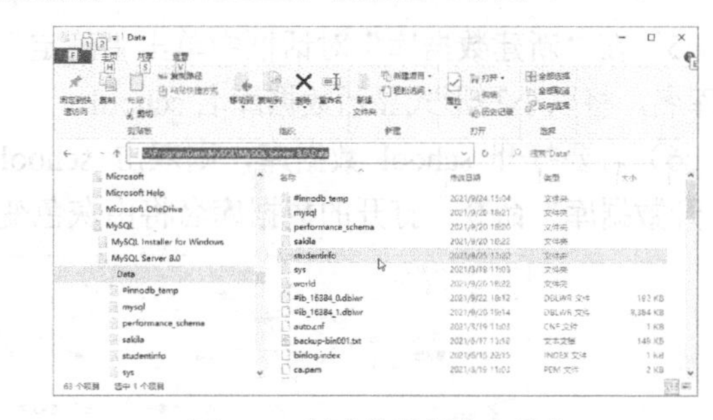

图 2-5 创建的数据库文件夹

2．使用 Navicat for MySQL 创建数据库

【例 2-2】 使用 MySQL for MySQL 的菜单方式创建名为 school 的数据库。

1）在 Navicat for MySQL 的“导航窗格”中，双击 MySQL 服务器名称，本例为 MYSQL8（注意，读者要选择自己 MySQL 服务器名称），展开

MySQL 服务器中的数据库列表。

2）在“导航”窗格中，右击 MySQL 服务器名称，从弹出的快捷菜单中选择“新建数据库”命令，如图 2-6 所示。

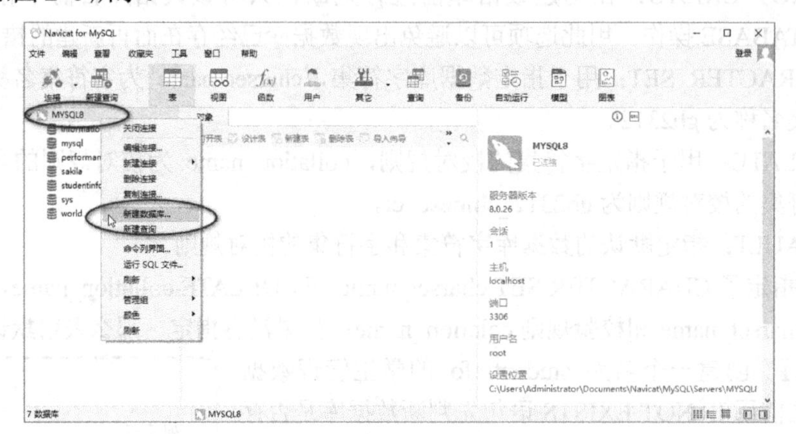

图 2-6　服务器名称的快捷菜单

3）显示“新建数据库”对话框，在“常规”选项卡中，分别输入或指定“数据库名”“字符集”和“排序规则”（即校对规则），如图 2-7 所示。

4）在“SQL 预览”选项卡中，可以看到操作菜单命令生成的创建数据库的 SQL 语句，如图 2-8 所示。

图 2-7 “常规”选项卡

图 2-8 “SQL 预览”选项卡

5）在“新建数据库”对话框中单击“确定”按钮后，“导航”窗格中将显示刚才创建的数据库名，将以小写形式显示数据库名 school。

6）若要打开 school 数据库，则双击 school，或右击 school 并从弹出的快捷菜单中选择“打开数据库”命令。打开的数据库名将由灰色变为绿色，如图 2-9 所示。

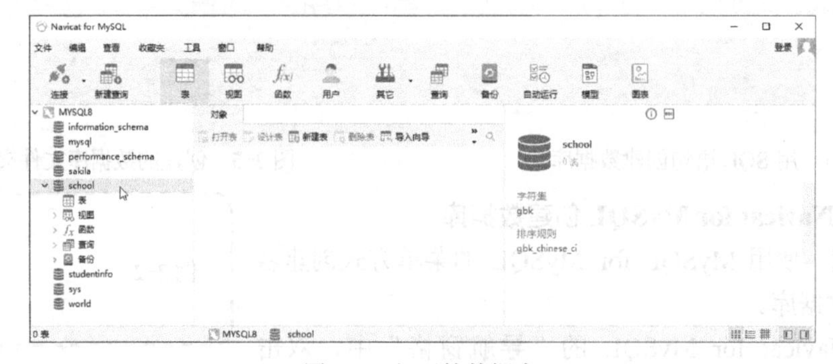

图 2-9　打开的数据库

2.2.2　查看数据库

1．使用 SQL 语句查看数据库

显示当前数据库服务器下的所有数据库列表可使用 SHOW DATABASES 语句，语法格式如下。

```
SHOW DATABASES | SCHEMAS;
```

使用 SHOW DATABASES 或 SHOW SCHEMAS 语句，只会列出当前用户权限范围内所能查看到的数据库名称。

【例 2-3】 查看当前用户（root）权限下的数据库列表。

SQL 语句如下。

```
SHOW DATABASES;
```

在 MySQL Command Line Client 命令行客户端程序中显示 root 用户权限数据库服务器下的所有数据库列表，运行结果如图 2-10 所示。

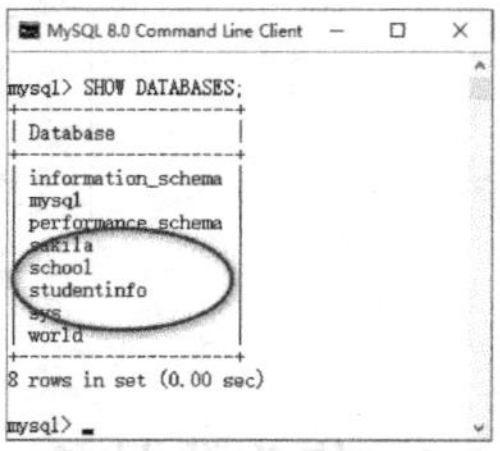

```
MySQL 8.0 Command Line Client

mysql> SHOW DATABASES;
+--------------------+
| Database           |
+--------------------+
| information_schema |
| mysql              |
| performance_schema |
| sakila             |
| school             |
| studentinfo        |
| sys                |
| world              |
+--------------------+
8 rows in set (0.00 sec)

mysql> _
```

图 2-10　查看数据库列表

2．使用 Navicat for MySQL 查看数据库

在 Navicat for MySQL 中，可以在“导航”窗格中看到该服务器的数据库列表，如图 2-9 所示。

2.2.3　选择数据库

1．使用 SQL 语句选择数据库

在数据库管理系统中一般存在多个数据库，在操作数据库对象之前，首先需要确定是哪一个数据库，即在对数据库对象进行操作时，需要先选择或打开一个数据库，使之成为当前数据库。使用 USE 语句指定一个数据库为当前数据库，其语法格式如下。

```
USE db_name;
```

语法说明如下。

1）db_name 参数表示所要选择或打开的数据库名字。

2）只有使用 USE 语句指定某个数据库为当前数据库之后，才能对该数据库及其存储的数据对象执行各种操作。

【例 2-4】 执行 SQL 语句 USE，选择名为 studentinfo 的数据库。

SQL 语句如下。

```
USE studentinfo;
```

在命令行客户端程序中执行上面的 SQL 语句，其结果如图 2-11 所示。

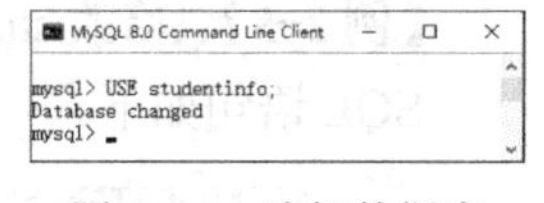

图 2-11　选择数据库

2．使用 Navicat for MySQL 选择数据库

在 Navicat for MySQL 中，如果该数据库已经打开（数据库名显示为绿色），则在“导航”窗格中单击该数据库名，表示选择了该数据库。

也可以在工具栏上单击“新建查询”按钮，窗口中部显示“查询编辑器”窗格，如图 2-12 所示。

在“查询编辑器”窗格中输入 SQL 语句。SQL 语句输入完成后，单击“运行”按钮，在“信息”窗格中显示运行结果，如图 2-13 所示。

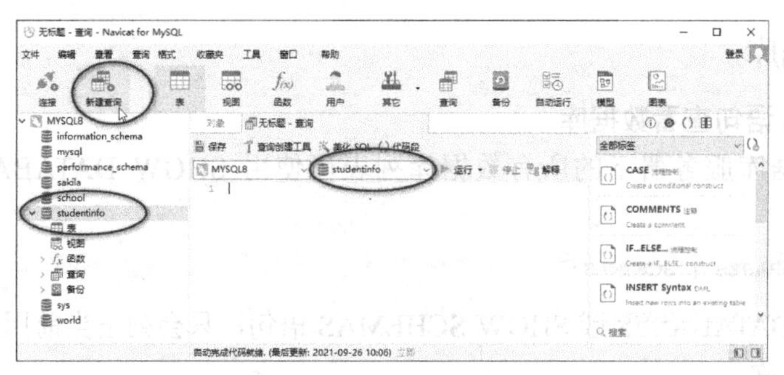

图 2-12 “查询编辑器”窗格

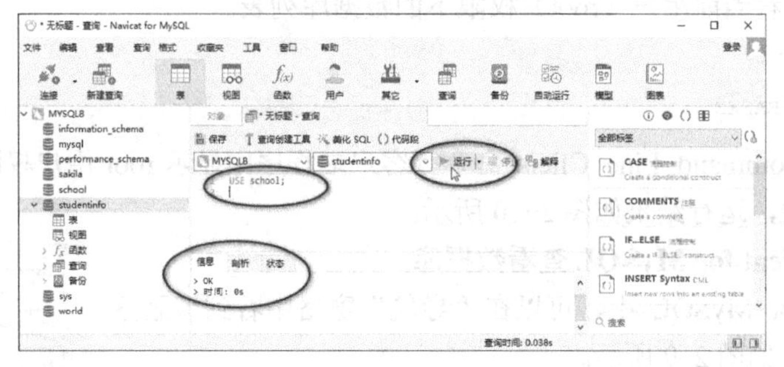

图 2-13 输入和运行 SQL 语句

2.2.4 修改数据库

1．使用 SQL 语句修改数据库

使用 ALTER DATABASE 或 ALTER SCHEMA 语句可以修改数据库的默认字符集和字符集的校对规则，其语法格式如下。

```
ALTER { DATABASE | SCHEMA} [ db_name ]
[ DEFAULT ] CHARACTER SET [ = ] charset_name
[ [ DEFAULT ] COLLATE [ = ] collation_name ];
```

语法说明如下。

1）本语句的语法要素与 CREATE DATABASE 语句类似。ALTER DATABASE 语句用于修改数据库的全局特性，执行本语句时必须具有修改数据库的权限。

2）数据库名可以省略，表示修改当前（默认）数据库。修改字符集非常危险，慎用。

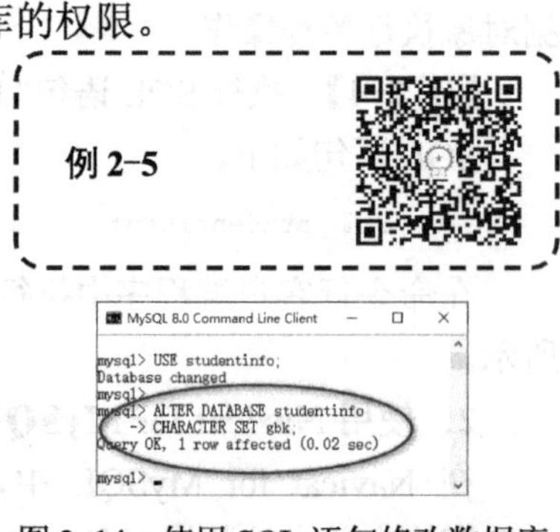

【例 2-5】 修改 studentinfo 数据库的字符集为 gbk。

SQL 语句如下。

```
ALTER DATABASE studentinfo
CHARACTER SET gbk;
```

在命令行客户端程序中执行上面的 SQL 语句，其结果如图 2-14 所示。

图 2-14 使用 SQL 语句修改数据库

2．使用 Navicat for MySQL 修改数据库

使用 Navicat for MySQL 修改数据库

在 Navicat for MySQL 中，单击“新建查询”按钮，在“查询编辑器”窗格中输入 SQL 语句。如果要运行查询窗口中的所有代码，则单击“运行”按钮；如果要运行查询窗口中的部分代码，先选中代码，然后单击“运行已选择的”按

钮。运行后，在“信息”窗格中显示运行结果，如图 2-15 所示。

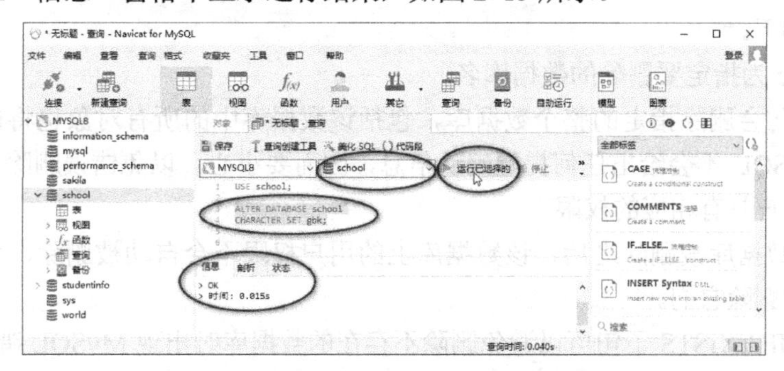

图 2-15　使用 Navicat for MySQL 修改数据库

或者，在 Navicat for MySQL 中，通过菜单方式修改。在“导航”窗格中，右击要修改的数据库名，从弹出的快捷菜单中选择“编辑数据库”命令，如图 2-16 所示。

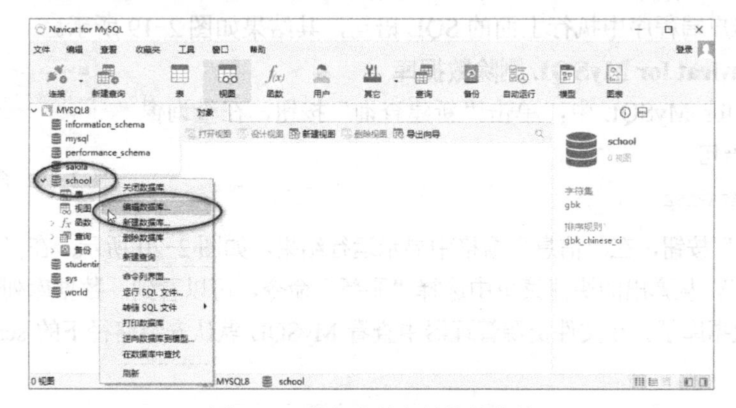

图 2-16　数据库的右键快捷菜单

打开“编辑数据库”对话框的“常规”选项卡，如图 2-17 所示，其中“数据库名”显示为灰色，不可修改；单击“字符集”和“排序规则”的下拉按钮，选择修改。

在“SQL 预览”选项卡中，显示修改后自动生成的修改数据库的 SQL 语句，如图 2-18 所示。

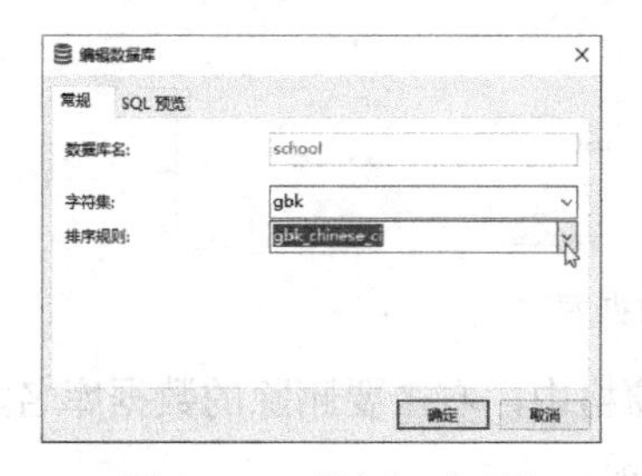

图 2-17　“常规”选项卡

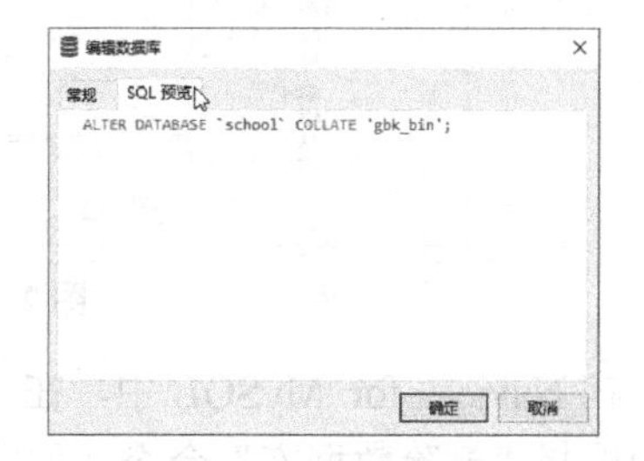

图 2-18　“SQL 预览”选项卡

在“编辑数据库”对话框中单击“确定”按钮，执行修改。

2.2.5　删除数据库

1. 使用 SQL 语句删除数据库

删除数据库是将已创建的数据库文件从磁盘空间上清除。在删除数据库时，会删除数据库中的所有对象，因此，删除数据库时需要慎重考虑。删除数据库的语法格式如下。

```
DROP DATABASE | SCHEMA [ IF EXISTS ] db_name;
```

语法说明如下。

1）db_name 为指定要删除的数据库名。

2）删除语句会删除指定的整个数据库，包括该数据库中的所有对象也将被永久删除。使用该语句时 MySQL 不会给出任何提醒确认信息，因而要小心，以免错误删除。另外，对该语句的使用需要用户具有相应的权限。

3）当某个数据库被删除之后，该数据库上的用户权限不会自动被删除，为了方便数据库的维护，应手动删除它们。

4）可选项 IF EXISTS 子句可以避免删除不存在的数据库时出现 MySQL 错误信息。

【例 2-6】 删除数据库 school。

SQL 语句如下。

```
DROP DATABASE studentinfo;
```

在命令行客户端程序中执行上面的 SQL 语句，其结果如图 2-19 所示。

2．使用 Navicat for MySQL 删除数据库

在 Navicat for MySQL 中，单击“新建查询”按钮，在查询窗格中输入 SQL 语句。

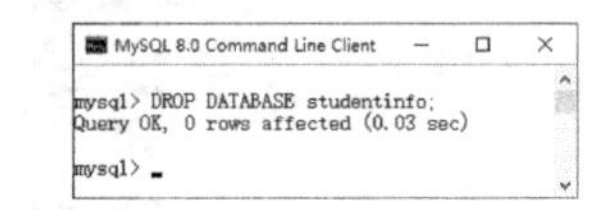

图 2-19　命令行删除数据库

```
DROP DATABASE school;
```

单击“运行”按钮，在“信息”窗格中显示运行结果，如图 2-20 所示。在“导航”窗格中，右击“MYSQL8”，从弹出的快捷菜单中选择“刷新”命令，可以看到，数据库列表中已经没有名称为 school 的数据库了。在文件资源管理器中查看 MySQL 默认安装路径下的 school 文件夹也被删除了。

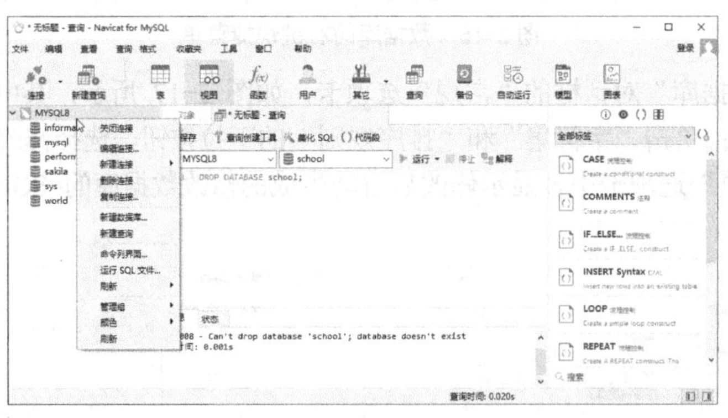

图 2-20　删除数据库

或者，在 Navicat for MySQL 中，在“浏览”窗格中，右击要删除的数据库名，从弹出的快捷菜单中选择“删除数据库”命令，如图 2-16 所示。

注意：不能删除系统数据库，否则 MySQL 将不能正常工作。

2.3　MySQL 的字符集和校对规则

MySQL 的字符集包括字符集（Character Set）和校对规则（Collation）两个概念。字符集用来定义 MySQL 字符以及字符的编码和存储字符串的方式；校对规则用来定义在字符集内用

于比较字符串的规则，即字符集的排序规则。

字符集（Character Set）就是字符以及字符的编码，英文字符集是 ASCII，常用的中文字符集是 gbk，多种字符在一个字符集里常用 utf8。数据库在存取数据时，会在字符集中寻找各个字符对应的编码，然后存取编码。

校验规则（Collation）是在字符集内用于比较字符的规则，即字符集的排序规则。

MySQL 可以使用多种字符集存储字符串，也允许使用多种校对规则比较字符串。MySQL 支持 30 多种字符集的 70 多种校对规则。每个字符集至少对应一个校对规则。

2.3.1　MySQL 的字符集

MySQL 支持多种字符集，在同一台服务器，同一个数据库，甚至同一个表的不同列都可以指定使用不同的字符集。

1．查看 MySQL 支持的字符集

查看 MySQL 服务器支持的字符集，SQL 语句如下。

```
SHOW CHARACTER SET;
```

在命令行客户端程序中执行上面的 SQL 语句，其执行结果如图 2-21 所示。

也可以使用下面查询语句来查看 MySQL 服务器支持的字符集。

```
SELECT * FROM information_schema.character_sets;
```

常见的字符集有 utf8mb4（默认字符集）、uf8、gbk、gb2312、big5 等。其中，utf8mb4 支持最长 4 个字节的 UTF-8 字符，utf8 支持最长 3 个字节的 UTF-8 字符，utf8mb4 兼容 utf8，且比 utf8 能表示更多的字符。

MySQL 的字符集遵从以下命名惯例：以_ci 作为后缀表示大小写不敏感。以_cs 作为后缀表示大小写敏感。以_bin 作为后缀表示用编码值进行比较。

2．查看 MySQL 当前字符集

查看 MySQL 当前安装的字符集，SQL 语句如下。

```
SHOW VARIABLES LIKE 'character_set%';
```

在命令行客户端程序中执行上面的 SQL 语句，其执行结果如图 2-22 所示。

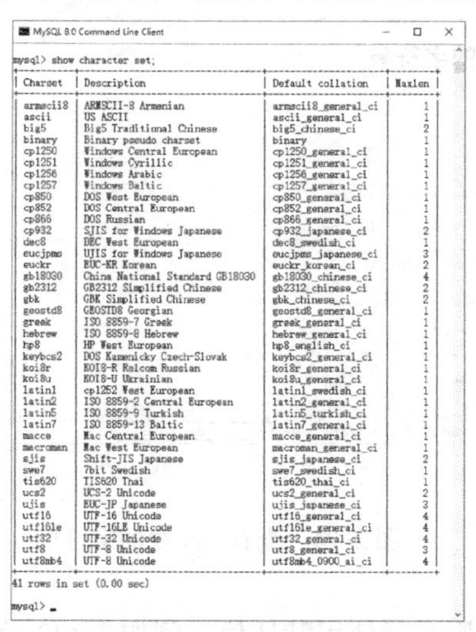

MySQL 8.0 Command Line Client

mysql> show character set;

Charset	Description	Default collation	Maxlen
armscii8	ARMSCII-8 Armenian	armscii8_general_ci	1
ascii	US ASCII	ascii_general_ci	1
big5	Big5 Traditional Chinese	big5_chinese_ci	2
binary	Binary pseudo charset	binary	1
cp1250	Windows Central European	cp1250_general_ci	1
cp1251	Windows Cyrillic	cp1251_general_ci	1
cp1256	Windows Arabic	cp1256_general_ci	1
cp1257	Windows Baltic	cp1257_general_ci	1
cp850	DOS West European	cp850_general_ci	1
cp852	DOS Central European	cp852_general_ci	1
cp866	DOS Russian	cp866_general_ci	1
cp932	SJIS for Windows Japanese	cp932_japanese_ci	2
dec8	DEC West European	dec8_swedish_ci	1
eucjpms	UJIS for Windows Japanese	eucjpms_japanese_ci	3
euckr	EUC-KR Korean	euckr_korean_ci	2
gb18030	China National Standard GB18030	gb18030_chinese_ci	4
gb2312	GB2312 Simplified Chinese	gb2312_chinese_ci	2
gbk	GBK Simplified Chinese	gbk_chinese_ci	2
geostd8	GEOSTD8 Georgian	geostd8_general_ci	1
greek	ISO 8859-7 Greek	greek_general_ci	1
hebrew	ISO 8859-8 Hebrew	hebrew_general_ci	1
hp8	HP West European	hp8_english_ci	1
keybcs2	DOS Kamenicky Czech-Slovak	keybcs2_general_ci	1
koi8r	KOI8-R Relcom Russian	koi8r_general_ci	1
koi8u	KOI8-U Ukrainian	koi8u_general_ci	1
latin1	cp1252 West European	latin1_swedish_ci	1
latin2	ISO 8859-2 Central European	latin2_general_ci	1
latin5	ISO 8859-9 Turkish	latin5_turkish_ci	1
latin7	ISO 8859-13 Baltic	latin7_general_ci	1
macce	Mac Central European	macce_general_ci	1
macroman	Mac West European	macroman_general_ci	1
sjis	Shift-JIS Japanese	sjis_japanese_ci	2
swe7	7bit Swedish	swe7_swedish_ci	1
tis620	TIS620 Thai	tis620_thai_ci	1
ucs2	UCS-2 Unicode	ucs2_general_ci	2
ujis	EUC-JP Japanese	ujis_japanese_ci	3
utf16	UTF-16 Unicode	utf16_general_ci	4
utf16le	UTF-16LE Unicode	utf16le_general_ci	4
utf32	UTF-32 Unicode	utf32_general_ci	4
utf8	UTF-8 Unicode	utf8_general_ci	3
utf8mb4	UTF-8 Unicode	utf8mb4_0900_ai_ci	4

41 rows in set (0.00 sec)

mysql>

图 2-21　字符集列表

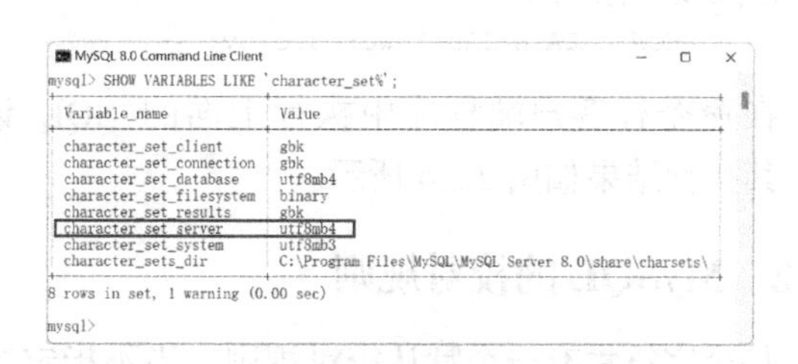

MySQL 8.0 Command Line Client

mysql> SHOW VARIABLES LIKE 'character_set%';

Variable_name	Value
character_set_client	gbk
character_set_connection	gbk
character_set_database	utf8mb4
character_set_filesystem	binary
character_set_results	gbk
character_set_server	utf8mb4
character_set_system	utf8mb3
character_sets_dir	C:\Program Files\MySQL\MySQL Server 8.0\share\charsets\

8 rows in set, 1 warning (0.00 sec)

mysql>

图 2-22　当前使用的字符集

下面介绍图 2-22 中列出的字符集相关变量的含义。

1）character_set_client：客户端的字符集，即服务器解析客户端 SQL 语句的字符集。character_set_client 必须能够正确反映 MySQL 客户端的字符集是什么，也就是 character_set_client 参数和 MySQL 客户端的字符集是一样的。

2）character_set_connection：连接字符集，是字符串字面值（literal strings）的字符集，character_set_connection 一般和 character_set_client 参数是一样的。

3）character_set_database：当前打开的数据库的字符集编码。如果没有默认数据库，则该变量值与 character_set_server 相同。

4）character_set_filesystem：文件系统字符集编码，主要作用是解析用于文件名的字符串字面值，这个变量最好不要修改，用默认值。

5）character_set_results：结果字符集，是服务器返回给客户端的查询结果或者错误提示的字符集编码。

6）character_set_server：服务器默认字符集编码，如果创建数据库的时候没有指定编码，则采用 character_set_server 指定编码。

7）character_set_system：MySQL 服务器用来存储元数据的编码，通常是 utf8，不要修改它。

8）character_sets_dir：MySQL 字符集编码存储目录。

3．查看数据库的字符集

查看指定数据库的字符集，SQL 语句的格式如下。

```
SHOW CREATE DATABASE 数据库名;
```

【例 2-7】 查看 world 数据库的字符集。

SQL 语句如下。

```
SHOW CREATE DATABASE world;
```

在命令行客户端程序中执行上面的 SQL 语句，其执行结果如图 2-23 所示。

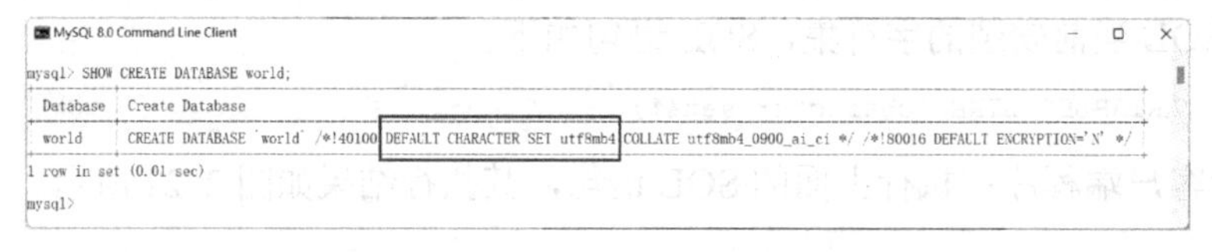

图 2-23 查看 world 数据库的字符集

4．查看表的字符集

查看指定表的字符集，SQL 语句如下。

```
SHOW CREATE TABLE 数据库名.表名;
```

【例 2-8】 查看 city 表的字符集。

SQL 语句如下。

```
SHOW CREATE TABLE world.city;
```

在命令行客户端程序中执行上面的 SQL 语句，其执行结果如图 2-24 所示。

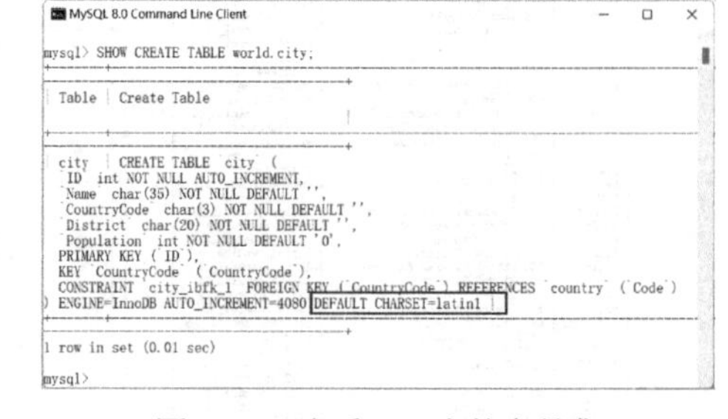

图 2-24 查看 city 表的字符集

2.3.2 MySQL 的校对规则

每个字符集有一个默认校对规则，当不指定校对规则时就使用默认值，例如，utf8 字符集

对应的默认校对规则是 utf8_general_ci。对于校验规则命名，约定它们以其相关的字符集名开始，通常包括一个语言名，并且以_ci（表示大小写不敏感）、_cs（大小写敏感）或_bin（按照二进制编码值进行比较）结束。在实际项目中，一般不去指定校对规则。

查看相关字符集的校对规则，SQL 语句的格式如下。

```
SHOW COLLATION LIKE '字符集名%';
```

【例 2-9】 查看 gbk 字符集的校对规则。

SQL 语句如下。

```
SHOW COLLATION LIKE 'gbk%';
```

执行结果如图 2-25 所示，gbk 校对规则中，gbk_chinese_ci 校对规则是默认的校对规则，其规定对大小写不敏感，即如果比较“T”和“t”，认为这两个字符是相同的；如果按照 gbk_bin 校对规则比较，由于它是对大小写敏感，所以认为这两个字符是不同的。

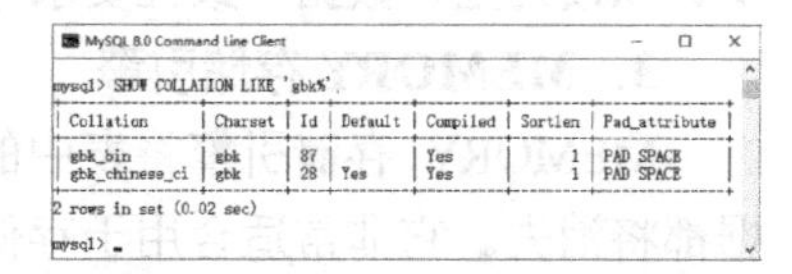

图 2-25 显示 gbk 校对规则

2.4 MySQL 的存储引擎

“存储引擎”从字面理解，“存储”的意思是存储数据；“引擎”一词来源于发动机，它是发动机中的核心部分。在软件工程领域，相似的称呼有“游戏引擎”“搜索引擎”，它们都是相应程序或系统的核心组件。所以“存储引擎”也是数据库的核心。

2.4.1 存储引擎的概念

数据库存储引擎是数据库管理系统中用于存储、处理和保护数据的软件模块。数据库管理系统使用存储引擎进行创建、查询、更新和删除数据。不同的存储引擎提供不同的存储机制、索引技巧、锁定水平等，从而获得特定的功能。在 Oracle、SQL Server 等数据库中只有一种存储引擎，所有数据存储管理机制都是一样的。而 MySQL 数据库提供了称为插件式（pluggable）的多种存储引擎，每一种存储引擎都有各自的特点，可以根据不同的需求为数据表选择不同的存储引擎，也可以根据需要编写自己的存储引擎。

因为存储引擎是基于表的，在使用 SQL 语句“CREATE TABLE 表名”创建数据表时，就要指明该表的存储引擎。同一个数据库，不同的表，存储引擎可以不同，所以存储引擎也可以称为表类型（即存储和操作此表的类型）。

2.4.2 常用的存储引擎的种类

MySQL 中有两种类型的存储引擎：事务性表存储引擎和非事务性表存储引擎。MySQL 5.0 以后版本支持的存储引擎包括 MyISAM、InnoDB、BDB、MEMORY、MERGE、EXAMPLE、NDB Cluster、ARCHIVE、CSV、BLACKHOLE、FEDERATED、solidDB 等。其中，InnoDB 和 BDB 提供事务性表，其他存储引擎都是非事务性表。创建新表时在不指定存储引擎的情况下，系统会使用默认存储引擎，MySQL 5.5 之前默认的存储引擎是 MyISAM，5.5 后改为 InnoDB。常用的存储引擎的有下面几种。

1. InnoDB 存储引擎

InnoDB 是事务型数据库的首选引擎，给表提供了事物安全（ACID）能力、行级锁机制、

外键约束、回滚、崩溃修复能力和多版本并发控制等功能。InnoDB 的优点在于提供了良好的事务处理、崩溃修复能力和并发控制；缺点是读写效率较差，占用的数据空间相对较大。InnoDB 支持 AUTO_INCREMENT 和外键完整性约束。

如果需要提交、回滚、崩溃恢复能力的事物安全能力，并要求实现并发控制，InnoDB 是一个好的选择。本书主要基于 InnoDB 存储引擎来介绍。

2．MyISAM 存储引擎

MyISAM 是在 Web、数据仓储和其他应用环境下最常使用的存储引擎之一。MyISAM 的优点是插入和查询速度快、占用空间小；缺点是不支持事务、行级锁、外键约束和并发。

如果数据表主要用来插入和查询记录，不需要事务支持、并发相对较低、数据修改相对较少、以读为主、数据一致性要求不是非常高，则 MyISAM 引擎能提供较高的处理效率。

3．MEMORY 存储引擎

MEMORY 存储引擎将表中的数据存储在内存中，如果数据库重启或发生崩溃，表中的数据都将消失。它非常适合用于存储临时数据的临时表，以及数据仓库中的纬度表。它默认使用哈希（HASH）索引。如果只是临时存放数据，数据量不大，并且不需要较高的数据安全性，可以选择 MEMORY 引擎。MySQL 使用该引擎作为临时表，存放查询的中间结果。

如果需要很快的读写速度、对数据的安全性要求较低，就可以使用 MEMORY 存储引擎，把数据存放在内存表中。

2.4.3 存储引擎的操作

1．查看默认的存储引擎

查看当前版本的 MySQL 默认存储引擎，使用语句如下。

```
SHOW VARIABLES LIKE 'default_storage_engine';
```

2．查看支持的存储引擎

查看当前版本的 MySQL 支持的存储引擎，使用语句如下。

```
SHOW ENGINES;
```

以变量值的方式查看支持的存储引擎的信息，使用语句如下。

```
SHOW VARIABLES LIKE 'have%';
```

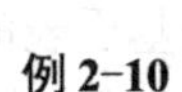

例 2-10

【例 2-10】 使用 MySQL 命令行客户端程序登录 MySQL 服务器，查看所安装版本默认存储引擎和支持的存储引擎。

1）在“开始”菜单中选择“MySQL 8.0 Command Line Client”命令；或者在“命令提示符”窗口中输入 mysql -u root -p，输入登录密码，连接上 MySQL 服务器。

2）在“mysql>”提示符后输入下面 SQL 语句。

```
SHOW VARIABLES LIKE 'default_storage_engine';
```

执行结果如图 2-26 所示，看到 Value 下显示默认的存储引擎是 InnoDB。

3）在“mysql>”提示符后输入下面 SQL 语句。

```
SHOW ENGINES;
```

显示支持的存储引擎结果如图 2-27 所示。

```
MySQL 8.0 Command Line Client
mysql> SHOW VARIABLES LIKE 'default_storage_engine';
+------------------------+--------+
| Variable_name          | Value  |
+------------------------+--------+
| default_storage_engine | InnoDB |
+------------------------+--------+
1 row in set, 1 warning (0.00 sec)

mysql>
```

图 2-26　显示默认的存储引擎

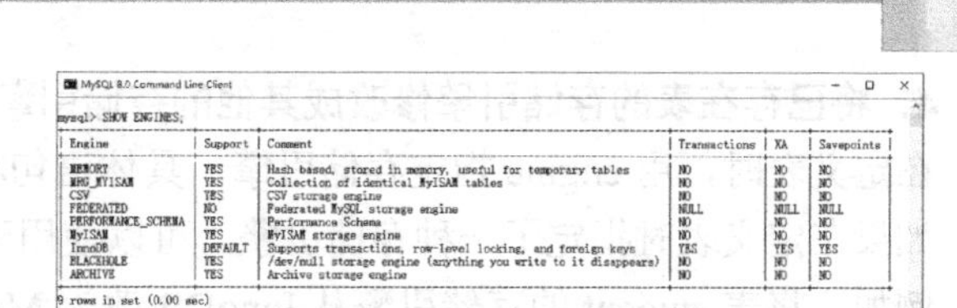

图 2-27　显示支持的存储引擎

执行结果是一张 6 列的表格，各列说明如下。

Engine：数据库存储引擎的名称。

Support：当前版本是否支持该类引擎。YES 表示支持，NO 表示不支持，DEFAULT 表示当前默认存储引擎。

Comment：对该引擎的解释说明。

Transactions：是否支持事务处理。YES 表示支持，NO 表示不支持。

XA：是否支持分布式交易处理的 XA 规范，YES 表示支持，NO 表示不支持。

Savepoints：是否支持保存点，以便事务回滚到保存点，YES 表示支持，NO 表示不支持。

由图 2-26 可知，当前安装的 MySQL 版本默认的存储引擎是 InnoDB。

4）在“mysql>”提示符后输入下面的 SQL 语句。

```
SHOW VARIABLES LIKE 'have%';
```

执行结果如图 2-28 所示。其中，Value 列显示为 YES 表示支持该存储引擎；NO 表示不支持；DISABLED 表示数据库支持此引擎，而在数据库启动时被禁用。

说明：上述语句可以使用分号“;”结束，也可以使用“\g”或者“\G”结束，其中，“\g”的作用与分号作用相同，而“\G”将查询到的横向表格纵向输出。

information_schema 数据库中的 engines 表提供的信息与 show engines 语句完全一样，可以使用下面语句查询支持事物处理的存储引擎。

```
SELECT engine from information_schema.engines where transactions ='yes';
```

查询结果如图 2-29 所示。

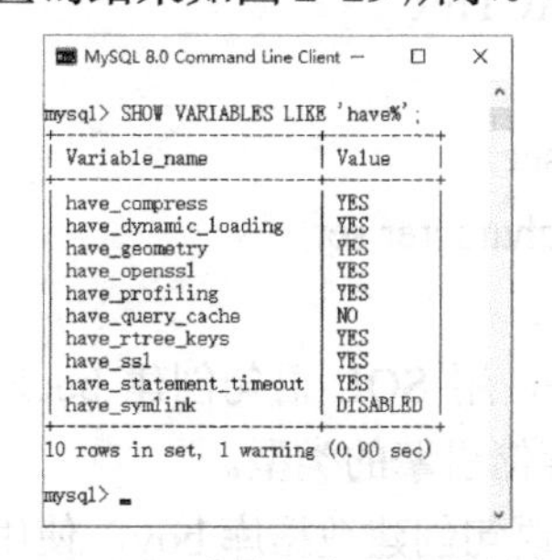

图 2-28　显示支持的存储引擎的信息

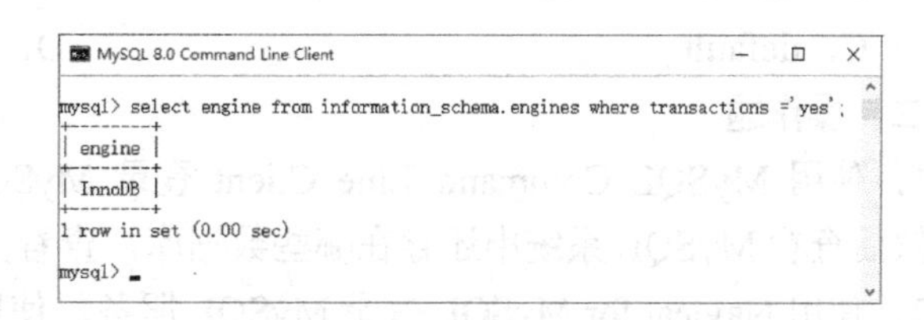

图 2-29　显示支持事物处理的存储引擎

3. 设置默认存储引擎

若要设置默认存储引擎，可在配置文件 my.ini 中修改 default-storage-engine 参数。default-storage-engine 参数配置创建数据表时，默认使用的存储引擎。

例如，设置默认存储引擎为 InnoDB，服务器参数如下。

```
[mysqld]
default-storage-engine=INNODB
```

4．将已存在表的存储引擎修改成其他的存储引擎

在定义表时，用 engine 指定存储引擎，具体语句将在后面章节介绍。

如果在定义表时指定了一种存储引擎，可以使用下面语句修改为其他类型的存储引擎。

例如，将表 student 的存储引擎从 InnoDB 改为 MyISAM，SQL 语句如下。

```
ALTER TABLE student engine = MyISAM;
```

2.5 习题 2

一、选择题

1．以下创建数据库 book 的 SQL 语句错误的是（　　）。

A．CREATE DATABASE book　　B．CREATE DATABASE sh.book

C．CREATE DATABASE sh_book　　D．CREATE DATABASE _book

2．在创建数据库时，可以使用（　　）子句确保如果数据库不存在就创建它，如果存在就直接使用它。

A．IF NOT EXISTS　　B．IF EXISTS

C．IF NOT EXIST　　D．IF EXIST

3．SQL 代码“DROP DATABASE book;”的功能是（　　）。

A．修改数据库名为 book　　B．删除数据库 book

C．使用数据库 book　　D．创建数据库 book

4．在 MySQL 数据库中，使用（　　）语句指定一个已有数据库作为当前工作数据库。

A．USING　　B．USED

C．USES　　D．USE

5．将数据存储在内存当中，数据的访问速度快，计算机关机后数据具有临时存储数据的特点，该存储引擎是（　　）。

A．MyISAM　　B．InnoDB

C．MEMORY　　D．CHARACTER

6．设置表的默认字符集的关键字是（　　）。

A．default character　　B．default set

C．default　　D．default character set

二、操作题

1．使用 MySQL Command Line Client 登录 MySQL 服务，用 SQL 语句创建 book 数据库，然后查看 MySQL 系统中还存在哪些数据库，查看支持的存储引擎的类型。

2．使用 Navicat for MySQL 登录 MySQL 服务，使用 SQL 语句创建数据库 boy，使用菜单方式创建数据库 girl，最后使用 SQL 语句删除 girl 数据库，使用菜单方式删除 boy 数据库。

第 3 章　表的操作和数据的完整性约束

本章介绍表的相关概念、数据类型、表的操作和数据的完整性约束。

3.1　表的概述

数据库是保存数据库对象的容器，数据表（简称表）是数据库中最重要的数据对象。

3.1.1　表的基本概念

在关系数据库中，每一个关系都体现为一张二维表，表中数据的组织形式由行、列和表头组成，使用表来存储和操作数据的逻辑结构，数据表的主要内容如下。

1）表名。每一个表都必须有一个名字，以标识该表，称为表名，表名在某一个数据库中必须唯一。

2）列名。任何列必须有一个名字，称为列名或字段名，在一个表中，列名必须唯一，而且必须指明数据类型。

3）行或记录。每行表示一条唯一的记录，行的顺序是任意的，一般是按照插入的先后顺序存储的。其中第一行是表的列名称部分，又称为表头。

4）列或属性。列或属性的顺序可以是任意的，每一列称为一个属性，且出自同一个域。

5）数据项。行和列的交叉称为数据项。

6）数据的完整性约束。包括表的主键和外键，表中哪些列允许为空，表中哪些列需要索引，表中哪些列需要绑定约束对象、默认值对象或规则对象。

表的逻辑结构如图 3-1 所示。

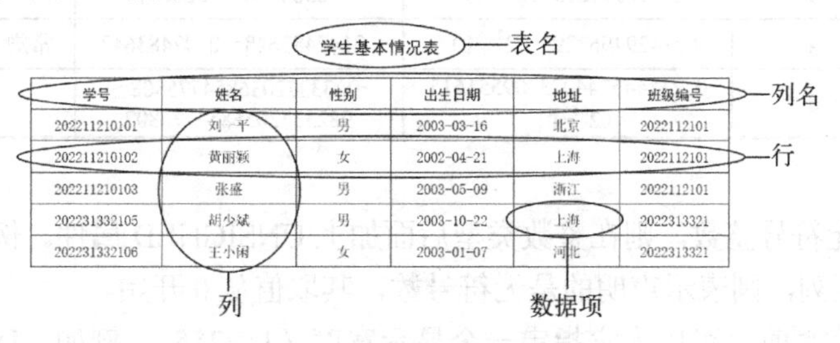

图 3-1　表的逻辑结构示意图

3.1.2　数据类型概述

在 MySQL 中，每个列、变量、表达式和参数都具有一个相关的数据类型。数据类型是一种属性，用于指定对象可保存数据的类型。数据类型分为基本数据类型（或称系统数据类型）和复合数据类型（用户定义数据类型）。

MySQL 提供的数据类型主要有数值、日期时间、字符串、二进制和复合类型，见表 3-1。

表 3-1　MySQL 的数据类型

数据类型	符号标识
数值类型	整数类型 TINYINT、SMALLINT、MEDIUMINT、INT、BIGINT，浮点小数类型 FLOAT 和 DOUBLE，定点小数类型 DECIMAL
日期时间类型	YEAR、DATE、DATETIME、TIME 和 TIMESTAMP
字符串类型	CHAR、VARCHAR、TINYTEXT、TEXT、MEDIUMTEXT 和 LONGTEXT
二进制类型	BIT、BINARY、VARBINARY、TINYBLOB、BLOB、MEDIUMBLOB 和 LONGBLOB
复合类型	SET 和 ENUM

3.2　数据类型

数据类型（Data Type）是计算机语言中对数据进行描述的定义。

3.2.1　数值类型

MySQL 支持所有的 ANSI/ISO SQL92 数字类型（ANSI，American National Standards Institute，美国国家标准局）。数值分为整数和小数，其中整数用整数类型表示，小数用浮点数类型和定点数类型表示。数值类型按存储精度分类，分为精确数值和近似数值，FLOAT 和 DOUBLE 是近似数值，其他数值类型是精确数值。

1．整数类型及其取值范围

MySQL 支持的整数类型见表 3-2。不同类型的整数存储时占用的字节不同，而占用字节多的类型所能存储的数字范围也大。可以根据占用的字节数计算出每一种数据类型的取值范围。

表 3-2　整数类型及其取值范围

整数类型	占用字节数	无符号数的取值范围	有符号数的取值范围	说　明
TINYINT	1	0～255（2^8-1）	-128～127	极小整数类型
SMALLINT	2	0～65535（2^{16}-1）	-32768～32767	较小整数类型
MEDIUMINT	3	0～16777215（2^{24}-1）	-8388608～8388607	中型整数类型
INT 或 INTEGER	4	0～4294967295（2^{32}-1）	-2147483648～2147483647	常规（平均）大小的整数类型
BIGINT	8	0～18446744073709551615（2^{64}-1）	-9223372036854775808～9223372036854775807	较大整数类型

说明：

1）若要声明无符号整数，则在整数类型后面加上 UNSIGNED 属性。例如，声明一个 INT UNSIGNED 的数据列，则表示声明的是无符号数，其取值从 0 开始。

2）声明整数类型时，可以为它指定一个显示宽度（1～255）。例如，INT(5)指定显示宽度为 5 个字符；如果没有给它指定显示宽度，MySQL 会为它指定一个默认值。显示宽度只用于显示，并不能限制取值范围，例如，可以把 123456 存入 INT(3)数据列中。

3）在整数类型后面加上 ZEROFILL 属性，表示在数值之前自动用 0 补齐不足的位数。例如，将 5 存入一个声明为 INT(3) ZEROFILL 的数据列中，查询输出时，输出的数据将是“005”。当使用 ZEROFILL 属性修饰时，则自动应用 UNSIGNED 属性。

2．浮点数类型和定点数类型及其取值范围

MySQL 中使用浮点数和定点数表示小数。浮点数类型有两种：FLOAT（单精度浮点类

型）和 DOUBLE（双精度浮点类型）。定点数类型只有一种，即 DECIMAL（定点数类型）。浮点数类型和定点数类型及其取值范围见表 3-3。

表 3-3　浮点数类型和定点数类型及其取值范围

类　型	占用字节数	非负数的取值范围	负数的取值范围	说　明
FLOAT	4	0 和 1.175494351E-38～3.402823466E+38	-3.402823466E+38～-1.175494351E-38	单精度浮点数
DOUBLE	8	0 和 2.2250738585072014E-308～1.7976931348623157E+308	1.7976931348623157E+308～2.2250738585072014E-308	双精度浮点数
DEC(M,D)或DECIMAL(M,D)	M+2	同 DOUBLE 型	同 DOUBLE 型	精确小数

说明：

1）FLOAT 数值类型用于表示单精度浮点数值，DOUBLE 数值类型用于表示双精度浮点数值，FLOAT 和 DOUBLE 都是浮点型，只是精确的位数不同。

2）DECIMAL(M,D)是定点小数的标准格式，可以准确地确定小数点后的位数，一般情况下可以选择这种数据类型。M 表示该值的总位数，D 表示小数点后面的位数，M 和 D 又称为精度和标度。M=整数位+小数位，D=小数位。D≤M≤255，0≤D≤30。DECIMAL 在不指定精度时，默认整数为 10，小数位为 0，即（10,0)。

3）在存储浮点数和定点数时，如果整数部分超出了范围，就会报错，不允许保存这样的值。如果小数部分超出范围，则分以下情况。

- 若四舍五入后，整数部分没有超出范围，则只警告，但能成功操作并四舍五入删除多余的小数位后保存。例如，在 DECIMAL(8,4)列内插入 9999.00005，近似结果是 9999.0001。
- 若四舍五入后，整数部分超出范围，则报错，并拒绝处理。例如，DECIMAL(8,4)列内插入 9999.99995 会报错。

3.2.2　字符串类型

字符串类型可以用来存储任何一种值，所以它是最基本的数据类型之一。MySQL 支持用单引号或双引号包含字符串，例如"MySQL"、'MySQL'，它们表示同一个字符串。字符串类型及其取值范围见表 3-4。

表 3-4　字符串类型及其取值范围

字符串类型	占用字节数	取值范围（字节 Byte）	说　明
CHAR[(size)]	size	0～255（2^8-1）	固定长度为 size 的字符串
VARCHAR[(size)]	size+1	0～65535（2^{16}-1）	可变长度字符串，最常用的字符串类型
TINYTEXT	size+1	0～255（2^8-1）	可变长度字符串，微小文本字符串
TEXT[(size)]	size+2	0～65535（2^{16}-1）	可变长度字符串，小文本字符串
NEDIUMTEXT	size+3	0～16777215（2^{24}-1）	可变长度字符串，中等长度文本字符串
LONGTEXT	size+4	0～4294967295（2^{32}-1）	可变长度字符串，大文本字符串

说明：

1）字符串按其长度是否固定分为固定长度字符串和可变长度字符串，定长字符串只有 CHAR，其他都是变长字符串。

2）CHAR(size)表示存储一个固定长度字符串（可以包含字母、数字、特殊字符、中文）。size 参数以字符为单位指定列长度，可以是 0～255，默认值为 1。

3）VARCHAR(size)表示存储可变长度的字符串（可以包含字母、数字、特殊字符、中文）。size 参数指定字符的最大列长度，可以是 0～65535。

4）对于变长字符串类型，其长度取决于实际存放在数据列中的值的长度，该长度在表 3-4 中用 size 表示，需要加上存放 size 本身的长度所需要的字节数。例如，一个 VARCHAR(10)列能保存最大长度为 10 个字符的字符串，实际的存储是字符串的长度，加上 1 个字节以记录字符串的长度。例如，字符串“ABC123”，字符个数是 6，而存储是 7 个字节。

5）在使用 CHAR 类型时，如果传入实际值的长度小于指定长度，会使用空格将其填补至指定长度；而在使用 VARCHAR 类型时，如果传入实际值的长度小于指定长度，实际长度即为传入字符串的长度，不会使用空格填补。

6）在使用 CHAR 和 VARCHAR 类型时，当传入的实际值的长度大于指定的长度时，字符串会被截取至指定长度。

7）TEXT 类型分为 4 种：TINYTEXT、TEXT、MEDIUMTEXT 和 LONGTEXT，它们的区别是存储空间和数据长度不同。由于占用空间大，实际项目中不使用。TEXT(size)中的 size 参数用于指定字符的最大列长度。

8）VARCHAR、TEXT 等变长类型，它们的存储取决于值的实际长度，而不是取决于类型的最大可能长度。

9）CHAR 类型要比 VARCHAR 等变长类型效率更高，但占用空间较大。

3.2.3 日期和时间类型

时间和日期类型用来存储日期、时间的值，日期和时间类型及其取值范围见表 3-5。

表 3-5 日期和时间类型及其取值范围

日期和时间类型	字节数	格　式	取 值 范 围	说　明
DATE	4	YYYY-MM-DD	1000-01-01～9999-12-31	日期值
TIME	3	HH:mm:ss	-838:59:59～838:59:59	时间值
YEAR	1	YYYY	1901～2155	年份值
DATETIME	8	YYYY-MM-DD HH:mm:ss	1000-01-01 00:00:00～9999-12-31 23:59:59	混合日期和时间值
TIMESTAMP	4	YYYY-MM-DD HH:mm:ss	19700101080001～20380119031407	时间戳

说明：

1）YYYY 表示年，MM 表示月，DD 表示日；HH 表示小时，mm 表示分钟，ss 表示秒。在给 DATETIME 类型的字段赋值时，可以使用字符串类型或者数值类型的数据，只需符合 DATETIME 的日期格式即可。

2）TIMESTAMP 的显示格式与 DATETIME 相同，默认显示格式相同，显示宽度固定为 19 个字符，格式为 YYYY-MM-DD HH:mm:ss。

TIMESTAMP 可以自动转换时区，存储的是毫秒数，4 字节存储。DATETIME 不支持时区，8 字节存储。TIMESTAMP 列的取值范围小于 DATETIME 的取值范围，见表 3-5。

3）从形式上来说，MySQL 日期类型的表示方法与字符串的表示方法相同（使用单引号括起来）。本质上，MySQL 日期类型的数据是一个数值类型，可以参与简单的加、减运算。每

一个类型都有取值范围，当取值不合法时，系统取值为 0。

4）TIMESTAMP 和 DATETIME 除了存储字节和支持的范围不同之外，还有一个最大的区别：DATETIME 在存储日期数据时，按实际输入的格式存储，即输入什么就存储什么，和读者所在的时区无关；而 TIMESTAMP 值的存储是以 UTC（世界标准时间）格式保存，存储时对当前时区进行转换，检索时再转换回当前时区。在进行查询时，根据读者所在时区不同，显示的日期时间值是不同的。

3.2.4　二进制类型

MySQL 支持两类字符型数据：文本字符串和二进制字符串。二进制字符串类型也称为二进制类型，MySQL 中的二进制字符串有 BIT、BINARY、VARBINARY、TINYBLOB、BLOB、MEDIUMBLOB 和 LONGBLOB。由于在实际应用中基本不用二进制类型，本书不介绍。

3.2.5　复合类型

MySQL 数据库还支持两种复合数据类型 SET 和 ENUM，它们扩展了 SQL 规范。这些类型基于字符串类型的集合，但是可以被视为不同的数据类型。

1．SET（集合）类型

SET 类型的列允许从一个集合中取得多个值，与复选框的功能类似。例如，一个人的兴趣爱好可以从集合{'看电影', '听音乐', '旅游', '购物'}中取值，且可以取多个值。

SET 类型是一个字符串对象，可以有零或多个值，SET 字段最大可以有 64 个成员，其值为表创建时规定的一列值。指定包括多个 SET 成员的 SET 字段值时，各成员之间用逗号隔开，语法格式如下。

```
列名 SET('值1', '值2', … , '值n')
```

与 ENUM 类型相同，SET 值在内部用整数表示，列表中每一个值都有一个索引编号。当创建表时，SET 成员值的尾部空格将自动被删除。但与 ENUM 类型不同的是，ENUM 类型的字段只能从定义的字段值中选择一个值插入，而 SET 类型的列可从定义的列值中选取多个值。

如果插入 SET 字段中的值有重复，则 MySQL 自动删除重复的值；插入 SET 字段的值的顺序不重要，会在存入数据库的时候，按照定义的顺序显示；如果插入了不正确的值，在默认情况下，MySQL 将忽视这些值，并给出相应警告。

2．ENUM（枚举）类型

ENUM 类型的列只允许从一个枚举中取得某一个值，与单选按钮的功能类似。例如，人的性别从枚举{'男', '女'}中取值，且只能取其中一个值。

ENUM 是一个字符串对象，其值为表创建时在列规定中枚举的一列值，语法格式如下。

```
列名 ENUM('值1', '值2', … , '值n')
```

语法格式中的参数说明如下。

1）“列名”指的是将要定义的列名称。

2）“值 n”指的是枚举列表中的第 n 个值。

ENUM 类型的列在取值时，只能在指定的枚举列表中取，而且一次只能取一个值。如果创建的成员中有空格或者尾部有空格，则空格将自动被删除。ENUM 值在内部用整数表示，每个枚举值均有一个索引值，列表值所允许的成员值从 1 开始编号，MySQL 存储的就是这个索引编号。枚举最多可以有 65535 个元素。

ENUM 值依照索引顺序排列，并且空字符串排在非空字符串之前，NULL 排在其他所有枚举值之前。ENUM 类型的字段有一个默认值 NULL。如果将 ENUM 列声明为允许 NULL，NULL 则为该字段的一个有效值，并且默认值为 NULL。如果 ENUM 列被声明为 NOT NULL，其默认值为允许的值列的第 1 个元素。

NULL 称为空，通常用于表示未知、没有值、不可用或将在以后添加的数据。可以将 NULL 插入到数据表中并从表中检索，也可以测试某个值是否为 NULL，也能对 NULL 进行算术计算。如果对 NULL 进行算术运算，其结果还是 NULL。在 MySQL 中，0 或 NULL 都是假，而其余值都是真。

3.3 表的操作

数据库表简称表，表的操作包括创建表、查看表、修改表和删除表等。

3.3.1 创建表

创建表是在已经创建好的数据库中建立新表，表必须建在某一数据库中，不能单独存在，表是数据库存放数据的对象。创建表的实质就是定义表结构，即规定列的属性的过程，同时也是实施数据完整性（包括实体完整性、引用完整性和域完整性）约束的过程。创建表使用数据定义语言（Data Definition Language，DDL），DDL 是用来创建数据库中的各种对象（表、视图、索引等）的 SQL 语言。表的基本操作包括表的创建、查看、修改、复制和删除。

1. 使用 SQL 语句创建表

创建表使用 CREATE TABLE 语句，其基本语法格式如下。

```
CREATE [TEMPORARY] TABLE [db_name.]tb_name
(
    column_definition1 [列级完整性约束条件 1, ]
    [column_definition2 [列级完整性约束条件 2], ]
    [ …, ]
    [column_definitionN [列级完整性约束条件 N], ]
    [表级完整性约束条件]
) [table_option];
```

语法格式中的参数说明如下。

1）表属于数据库，在创建表之前，应该使用语句 USE db_name 指定创建表的数据库，如果没有选择数据库，直接创建数据表，将显示“No database selected”。

2）tb_name：表的名称，必须符合标识符命名规则，不区分大小写，不能使用 SQL 语言中的关键字。表被创建到当前的数据库中。如果表名为 db_name.tb_name，则在特定数据库 db_name 中创建表，而不论是否在当前数据库中，都可以通过这种方式创建。在当前数据库中创建表时，可以省略 db_name。

3）column_definition：表中每个列的定义是以列名开始的，后跟该列的数据类型以及可选参数。如果创建多列，则各列用逗号分隔。列名在该表中必须唯一。

列的定义包括列名、数据类型、指定默认值、注释列名等属性组成，各项之间用空格分隔，格式如下。

```
column_name data_type [DEFAULT default_value] [AUTO_INCREMENT] [COMMENT 'String'] …
```

其中：

column_name：列名。

data_type：该列的数据类型。

DEFAULT：该列的默认值。

AUTO_INCREMENT：设置自增属性，该列可以唯一标识表中的每行记录，只有整型列才能设置此属性。其默认的初始值为 1，该列的值会被设置为 value+1（默认为加 1 递增），其中 value 是当前表中该列的最大值。每个表只能定义一个 AUTO_INCREMENT 列，并且必须在该列上定义主键约束（PRIMARY KEY）或唯一键约束（UNIQUE KEY）。

COMMENT：该列的注释文字。

4）table_option：对表的操作，包括存储引擎、默认字符集和校对规则等，各项之间用空格分隔，格式如下。

```
[ENGINE= engine_name] [DEFAULT CHARSET= characterset_name]
    [COLLATE= collation_name]
```

其中：

ENGINE：指定表的存储引擎，如果省略，则采用默认的存储引擎。

DEFAULT CHARSET：指定字符集，如果省略则采用默认的字符集。

COLLATE：指定校对规则，如果省略则采用默认的校对规则。

5）完整性约束条件。完整性约束的内容将在下一节详细介绍。

【例 3-1】 在学生信息数据库 studentinfo 中，创建学生表 student，student 表的定义见表 3-6。要求对表使用 InnoDB 存储引擎，设置该表的字符集为 utf8，其对应校对规则是 utf8_bin。

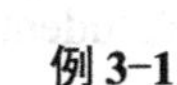

表 3-6　student 表的定义

列　名	数 据 类 型	约　束	说　明
StudentID	CHAR(12)	主键	学号，12 位数字编号=4 位入学的年份+2 位系编号+2 位专业编号+2 位班级顺序号+2 位顺序号。例如，202211210103 表示 2022 年入学，11 系，21 专业，01 班，第 03 号
StudentName	VARCHAR(20)		姓名
Sex	ENUM('男','女')	默认"男"	性别
Birthday	DATE		出生日期
Address	VARCHAR(30)		家庭地址
ClassID	CHAR(10)		班级编号

创建 student 表的 SQL 语句如下。

```
USE studentinfo;
CREATE TABLE student
(
    StudentID CHAR(12) COMMENT '学号',
    StudentName VARCHAR(20) COMMENT '姓名',
    Sex ENUM('男', '女') DEFAULT '男',
    Birthday DATE COMMENT '出生日期',
    Address VARCHAR(30) ,
    ClassID CHAR(10) COMMENT '班级编号'
) ENGINE=InnoDB DEFAULT CHARSET=utf8 COLLATE=utf8_bin;
```

对于较长的 SQL 语句，为了方便修改，最好在 Navicat for MySQL 的“查询编辑器”窗格中输入和运行。在“查询编辑器”窗格中输入上面的 SQL 语句，然后单击“运行”按钮，如图 3-2 所示。当“信息窗格”中显示“OK”后，表示代码正确，完成运行。

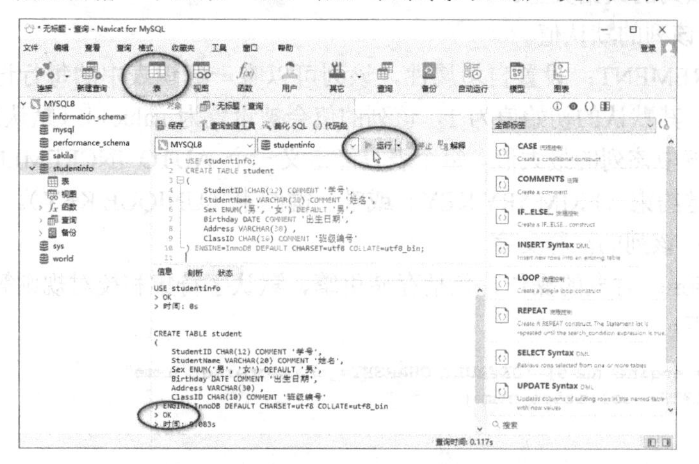

图 3-2　运行“查询编辑器”窗格中的全部 SQL 语句

运行创建 student 表的 SQL 语句后，“导航”窗格中的表不会自动更新，可右击数据库名 studentinfo 下的“表”，从弹出的快捷菜单中选择“刷新”命令，然后双击“表”展开，就可以看到新创建的表名 student。

对于 InnoDB 存储引擎，MySQL 服务实例会在数据库目录 C:\ProgramData\MySQL\MySQL Server 8.0\Data\studentinfo 中创建一个名为 student，扩展名为.ibd 的表文件 student.ibd。

例 3-2

6）使用“CREATE TEMPORARY TABLE 表名”创建一个临时表。临时表存储在内存中，不需要指定数据库。SHOW TABLES 不会列出临时表。当断开 MySQL 时，将自动删除临时表并释放所用的空间。

【例 3-2】 创建临时表 temp_table。

SQL 语句如下。

```
CREATE TEMPORARY TABLE temp_table
(
    ID INT NOT NULL,
    Name VARCHAR(10),
    Value INT NOT NULL
);
```

在 Navicat for MySQL 的“查询编辑器”窗格中，可以选中要运行的 SQL 语句，则原来的“运行”按钮变为“运行已选择的”按钮，如图 3-3 所示，单击它运行选中的语句。采用这种分段运行代码的方法，可以看到运行过程。

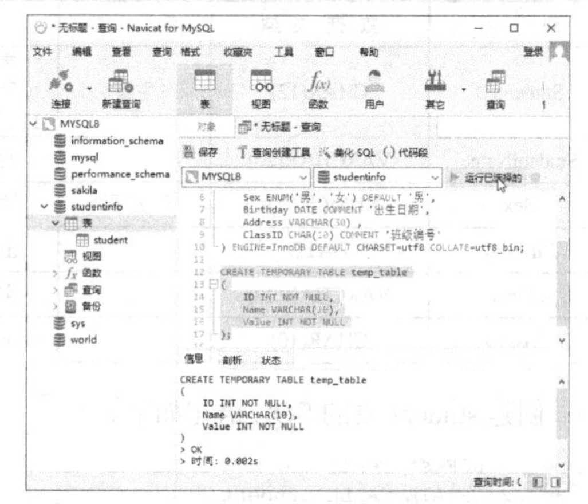

图 3-3　运行“查询编辑器”窗格中选中的 SQL 语句

2．使用 Navicat for MySQL 对话方式创建表

下面使用 Navicat for MySQL 的菜单命令创建表。

【例 3-3】 在 studentinfo 数据库中，创建班级表 class，该表的定义见表 3-7。

表 3-7　class 表的定义

列　　名	数 据 类 型	约　　束	说　　明
ClassID	CHAR(10)	主键	班级编号，10 位数字编号=4 位该班入学的年份+2 位系编号+2 位专业编号+2 位班级顺序号。例如，2022112101 表示 2022 年入学，11 系，21 专业，01 班
ClassName	VARCHAR(20)	NOT NULL	班级名称
ClassNum	INT		班级人数
Grade	INT		年级
DepartmentID	CHAR(2)	外键，NOT NULL	系编号

创建 class 表的操作步骤如下。

1）在 Navicat for MySQL 的“导航”窗格中，双击数据库 studentinfo 打开该数据库。右击其下的“表”，在弹出的快捷菜单中选择“新建表”命令，如图 3-4 所示。

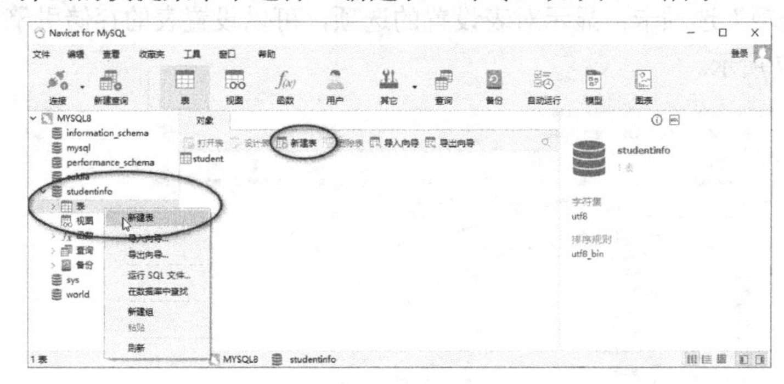

图 3-4　新建表

2）显示“表结构设计”窗格，在“字段”选项卡中，通过工具栏上的“添加字段”“插入字段”“删除字段”等按钮来添加或删除字段。

例如，设置班级编号列 ClassID，在“名”下输入 ClassID，在“类型”下选择 char，在“长度”下输入 10；在“不是 null”下选中复选框，表示该字段不允许为空；在“键”下单击出现钥匙图标，把 ClassID 列设为主键；在“注释”下输入文字。如果该列有默认值，在“默认”后的文本框中输入默认值；如果需要为该列设置字符集和排序规则，选中相应的选项即可，如图 3-5 所示。

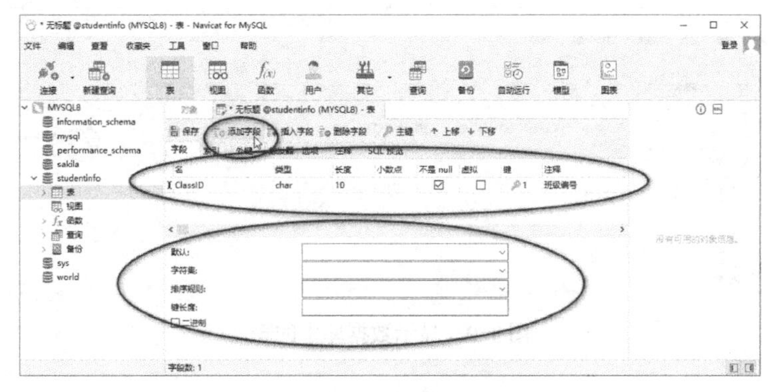

图 3-5　表设计器

继续把其他字段添加到表设计器中，所有字段添加后如图 3-6 所示。

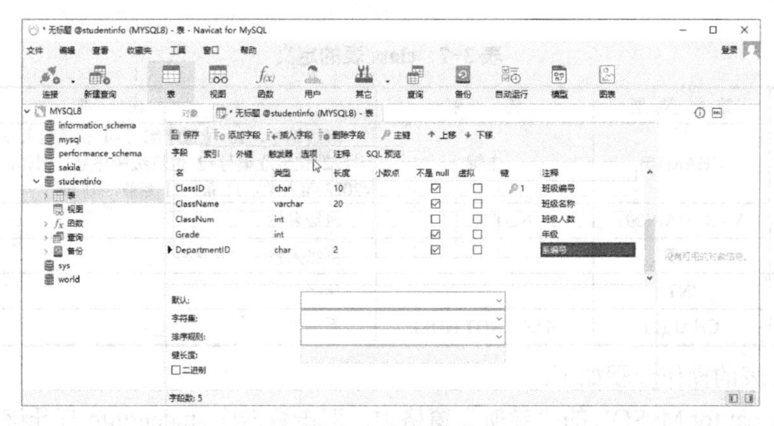

图 3-6 添加字段

3）选择“选项”选项卡，显示对表设置的选项，可以设置表的存储引擎、字符集、排序规则等，如图 3-7 所示。

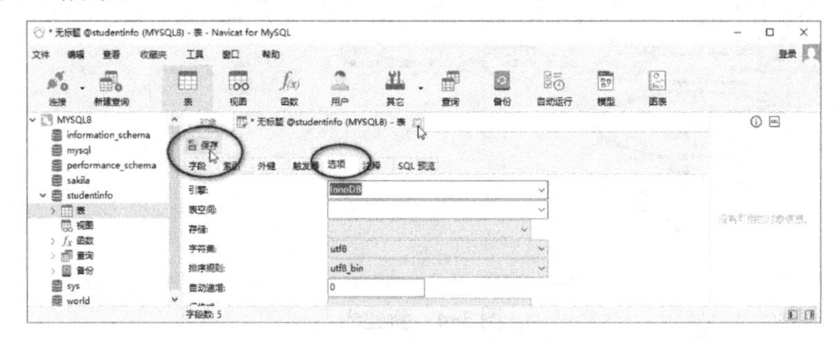

图 3-7 “选项”选项卡

4）完成表的设置后，单击工具栏上的“保存”按钮。显示“表名”对话框，如图 3-8 所示，输入表名 class，单击“确定”按钮。

图 3-8 “表名”对话框

5）在图 3-7 中单击“表”选项卡的“关闭”按钮，关闭“表”选项卡。

6）在“导航”窗格中双击“表”，则创建的 class 表显示出来，如图 3-9 所示。

图 3-9 显示数据库中的表

3.3.2 查看表

使用 SQL 语句创建表后，可以查看表的名称和表的结构定义。

1．查看表的名称

使用 SHOW TABLES 语句查看指定数据库中所有表的名称，其语法格式如下。

```
SHOW TABLES [{ FROM | IN } db_name ];
```

语法说明如下。

1）使用选项{ FROM | IN } db_name 可以查看非当前数据库中的表名称。

2）db_name 是表的名称，必先打开数据库。

【例 3-4】 在数据库 studentinfo 中，查看所有的表名。

查看当前数据库中表名称的 SQL 语句如下。

```
USE studentinfo;
SHOW TABLES;
```

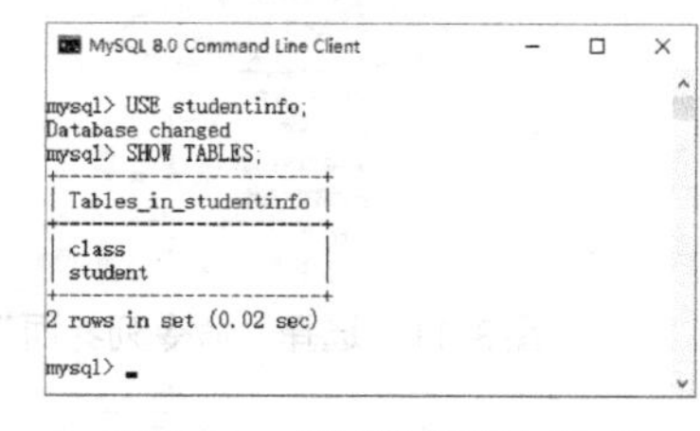

图 3-10　显示数据库中的表

在 MySQL Command Line Client 的 mysql>提示符后输入命令，按〈Enter〉键后显示运行结果，如图 3-10 所示。

在 Navicat for MySQL 的“查询编辑器”窗格中输入命令，同样显示运行结果。

2．查看表的基本结构

查看指定表的结构使用 DESCRIBE/DESC 语句或 SHOW COLUMNS 语句，包括字段名、字段的数据类型、字段值是否允许为空、是否为主键和是否有默认值等。

SHOW COLUMNS 语句的语法格式如下。

```
SHOW COLUMNS { FROM | IN } tb_name [{ FROM | IN } db_name];
```

DESCRIBE/DESC 语句的语法格式如下。

```
{ DESCRIBE | DESC } tb_name;
```

语法说明。

1）MySQL 支持用 DESCRIBE 作为 SHOW COLUMNS FROM 的一种快捷方式。

2）db_name 是表的名称，必须先打开数据库，才能查看表。

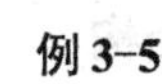

【例 3-5】 在数据库 studentinfo 中，查看 student 表的结构。

SQL 语句如下。

```
SHOW COLUMNS FROM student;
```

或

```
DESC student;
```

在 Navicat for MySQL 窗口中，也可以像 MySQL Command Line Client 一样，在 mysql>提示符后输入命令，按〈Enter〉键后显示运行结果。操作步骤如下。

1）在 Navicat for MySQL 的“导航”窗格中，右击数据库名 studentinfo，从弹出的快捷菜单中选择“命令列界面”命令，如图 3-11 所示。

2）Navicat for MySQL 窗口中部显示“命令列界面”窗格，在 mysql>提示符后分别输入上面的 SQL 语句并按〈Enter〉键，运行结果如图 3-12 所示。

也可以在“查询编辑器”窗格中输入上面的 SQL 语句，运行结果显示在“结果”窗格中。

例如，显示数据库 studentinfo 中表 class 的结构，如图 3-13 所示。

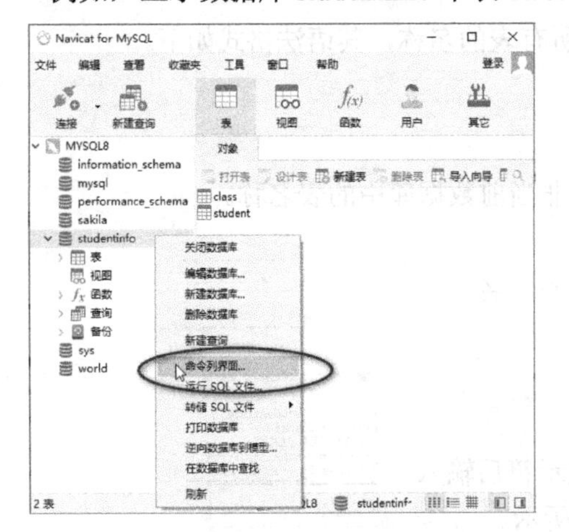

图 3-11　选择“命令列界面”命令

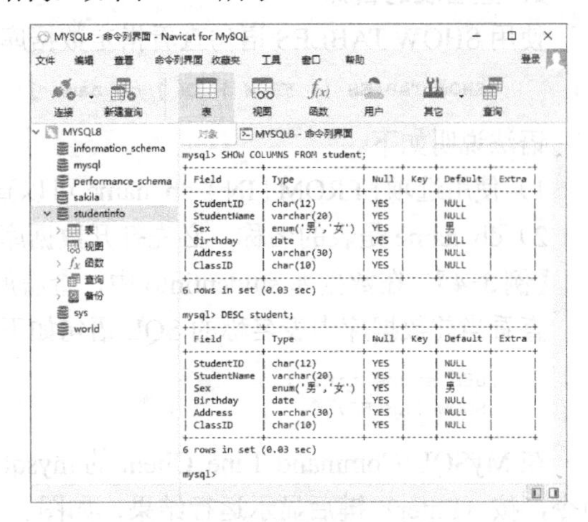

图 3-12　在“命令列界面”窗格中运行

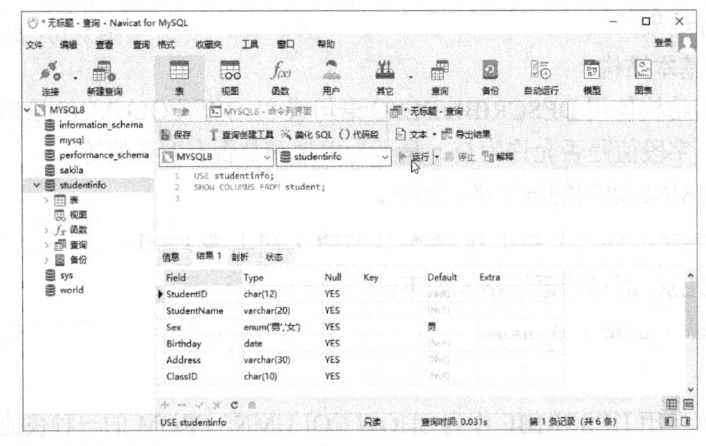

图 3-13　在“查询编辑器”窗格中运行

3. 查看表的详细结构

使用 SHOW CREATE TABLE 语句查看创建表时的 CREATE TABLE 语句，其语法格式如下。

```
SHOW CREATE TABLE tb_name;
```

使用 SHOW CREATE TABLE 语句不仅可以查看创建表时的详细语句，还可以查看存储引擎、字符编码和校对规则等。

【例 3-6】 在数据库 studentinfo 中，查看表 class 的详细信息。

SQL 语句如下。

```
USE studentinfo;
SHOW CREATE TABLE class\G;
```

“\G”的作用是将查到的结构旋转 90°变成纵向，后面不能再加分号，因为“\G”在功能上等同于“;”。在 MySQL Command Line Client 中输入上面语句，其运行结果如图 3-14 所示。

Navicat for MySQL 不支持“\G”，如果要在 Navicat for MySQL 查看表的详细信息，要删掉上面 SQL 语句中的“\G”，语句结尾改用分号，其运行结果如图 3-15 所示。

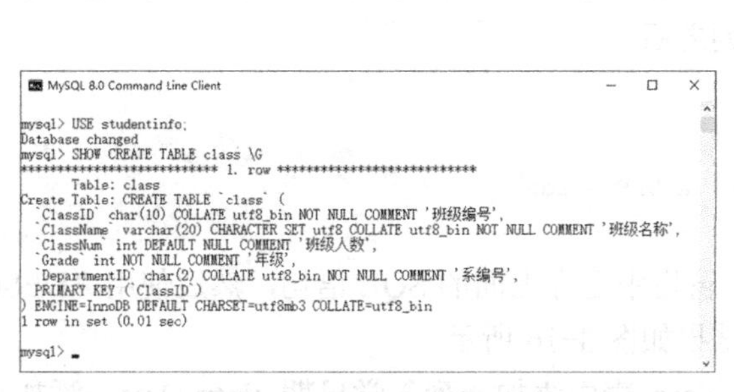

图 3-14　在命令行客户端查看表的详细结构

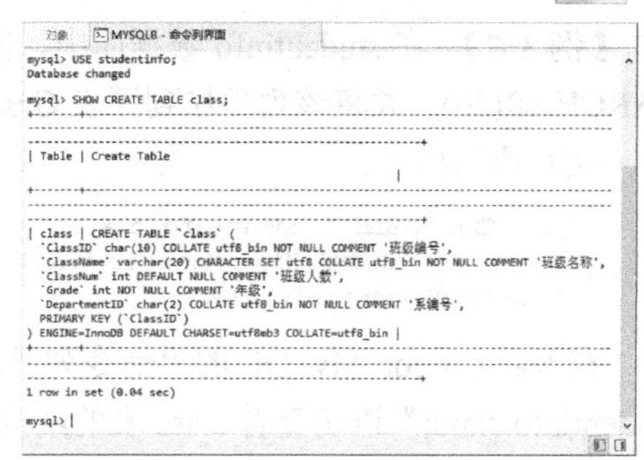

图 3-15　在 Navicat 的命令列界面查看

3.3.3　修改表

修改表是对数据库中已经存在的表做进一步的结构修改与调整。使用 ALTER TABLE 语句修改原有表的结构和修改表。常用的修改表的操作有：修改表名、修改字段数据类型或字段名、增加和删除字段、修改字段的排列位置、更改表的存储引擎、删除表的外键约束等。修改表结构后，可以查看表的结构，查看修改是否成功。

1. 使用 SQL 语句修改表结构

使用 ALTER TABLE 可以修改表的结构和表名，包括添加列、修改列的类型、改变列名、删除列和更改表名，其语法格式如下。

```
ALTER TABLE tb_name
    ADD [COLUMN] new_col_name type [constraint_condition] [{ FIRST | AFTER } existing_col_names] |
    MODIFY [COLUMN] col_name type [constraint_condition] [{ FIRST | AFTER } existing_col_names] |
    CHANGE [COLUMN] col_name new_col_name type [constraint_condition] |
    ALTER [COLUMN] col_name { SET | DROP } DEFAULT |
    DROP [COLUMN] col_name |
    AUTO_INCREMENT [=n] |
    RENAME [{AS | TO}] new_tb_name;
```

语法说明如下。

1）tb_name 是表的名称。修改表前必须先打开数据库。

2）ADD 子句向表中添加一个新列，其中约束条件 constraint_condition 与创建新表时的列定义相同，用于指定字段取值不为空、字段的默认值、主键以及唯一键约束等。可选项{ FIRST | AFTER } existing_col_names 子句用于指定新增列在表中的位置，FIRST 表示将新添加的列设置为表的第一个列，AFTER 表示将新添加的列加到指定的已有列名 existing_col_names 的后面，如果语句中没有这两个参数，则默认将新添加的列设置为表的最后一列。

3）MODIFY 子句修改指定列的数据类型、约束条件，还可以通过 FIRST 或 AFTER 关键字修改指定列在表中的位置。

4）CHANGE 子句改变指定列的列名、数据类型、约束条件。本子句可以有多个，可同时修改多个列属性，各子句之间用逗号分隔。

5）ALTER 子句修改或删除指定列的默认值。

6）DROP 子句删除指定列。

7）AUTO_INCREMENT[=n]子句设置自增列及初始值，省略 n 则默认初始值为 1，步长为 1。

8）RENAME 重新命名表名，new_tb_name 是新的表名。

【例 3-7】 在 studentinfo 数据库中，向 class 表中添加班长一列 ClassMonitor，数据类型是 VARCHAR(20)，并将该列添加到原表 Grade 列之后。

SQL 语句如下。

```
ALTER TABLE studentinfo.class
   ADD COLUMN ClassMonitor VARCHAR(20) AFTER Grade;
DESC studentinfo.class;
```

在 Navicat for MySQL 的“命令列界面”窗格中运行上面的 SQL 语句，然后使用“DESC studentinfo.class;”语句查看 class 表的结构，结果如图 3-16 所示。

【例 3-8】 在 studentinfo 数据库中，向 class 表中添加一列入学日期 EntryDate，添加到 ClassName 列后；把 ClassMonitor 的数据类型宽度改为 VARCHAR(10)。

由于 ALTER 一次只能添加、修改或删除一列，所以分别用两个 SQL 语句实现题目要求的功能，SQL 语句如下。

```
ALTER TABLE class
   ADD EntryDate DATE AFTER ClassName;
ALTER TABLE class
   MODIFY ClassMonitor VARCHAR(10);
DESC class;
```

可以在 Navicat for MySQL 的“命令列界面”窗格中运行上面的 SQL 语句，结果如图 3-17 所示。

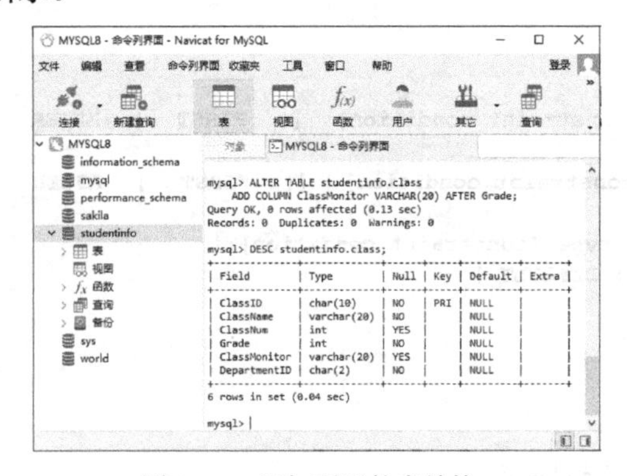

图 3-16 添加列后的表结构

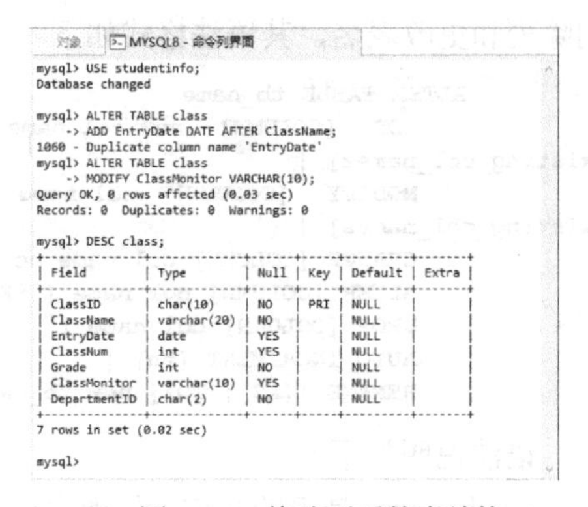

图 3-17 修改列后的表结构

2. 使用 SQL 语句更改存储引擎

存储引擎是基于表的，可以为每一张表选择不同的存储引擎。如果表中已经有大量数据，要慎重。更改表的存储引擎的语法格式如下。

```
ALTER TABLE tb_name ENGINE=engine_name;
```

【例 3-9】 将 student 表的存储引擎修改为 MyISAM。

SQL 语句如下。

```
ALTER TABLE student ENGINE=MyISAM;
```

在 Navicat for MySQL 的“命令列界面”窗格中运行上面的 SQL 语句，然后使用下面的 SQL 语句查看 student 表的存储引擎。

```
SHOW CREATE TABLE student;
```

如果该表有外键，由 InnoDB 变为 MyISAM 是不允许的，因为 MyISAM 不支持外键。

在后面的操作中，要对 student 表设置外键，所以要将其存储引擎改回 InnoDB，SQL 语句如下。

```
ALTER TABLE student ENGINE=InnoDB;
```

3．使用 SQL 语句重命名表名

可以使用 ALTER TABLE 语句的 RENAME 子句为表重新命名，也可以使用 RENAME TABLE 语句更换表名。

在 ALTER TABLE 命令中使用 RENAME 子句修改表名的语法格式如下。

```
ALTER TABLE tb_name RENAME [{AS | TO}] new_tb_name;
```

使用 RENAME TABLE 语句可以一次修改多个表名，其语法格式如下。

```
RENAME TABLE tb_name1 TO new_tb_name1 [, tb_name2 TO new_tb_name2 ] …;
```

更换表名并不修改表结构，因此更换表名前、后的表结构是相同的。

【例 3-10】 分别使用上面两种语句，在数据库 studentinfo 中，修改 student 表的表名。先把 student 表的表名改为 stu，再改回 student。

SQL 语句如下。

```
ALTER TABLE student RENAME TO stu;
RENAME TABLE stu TO student;
```

4．使用 Navicat for MySQL 对话方式修改表结构

例 3-11

在 Navicat for MySQL 中，主要通过表结构设计窗口修改表。

【例 3-11】 使用 Navicat for MySQL 对话方式修改表结构，在数据库 studentinfo 中修改 student 表，操作步骤如下。

1）在 Navicat for MySQL 的“导航”窗格中，依次展开服务器、数据库和表，例如，依次展开 MYSQL8→studentinfo→表，右击 student 表名，从弹出的快捷菜单中选择“设计表”命令或者单击工具栏上的“设计表”按钮。

2）Navicat for MySQL 窗口的中部显示“表结构设计”窗格的“字段”选项卡，如图 3-18 所示。

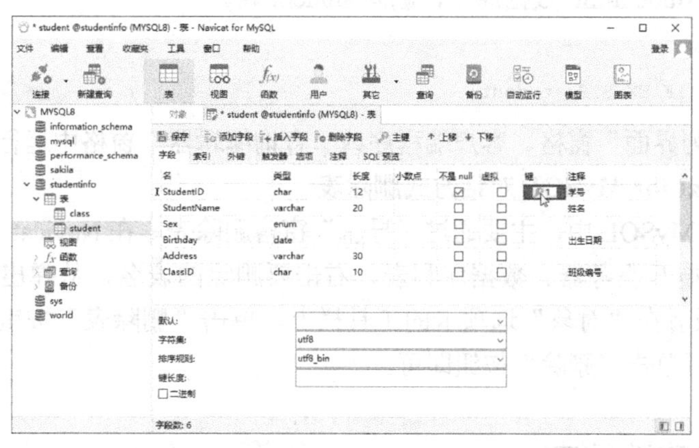

图 3-18 “表结构设计”窗格的“字段”选项卡

3）在“字段”选项卡中，可以添加、删除字段；或者修改某字段的名称、数据类型、数据长度、是否允许为空值、键和默认值等。

4）在“选项”选项卡中，可以设置存储引擎等选项，如图 3-19 所示。

5）分别在其他选项卡中完成相应的设置。

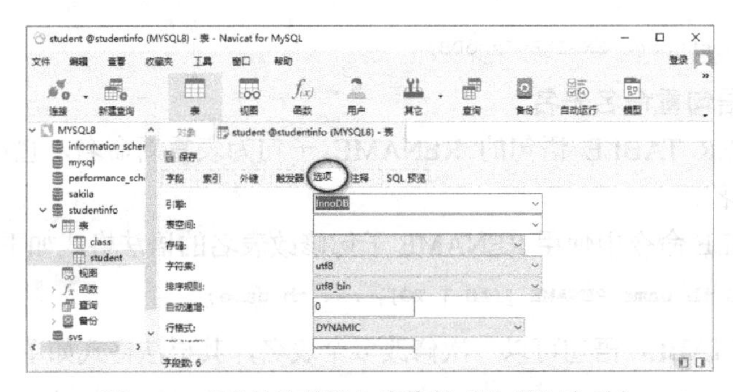

图 3-19 “表结构设计”窗格的“选项”选项卡

6）修改完成后，单击工具栏上的“保存”按钮。

3.3.4 删除表

1．使用 SQL 语句删除表

删除表使用 DROP TABLE 语句，其语法格式如下。

```
DROP TABLE [ IF EXISTS ] tb_name1[, tb_name2] ...;
```

语法说明如下。

1）tb_name 是表的名称，删除表前必须先打开数据库。

2）DROP TABLE 语句可以同时删除多个表，表名之间用逗号分隔。

3）IF EXISTS 用于在删除表之前判断要删除的表是否存在。如果要删除的表不存在，且删除表时不加 IF EXISTS，则会提示一条错误信息“ERROR 1051(42S02): Unknown table 'tb_name'”（在 MySQL Command Line Client 中）或“1051 - Unknown table 'tb_name'”（在 Navicat 中）；加上 IF EXISTS 后，如果要删除的表不存在，SQL 语句可以顺利执行，不提示错误信息。

注意：删除表的同时，表的定义和表中所有的数据均会被删除，所以使用该语句需格外小心。另外，用户在该表上的权限并不会自动被删除。

【例 3-12】 在 studentinfo 数据库中，删除 student 表。

SQL 语句如下。

```
DROP TABLE IF EXISTS student;
```

可以在“命令列界面”窗格、客户端程序或“查询编辑器”窗格中运行以上 SQL 命令。

2．使用 Navicat for MySQL 对话方式删除表

在 Navicat for MySQL 中，主要通过“导航”窗格删除表。在 Navicat for MySQL 的“导航”窗格中，依次展开服务器、数据库和表，右击要删除的表名，从弹出的快捷菜单中选择“删除表”命令，或者在“对象”选项卡的工具栏上，单击“删除表”按钮、均可打开“确认删除”对话框，然后单击“删除”按钮即可。

3.4 数据的完整性约束

关系模型的完整性规则是对关系的某种约束条件，是关系数据库系统最重要的功能之一。对关系模型施加完整性约束，则是为了在数据库应用中保障数据的正确性和一致性，防止数据库中存在不符合语义的、不正确的数据。关系模型中有三类完整性约束，分别是实体完整性、参照完整性和用户自定义完整性。其中，实体完整性和参照完整性是关系模型必须满足的完整

性约束条件，被称作是关系的两个不变性。

设计数据库时，可以对数据库表中的一些列设置约束条件，由 MySQL 自动检测输入的数据是否满足约束条件，不满足约束条件的数据，MySQL 拒绝录入。

3.4.1　数据完整性约束的概念和子句

1．数据完整性约束的概念

在 MySQL 中，数据的完整性约束条件分为以下 3 类。

1）实体完整性约束：实体的完整性强制表的列或主键的完整性。

2）参照完整性约束：参照完整性确保键值在所有表中一致。

3）用户自定义完整性约束：用户自己定义的约束规则。

在 MySQL 中，各种完整性约束是作为定义表的一部分，可通过 CREATE TABLE 或 ALTER TABLE 语句来定义。如果完整性约束条件涉及该表的多列，则必须定义在表级上；否则既可以定义在表级上，也可以定义在列级上。

一旦定义了完整性约束，当用户操作表中的数据时，MySQL 会自动检查该操作是否遵循这些完整性约束条件，从而保障数据的正确性与一致性。

2．数据完整性约束条件子句

在使用 CREATE TABLE 语句创建数据表的同时，可以定义完整性约束条件，包括列级完整性约束条件和表级完整性约束条件。在 CREATE TABLE 语句中定义数据完整性约束条件子句的格式如下。

```
[NULL | NOT NULL] [UNIQUE [KEY]] | [PRIMARY [KEY]] [reference_definition]
```

语法说明如下。

1）各项之间用空格分隔。

2）NOT NULL 或者 NULL：表示列是否可以为空值。

3）UNIQUE KEY：对列指定唯一约束。

4）PRIMARY KEY：对列指定主键约束。

5）reference_definition：指定列外键约束。

3.4.2　定义实体完整性

实体完整性规则是指关系的主属性不能取空值，即主键和唯一键在关系中所对应的属性都不能取空值。实体完整性约束通过主键（PRIMARY KEY）和唯一键（UNIQUE KEY）约束实现。

1．主键约束（PRIMARY KEY Constraint）

主键是表中某一列或某些列所构成的一个组合。其中，由多个列组合而成的主键也称为复合主键。主键的值必须是唯一的，而且构成主键的每一列的值都不允许为空。

（1）主键列必须遵守的规则

在 MySQL 中，主键列必须遵守如下一些规则。

1）每一个表只能定义一个主键。

2）主键的值，也称为键值，必须能够唯一标识表中的每一行记录，且不能为 NULL。也就是说，表中两条不同的记录在主键上不能具有相同的值，这是唯一性原则。

3）复合主键不能包含不必要的多余列。也就是说，当从一个复合主键中删除一列后，如果剩下的列仍能满足唯一性原则，那么这个复合主键是不正确的，这是最小化规则。

4）一个列名在复合主键的列表中只能出现一次。

（2）实现主键约束的方式

设计数据库时，建议为所有的表都定义一个主键，用于保证表中记录的唯一。一张表中只允许设置一个主键，这个主键可以是一个列，也可以是列组（不建议使用复合主键），即主键分为两种类型：单列主键和多列联合主键。在录入数据的过程中，必须在所有主键列中输入数据，即任何主键字段的值不允许为 NULL。

主键约束可以在创建表（CREATE TABLE 语句）的时候创建主键，也可以对表已有的主键进行修改（ALTER TABLE 语句）或者增加新的主键。设置主键有两种方式：列级完整性约束和表级完整性约束。

1）列级完整性约束。如果用列级完整性约束，则在表中该列的定义后加上 PRIMARY KEY 关键字，将该列设置为主键约束，语法格式如下。

```
列名 数据类型 [其他约束] PRIMARY KEY
```

例 3-13 

【例 3-13】 在数据库 studentinfo 中，重新创建学生表 student，要求以列级完整性约束方式定义 StudentID 列为主键。

SQL 语句如下。

```
USE studentinfo;
DROP TABLE IF EXISTS student;
CREATE TABLE student
(
    StudentID CHAR(12) PRIMARY KEY,
    StudentName VARCHAR(20) NOT NULL,
    Sex CHAR(2) NOT NULL,
    Birthday DATE,
    Address VARCHAR(30),
    ClassID CHAR(10)
);
```

重新创建 student 表前必须先删除它。右击表名 student，从弹出的快捷菜单中选择“设计表”命令，在“键”列下，可以看到 StudentID 上出现一把钥匙图标，表示该列是主键，如图 3-20 所示。

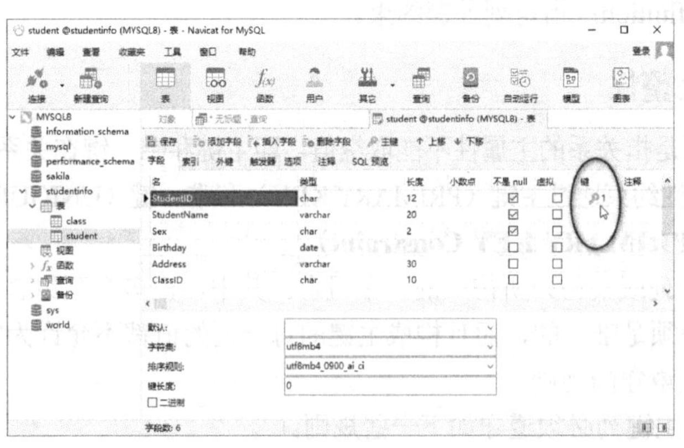

图 3-20　在表设计器中查看主键

同样，在数据库 studentinfo 中，创建院系表 department，要求以列级完整性约束方式定义 DepartmentID 列为主键。SQL 语句如下。

```
CREATE TABLE department
(
```

```
    DepartmentID CHAR(2) PRIMARY KEY,
    DepartmentName VARCHAR(20) NOT NULL
);
```

2）表级完整性约束。列级完整性约束只适合表的主键是单个列。如果一个表的主键是多个列的组合（例如，列 1 与列 2 共同组成主键），则要用表级完整性约束。在表中所有列定义完后，添加一条 PRIMARY KEY 子句。使用下面的语句设置复合主键，语法格式如下。

```
PRIMARY KEY(列名, …)
```

语法说明："列名"是作为主键的列名。表级完整性约束也适合单个列设置主键的完整性约束。

【例 3-14】 在 studentinfo 数据库中，创建选课表 selectcourse，结构见表 3-8，要求以表级完整性约束方式定义主键，将学号、课程编号（StudentID, CourseID）的列组合设置为 selectcourse 表的主键。

例 3-14

表 3-8　selectcourse 表的结构

列　名	数 据 类 型	约　束	说　明
StudentID	CHAR(12)	主键	学号
CourseID	CHAR(6)	主键	课程编号
Score	DECIMAL(4,1)		成绩
SelectCourseDate	DATE		选课日期

SQL 语句如下。

```
USE studentinfo;
DROP TABLE IF EXISTS selectcourse;
CREATE TABLE selectcourse
(
    StudentID CHAR(12),
    CourseID CHAR(6),
    Score DECIMAL(4,1),
    SelectCourseDate DATE,
    PRIMARY KEY(StudentID, CourseID)
) ;
```

【例 3-15】 如果选课表 selectcourse 已经存在，可以删除原来的主键，把 selectcourse 表的主键修改为学号、课程号（StudentID, CourseID）的列组合。

例 3-15

SQL 语句如下。

```
ALTER TABLE selectcourse
    DROP PRIMARY KEY,
    ADD PRIMARY KEY(StudentID, CourseID);
```

可在 Navicat for MySQL 的表设计器中查看设置的主键，看到 StudentID 和 CourseID 都有钥匙图标，如图 3-21 所示，表示该两列被设置为组合主键。

如果主键仅由一个表中的某一列构成，列级和表级完整性约束方法均可以定义主键约束；如果主键是由表中多个列构成的一个组合，则只能用表级完整性约束方法定义主键约束。定义主键约束后，MySQL 会自动为主键创建一个唯一索引，用于在查询中使用主键对数据进行快速检索，该索引名默认为 PRIMARY，也可以重新自定义命名。

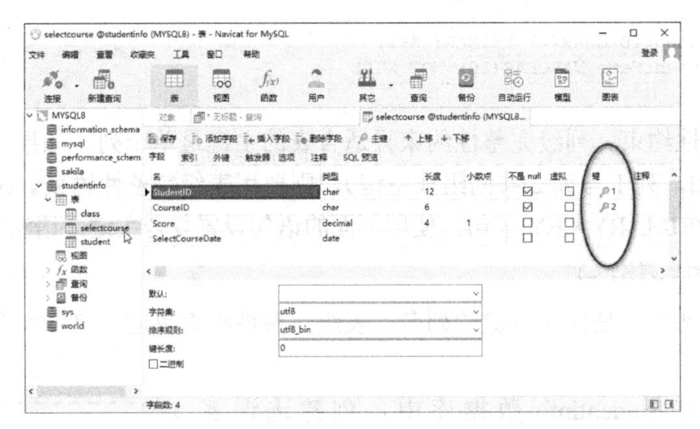

图 3-21　在 Navicat for MySQL 中查看组合主键

2．完整性约束的命名

可以对完整性约束进行添加、删除和修改等操作。为了删除和修改完整性约束，首先需要在定义约束的同时对其命名。使用 CREATE TABLE 语句定义完整性约束时，使用子句 CONSTRAINT 对完整性约束命名。命名完整性约束的方法是，在各种完整性约束的定义说明之前加上关键字 CONSTRAINT 和该约束的名字，其语法格式如下。

```
CONSTRAINT <约束名>
    { PRIMARY KEY(主键列的列表) | UNIQUE KEY(唯一键列的列表)
    | FOREIGN KEY(外键列的列表) REFERENCES 被参照关系的表(主键列的列表)
    | CHECK(约束条件表达式) };
```

语法说明：“约束名”在数据库中必须是唯一的。如果没有明确给出约束的名字，则 MySQL 会自动为其创建一个约束名。CONSTRAINT 约束命名子句适合主键约束、唯一键约束、外键约束和检查约束。

【例 3-16】 在数据库 studentinfo 中，定义课程表 course，表结构见表 3-9。

表 3-9　course 表的结构

列　名	数 据 类 型	约　束	说　明
CourseID	CHAR(6)	PRIMARY KEY	课程编号，6 位数字编号=2 位系编号+2 位专业编号+2 位顺序号。例如，512304 表示 51 系，23 专业，第 04 号
CourseName	VARCHAR(30)	NOT NULL	课程名称
Credit	SMALLINT	NOT NULL	学分
CourseHour	SMALLINT	NOT NULL	课时数
PreCourseID	CHAR(6)		先修课程编号，自参照
Term	TINYINT		开课学期，1 位数字

SQL 语句如下。

```
USE studentinfo;
DROP TABLE IF EXISTS course;
CREATE TABLE course
(
    CourseID CHAR(6),
    CourseName VARCHAR(30) NOT NULL,
    Credit SMALLINT NOT NULL,
    CourseHour SMALLINT NOT NULL,
    PreCourseID CHAR(6),
    Term TINYINT,
    CONSTRAINT PK_course PRIMARY KEY(CourseID)
);
```

【例 3-17】 在 studentinfo 数据库中，修改选课表 selectcourse，要求以表级完整性约束方式定义主键（StudentID，CourseID），并指定主键约束名称为 PK_selectcourse。在修改表结构语句中，要先删除原来的主键，然后添加新的主键，SQL 语句如下。

```
ALTER TABLE selectcourse
   DROP PRIMARY KEY,
   ADD CONSTRAINT PK_selectcourse PRIMARY KEY(StudentID, CourseID);
```

由于 selectcourse 表的主键已经定义，所以在添加新的主键前，要先删除该主键。

在定义完整性约束时，应当尽可能地为其指定名字，以便在需要对完整性约束进行修改或删除操作时，可以更加容易地引用它们。需要注意的是，当前的 MySQL 版本只能给表级的完整性约束指定名字，而无法给列级的完整性约束指定名字。因此，表级完整性约束比列级完整性约束的应用更多一些。

3．唯一键约束（UNIQUE KEY Constraint)

唯一键约束也称候选键约束。与主键一样，定义唯一键约束的列可以是表中的某一列，也可以是表中某些列构成的一个组合。任何时候，唯一键约束的值必须是唯一的，允许为 NULL，但只能有一条记录的值为 NULL。与主键约束不同，一张表中可以存在多个唯一键约束，并且满足唯一键约束的列可以取 NULL 值。唯一键约束可以在 CREATE TABLE 或 ALTER TABLE 语句中使用关键字 UNIQUE KEY 来定义，其实现方法与主键约束相似，同样有列级或者表级完整性约束两种方式。如果某列满足唯一键约束的要求，则可以向该列添加唯一键约束。

（1）列级完整性约束

若设置某列为唯一键约束，直接在该列数据类型后加上 UNIQUE KEY 关键字，语法格式如下。

```
列名 数据类型 [其他约束] UNIQUE KEY
```

（2）表级完整性约束

若设置表级唯一键约束，在表中所有列定义完后，添加一条 UNIQUE KEY 子句，语法规则如下。

```
UNIQUE KEY(列名, …)
```

语法说明：“列名”是作为唯一键的列名。表级唯一键约束也适合单个列设置唯一键约束的完整性约束。

【例 3-18】 在数据库 studentinfo 中，重新定义和创建班级表 class。班级表 class 中的班级编号 ClassID 和班级名称 ClassName 这两列的值都是唯一的，在 ClassID 列上定义主键约束，在 ClassName 列上定义唯一键约束，都定义为列级的完整性约束。

例 3-18

SQL 语句如下。

```
USE studentinfo;
DROP TABLE IF EXISTS class;
CREATE TABLE class
(
   ClassID CHAR(10) PRIMARY KEY,
   ClassName VARCHAR(20) NOT NULL UNIQUE KEY,
   ClassNum TINYINT,
   Grade SMALLINT,
   DepartmentID CHAR(2) NOT NULL
);
```

如果表 class 已经存在，那么可以用下面的语句修改列的属性，SQL 语句如下。

```
ALTER TABLE class MODIFY ClassName VARCHAR(20) NOT NULL UNIQUE KEY;
```

如果要将主键、唯一键约束定义为表级完整性约束，则 SQL 语句如下。

```
DROP TABLE IF EXISTS class;
CREATE TABLE class
(
    ClassID CHAR(10) NOT NULL,
    ClassName VARCHAR(20) NOT NULL,
    ClassNum TINYINT,
    Grade SMALLINT,
    DepartmentID CHAR(2) NOT NULL
    CONSTRAINT PK_class PRIMARY KEY(ClassID),
    CONSTRAINT UQ_class UNIQUE KEY(ClassName)
);
```

如果某列存在多种约束条件，约束条件的顺序是随意的。唯一键约束实质上是通过唯一索引实现的，因此唯一键约束的列一旦创建，那么该列将自动创建唯一索引。如果要删除唯一约束，只需要删除对应的唯一索引即可。在 Navicat for MySQL 的表设计器中可以看到唯一索引，如图 3-22 所示。

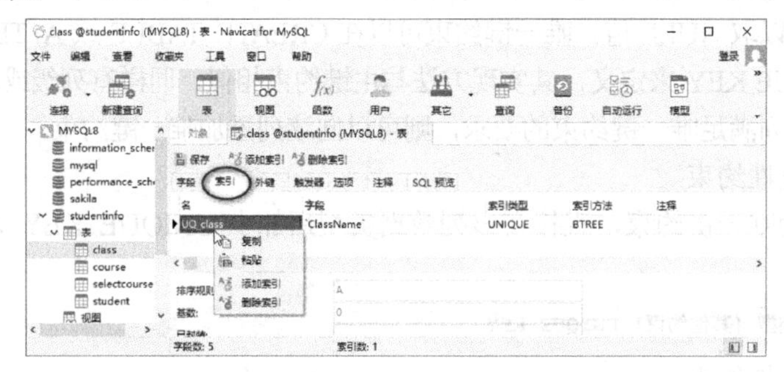

图 3-22　在 Navicat for MySQL 中查看唯一索引

使用显示索引语句可以显示创建的唯一键约束名，其语法格式如下。

```
SHOW INDEX FROM tb_name;
```

例如，显示 class 表上定义的唯一键约束，SQL 语句如下。

```
SHOW INDEX FROM class;
```

4．PRIMARY KEY 与 UNIQUE KEY 的区别

PRIMARY KEY 与 UNIQUE KEY 之间存在以下几点区别。

1）一个表中可以有多个列声明为 UNIQUE KEY，但只能有一个 PRIMARY KEY 声明。

2）声明为 PRIMARY KEY 的列不允许有空值，但是声明为 UNIQUE KEY 的列允许空值的存在。

3）定义 PRIMARY KEY 约束时，系统会自动产生 PRIMARY KEY 索引，而定义 UNIQUE KEY 约束时，系统自动产生 UNIQUE KEY 索引。

3.4.3　定义参照完整性

1．外键（FOREIGN KEY）的概念

外键是表中的一列或多列，它不是本表的主键，却是对应另外一个表的主键。外键用来在两个表的数据之间建立连接，它可以是一列或者多列。一个表可以有一个或者多个外键。

例如，学生表和班级表分别用图 3-23 所示的关系模式表示，其中主键用单下画线标识，外键用双下画线标识。

学生(学号，姓名，性别，出生日期，户籍，民族，班级编号)——参照关系（表A,从表）

班级(班级编号，班级名称，院系，年级，班级人数)——被参照关系（表B,主表）

图 3-23　外键关系

这两个表之间存在着属性的引用，即学生表引用了班级表的主键“班级编号”。学生表（从表）的“班级编号”的取值要么是 NULL（表示没有给该学生分班），要么是来自于班级表（主表）的“班级编号”的取值，也就是说，学生表中的“班级编号”必须是在班级表中确实存在的班级编号，即班级表中有该班级的记录。也可以这样说，学生表的“班级编号”的取值必须参照（reference）班级表的“班级编号”的取值。

外键的主要作用是保证数据引用的完整性，定义外键（学生表）后，不允许删除外键引用的另一个表（班级表）中具有关联关系的行。其中，外键（班级编号）所属的表（学生表）称为从表（参照关系）。对于两个具有关联关系的表而言，相关联列中主键（班级编号）所在的那个表（班级表）即是主表（被参照关系）。

主表与从表之间，以关联值为关键字，建立相关表之间的联系，关键字通过相容或相同的列或列组来表示的。从表的外键必须关联主表的主键，且关联列的数据类型必须匹配，如果类型不一样，则创建从表时，就会出现错误提示。

参照完整性规则（Referential Integrity Rule）定义的是外键与主键之间的引用规则，即外键的取值或者为空，或者等于被参照关系中某个主键的值。

参照完整性约束通过外键（FOREIGN KEY）约束实现。

由于从表与主表之间的外键约束关系，可能导致如下情况。

1）如果从表的记录“参照”了主表的某条记录，那么主表记录的删除（DELETE）或修改（UPDATE）操作可能操作失败。

2）如果试图直接插入（INSERT）或者修改（UPDATE）从表的“外键值”，从表中的“外键值”必须是主表中的“主键值”，要么是 NULL，否则插入（INSERT）或者修改（UPDATE）将操作失败。

在定义外键时，需要遵守下列规则。

1）主表（被参照表）必须已经使用 CREATE TABLE 语句创建，或者必须是当前正在创建的表。若是后一种情形，则主表与从表（参照表）是同一个表，这样的表称为自参照表（self-referencinglable），这种结构称为自参照完整性（self-referential integrity）。

2）必须为主表定义主键或唯一键。

3）必须在主表的表名后面指定列名或列名的组合，这个列或列组合必须是主表的主键或唯一键。

4）尽管主键是不能够包含空值的，但允许在外键中出现空值。这意味着，只要外键的每个非空值出现在指定的主键中，这个外键的内容就是正确的。

5）外键对应列的数目必须和主表的主键对应列的数目相同。

6）外键对应列的数据类型必须和主表的主键对应列的数据类型相同。

2. 外键约束（FOREIGN KEY Constraint）

在从表中设置外键有两种方式：一种是在表级完整性上定义外键约束；另一种是在列级完

整性上定义外键约束。

（1）在列级完整性上定义外键约束

在从表中的列上定义外键约束的语法规则如下。

```
列名 数据类型 [其他约束] REFERENCES 主表(主表中主键列的列表)
    [ON DELETE {CASCADE | RESTRICT | SET NULL | NO ACTION}]
    [ON UPDATE {CASCADE | RESTRICT | SET NULL | NO ACTION }]
```

在列级完整性上定义外键约束，就是直接在列的后面添加 REFERENCES 子句。

（2）在表级完整性上定义外键约束的子句

在从表中定义外键约束子句的语法规则如下。

```
FOREIGN KEY(从表中外键列的列表) REFERENCES 主表(主表中主键列的列表)
    [ON DELETE {CASCADE | RESTRICT | SET NULL | NO ACTION}]
    [ON UPDATE {CASCADE | RESTRICT | SET NULL | NO ACTION }]
```

给外键定义参照动作时，需要包括两部分：一是要指定参照动作适用的语句，即 UPDATE 和 DELETE 语句；二是要指定采取的动作，即 CASCADE、RESTRICT、SET NULL、NO ACTION 和 SET DEFAULT，其中 RESTRICT 为默认值。具体参照动作如下。

1）RESTRICT：限制策略，即当要删除（DELETE）或修改（UPDATE）主表中被参照列上且在外键中出现的值时，系统拒绝对主表的删除或修改操作。

2）CASCADE：级联策略，即从主表中删除或修改记录时，自动删除或修改从表中与之匹配的记录。

3）SET NULL：置空策略，即当从主表中删除或修改记录时，从表中与之对应的外键列的值设置为 NULL。这个策略需要主表中的外键列没有声明限定词 NOT NULL。

4）NO ACTION：表示不采取实施策略，即当从主表中删除或修改记录时，如果从表存在与之对应的记录，那么删除或修改操作不被允许（操作将失败）。该策略的动作语义与 RESTRICT 相同。

5）SET DEFAULT：默认值策略，即当从主表中删除或修改记录行，设置从表中与之对应的外键列的值为默认值。这个策略要求已经为该列定义了默认值。

【例 3-19】 在数据库 studentinfo 中，重新定义学生表 student，要求以列级完整性约束方式定义与 class 表的外键 ClassID，采用默认的 RESTRICT 参照动作。

例 3-19

由于在例 3-18 中已经定义了表 class，并且定义 ClassID 列为主键，此时可以在 student 表的 ClassID 列上定义外键约束，其值参照表 class 的主键 ClassID 的值。SQL 语句如下。

```
USE studentinfo;
DROP TABLE IF EXISTS student;
CREATE TABLE student
(
   StudentID CHAR(12) PRIMARY KEY,
   StudentName VARCHAR(20) NOT NULL,
   Sex CHAR(2) NOT NULL,
   Birthday DATE,
   Address VARCHAR(30),
   ClassID CHAR(10) REFERENCES class(ClassID) ON UPDATE RESTRICT
      ON DELETE RESTRICT
);
```

【例 3-20】 在数据库 studentinfo 中，重新定义学生表 student，要求以表级完整性约束方式定义与 class 表的外键 ClassID。

SQL 语句如下。

```
DROP TABLE IF EXISTS student;
CREATE TABLE student
(
    StudentID CHAR(12),
    StudentName VARCHAR(20) NOT NULL,
    Sex CHAR(2) NOT NULL,
    Birthday DATE,
    Address VARCHAR(30),
    ClassID CHAR(10),
    CONSTRAINT PK student PRIMARY KEY(studentID),
    CONSTRAINT FK student FOREIGN KEY(ClassID) REFERENCES class(ClassID)
);
```

采用默认的 RESTRICT 参照动作。在 student 表的 ClassID 列上定义外键约束后，只有当 student 表中没有某班级的学生记录时，才可以在 class 表中删除该班级的记录。

以表级完整性约束方式定义外键，可以在 Navicat for MySQL 中查看、添加和删除外键。在“导航”窗格中右击表名 student，从弹出的快捷方式中选择“设计表”命令（如果已经打开了该表的设计器，要先关闭，再打开表设计器）。显示表设计器窗格，选择“外键”选项卡，则显示定义的外键，如图 3-24 所示。可以单击工具栏上的“添加外键”和“删除外键”按钮，然后单击“保存”按钮。

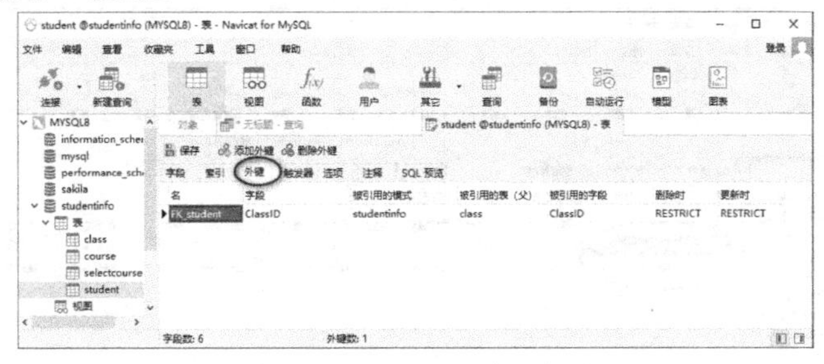

图 3-24　表设计器中的外键

也可以在“导航”窗格中，右击数据库名 studentinfo，从弹出的快捷菜单中选择“命令列界面”命令，输入下面的 SQL 语句。

```
SHOW CREATE TABLE student;
```

显示 student 表的定义，如图 3-25 所示，可以看到命名的外键名。

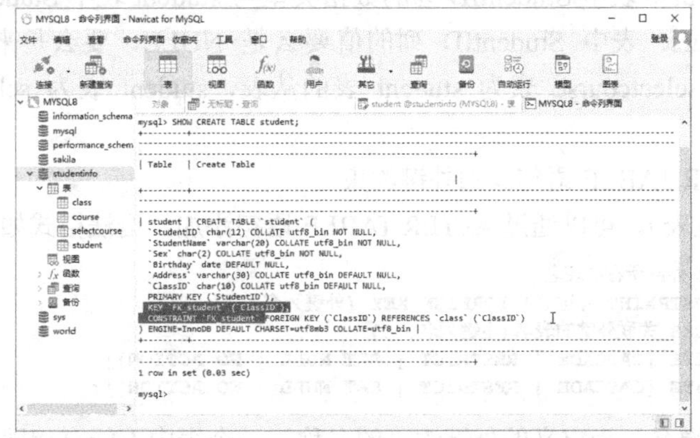

图 3-25　在“命令列界面”窗格中查看外键

【例 3-21】 在数据库 studentinfo 中，重新创建选课表 selectcourse，指定主键为 StudentID 和 CourseID，指定外键分别为 student 表的 StudentID、course 表的 CourseID。

由于前面例题已经定义了 student 表，主键是 StudentID 列；course 表，主键是 CourseID 列。所以，可以在 selectcourse 表的 StudentID 列和 CourseID 列上分别定义外键约束，采用默认的 RESTRICT 参照动作。SQL 语句如下。

例 3-21

```
DROP TABLE IF EXISTS studentinfo.selectcourse;
CREATE TABLE studentinfo.selectcourse
(
    StudentID CHAR(12) NOT NULL,
    CourseID CHAR(6) NOT NULL,
    Score DECIMAL(4,1),
    SelectCourseDate DATE,
    PRIMARY KEY(StudentID, CourseID),
    CONSTRAINT FK_selectcourse_student FOREIGN KEY(StudentID)
        REFERENCES student(StudentID)
        ON UPDATE RESTRICT ON DELETE RESTRICT,
    CONSTRAINT FK_selectcourse_course FOREIGN KEY(CourseID)
        REFERENCES course(CourseID)
        ON UPDATE RESTRICT ON DELETE RESTRICT
);
```

运行 SQL 语句后，在 Navicat for MySQL 的表设计器中，可以看到命名的外键，如图 3-26 所示。

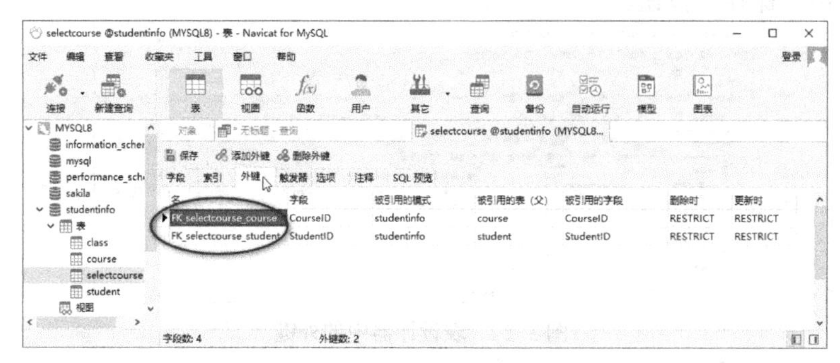

图 3-26　命名的外键

创建表时，建议先创建主表（父表），再创建从表，并且建议从表的外键列与主表的主键列的数据类型（包括长度）相似或者可以相互转换（建议外键字段与主键字段数据类型相同）。例如，selectcourse 表中 StudentID 列的数据类型与 student 表中 StudentID 列的数据类型完全相同，selectcourse 表中 StudentID 列的值要么是 NULL，要么是来自于 student 表中 StudentID 列的值。selectcourse 表为 student 表的从表，student 表为 selectcourse 表的主表（父表）。

（3）通过 ALTER TABLE 语句添加外键约束

对于参照表（从表），可以通过 ALTER TABLE 语句添加，语法格式如下。

```
ALTER TABLE 外键所在的表名
    ADD [CONSTRAINT 外键名] FOREIGN KEY (外键列名, …)
    REFERENCES 关联外键的表名(主键列名, …)
    [ON DELETE {CASCADE | RESTRICT | SET NULL | NO ACTION}]
    [ON UPDATE {CASCADE | RESTRICT | SET NULL | NO ACTION}];
```

语法说明：“外键名”为定义的外键约束的名称，一个表中不能有相同名称的外键。

【例 3-22】 将选课表 selectcourse 的 StudentID 列设置为外键，该列的值参照班级表 student 的 StudentID 列的取值。由于 selectcourse 表已经在上例中创建，这里修改外键。

例 3-22

SQL 语句如下。

```
ALTER TABLE selectcourse
   ADD FOREIGN KEY(StudentID) REFERENCES student(StudentID)
   ON UPDATE RESTRICT
   ON DELETE CASCADE;
```

由于上面语句中没有用“CONSTRAINT 外键名”命名约束名，会自动为 selectcourse 表生成命名的外键 selectcourse_ibfk_1。在 Navicat for MySQL 中关闭表设计器，在“导航”窗格中刷新表，重新打开表设计器，显示如图 3-27 所示。

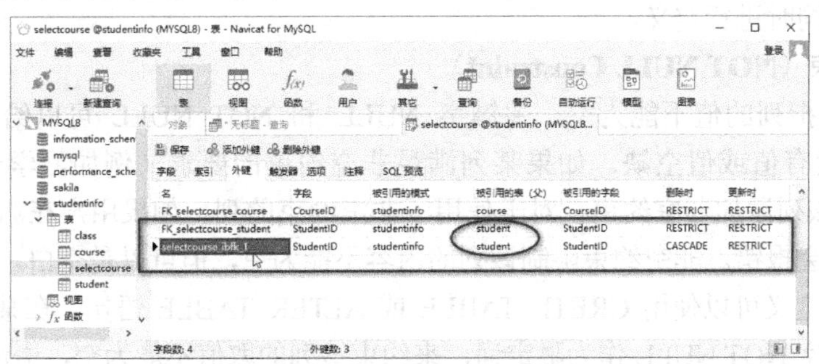

图3-27　自动命名的外键

【例 3-23】 在数据库 studentinfo 中，重新定义学生表 student，要求在定义外键时，同时定义相应的参照动作。

由于在 selectcourse 表中定义了两个参照 student 表的外键，因此要先删除该外键后才能删除 student 表。SQL 语句如下。

```
ALTER TABLE selectcourse DROP FOREIGN KEY FK_selectcourse_student;
ALTER TABLE selectcourse DROP FOREIGN KEY selectcourse_ibfk_1;
DROP TABLE IF EXISTS student;
CREATE TABLE student
(
   StudentID CHAR(12),
   StudentName VARCHAR(20) NOT NULL,
   Sex CHAR(2) NOT NULL,
   Birthday DATE,
   Address VARCHAR(30),
   ClassID CHAR(10),
   CONSTRAINT PK_student PRIMARY KEY(StudentID),
   CONSTRAINT FK_student FOREIGN KEY(ClassID) REFERENCES class(ClassID)
      ON UPDATE RESTRICT
      ON DELETE CASCADE
);
```

这里定义了两个参照动作，ON UPDATE RESTRICT 表示当某个班级里有学生时不允许修改班级表中该班级的编号；ON DELETE CASCADE 表示当要删除班级表中某个班级的编号时，如果该班级里有学生时，就自动将学生表中的匹配记录删除。

请读者在 Navicat 中查看上面 SQL 语句创建的 student 表的外键 FK_student。

需要注意以下几点。

1）外键只能引用主键和唯一键。也就是说，只有当被参照关系的某个列或某些列上定义了主键或唯一键，MySQL 才允许在参照关系的引用列上定义外键。

2）外键只可以用在使用存储引擎 InnoDB 创建的表中，其他的存储引擎不支持外键。这就是倾向于使用 InnoDB 的原因之一。

3.4.4 用户自定义完整性

除了实体完整性和参照完整性之外，还需要定义一些特殊的约束条件，即用户自定义的完整性规则（User Defined Integrity Rule），它反映了某一具体应用所涉及的数据应满足的语义要求。例如，要求学生"性别"值不能为空且只能取值"男"或"女"等。

用户自定义完整性约束通过非空（NOT NULL）约束、默认值（DEFAULT）约束、检查（CHECK）约束、自增（AUTO_INCREMENT）约束和触发器实现。其中，触发器将在后面章节介绍。这里主要介绍非空约束、默认值约束、检查约束和自增约束，这几类完整性约束均可在用户定义表的同时进行定义。

1．非空约束（NOT NULL Constraint）

非空约束是指列的值不能为空，关键字 NULL 和 NOT NULL 可以给列自定义约束，NULL 值就是没有值或值空缺。如果某列满足非空约束的要求（例如，学号不能取 NULL 值），则可以向该列添加非空约束。对于使用了非空约束的列，如果用户在添加数据时没有给其指定值，系统会报错。非空约束限制该列的内容不能为空，但可以是空白。

非空约束的定义可以使用 CRETE TABLE 或 ALTER TABLE 语句，在某个列数据类型定义后面加上关键字 NOT NULL 作为限定词，来约束该列的取值不能为空，语法格式如下。

```
列名 数据类型 NOT NULL [其他约束]
```

语法说明：NULL 为默认设置，如果不指定为 NOT NULL，则认为指定的是 NULL。

例如，为表中的列指定了 NOT NULL，将会通过返回错误和插入失败的方式，阻止在该列中插入没有值的记录。

【例 3-24】 将 student 表的 StudentName 列修改为非空约束。

SQL 语句如下。

```
ALTER TABLE student MODIFY StudentName CHAR(20) NOT NULL;
```

2．默认值约束（DEFAULT Constraint）

如果某列满足默认值约束要求，可以向该列添加默认值约束，语法格式如下。

```
列名 数据类型 [其他约束] DEFAULT 默认值
```

即若设置某列的默认值约束，在该列数据类型及约束条件后加上"DEFAULT 默认值"。

【例 3-25】 将 student 表的 Sex 列的约束修改为非空、只能取值"男"或"女"、默认值为"男"。

SQL 语句如下。

```
ALTER TABLE student MODIFY Sex ENUM('男', '女') DEFAULT '男' NOT NULL;
```

若要查看修改后的 student 表的结构，在"命令列界面"窗格中输入下面的 SQL 语句。

```
SHOW CREATE TABLE student;
```

3．检查约束（CHECK Constraint）

检查约束是用来检查数据表中列值有效性的一个手段，例如，学生表中的年龄列是没有负数的，并且数值也在一个范围内，当前大学生的年龄一般为 15～30 岁。其中，前面讲述的非

空约束和默认值约束可以看作是特殊的检查约束。

检查约束也是在创建表（CREATE TABLE）或修改表（ALTER TABLE）的同时，根据完整性要求来定义的。检查约束需要指定限定条件，在创建表时设置列的检查约束有两种，可以分别定义为列级或表级完整性约束。列级检查约束定义的是单个字段需要满足的要求，表级检查约束可以定义表中多个字段之间应满足的条件。检查约束子句的语法格式如下。

CONSTRAINT <检查约束名> CHECK(expr)

语法说明：expr 是一个表达式，用于指定需要检查的限定条件。MySQL 可以使用简单的表达式来实现检查约束，也允许使用复杂的表达式作为限定条件，例如，在限定条件中加入子查询。

【例 3-26】 创建 student1 表，定义 Sex 列为非空、只能取值“男”或“女”、默认值为“男”。

SQL 语句如下。

```
CREATE TABLE student1
(
    StudentID CHAR(12),
    StudentName VARCHAR(20) NOT NULL,
    Sex CHAR(2) DEFAULT '男' NOT NULL,
    Birthday DATE,
    Address VARCHAR(30),
    ClassID CHAR(10),
    CONSTRAINT CK_student CHECK(Sex='男' OR Sex='女'),
    CONSTRAINT PK_student PRIMARY KEY(StudentID),
    CONSTRAINT FK_student FOREIGN KEY(ClassID) REFERENCES class(ClassID)
        ON UPDATE RESTRICT ON DELETE CASCADE
);
```

如果要查看语句，在“命令列界面”窗格中输入下面的 SQL 语句。

```
SHOW CREATE TABLE student1;
```

4．自增约束（AUTO_INCREMENT Constraint）

如果希望在每次插入新记录时，系统自动生成列的主键值，可以为表主键添加 AUTO_INCREMENT 关键字。在默认情况下，该列的值是从 1 开始增加的，每增加一条记录，记录中该列的值就会在前一条记录的基础上加 1。一个表只能有一个列使用自增约束，且该列必须为主键的一部分。自增约束的列可以是任何整数类型（TINYINT、SMALLINT、INT、BIGINT）。由于设置自增约束后的列会生成唯一的 ID，所以该列也经常会设置为 PK 主键。通过 SQL 语句的 AUTO_INCREMENT 实现。语法格式如下。

```
列名 数据类型 [其他约束] AUTO_INCREMENT
```

列名表示所要设置自动增加约束的列名字。

例 3-27

【例 3-27】 在 studentinfo 数据库中创建临时表 temp1，设置 ID 列为 INT 类型，要求其为主键，自动增加；Name 列为 CHAR(10)。

SQL 语句如下。

```
CREATE TABLE temp1
(
    ID INT PRIMARY KEY AUTO_INCREMENT,
    Name CHAR(10)
);
```

可以在 Navicat 的“命令列界面”窗格或“查询编辑器”窗格中输入上面 SQL 语句，运行语句后，用 DESC 语句查看表结构，SQL 语句如下。

```
DESC temp1;
```

在 Navicat for MySQL 中运行 SQL 语句，然后在“导航”窗格中刷新“表”后，双击 temp1 表，窗口中部打开表窗格，在 ID 列下可以输入一个初始值，在 Name 列下随意输入，单击窗格下边的✔按钮确认记录的输入，单击✚按钮添加一行新的空记录，如图 3-28 所示。可以看到，ID 值是自增的。

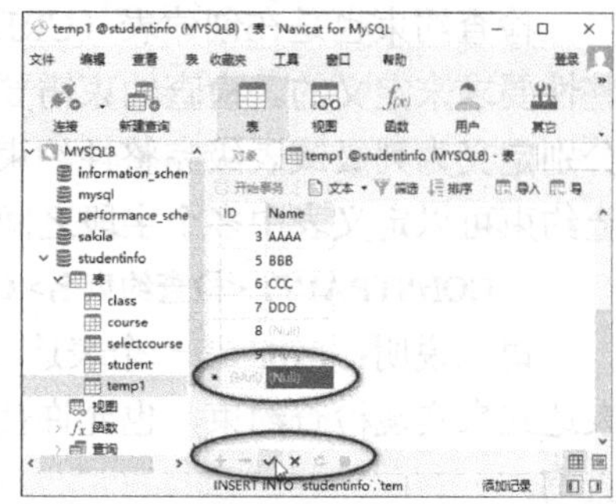

图 3-28　自增记录

3.4.5　更新完整性约束

当对各种约束命名后，使用 ALTER TABLE 语句可以更新与列或表有关的各种约束。

1. 删除约束

如果使用 DROP TABLE 语句删除表，则该表上定义的所有完整性约束都自动删除了。使用 ALTER TABLE 语句可以独立地删除完整性约束，而不会删除表本身。下面分别介绍使用 ALTER TABLE 语句删除各种完整性约束。

（1）删除主键约束

删除主键约束时，因为一个表只能定义一个主键，所以无论有没有给主键约束命名，均使用 DROP PRIMARY KEY 删除主键约束，其语法格式如下。

```
ALTER TABLE tb_name  DROP PRIMARY KEY;
```

【例 3-28】 在 studentinfo 数据库中创建临时表 temp2，定义 NameID 列为 INT 类型，主键；Name 列为 CHAR(10)，非空，唯一键；Sex 列为 CHAR(2)，默认值为“男”；Age 列为 SMALLINT，要求 Age>=16 AND Age<=30；ID 列为 INT，是 temp1 表的外键。

SQL 语句如下。

```
CREATE TABLE temp2
(
   NameID INT PRIMARY KEY,
   Name CHAR(10) NOT NULL UNIQUE KEY,
   Sex CHAR(2) DEFAULT '男',
   Age SMALLINT,
   CONSTRAINT CK_Age CHECK(Age>=16 AND Age<=30),
   ID INT,
   CONSTRAINT FK_temp2 FOREIGN KEY(ID) REFERENCES temp1(ID) ON UPDATE RESTRICT
);
```

在 temp2 表中，删除定义的主键约束。SQL 语句如下。

```
ALTER TABLE temp2 DROP PRIMARY KEY;
```

（2）删除唯一键约束

删除唯一键约束时，实际删除的是唯一索引，应使用 DROP INDEX 子句删除。删除唯一约束的语法格式如下。

```
ALTER TABLE tb_name DROP INDEX  {约束名 | 唯一键约束名};
```

【例 3-29】 在临时表 temp2 中，删除 Name 列上定义的唯一键约束。

如果没有给唯一键命名，则使用 DROP INDEX 子句删除的是定义唯一键的列名，SQL 语句如下。

```
ALTER TABLE temp2 DROP INDEX Name;
```

如果使用 CONSTRAINT 子句给唯一键命名，则使用 DROP INDEX 子句删除的是约束名。

（3）删除非空约束

删除非空约束是用 ALTER TABLE 语句将该列的非空约束修改为 NULL，语法格式如下。

```
ALTER TABLE tb_name  MODIFY 列名 数据类型 NULL;
```

【例 3-30】 在临时表 temp2 中，删除 Name 列的非空约束。

SQL 语句如下。

```
ALTER TABLE temp2 MODIFY Name CHAR(10) NULL;
```

（4）删除检查约束

删除检查约束也是用 ALTER TABLE 语句修改约束，语法格式如下。

```
ALTER TABLE tb_name  DROP CHECK 约束名;
```

【例 3-31】 删除在 temp2 和 course 表中定义的检查约束。

SQL 语句如下。

```
ALTER TABLE temp2 DROP CHECK CK_Age;
ALTER TABLE course DROP CHECK CK_course_credit;
```

（5）删除自增约束

删除自增约束就是将该列修改为没有自增约束，删除自增约束的语法格式如下。

```
ALTER TABLE tb_name  MODIFY 列名 INT;
```

【例 3-32】 在临时表 temp1 中，删除 ID 列上定义的自增约束。

SQL 语句如下。

```
ALTER TABLE temp1 MODIFY ID INT;
```

（6）删除默认值约束

删除默认值约束的语法格式如下。

```
ALTER TABLE tb_name  ALTER 列名  DROP DEFAULT;
```

【例 3-33】 在临时表 temp2 中，删除 Sex 列的默认值。

SQL 语句如下。

```
ALTER TABLE temp2 ALTER Sex DROP DEFAULT;
```

（7）删除外键约束

外键一旦删除，就会解除从表和主表之间的关联关系。删除外键约束时，如果外键约束是使用 CONSTRAINT 子句命名的表级完整性约束，其语法格式如下。

```
ALTER TABLE tb_name  DROP FOREIGN KEY foreign_key_name;
```

语法说明：foreign_key_name 是外键约束名，指在定义表时 CONSTRAINT <foreign_key_name>关键字后面的参数。

【例 3-34】 在 temp2 表中，删除 ID 列上定义的外键约束 FK_temp2。

SQL 语句如下。

```
ALTER TABLE temp2 DROP FOREIGN KEY FK_temp2;
```

【例 3-35】 在表 temp2 中，在 ID 列上定义一个无命名的外键约束，然后删除它。

定义一个无命名的外键约束，SQL 语句如下。

```
ALTER TABLE temp2 ADD FOREIGN KEY(ID) REFERENCES temp1(ID);
```

当要删除无命名的外键约束时，要先查看系统给外键约束指定的名称，再删除该约束名。在“命令列界面”窗格中使用下面的 SQL 语句来查看 MySQL 给外键约束指定的名称，结果如图 3-29 所示。

```
SHOW CREATE TABLE temp2;
```

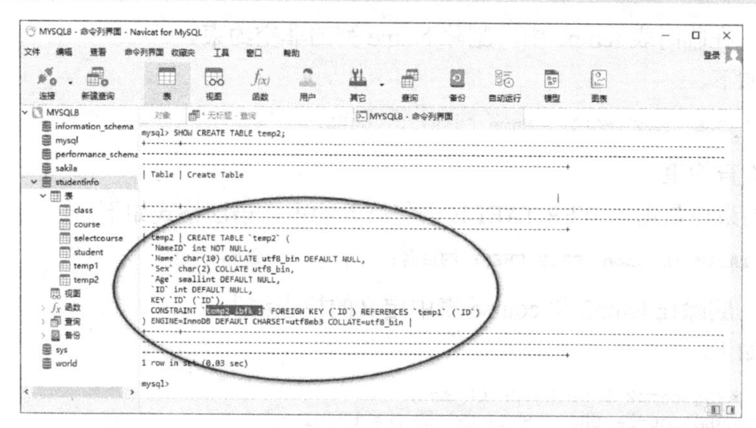

图 3-29　显示表结构语句

可以看出，MySQL 给 ID 列上定义的外键约束名称为 temp2_ibfk_1。

最后，使用 ALTER TABLE 语句删除该约束，SQL 语句如下。

```
ALTER TABLE temp2 DROP FOREIGN KEY temp2_ibfk_1;
```

再次执行“SHOW CREATE TABLE temp2;”语句，已经看不到该外键约束。

2．添加约束

使用 CREATE TABLE 语句完成表的定义后，可以使用 ALTER TABLE 语句添加完整性约束。完整性约束不能直接被修改，若要修改某个约束，实际上是用 ALTER TABLE 语句先删除该约束，再增加一个与该约束同名的新约束。

（1）添加主键约束

添加主键约束的语法格式如下。

```
ALTER TABLE tb_name ADD [CONSTRAINT <约束名>] PRIMARY KEY(主键列名);
```

【例 3-36】 在 temp2 表中，为 NameID 列添加主键约束。

SQL 语句如下。

```
ALTER TABLE temp2 ADD CONSTRAINT PK_temp2 PRIMARY KEY(NameID);
```

上面语句执行完成后，可以在表设计器中或者执行“SHOW CREATE TABLE temp2;”语句查看添加的主键。

（2）添加唯一键约束

添加唯一键约束的语法格式如下。

```
ALTER TABLE tb_name ADD [CONSTRAINT <约束名>] UNIQUE KEY(列名);
```

【例 3-37】 在 temp2 表中，为 Name 列添加唯一键约束。

如果使用 CONSTRAINT 子句给唯一键命名，使用 ADD 子句添加的是约束名，SQL 语句如下。

```
ALTER TABLE temp2 ADD CONSTRAINT UQ_temp2 UNIQUE KEY(Name);
```

如果没有给唯一键命名，使用ADD子句添加的是定义唯一键的列名，SQL语句如下。

```
ALTER TABLE temp2 ADD UNIQUE KEY(Name);
```

（3）添加非空约束

添加非空约束的语法格式如下。

```
ALTER TABLE tb_name  MODIFY 列名 数据类型 NOT NULL;
```

【例3-38】 在临时表temp2中，为Name列添加非空约束。

SQL语句如下。

```
ALTER TABLE temp2 MODIFY Name CHAR(10) NOT NULL;
```

（4）添加检查约束

在修改表时添加检查约束的语法格式如下。

```
ALTER TABLE tb_name ADD CONSTRAINT <检查约束名> CHECK(expr)
```

【例3-39】 在临时表temp2中，为Age列添加检查约束，要求年龄取值只能在16～30。

SQL语句如下。

```
ALTER TABLE temp2
   ADD CONSTRAINT CK_temp2 CHECK(Age>=16 AND Age<=30);
```

【例3-40】 在数据库studentinfo中，为selectcourse表添加检查约束，要求成绩Score在0～100。

SQL语句如下。

```
ALTER TABLE selectcourse ADD CONSTRAINT CK_Score CHECK(Score>=0 AND Score<=100);
```

（5）添加自增约束

添加自增约束的语法格式如下。

```
ALTER TABLE tb_name  MODIFY 列名 INT AUTO_INCREMENT;
```

【例3-41】 在temp1表中，为ID列添加自增约束。

SQL语句如下。

```
ALTER TABLE temp1 MODIFY ID INT AUTO_INCREMENT;
```

（6）添加默认值约束

添加默认值约束的语法格式如下。

```
ALTER TABLE tb_name  ALTER 列名  SET DEFAULT 值;
```

【例3-42】 在temp2表中，设置Sex列的默认值为“女”；设置Age列的默认值是20。

SQL语句如下。

```
ALTER TABLE temp2 ALTER Sex SET DEFAULT '女';
ALTER TABLE temp2 ALTER Age SET DEFAULT 20;
```

（7）添加外键约束

添加外键约束的语法格式如下。

```
ALTER TABLE tb_name
   ADD [CONSTRAINT <约束名>] FOREIGN KEY(外键列名)
      REFERENCES 被参照表名(主键列名);
```

【例3-43】 在temp2表中，为ID列添加与temp1表的ID列的外键约束。

SQL 语句如下。

```
ALTER TABLE temp2
   ADD CONSTRAINT FK_temp1_ID FOREIGN KEY(ID) REFERENCES temp1(ID);
```

3.5 习题 3

一、选择题

1．下面用于存储精确小数的数据是（　　）。

A．INT　　B．FLOAT　　C．DECIMAL　　D．BIT

2．下列适用于描述商品详情的数据类型是（　　）。

A．SET　　B．VARCHAR(20)　　C．TEXT　　D．CHAR

3．SQL 语句中修改表结构的关键字是（　　）。

A．MODIFY TABLE　　B．MODIFY STRUCTURE

C．ALTER TABLE　　D．ALTER STRUCTURE

4．下列关于主键的说法中，正确的是（　　）。

A．主键允许为 NULL 值　　B．主键允许有重复值

C．主键必须来自于另一个表中的值　　D．主键具有非空性，唯一性

5．若规定工资表中基本工资不得超过 5000 元，则这个规定属于（　　）。

A．关系完整性约束　　B．实体完整性约束

C．参照完整性约束　　D．用户定义完整性

6．根据关系模式的完整性规则，一个关系中的主键（　　）。

A．不能有两个　　B．不能成为另一个关系的外部键

C．不允许空值　　D．可以取空值

7．关系数据库中，外键（Foreign Key）是（　　）。

A．在一个关系中定义了约束的一个或一组属性

B．在一个关系中定义了默认值的一个或一组属性

C．在一个关系中的一个或一组属性是另一个关系的主键

D．在一个关系中用于唯一标识元组的一个或一组属性

二、设计题

有一个图书馆 library 数据库，包括 3 个表：图书表 book、读者表 reader 和借阅表 borrow。3 个表的结构见表 3-10～表 3-12。

表 3-10　图书表 book 结构

列　　名	数 据 类 型	约　　束	说　　明
BookID	定长字符串，长度为 13	主键	图书号，图书唯一的图书 ISBN 号
BookName	变长字符串，长度为 30	非空值	书名，图书的书名
Author	变长字符串，长度为 20	空值	作者，图书的编著者名
PublishingHouse	变长字符串，长度为 30	空值	出版社，出版社
Price	浮点型，float	空值	定价，图书的定价

表 3-11　读者表 reader 结构

列　名	数据类型	约　束	说　明
ReaderID	定长字符串，长度为 6	主键	读者号，读者唯一编号
ReaderName	定长字符串，长度为 20	非空值	读者姓名
Sex	定长字符串，长度为 2	非空值	性别，读者性别
Phone	定长字符串，长度为 14	空值	读者的手机号码

表 3-12　借阅表 borrow 结构

列　名	数据类型	约　束	说　明
ReaderID	定长字符串，长度为 6	外键，引用读者表的主键	读者号，读者的唯一编号
BookID	定长字符串，长度为 13	外键，引用图书表的主键	图书号，图书的唯一编号
BorrowDate	日期时间 Datetime	非空值	借出日期，图书借出的日期
RefundDate	日期时间 Datetime	空值	归还日期，图书归还的日期
ReaderID, BookID			主键为：(读者号，图书号)

1．用 SQL 语句创建图书馆数据库 library。

2．用 SQL 语句创建上述 3 个表：book、reader 和 borrow。

3．对图书馆数据库 library 中的 3 个表，用 SQL 语言完成以下各项操作：

1）给图书表 book 增加一列出版日期 PublicationDate，日期型，添加到 Price 列后。

2）书号列 BookISBN 添加默认值约束，默认值为“ISBN 978-7-111-”。

3）删除图书表 book 中 BookISBN 列的默认值约束。

4）在 book 表中，把出版日期列 PublicationDate，重命名为 PublicationYear，并将其数据类型改为 YEAR，允许其为 NULL，默认值为 2022。

5）在 book 表中，删除 PublicationYear 列。

第4章　表记录的操作

本章主要介绍表记录的插入、修改和删除操作，查询记录操作将在下一章详细介绍。

4.1　插入记录

插入记录是向表中插入不存在的新的记录，通过这种方式为表中增加新的数据，通过 INSERT 语句插入新的记录。插入的方式有：插入完整的记录、插入记录的一部分、插入多条记录和插入另一个查询的结果等。需要注意的是，在插入数据之前应使用 USE 语句将需要插入记录的表所在的数据库指定为当前数据库。

本章将以 studentinfo 数据库中的 department、course、class、student 和 selectcourse 表为例，介绍插入记录的各种用法。由于这 5 张表之间存在外键引用，所以在创建表时要先创建主表（父表），再创建从表；在添加记录时，也要先添加主表中的记录（没有外键），即先添加 department 表和 course 表中的记录，再添加 class 表和 student 表中的记录，最后添加 selectcourse 中的记录。

院系表 department 中的记录，见表 4-1。

表 4-1　院系表 department

DepartmentID	DepartmentName
10	哲学学院
40	法学院
60	数学学院
63	计算机学院
70	物理学院

课程表 course 中的记录，见表 4-2。

表 4-2　课程表 course

CourseID	CourseName	Credit	CourseHour	PreCourseID	Term
100101	哲学基础	2	32	NULL	1
400121	法律基础	2	32	NULL	1
600131	数学 1	4	64	NULL	1
630572	数据结构	6	96	NULL	2
630575	算法	6	96	630572	3
700131	物理基础	4	64	NULL	2

班级表 class 中的记录，见表 4-3。

表 4-3　班级表 class

ClassID	ClassName	ClassNum	Grade	DepartmentID
2022100101	哲学 2022-1 班	25	2022	10
2022400102	法律 2022-2 班	NULL	2022	40
2022600103	数学 2022-3 班	20	2022	60
2022630501	软件 2022-1 班	40	2022	63
2022700101	物理 2022-1 班	NULL	2022	70

学生表 student 中的记录，见表 4-4。

表 4-4　学生表 student

StudentID	StudentName	Sex	Birthday	Address	ClassID
202210010108	刘雨轩	男	2003-05-22	北京	2022100101
202210010123	李嘉欣	女	2003-03-15	上海	2022100101
202240010215	王宇航	男	2002-12-28	北京	2022400102
202260010306	张雅丽	女	2003-04-19	浙江	2022600103
202260010307	丁思婷	女	2002-11-24	广东	2022600103
202260010309	白浩杰	男	2003-08-23	广西	2022600103
202263050132	徐东方	男	2003-07-17	云南	2022630501
202263050133	范慧	女	2003-08-08	贵州	2022630501
202263050135	邓健辉	男	2003-06-11	河南	2022630501
202270010103	孙丽媛	女	2003-04-21	湖南	2022700101
202270010104	黄杨	男	2003-02-13	湖北	2022700101

选课表 selectcourse 中的记录，见表 4-5。

表 4-5　选课表 selectcourse

StudentID	CourseID	Score	SelectCourseDate
202210010108	100101	88	
202210010123	100101	66	
202240010215	400121	100	
202260010306	600131	99	
202260010307	600131	87	
202260010309	600131	69	
202263050132	630572	81	
202263050132	630575	90	
202263050133	630572	39	
202263050133	630575	48	
202263050135	630572	73	
202263050135	630575	89	
202270010103	700131	78	
202270010104	700131	51	

4.1.1 插入完整记录

使用 INSERT 语句向数据库的表中插入记录时，要求指定表名称和插入到新记录中的值，其基本的语法格式如下。

```
INSERT INTO tb_name [(column1, column2, …)] VALUES (value1, value2, …);
```

语法格式中的参数说明如下。

1）tb_name 指定要插入数据的表名。

2）column 指定要插入数据的列。

3）value 指定每个列对应插入的数据，即 column1=value1，column2=value2……

注意：使用该语句时，列名 column 和值 value 的数量必须相同，并且要保证每个插入值的类型与对应列的定义数据类型匹配。

使用 INSERT 向表中所有列插入值的方法有两种，即指定所有列名和不指定列名。

1. 在 INSERT 语句中指定列名

在 INSERT 语句中指定列名，为这些列插入数据，语法格式如下。

```
INSERT INTO tb_name (column1, column2, …) VALUES (value1, value2, …);
```

语法说明如下。

1）column 是表中已有列的名称，列的顺序可以不是定义表时的顺序，可以是表中的部分列，但必须包括关键字列。

2）value 表示每个列的值，值的列表与列的列表相对应，把值插入对应位置的列，即 column1=value1 等。

例 4-1

【例 4-1】 在 studentinfo 数据库中，向 department 表中插入一条新记录，包括所有列。

SQL 语句如下。

```
USE studentinfo;
INSERT INTO department (DepartmentID, DepartmentName) VALUES ('10', '哲学学院');
```

INSERT 语句中列的顺序可以与表定义时的顺序不同，但是列与值的顺序要对应。如果表的列比较多，用这种方法就比较麻烦。不过，这种方法可以随意设置列的顺序，而不需要按照表定义时的列顺序。值的数据类型要与列的数据类型一致，其中字符串类型的取值必须加上引号。

在 Navicat for MySQL 的“查询编辑器”窗格中输入上面的 SQL 语句，运行结果如图 4-1 所示。

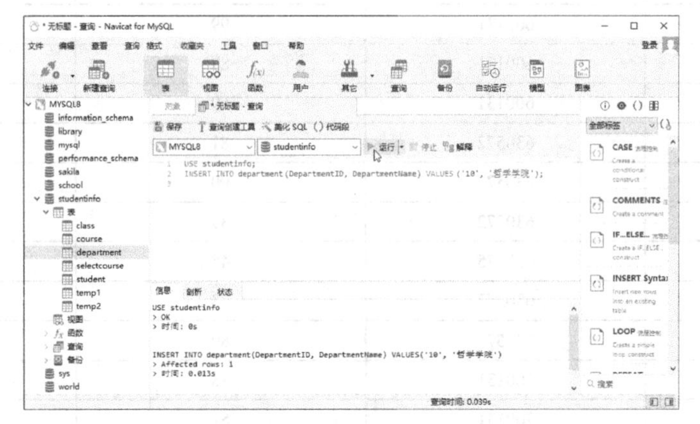

图 4-1　运行插入记录语句

如果再次运行 SQL 语句，则显示“1062 - Duplicate entry '10' for key 'department.PRIMARY'”，说明 department 表定义了主键约束，不能插入重复的主键值“10”。

在 Navicat for MySQL 的“导航”窗格中双击 department，则窗口中部打开 department 表的“表数据记录”窗格，显示表中的记录，如图 4-2 所示。

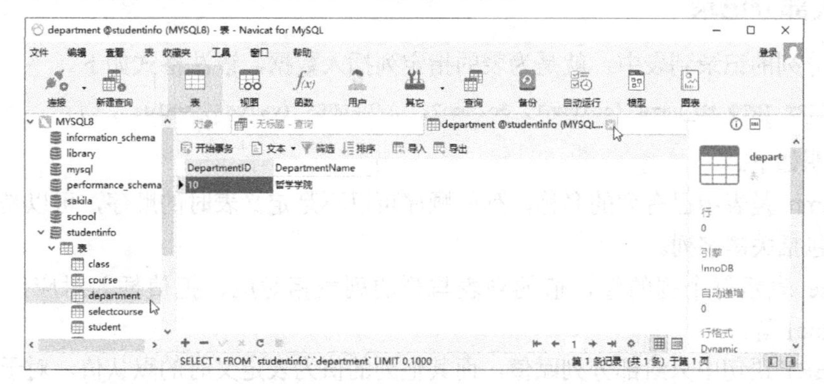

图 4-2　在“表数据记录”窗格中显示 department 表中的记录

2. 在 INSERT 语句中不指定列名

在 INSERT 语句中省略列名时，语法格式如下。

```
INSERT INTO tb_name VALUES (value1, value2, …);
```

语法说明：值列表中需要为表的每一个列指定值，并且值的顺序必须与表中列定义时的顺序完全相同。而且，值的数据类型要与表中对应列的数据类型一致。

【例 4-2】 在 studentinfo 数据库中，按表 4-1 中的数据，向 department 表中插入一条新记录（'40', '法学院'）。

SQL 语句如下。

```
INSERT INTO department VALUES ('40', '法学院');
```

可以新建查询或者在原来的“查询编辑器”窗格中输入上面的 SQL 语句，运行结果如图 4-3 所示。

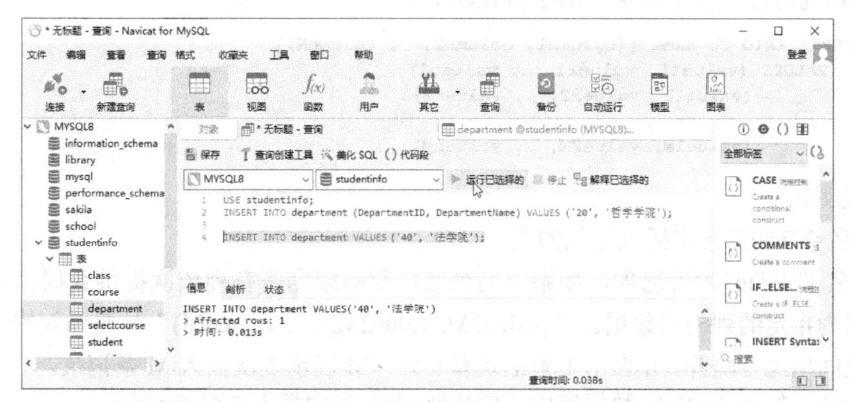

图 4-3　在“查询编辑器”窗格中运行选中的 SQL 语句

如果想在 Navicat for MySQL 中查看新插入的记录，Navicat for MySQL 不会自动更新已打开表记录窗格中的记录，如图 4-2 所示，需要先关闭这个表的“表数据记录”窗格，即单击这个 department 表的“表数据记录”窗格右上角的关闭按钮，关闭该窗格。然后在“导航”窗格中双击 department 表，这时即可在“表数据记录”窗格中显示新的记录。

尽管这种不指定列名的 INSERT 语句非常简单，但它却依赖表中列的定义次序，而且代码的阅读性比较差。当表结构发生改变时就要做相应修改，所以应尽量避免使用这种语法。

4.1.2 插入部分记录

插入部分列的记录到表中，就是为表的指定列插入数据，语法格式如下。

```
INSERT INTO tb_name (column1, column2, …) VALUES (value1, value2, …);
```

语法说明如下。

1）column 是表中已有列的名称，列的顺序可以不是定义表时的顺序，可以是表中的部分列，但必须包括关键字列。

2）value 表示每个列的值，值的列表与列的列表相对应，把值插入对应位置的列，即 column1=value1 等。

在 INSERT 语句中只给部分列赋值，而其他列的值为表定义时的默认值，对于没有定义默认值的列应该允许取空值 NULL。如果某个列没有设置默认值，并且定义为非空 NOT NULL，就必须为其赋值，否则会提示“1364-Field'列名'doesn't have a default value”的错误。

【例 4-3】 在 studentinfo 数据库中，向课程表 course 中插入一条新记录，只给指定的列添加值。

SQL 语句如下。

```
INSERT INTO course (CourseID, CourseName, Credit, CourseHour, Term)
   VALUES ('100101', '哲学基础', 2, 32,1);
```

没有赋值的列，如果没有定义为 NOT NULL，则默认值为 NULL。请在“导航”窗格中双击 course 表，在该“表数据记录”窗格中显示表中的记录。

4.1.3 插入多条记录

虽然可以使用多条 INSERT 语句插入多条记录，但是比较烦琐。插入多条记录是指一个 INSERT 语句同时插入多条记录，语法格式如下。

```
INSERT INTO tb_name [(column1, column2, …, columnN)]
   VALUES (value11, value21, …, valuen1),
          (value12, value22, …, valuen2),
                …,
          (value1M, value2M, …, valuenM);
```

语法说明如下。

1）表名 tb_name 指定插入记录的表。

2）列名 column 为可选项，如果省略列名，则必须为所有列依次提供数据。如果指定列名，则只需为指定的列提供数据。“(value1M, value2M, …, valuenM)”是要插入的 1 条记录，每条记录之间用逗号隔开。n 表示 1 条记录有 n 列，M 表示 1 次插入 M 条记录。

【例 4-4】 在 studentinfo 数据库中，向班级 class 表中插入 5 条新记录。

SQL 语句如下。

```
INSERT INTO studentinfo.class (ClassID, ClassName, ClassNum, Grade, DepartmentID)
   VALUES ('2022100101', '哲学 2022-1 班', 25, 2022, '10'),
   ('2022400102', '法律 2022-2 班', NULL, 2022, '40'),
   ('2022600103', '数学 2022-3 班', 20, 2022, '60'),
```

```
        ('2022700101', '物理 2022-1 班', NULL, 2022, '70'),
        ('2022630501', '软件 2022-1 班', 40, 2022, '63');
```

如果要在 Navicat for MySQL 中查看 class 表中的记录，先关闭之前打开的 class 表的“表数据记录”窗格。然后在“导航”窗格中双击 class，在重新打开的“表数据记录”窗格中将显示新的 class 表记录，如图 4-4 所示。class 表中记录的顺序不是按插入记录的顺序排序的，默认按主键（ClassID）升序排序。

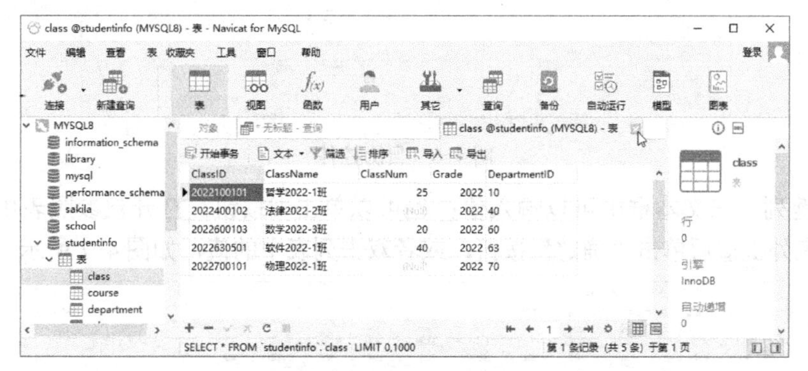

图 4-4　在“表数据记录”窗格中显示 class 表中的记录

4.1.4　使用 Navicat for MySQL 菜单方式插入记录

使用 Navicat for MySQL 菜单方式可以在表中插入记录。

【例 4-5】 按表 4-4 输入学生表 student 中的记录。

操作步骤如下。

1）在“导航”窗格中，展开 studentinfo 数据库下的“表”，双击 student 表。

2）窗口中部打开 student 表的“表数据记录”窗格，该表中没有记录，如图 4-5 所示。

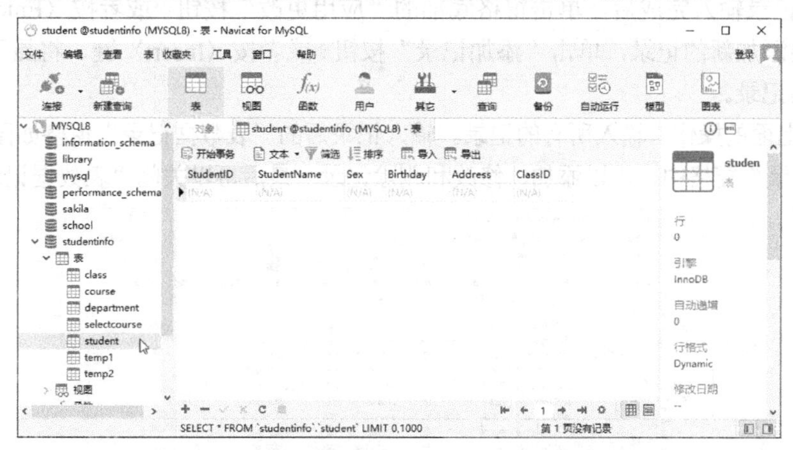

图 4-5　在“表数据记录”窗格中显示 student 表中的记录

单击列名下的单元格或按〈Tab〉键，设置插入点，然后分别输入对应的列值。

对于日期类型，可以在文本框输入日期值；也可以单击⋯按钮，打开日历控件，如图 4-6 所示，选择日期，最后单击“确定”按钮。

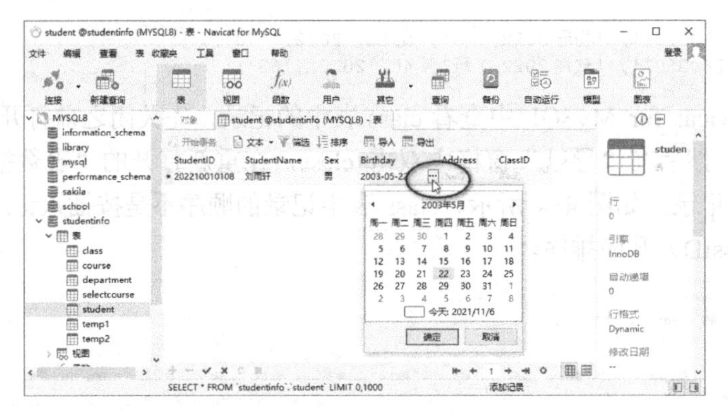

图 4-6　日历控件

对于外键列，在文本框中可以输入值；也可以单击⋯按钮，打开被参照表中的外键值列表，选择相应外键值后单击“确定”按钮，或者双击列表中的值，如图 4-7 所示。

图 4-7　显示外键的值列表

3）一行记录输入完成后，单击窗格底部的“应用更改”按钮✔或者按〈Enter〉键，确认输入。如果要添加新的记录，单击“添加记录”按钮✚或者按〈Insert〉键，将显示一行空白记录，输入新的记录。

4）重复上面的操作，输入所有的记录。输入记录后的“表数据记录”窗格如图 4-8 所示。在“表数据记录”窗格中，可以添加、修改和删除记录。最后可以关闭“表数据记录”窗格。

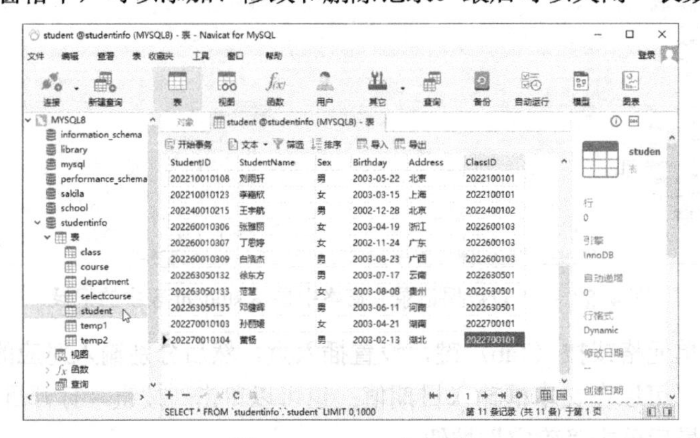

图 4-8　student 表记录

请读者使用 Navicat for MySQL 对话方式，按表 4-5 中的记录向选课表 selectcourse 中输入

部分记录；然后使用 INSERT 语句方式，输入剩余的记录，完成所有记录的输入，并比较两种输入方式的特点和适用范围。

请读者把自己的姓名添加到 student 表中；在 selectcourse 表中，给自己添加两门课程的成绩。

由于下一节将做修改、删除记录操作，这些记录在后面章节还会用到。为此，请读者先备份 studentinfo 数据库，在以后用到这个数据库时还原数据。具体备份、还原数据库的方法，请参考第 13 章中的相关内容。

4.2 修改记录

修改记录是通过 UPDATE 语句更新表中已经存在的记录中的值，该 SQL 语句可以更新特定记录、更新所有记录。UPDATE 语句的基本语法格式如下。

```
UPDATE tb_name
   SET column1=value1, column2=value2, …, columnN=valueN
   [WHERE conditions];
```

语法说明如下。

1）SET 子句指定表中要修改的列及其值，column 表示需要更新的列名，value 表示为对应列更新后的值。

2）修改多个列时，每个 column=value 之间用逗号分隔。

3）每个指定的列值可以是表达式，也可以是该列所对应的默认值；如果指定的是默认值，则用关键字 DEFAULT 表示值，即 column=DEFAULT。

4）WHERE 子句为可选项，用于限定表中要修改的行，conditions 是条件表达式，指定更新满足条件的特定记录；如果无 WHERE 子句，则更新表中的所有记录。

4.2.1 修改特定记录

使用 UPDATE 语句修改特定记录时，需要通过 WHERE 子句指定被修改的记录所需满足的条件。如果表中满足条件表达式的记录不止一条，则会更新所有满足条件的记录。对于这类问题，要分清哪些是条件，哪些是要修改的列。

【例 4-6】 在 studentinfo 数据库中，将 student 表中 StudentID 为“202270010104”的值改为“202270010105”，Address 改为“河北”，Sex 改为默认值。

SQL 语句如下。

```
UPDATE student
   SET StudentID='202270010105', Address='河北', Sex=DEFAULT
   WHERE StudentID='202270010104';
```

运行上面语句，显示“Affected rows: 1”（受影响的行: 1），表示更新 1 行记录。

在 Navicat for MySQL 的“导航”窗格中，双击 student 表，在打开的“表数据记录”窗格可以看到记录已经更新。

【例 4-7】 将 class 表中 Grade 为 2022 的班级人数 ClassNum 都改为 30。

SQL 语句如下。

```
UPDATE class
   SET ClassNum=30
   WHERE Grade='2022';
```

运行上面的语句，显示“Affected rows: 5”，表示更新 5 行记录。

对于这类问题，要分清哪些是条件，哪些是要修改的列。

4.2.2 修改所有记录

使用 UPDATE 语句修改所有数据记录时，不需要指定 WHERE 子句。

【例 4-8】 将 class 表中，所有班级人数 ClassNum 都在原来的人数上加 10。

SQL 语句如下。

```
UPDATE class
   SET ClassNum= ClassNum + 10;
```

如果不加修改记录的限制条件，修改后的值有可能违反约束，所以即便修改所有记录，通常也会加上条件。

【例 4-9】 将 selectcourse 表中所有学生的成绩提高 5%。

先为 selectcourse 表添加检查约束，要求成绩 Score 在 0～100，SQL 语句如下。

```
ALTER TABLE selectcourse ADD CONSTRAINT CK_Score CHECK(Score>=0 AND Score<=100);
```

修改成绩的 SQL 语句如下。

```
UPDATE selectcourse
   SET Score=Score*1.05;
```

运行上面的 SQL 语句将显示出错信息“3819 - Check constraint 'CK_Score' is violated.”，违反了定义的检查约束 Score>=0 AND Score<=100。这时就要根据更新后的成绩值来设置要更新记录的条件，请读者思考解决方法。

4.3 删除记录

删除记录是删除表中已经存在的记录，通过这种方式可以删除表中不再使用的记录，还可以删除特定的记录和删除表中所有的记录。删除表中的记录后无法恢复，因此删除时必须慎重。

4.3.1 删除特定记录

使用 DELETE 语句删除表中的一行或多行记录，其语法格式如下。

```
DELETE FROM tb_name [WHERE conditions];
```

语法说明如下。

1）tb_name 指定要删除记录的表名。

2）WHERE 子句为可选项，指定删除条件，如果不指定 WHERE 子句，将删除表中的所有记录。使用 DELETE 语句删除特定记录时，要通过 WHERE 子句指定被删除的记录要满足的条件。

【例 4-10】 在 selectcourse 表中，删除 StudentID 为 202263050132 的记录。

SQL 语句如下。

```
USE studentinfo;
DELETE FROM selectcourse WHERE StudentID='202263050132';
```

运行上面的语句，显示“Affected rows: 2”，表示删掉 2 条记录。

4.3.2　删除所有记录

对某个表删除所有记录也称清空表。删除表中的所有记录后，表的定义仍然存在，即删除的是表中的记录，而不会删除表的定义。删除所有记录有两种方法：使用 DELETE 语句时，省略 WHERE 子句；使用 TRUNCATE 语句。

TRUNCATE 语句的语法格式如下。

```
TRUNCATE [TABLE] tb_name;
```

语法说明：tb_name 指定要删除记录的表名。

TRUNCATE 语句将直接删除原来的表并重新创建一个表，而不是逐行删除表中的记录，因此执行速度比 DELETE 更快。

注意：如果表之间具有外键参照关系，则不能使用 TRUNCATE 语句清空记录，只能使用 DELETE 语句。

【例 4-11】 删除 selectcourse 表中的所有记录。

SQL 语句如下。

```
TRUNCATE selectcourse;
```

在 Navicat for MySQL 中，运行上面的语句后，如果 selectcourse 表的“表数据记录”窗格已经打开，请关闭后重新打开 selectcourse 表的“表数据记录”窗格，则会看到 selectcourse 表中已经没有记录了。

【例 4-12】 删除 department 表中的所有记录。

1）首先为 class 表定义外键 DepartmentID，SQL 语句如下。

```
ALTER TABLE class
   ADD CONSTRAINT FK_department FOREIGN KEY(DepartmentID)
   REFERENCES department(DepartmentID)
   ON UPDATE RESTRICT  ON DELETE CASCADE;
```

2）使用 TRUNCATE 语句清空 department 表中的所有记录，SQL 语句如下。

```
TRUNCATE department;
```

执行上面语句，显示提示“1701 - Cannot truncate a table referenced in a foreign key constraint ('studentinfo'. 'class', CONSTRAINT 'FK_department')”意思是不能清空被参照的主表 department，因为从表 class 表中的外键 DepartmentID 参照了主表 department 的主键 ClassID，所以不能先删主表。

3）改为用 DELETE 语句，SQL 语句如下。

```
DELETE FROM department;
```

显示“Affected rows: 5”，department 表中所有记录已被删除。查看 class、student 表中的记录，发现所有记录被删除了。可见 TRUNCATE 与 DELETE 语句在运行机制上是不同的。

4.3.3　使用 Navicat for MySQL 菜单方式删除记录

使用 Navicat for MySQL 菜单方式可以对表中的记录进行添加、修改、删除等操作。

【例 4-13】 以操作 studentinfo 数据库中的 course 表为例，介绍 Navicat for MySQL 对记录的操作。

例 4-13

1）在“导航”窗格中展开 studentinfo 数据库，在该数据库下双击表名 course，窗口中部打开 course 表的“表数据记

录”窗格，显示表中的记录。

2）选中记录。单击某行最左端一列，或者单击某行中的单元格，或者按键盘的上、下光标键，该行最左端显示一个箭头▶，表示选中该行。

3）修改单元格数据。单击单元格，把插入点放置在单元格中，输入新的单元格内容。

4）行的快捷菜单。在某行的最左端列上右击，或者在单元格上右击（没有把插入点设置到单个格中），显示该行的快捷菜单，如图 4-9 所示。选择快捷菜单上的命令，即可执行相应的操作，例如“删除记录”等。

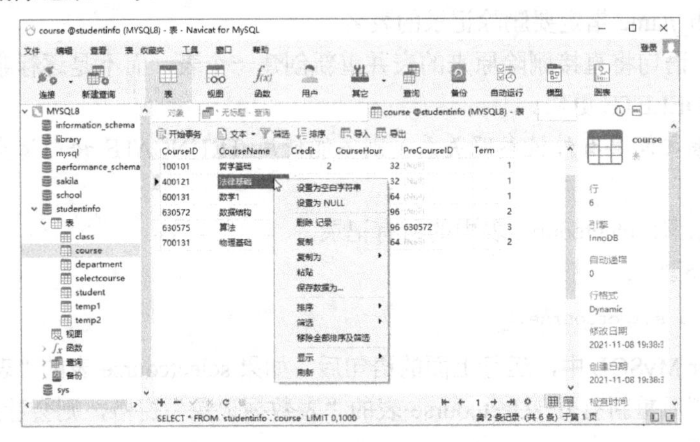

图 4-9　记录行的快捷菜单

5）在“导航”窗格中右击表名，例如 student，显示快捷菜单，如图 4-10 所示，从快捷菜单选择相应命令执行，例如“清空表”。

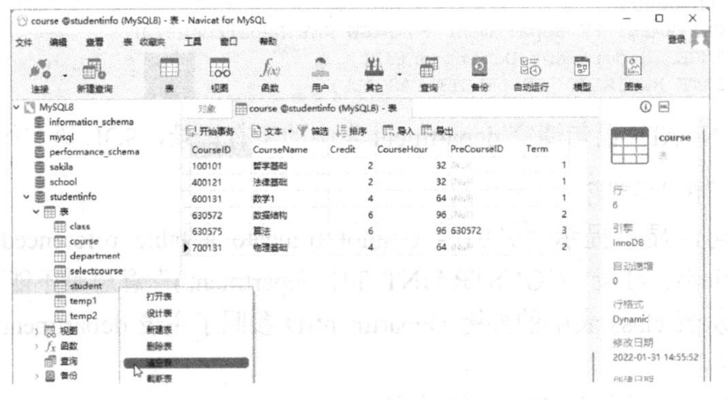

图 4-10　表名的快捷菜单

注意：执行操作后，必须先关闭该表的“表数据记录”窗格，再打开该表的“表数据记录”窗格，才能显示该表的最新记录。

至此，studentinfo 数据库中 5 个表中的记录都被清空。在做下一章学习前，请先还原该数据库。

4.4　习题 4

一、选择题

1．SQL 语言集数据查询、数据操作、数据定义和数据控制功能于一体，语句 INSERT、

DELETE、UPDATE 实现哪类功能（　　）。

A．数据查询　　B．数据操作
C．数据定义　　D．数据控制

2．以下插入数据的语句错误的是（　　）。

A．INSERT 表 SET 字段名=值
B．INSERT INTO 表(字段列表)VALUE (值列表)
C．INSERT 表 VALUE (值列表)
D．以上答案都不正确

3．修改操作的语句“UPDATE student SET s_name='张三';”，该语句执行后的结果是（　　）。

A．只把姓名叫张三的记录进行更新　　B．只把字段名 s_name 改成张三
C．表中的所有人姓名都更新为张三　　D．更新语句不完整，不能执行

4．SQL 语言中，删除 emp 表中全部记录的语句正确的是（　　）。

A．DELETE * FROM emp;　　B．DROP TABLE emp;
C．DELETE TABLE emp;　　D．没有正确答案

5．要快速完全清空一张表中的记录可使用如下语句（　　）。

A．TRUNCATE TABLE　　B．DELETE TABLE
C．DROP TABLE　　D．CLEAR TABLE

二、练习题

1．基于习题 3 练习题中图书馆数据库 library 的 3 个表（表 3-10～表 3-12），按表 4-6～表 4-8 内容，向表中添加数据。

表 4-6　图书表 book

图书号 BookID	书名 BookName	作者 Author	出版社 PublishingHouse	单价 Price
9787121419111	Python 程序设计基础	张宏伟	电子工业出版社	68.5
9787111636222	Java 程序设计基础	王琳娜	机械工业出版社	73.8
9787517071333	Web 前端开发技术	胡方强	中国水利水电出版社	59.9
9787115545444	JavaScript 高级程序设计	李辉	人民邮电出版社	82
9787302531555	数据库原理与应用	赵利辉	清华大学出版社	89.7
9787121198666	MySQL 数据库应用	刘鑫	电子工业出版社	63.2
9787121412777	算法分析与设计	陈尚文	电子工业出版社	58.6

表 4-7　读者表 reader

读者号 ReaderID	读者姓名 ReaderName	性别 Sex	电话 Phone
112235	刘雨轩	男	13511112222
112208	李嘉欣	女	13033334444
112219	王宇航	男	13655556666
225531	张雅丽	女	13377778888
225532	丁思婷	女	15899992222
337783	白浩杰	男	13844445555

表 4-8 借阅表 borrow

读者号 ReaderID	图书号 BookID	借出日期 BorrowDate	归还日期 RefundDate
112235	9787121419111	2021-09-12	2021-12-10
112235	9787121198666	2021-09-12	2021-12-10
112208	9787111636222	2021-09-25	2021-12-18
112219	9787302531555	2021-10-17	NULL
112219	9787121198666	2021-10-17	2022-01-20
225531	9787121412777	2021-11-09	NULL

2．用 SQL 语言完成以下数据更新操作。

1）向图书表 book 中添加记录，该记录为('9787121198123', '数据结构', '宋林', '电子工业出版社', 49)。

2）修改图书表 book 中书号为“9787517071333”这本书的单价为 69 元。

3）向读者表 reader 中添加一位新读者记录，该读者的信息为('556677', '孙丽媛', '女', '13012345555')。

4）向借阅表 borrow 中插入一条借阅记录，表示读者“丁思婷”借阅了一本书，图书号为“9787121198666”，借出日期为当天的日期，归还日期为空值。

5）读者“112219”归还“9787302531555”图书，归还日期 RefundDate 为当天的日期。

6）删除图书表中“算法分析与设计”这本书的记录。

第5章　表记录的查询

本章将以 studentinfo 数据库中的 department 表、course 表、class 表、student 表和 selectcourse 表为例，介绍使用 SQL 语句查询记录的操作，包括单表查询、多表连接查询和子查询等操作。

5.1　单表记录查询

单表查询是指从一张表中查询所需要的数据，是仅涉及一个表的查询，也称简单查询。

5.1.1　单表查询语句

单表查询语句的主要功能是输出列或表达式的值，SELECT 语句的语法格式如下。

```
SELECT [ALL | DISTINCT] selection_list1[, selection_list2 …]
    FROM table_source;
```

语法格式中的参数说明如下。

1）ALL | DISTINCT：为可选项，指定是否返回结果集中的重复行。若没有指定这些选项，则默认为 ALL，即返回 SELECT 操作中所有匹配的行，包括存在的重复行；若指定选项 DISTINCT，则消除结果集中的重复行，应用于 SELECT 语句中指定的所有列。

2）SELECT selection_list 子句：描述结果集的列，指定要查询的内容，包括列名、表达式、常量、函数和列别名等，之间用逗号分隔，用星号“*”代表表中所有的列。查询结果返回时，结果集中各列依照其列出的次序显示。本子句是必选项。

3）FROM table_source 子句：指定要查询的数据源，包括表、视图等，本子句是必选项。

4）在 SELECT 语句中，所有可选子句必须依照 SELECT 语句的语法格式所罗列的顺序使用。

1．查询所有的列

在 SELECT 语句中要查询所有列时，用星号“*”代表表中所有的列。查询结果返回时，结果集中各列的次序与这些列在表定义中的顺序相同，查询结果是从表中依次取出每条记录。

例 5-1

【例 5-1】 在数据库 studentinfo 中查询学生表 student 中的所有记录。

SQL 语句如下。

```
USE studentinfo;
SELECT * FROM student;
```

因为在“查询编辑器”窗格中输入的 SQL 语句可以编辑和多次运行，所以建议在 Navicat for MySQL 的“查询编辑器”窗格中编辑和运行 SQL 语句。先单击“新建查询”，在“查询编辑器”窗格中输入 SQL 语句；然后单击“运行”按钮，如图 5-1 所示。

2．查询指定的列

如果不需要将表中所有的列都显示出来，只需在 SELECT 后面列出要在结果集中显示的列名，各个列之间用“，”分隔。在查询结果集中，列的顺序按指定的列顺序，形成一条新的记录；行的顺序与表中记录的顺序相同。

【例 5-2】 在数据库 studentinfo 中，查询学生表 student 中的 StudentName、Sex、StudentID 和 ClassID 列。

SQL 语句如下。

```
SELECT StudentName, Sex, StudentID, ClassID
    FROM student;
```

在 Navicat for MySQL 的“查询编辑器”窗格中编辑和运行上面的代码，结果如图 5-2 所示。

图 5-1 在“查询编辑器”窗格中运行的查询结果

图 5-2 在“查询编辑器”窗格中编辑和运行

3．查询计算的值

SELECT 子句的 selection_list 不仅可以是表中的列名，也可以是表达式，还可以是常量、函数等。

【例 5-3】 在数据库 studentinfo 中，查询学生表 student 中的全体学生，显示 StudentName、Sex 列，以及“年龄:”字符串和年龄。

SQL 语句如下。

```
    SELECT StudentName, Sex, '年龄:', YEAR
(NOW())-YEAR(Birthday) FROM student;
```

在 Navicat for MySQL 的“查询编辑器”窗格中编辑上面的代码，然后选中要运行的 SQL 语句，原来的“运行”按钮改为“运行已选择的”按钮，单击该按钮，运行结果如图 5-3 所示。

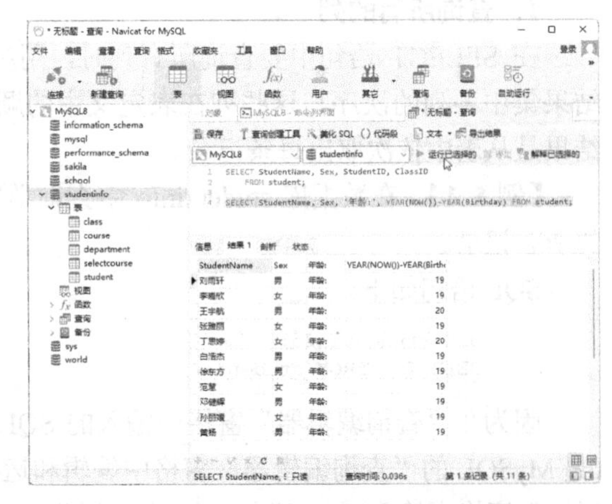

图 5-3 查询计算的值

上面 SELECT 语句中，“目标表达式”中的 StudentName、Sex 是表中的列名，'年龄:'是字符串常量，YEAR(NOW())-YEAR(Birthday)是一个计算表达式，用于计算学生的年龄，其

中又包含了两个函数，NOW()函数返回当前日期和时间值，YEAR()函数返回指定日期对应的年份。从查询结果看出，列名就是结果集中的列名。

如果要计算值的目标表达式中不涉及表，可以省略 FORM 子句。

【例 5-4】 计算表达式的值。

SQL 语句如下。

```
SELECT 101+3*50/7, "abc"="ABC", 2>=3;
```

运行结果如图 5-4 所示。

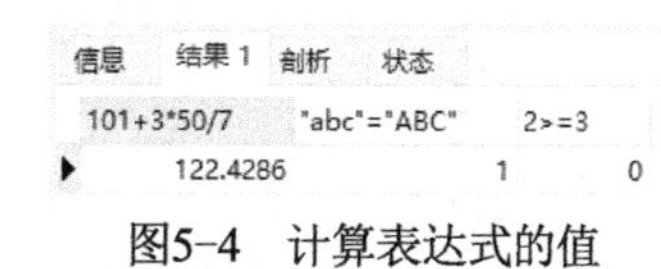

图5-4　计算表达式的值

4．为列取别名

输出查询结果时，结果集中的列名显示为 selection_list 名。可以为查询结果集中的列名取一个别名，以便增加结果集的可读性。为结果集中的列名取别名的语法格式如下。

```
selection_list [AS] alias
```

语法说明：alias 是列名的别名，AS 可以省略。当自定义的别名中含有空格时，必须使用单引号或双引号把别名括起来。另外，列的别名不允许出现在 WHERE 子句中。

【例 5-5】 在数据库 studentinfo 中，查询 student 表中全体学生的姓名、性别和年龄，要求对应的列名显示为中文名称。

SQL 语句如下。

```
SELECT StudentName AS '姓  名', Sex 性别, YEAR(NOW())-YEAR(Birthday) AS 年龄
   FROM student;
```

在 Navicat for MySQL 的“查询编辑器”窗格中编辑上面的代码，然后选中要运行的 SQL 语句，单击“运行已选择的”按钮，运行结果如图 5-5 所示，结果中的列名显示为别名。

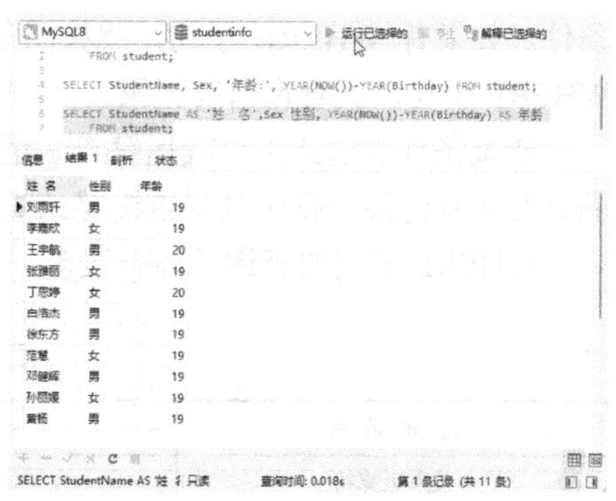

图 5-5　定义列的别名

5．不显示重复记录

DISTINCT 关键字的功能是从 SELECT 语句的结果集中去掉重复的记录。如果没有 DISTINCT 关键字，系统将返回所有符合条件的记录组成的结果集，其中包括重复的记录。

表中的记录都是唯一的，记录不会重复，但是由于在结果集中只显示需要的列，就造成显示出来的记录看着是重复的。因此，结果集中是否有重复记录，取决于列的组合。

【例 5-6】 在数据库 studentinfo 中，查询 student 表中的性别。

显示 student 表中 Sex 列的所有记录，SQL 语句如下。

```
SELECT Sex FROM student;
```

运行结果如图 5-6 所示。显示只有男、女的记录，出现重复记录。

使用 DISTINCT 关键字，显示 Sex 列不重复的记录，SQL 语句如下。

```
SELECT DISTINCT Sex FROM student;
```

运行结果如图 5-7 所示。

如果在结果集中同时显示 StudentName 和 Sex 列，则结果集记录不重复，SQL 语句如下。

```
SELECT StudentName, Sex FROM student;
```

运行结果如图 5-8 所示。

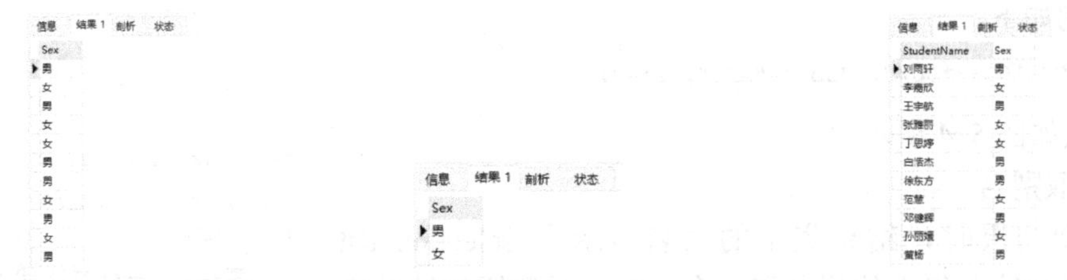

图 5-6　查询 student 表中的性别　图 5-7　使用 DISTINCT 关键字　图 5-8　同时显示 StudentName 和 Sex 列

5.1.2　使用 WHERE 子句过滤结果集

WHERE 子句用来选取需要检索的记录。表中包含大量的记录，查询时可能只需要查询表中的指定记录，即对记录进行过滤。在 SELECT 语句中，使用 WHERE 子句，并根据 WHERE 子句中指定的查询条件（也称搜索条件或过滤条件），从 FROM 子句的中间结果中选取适当的记录行，实现记录的过滤。其语法格式如下。

```
SELECT [ALL | DISTINCT] selection_list1[, selection_list2 …]
   FROM table_source
   [WHERE search_condition];
```

语法说明：WHERE search_condition 子句为可选项，指定对记录的过滤条件，即要查询的条件。如果有 WHERE 子句，就按照条件表达式 search_condition 指定的条件查询；如果没有 WHERE 子句，就查询所有记录。

查询条件表达式由比较运算符、逻辑运算符和查询关键字连接表达式组成，根据查询条件的真假来决定某一条记录是否满足该查询条件，只有满足该查询条件的记录才会出现在结果集中。WHERE 子句的查询条件有很多，常用的查询条件见表 5-1。

表 5-1　常用的查询条件

查 询 条 件	操作符或关键字
关系运算符	<, <=, =, >, >=, <>, !=, !<, !>, <=>
指定范围	BETWEEN AND，NOT BETWEEN AND
集合	IN，NOT IN
匹配字符	LIKE，NOT LIKE
是否空值	IS NULL，IS NOT NULL
逻辑运算符	ANOT 或!，AND 或&&，OR 或||，XOR

表 5-1 中，“<>”表示不等于，等价“!=”；“!>”表示不大于，等价“<=”；“!<”表示不小于，等价“>=”；BETWEEN AND 指定某列的取值范围；IN 指定某列的取值的集合；IS NULL 判断某列的取值是否为空；AND 和 OR 连接多个条件。

在 WHERE 子句中，条件表达式中设置的条件越多，查询语句的限制就越多；能够满足所有条件的记录越少，查询出来的记录就越少。

1．使用关系表达式和逻辑表达式的条件查询

WHERE 子句的主要功能是利用指定的条件选择结果集中的行。符合条件的行出现在结果集中，不符合条件的行将不出现在结果集中。通过 WHERE 子句可以实现很复杂的条件查询。在使用 WHERE 子句时，需要通过关系运算符和逻辑运算符来编写条件表达式。条件表达式中的字符型和日期类型值要放到单引号内，数值类型的值直接出现在表达式中。

注意：查询满足条件的行，要比消除所有不满足条件的行更快，所以，将否定的 WHERE 条件改写为肯定的条件将会提高性能。

【例 5-7】 查询 selectcourse 表中成绩在 60～75 或者成绩为 100 的学号、课程号。

SQL 语句和查询结果如下。

```
SELECT StudentID, CourseID, Score FROM selectcourse
   WHERE Score>=60 AND Score<=75 OR Score=100;
```

信息　结果 1　剖析　状态

StudentID	CourseID	Score
202210010123	100101	66.0
202240010215	400121	100.0
202260010309	600131	69.0
202263050135	630572	73.0

2．使用 BETWEEN ... AND 关键字的范围查询

当查询的条件被限定在某个取值范围时，使用 BETWEEN...AND 关键字最方便。BETWEEN...AND 关键字在 WHERE 子句中的语法格式如下。

```
expression [NOT] BETWEEN expression1 AND expression2
```

语法说明如下。

1）表达式 expression1 的值不能大于表达式 expression2 的值。当不使用关键字 NOT 时，如果表达式 expression 的值在表达式 expression1 与 expression2 之间（包括这两个边界值），则返回真 1，否则返回假 0；如果使用关键字 NOT 时，则检索条件排除某个范围的值，其返回值相反。

2）使用 BETWEEN 搜索条件相当于用 AND 连接两个比较条件，如“x BETWEEN 200 AND 500”相当于表达式“x>=200 AND x<=500”。在生成结果集中，边界值也符合条件。

3）NOT BETWEEN...AND 语句限定取值范围在两个指定值的范围之外，并且不包括这两个指定的边界值。

【例 5-8】 对例 5-7 改用 BETWEEN ... AND 关键字实现查询。

SQL 语句如下。

```
SELECT StudentID, CourseID, Score FROM selectcourse
   WHERE Score BETWEEN 60 AND 75 OR Score=100;
```

因为 OR 的优先级低于 AND，所以 Score BETWEEN 60 AND 75 可以不用加括号。当然，为了便于理解，最好加上，即 WHERE (Score BETWEEN 60 AND 75) OR Score=100。

【例 5-9】 查询 student 表中出生日期不在 2003-02-01—2003-05-31 的学生。

SQL 语句如下。

```
SELECT StudentName, Sex, Birthday FROM student
   WHERE Birthday NOT BETWEEN '2003-02-01' AND '2003-05-31';
```

3．使用 IN 关键字的集合查询

IN 关键字可以判定某个列的值是否在指定的集合中，当要判定的值匹配集合中的任意一个值时，返回真 1，否则返回假 0。如果列的值在集合中，则满足查询条件，该记录将被查询

出来；如果不在集合中，则不满足查询条件。IN 关键字在 WHERE 子句中的语法格式如下。

```
expression [NOT] IN (value1, value2, …)
```

语法说明如下。

1）expression 为表达式或列名。NOT 是可选参数，表示不在集合内满足条件。value 为集合中的值，用逗号分隔。字符型值要加上单引号或双引号。

2）使用 IN 搜索条件相当于用 OR 连接两个比较条件，如 Score IN(100, 90)，相当于表达式 Score=100 OR Score=90。虽然 OR 和 IN 可以实现相同的功能，但是使用 IN 的查询语句更简洁。

3）也可以使用 NOT IN 关键字查询不在某取值范围内的记录。

尽管关键字 IN 可用于集合判定，但其最主要的用途是子查询，将在子查询中详细介绍。

【例 5-10】 查询 student 表中地址不在北京、上海、广东、浙江的记录。

SQL 语句如下。

```
SELECT * FROM student WHERE Address NOT IN('北京', '上海', '广东', '浙江');
```

4. 使用 IS NULL 关键字查询空值

当需要查询某列的值是否为空值时，可以使用关键字 IS NULL。如果列的值为空值，则满足条件，否则不满足条件。IS NULL 关键字在 WHERE 子句中的语法格式如下。

```
expression IS [NOT] NULL
```

语法说明：IS NULL 不能用“=NULL”代替，“IS NOT NULL”也不能用“!=NULL”代替。虽然用“=NULL”或“!=NULL”设置查询条件时不会有语法错误，但查询不到结果集，会返回空集。

【例 5-11】 在 course 表中，查询填写课程号的记录。

SQL 语句如下。

```
SELECT * FROM course WHERE PreCourseID IS NOT NULL;
```

信息　结果 1　剖析　状态

CourseID	CourseName	Credit	CourseHour	PreCourseID	Term
630575	算法	6	96	630572	3

5. 使用 LIKE 关键字的字符匹配查询

有时对要查询的数据了解不够全面，不能确定所要数据的确切名称，例如，只知道姓“张”等，这时需要使用 LIKE 关键字进行模糊查询。LIKE 关键字使用通配符在字符串内查找指定的模式字符串，LIKE 关键字可以匹配字符串是否相等，如果列的值与指定的字符串相匹配，则满足条件，否则不满足。通过字符串的比较来选择符合条件的行。LIKE 关键字在 WHERE 子句中的语法格式如下。

```
expression [NOT] LIKE '模式字符串' [ESCAPE '换码字符']
```

语法说明如下。

1）expression 为表达式或列名。

2）NOT 是可选参数，表示与指定的“模式字符串”不匹配时满足条件。

3）LIKE 主要用于字符类型数据，可以是 CHAR、VARCHAR、TEXT、DATETIME 等数据类型。字符串内的英文字母和汉字都算一个字符。

4）模式字符串表示用来匹配的字符串，该字符串必须加单引号或者双引号。模式字符串中的所有字符都有意义，包括开头和结尾的空格。

模式字符串可以是一个完整的字符串，也是使用通配符实现模糊查询。它有两种通配符

“%”和下画线“_”。

- “%”可以匹配 0 个或多个字符的任意长度的字符串。例如，st%y 表示以字母 st 开头，以字母 y 结尾的任意长度的字符串，该字符串可以代表 sty、stuy、staay、studenty 等。
- “_”表示任意单个字符，该符号只能匹配一个字符。例如，st_y 表示以字母 st 开头，以字母 y 结尾的 4 个字符，中间的“_”可以代表任意一个字符，字符串可以代表 stay、stby 等。

5）如果要匹配的字符串本身就含有通配符“%”或“_”，这时就要使用 ESCAPE 短语对通配符进行转义，把通配符“%”或“_”转换成普通字符。

6）使用通配符时需要注意：MySQL 默认不区分大小写，如果需要区分大小写，则需更换字符集的校对规则；另外，百分号“%”不能匹配空值 NULL。

【例 5-12】 在 course 表中，查询课程名 CourseName 中含有“基础”的课程。

SQL 语句和运行结果如下。

```
SELECT * FROM course WHERE CourseName LIKE '%基础%';
```

信息　结果 1　剖析　状态

CourseID	CourseName	Credit	CourseHour	PreCourseID	Term
100101	哲学基础	2	32	(Null)	1
400121	法律基础	2	32	(Null)	1
700131	物理基础	4	64	(Null)	2

6. 使用正则表达式的查询

正则表达式通常被用于检索或替换符合某个模式的文本内容，根据指定的匹配模式查找文本中符合要求的特殊字符串。例如，从一个文本文件中提取电话号码，查找一篇文章中重复的单词或者替换用户输入的某些词语等。正则表达式的查询能力比通配字符的查询能力更强大，而且更灵活，可以应用于非常复杂的查询。

使用 REGEXP 关键字来匹配查询正则表达式。正则表达式的基本语法格式如下。

```
expression [NOT] REGEXP '正则表达式'
```

使用 REGEXP 关键字指定正则表达式的字符匹配模式，REGEXP 关键字及正则表达式写在 WHERE 子句中。REGEXP 关键字中常用的字符匹配选项，见表 5-2。

表 5-2　正则表达式常用的字符匹配选项

选　项	说　明	例子	匹配值示例
'字符串'	匹配包含指定字符串的文本	'ok'	匹配 ok，可在任何位置，如 oka、aok、abokcd
[字符串]	匹配[ ]中的任何一个字符	'[ok]'	匹配 o 或 k，如 os、kiss、koab
[^字符串]	匹配不在[ ]中的任何一个字符	'[^ok]'	匹配不包含 o 或 k 的字符串，如 abc、hh
^	匹配文本的开始字符	'^k'	匹配以 k 开头的字符串，如 ko、kiss、kabc
$	匹配文本的结尾字符	'er$'	匹配以 er 结尾的字符串，如 teacher、worker、mother
.	匹配任意单个字符	'b.t'	匹配任何 b 和 t 之间有一个字符，如 better、bit、bite
*	匹配 0 个或多个*前面指定的字符	'b*t'	匹配*前面有任意个 b 的字符串，如 bt、bbt、bbbbt
+	匹配+前面的字符 1 次或多次	'ba+'	匹配以 b 开头后面紧跟至少一个 a，如 bab、battle、bala
字符串{n,}	匹配前面的字符串至少 n 次	'e{3,}'	匹配 3 个或更多的 e，如 eee、eeee、eeeeeeee
字符串{n, m}	匹配前面的字符串至少 n 次，至多 m 次	'b{2,4}'	匹配至少 2 个 b，最多 4 个 b，如 bb、bbb、bbbb

表 5-2 中的示例，可以直接将正则表达式置于 SELECT 语句中进行正则表达式测试，如果返回 1，则表示匹配成功；如果返回 0，则表示没有匹配成功。例如下面 SQL 语句。

```
SELECT 'teacher' REGEXP 'er$';
```

信息 结果 1 剖析 状态

'teacher' REGEXP 'er$'
1

使用正则表达式可以匹配任意一个字符或在指定集合范围内查找某个匹配的字符，实现待搜索对象的选择性匹配，即在匹配模式中使用“|”分隔每个供选择匹配的字符串；也可以使用定位符匹配处于特定位置的文本。此外，在正则表达式中还可以对要匹配的字符或字符串的数目进行控制。

（1）匹配指定的字符串

当表中指定列的值包含这个字符串时，就把该记录查询出来。如果指定多个字符串，要用“|”符号隔开，这时只要匹配这些字符串中的任意一个即可。

【例 5-13】 在课程表 course 中，查询课程名称中含有“学”“基础”“法”的课程。

SQL 语句和运行结果如下。

```
SELECT * FROM course WHERE CourseName REGEXP '学|基础|法';
```

信息 结果 1 剖析 状态

CourseID	CourseName	Credit	CourseHour	PreCourseID	Term
100101	哲学基础	2	32	(Null)	1
400121	法律基础	2	32	(Null)	1
600131	数学1	4	64	(Null)	1
630575	算法	6	96	630572	3
700131	物理基础	4	64	(Null)	2

（2）查询以特定字符或字符串开头的记录

使用字符“^”匹配以特定字符或字符串开头的记录。

【例 5-14】 在 student 表中，查询广东、广西、湖南或湖北的学生的信息。

SQL 语句和运行结果如下。

```
SELECT * FROM student WHERE Address REGEXP '^广|湖';
```

信息 结果 1 剖析 状态

StudentID	StudentName	Sex	Birthday	Address	ClassID
202260010307	丁思婷	女	2002-11-24	广东	2022600103
202260010309	白浩杰	男	2003-08-23	广西	2022600103
202270010103	孙丽媛	女	2003-04-21	湖南	2022700101
202270010104	黄杨	男	2003-02-13	湖北	2022700101

（3）用“.”替代字符串中的任意一个字符

“.”可以匹配任意单个字符。

【例 5-15】 在 student 表中，查询姓名中以“李”开头，以“欣”结尾，中间包含一个字的学生信息。

“^”表示字符串的开始位置，“$”表示字符串的结束位置，“.”表示除“\n”以外的任何单个字符。SQL 语句和运行结果如下。

```
SELECT * FROM student WHERE StudentName REGEXP '^李.欣$';
```

信息 结果 1 剖析 状态

StudentID	StudentName	Sex	Birthday	Address	ClassID
202210010123	李嘉欣	女	2003-03-15	上海	2022100101

5.1.3 对查询结果集的处理

对查询得到的结果集记录，可以排序后再显示，或者按某个关键字分组后再显示，或者按要求的数量显示。

1. 使用 ORDER BY 子句对查询结果排序

从表中查询出来的结果集其排列顺序可能不是期望的顺序。使用 ORDER BY 子句可以对查询出来的结果集按升序（ASC）或降序（DESC）排列，排序可以依照某一个或多个项的

值。ORDER BY 子句的语法格式如下。

```
ORDER BY expression1 [ASC | DESC][, expression2 [ASC | DESC], …]
```

语法说明如下。

1）expression 是排序的项，可以是列名、函数值或表达式的值，表示按照 expression 的值排序。其中包含的列可以不出现在选择列表 selection_list 中。

2）可以同时指定多个排序 expression 项，若第 1 项的值相等，则根据第 2 项的值排序，以此类推，各个排序项之间用逗号分隔。

3）如果不指定 ASC 或 DESC，则默认结果集记录按 ASC 升序的顺序排序。DESC 表示按降序的顺序排序。对含有 NULL 值的列排序时，如果按升序排列，则 NULL 值出现在最前面，如果按降序排列，NULL 值出现在最后，可以理解为空值是最小值。

4）ORDER BY 子句不可以使用 TEXT、BLOB、LONGTEXT 和 MEDIUMBLOB 等类型的列。

【例 5-16】 在 student 表中，按出生日期的先后顺序显示。

SQL 语句如下。

```
SELECT * FROM student ORDER BY Birthday ASC;
```

运行结果如图 5-9 所示。

信息　结果 1　剖析　状态

StudentID	StudentName	Sex	Birthday	Address	ClassID
202260010307	丁思婷	女	2002-11-24	广东	2022600103
202240010215	王宇航	男	2002-12-28	北京	2022400102
202270010104	董杨	男	2003-02-13	湖北	2022700101
202210010123	李嘉欣	女	2003-03-15	上海	2022100101
202260010306	张雅丽	女	2003-04-19	浙江	2022600103
202270010103	孙丽媛	女	2003-04-21	湖南	2022700101
202210010108	刘雨轩	男	2003-05-22	北京	2022100101
202263050135	邓健辉	男	2003-06-11	河南	2022630501
202263050132	徐东方	男	2003-07-17	云南	2022630501
202263050133	范慧	女	2003-08-08	贵州	2022630501
202260010309	白浩杰	男	2003-08-23	广西	2022600103

图 5-9 按出生日期的先后顺序显示

对日期排序时，系统先将日期值转换成数值，所以出生早的日期值小，年龄小的日期值大。当用 ASC（升序）时，得到的结果集为出生早的排在前面。

【例 5-17】 在 selectcourse 表中查询成绩大于或等于 85 分的学生的学号、课程号和成绩，并先按成绩的降序，再按学号的升序排列，列名显示为中文。

SQL 语句如下。

```
SELECT StudentID AS 学号, CourseID 课程号, Score 成绩 FROM selectcourse
   WHERE Score>=85 ORDER BY Score DESC, StudentID ASC;
```

运行结果如图 5-10 所示。

信息　结果 1　剖析　状态

学号	课程号	成绩
202240010215	400121	100.0
202260010306	600131	99.0
202263050132	630575	90.0
202263050135	630575	89.0
202210010108	100101	88.0
202260010307	600131	87.0

图 5-10 列名显示为中文

排序过程中，先按照 Score 列的值降序排序，遇到 Score 列的值相等的情况时，再把 Score 列的值相等的记录按照 StudentID 列的值升序排序。

2．限制查询结果的数量

用 SELECT 语句查询记录时，如果返回的结果集中的记录数很多，为了浏览和操作查询结果集，可以使用 LIMIT 子句限制 SELECT 语句返回的行数。LIMIT 子句的语法格式如下。

```
LIMIT lines [OFFSET offset]
```

语法说明如下。

1）lines 指定返回的记录数，必须是非负的整数，如果指定的行数大于实际能返回的行数时，将只返回它能返回的行数。

2）offset 是位置偏移量，为一个可选参数，指示从哪一行开始显示，第 1 条记录的位置偏移量是 0，第 2 条记录的位置偏移量是 1，以此类推。如果不指定 offset 位置偏移量，则默认

为 0，即从表中的第 1 条记录开始显示。

【例 5-18】 在 selectcourse 表中，查询课程号 CourseID 为 6 开头的成绩，按成绩从高到低降序排序，输出第 2 至第 4 条记录的学生，该子句改为 LIMIT 4 OFFSET 2。

SQL 语句和运行结果如下。

```
SELECT StudentID AS 学号, CourseID AS 课程号, Score AS 成绩 FROM selectcourse
    WHERE SUBSTR(CourseID,1,1)='6'
    ORDER BY Score DESC
    LIMIT 3 OFFSET 2;
```

信息 结果 1 剖析 状态

学号	课程号	成绩
202263050135	630575	89.0
202260010307	600131	87.0
202263050132	630572	81.0

该查询语句先使用 ORDER BY Score DESC 对成绩降序排序，然后使用 LIMIT 3 OFFSET 2 限制返回的记录数，其中 3 是返回的记录数，2 是指从第 3 条记录开始输出。

5.2 聚合函数查询

聚合函数查询是在 SELECT 语句中，通过 GROUP BY 分组子句中使用聚合函数（COUNT()、SUM()等）实现的一种查询。

5.2.1 聚合函数

聚合函数是 MySQL 提供的一类内置函数，它们可以实现数据统计等功能，用于对一组值进行计算并返回一个单一的值。常用的聚合函数见表 5-3。

表 5-3 常用的聚合函数

函 数 名	说 明
COUNT(*)	返回数据表中的记录数（包含 NULL 值的行）
COUNT([DISTINCT | ALL] <列名>)	返回指定列中的所有非空值的记录数
MAX([DISTINCT | ALL] <列名>)	返回指定列中的所有非空值的最大数值、最大的字符串和最近的日期时间
MIN([DISTINCT | ALL] <列名>)	返回指定列中的所有非空值的最小数值、最小的字符串和最小的日期时间
SUM([DISTINCT | ALL] <列名>)	返回指定列中的所有非空值的和
AVG([DISTINCT | ALL] <列名>)	返回指定列中的所有非空值的平均值

常用的聚合函数包括 COUNT()、SUM()、AVG()、MAX()和 MIN()。

1. COUNT()函数

COUNT()统计记录的行数，返回表中记录的行数。COUNT()函数的语法格式有下面两种形式。

COUNT(*)：返回数据表中记录的行数，包含 NULL 值的行。

COUNT([DISTINCT | ALL] <列名>)：返回指定列中所有非空值的记录行数。

语法格式中的参数说明如下。

1）如果使用参数“*”，则返回所有行的数目，包含 NULL 值的行；使用除“*”以外的任何参数，返回非 NULL 值的行的数目。

2）如果指定关键字 DISTINCT，则在计算时取消指定列中的重复值；如果指定 ALL（默

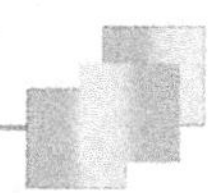

认值）则计算该列中的所有值。

注意：除函数 COUNT（*）外，其余聚合函数（包括 COUNT(<列名>)）都会忽略空值。

【例 5-19】 在 course 表中，查询 PreCourseID 列的行数，分别查询包含 NULL 行和不包含 NULL 行的行数。

SQL 语句和运行结果分别如下。

```
SELECT COUNT(*) AS '行数', COUNT(PreCourseID) FROM course;
```

信息　结果 1　剖析　状态

行数	COUNT(PreCourseID)
6	1

【例 5-20】 查询 student 表中 2022 级计算机学院的学生的总数。

SQL 语句和运行结果如下。

```
SELECT COUNT(*) FROM student WHERE SUBSTRING(StudentID, 1, 6)='202263';
```

信息　结果 1　剖析　状态

COUNT(*)
3

由于学号的第 1～4 位数字是入学年份，第 5～6 位数字是学院编号，所以使用 SUBSTRING(被截取的字符串, 从第几位开始截取, 截取长度)函数从学号中截取年份和学院编年，作为查询记录的条件。

【例 5-21】 查询 selectcourse 表中选修了课程的学生总人数。一名学生可以选修多门课程，在 selectcourse 表中对应多条记录，为避免重复计算学生人数，在 COUNT()函数中使用 DISTINCT 关键字。

SQL 语句和运行结果如下。

```
SELECT COUNT(DISTINCT StudentID) FROM selectcourse;
```

信息　结果 1　剖析　状态

COUNT(DISTINCT Studen
11

一名学生选修多门课程在 selectcourse 表中对应多条记录，为避免重复计算学生人数，在 COUNT()函数中使用 DISTINCT 关键字。

2．SUM()函数和 AVG()函数

SUM()函数的作用是求出表中某个列取值的总和。AVG()函数的作用是求出表中某个列取值的平均值。这两个函数的语法格式分别如下。

SUM([DISTINCT | ALL] <列名>)：返回指定列中的所有非空值的和。

AVG([DISTINCT | ALL] <列名>)：返回指定列中的所有非空值的平均值。

【例 5-22】 在 selectcourse 表中，查询学生的总成绩和平均成绩。

SQL 语句和运行结果如下。

```
SELECT SUM(Score) 总分, AVG(Score) 平均分, SUM(Score)/COUNT(*) 平均分数
    FROM selectcourse;
```

信息　结果 1　剖析　状态

总分	平均分	平均分数
1058.0	75.57143	75.57143

3．MAX()函数和 MIN()函数

MAX()函数的作用是求出表中某个列取值的最大值。MIN()函数的作用是求出表中某个列取值的最小值。这两个函数的语法格式分别如下。

MAX([DISTINCT | ALL] <列名>)：返回指定列中的所有非空值的最大数值、最大的字符串和最大的日期值。

MIN([DISTINCT | ALL] <列名>)：返回指定列中的所有非空值的最小数值、最小的字符串和最小的日期值。

【例 5-23】 查询 selectcourse 表中，求课程编号 CourseID 为 630575 的学生最高分、最低分、最高分与最高分之差、平均分。

SQL 语句和运行结果如下。

```
SELECT MAX(Score) 最高分, MIN(Score) 最低分, MAX(Score)-MIN(Score) 分数差, AVG(Score) 平均分 FROM selectcourse WHERE CourseID='630575';
```

信息　结果 1　剖析　状态

最高分	最低分	分数差	平均分
90.0	48.0	42.0	75.66667

如果学生选修课程后没有成绩，即 Score 列的某行值为 NULL，在使用 COUNT(Score)、SUM(Score)、AVG(Score)、MAX(Score)和 MIN(Score)聚合函数计算时，都会忽略空值。

5.2.2 分组聚合查询

聚合函数常与 SELECT 语句的 GROUP BY 子句一起使用，使用 GROUP BY 子句对表中的记录分为不同的组，分组的目的是为了细化聚合函数的作用对象。如果不对查询结果分组，聚合函数作用于整个查询结果集；对查询结果分组后，聚合函数分别作用于每个组，查询结果按组聚合输出。GROUP BY 子句的语法格式如下。

```
[GROUP BY 分组表达式 1, 分组表达式 2, …][HAVING 条件表达式][WITH ROLLUP]
```

语法说明如下。

1）GROUP BY 对查询结果按“分组表达式”列表分组，“分组表达式”值相等的记录分为一组；“分组表达式”可以是一个，也可以是多个，之间用逗号分隔。

2）HAVING 短语对分组的结果过滤，仅输出满足条件的组。

3）WITH ROLLUP 短语在分组统计的基础上还包含汇总行。

1. GROUP BY 子句

在使用 GROUP BY 子句时，需要注意以下几点。

1）GROUP BY 子句中列出的分组表达式必须是检索列或有效的表达式，不能是聚合函数。如果在 SELECT 语句中使用表达式，则必须在 GROUP BY 子句中指定相同的表达式，不能使用别名。

2）除聚合函数外，SELECT 子句中的每个列都必须在 GROUP BY 子句中给出，即使用 GROUP BY 子句后，SELECT 子句的目标列表达式中只能包含 GROUP BY 子句列表中的列和聚合函数。

3）如果用于分组的列中含有 NULL 值，则 NULL 将作为一个单独的分组返回；如果该列中存在多个 NULL 值，则将这些 NULL 值所在的记录行分为一组。

4）GROUP BY 子句的分组依据不可以使用 TEXT、BLOB、LONGTEXT 和 MEDIUMBLOB 等类型的列。

（1）按单列分组

GROUP BY 子句可以基于指定某一列的值将记录划分为多个分组，同一组内所有记录在分组属性上具有相同值。

【例 5-24】 在学生表 student 中，按照 Sex 单列分组，查询学生信息。

使用 COUNT(*)聚合函数计算每个分组的数量，SQL 语句和运行结果如下。

```
SELECT Sex 性别, COUNT(*) 人数 FROM student GROUP BY Sex;
```

信息　结果 1　剖析　状态

性别	人数
男	6
女	5

【例 5-25】 在成绩表 selectcourse 中，统计每位学生的选课门数、最高分、最低分和平均分。按 StudentID 单列分组，SQL 语句如下。

```
SELECT studentID, count(*) 选课门数, MAX(Score) 最高分, MIN(Score) 最低分, avg(Score) 平均分
  FROM selectcourse GROUP BY StudentID;
```

运行结果如图 5-11 所示。

（2）按多列分组

GROUP BY 子句可以指定多列的值将记录划分为多个分组。

【例 5-26】 在 selectcourse 表中，先按照 CourseID 分组，再按照 StudentID 分组。

SQL 语句如下。

```
SELECT CourseID, StudentID, COUNT(CourseID), AVG(Score) FROM selectcourse
  GROUP BY CourseID, StudentID;
```

运行结果如图 5-12 所示。

信息　结果 1　剖析　状态

studentID	选课门数	最高分	最低分	平均分
202210010108	1	88.0	88.0	88.00000
202210010123	1	66.0	66.0	66.00000
202240010215	1	100.0	100.0	100.00000
202260010306	1	99.0	99.0	99.00000
202260010307	1	87.0	87.0	87.00000
202260010309	1	69.0	69.0	69.00000
202263050132	2	90.0	81.0	85.50000
202263050133	2	48.0	39.0	43.50000
202263050135	2	89.0	73.0	81.00000
202270010103	1	78.0	78.0	78.00000
202270010104	1	51.0	51.0	51.00000

图 5-11　按 StudentID 单列分组

信息　结果 1　剖析　状态

CourseID	StudentID	COUNT(CourseID)	AVG(Score)
100101	202210010108	1	88.00000
100101	202210010123	1	66.00000
400121	202240010215	1	100.00000
600131	202260010306	1	99.00000
600131	202260010307	1	87.00000
600131	202260010309	1	69.00000
630572	202263050132	1	81.00000
630572	202263050133	1	39.00000
630572	202263050135	1	73.00000
630575	202263050132	1	90.00000
630575	202263050133	1	48.00000
630575	202263050135	1	89.00000
700131	202270010103	1	78.00000
700131	202270010104	1	51.00000

图 5-12　先按照 CourseID 分组，再按照 StudentID 分组

2. HAVING 子句

分组之前的条件要使用 WHERE 关键字筛选记录，而分组之后的条件要使用关键字 HAVING 子句筛选记录。如果分组后还要求按一定的条件（例如，平均分大于 85）对每个组筛选，最终只输出满足筛选条件的组，则使用 HAVING 子句指定筛选条件。

【例 5-27】 在 selectcourse 表中，查询平均分 80 以上的每位学生的选课门数、最高分、最低分和平均分。

SQL 语句如下。

```
    SELECT StudentID 学号, COUNT(*) 选课门数, MAX(Score) 最高分, MIN(Score) 最低分, AVG(Score)
平均分 FROM selectcourse WHERE Score>=60 GROUP BY StudentID HAVING AVG(Score)>=80;
```

运行结果如图 5-13 所示。

信息　结果 1　剖析　状态

学号	选课门数	最高分	最低分	平均分
202210010108	1	88.0	88.0	88.00000
202240010215	1	100.0	100.0	100.00000
202260010306	1	99.0	99.0	99.00000
202260010307	1	87.0	87.0	87.00000
202263050132	2	90.0	81.0	85.50000
202263050135	2	89.0	73.0	81.00000

图 5-13　筛选结果

先按照 StudentID 对 Score 值分组，再利用 AVG()等函数分别求值，然后通过 HAVING 短语筛选出平均成绩大于等于 80 的记录。

如果 SELECT 语句中既用到 WHERE 子句指定筛选条件，又用到 HAVING 短语指定筛选条件，则两者的主要区别在于作用对象不同。WHERE 子句作用于基本表或视图，主要用于过滤基本表或视图中的数据行，从中选择满足条件的记录；HAVING 短语作用于分组后的每个组，主要用于过滤分组，从中选择

满足条件的组，即 HAVING 短语是基于分组的聚合值而不是特定行的值来过滤数据。

此外，HAVING 短语中的条件可以包含聚合函数，而 WHERE 子句中则不可以。WHERE 子句在数据分组前进行过滤，HAVING 短语则在数据分组后进行过滤。因而，WHERE 子句排除的行不包含在分组中，这就可能改变聚合值，从而影响 HAVING 子句基于这些值过滤掉的分组。

如果一条 SELECT 语句拥有一个 HAVING 短语而没有 GROUP BY 子句，则会把表中的所有记录都分在一个组中。

3．GROUP BY 子句与 WITH ROLLUP

在 GROUP BY 子句中，如果加上 WITH ROLLUP 操作符，则在结果集内不仅包含由 GROUP BY 提供的正常行，还包含汇总行，汇总行显示在最后一行。

【例 5-28】 在 selectcourse 表中，查询每一门课的平均分数和所有课的平均分数。

SQL 语句和运行结果如下。

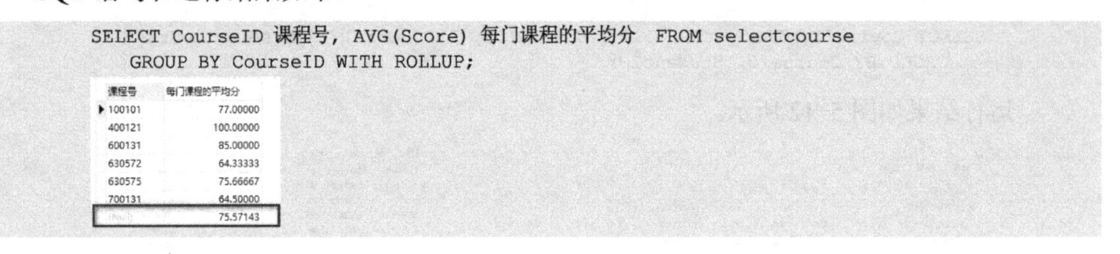

```
SELECT CourseID 课程号, AVG(Score) 每门课程的平均分  FROM selectcourse
   GROUP BY CourseID WITH ROLLUP;
```

课程号	每门课程的平均分
100101	77.00000
400121	100.00000
600131	85.00000
630572	64.33333
630575	75.66667
700131	64.50000
(Null)	75.57143

5.3 多表连接查询

连接查询是关系数据库中多表查询的方式，如果多个表之间存在关联关系，连接可以根据各个表之间的逻辑关系，利用一个表中的数据选择另外一个表中的行实现数据的关联操作。如果一个查询同时涉及两个或多个表，则称为连接查询。要完成复杂的查询，必须将两个或两个以上的表连接起来。连接类型有交叉连接、内连接和外连接查询。

- 交叉连接：结果集中包含两个表中所有行的组合。
- 内连接：结果只包含满足条件的行，内连接包括等值连接、不等值连接和自然连接。
- 外连接：包括左外连接和右外连接。左外连接（LEFT OUTER JOIN）结果包含满足条件的行及左侧表中的全部行。右外连接（RIGHT OUTER JOIN）结果包含满足条件的行及右侧表中的全部行。

连接子句的语法格式如下。

```
FROM tb_name1 连接类型 tb_name2 [连接类型 tb_name3 [...]]
[ON 连接条件]
```

语法说明如下。

1）连接类型指定的连接方式关键字包括 CROSS JOIN、INNER JOIN、LEFT OUTER JOIN 或 RIGHT OUTER JOIN 等。

2）在 FROM 子句中指定连接类型，在 ON 子句中指定连接条件。

ON 连接条件与 WHERE 和 HAVING 搜索条件组合，用于控制 FROM 子句中基表所选定的行。采用这种方式，有助于将这些连接条件与 WHERE 子句中可能指定的其他搜索条件分开，指定连接时建议使用这种方法。

5.3.1　交叉连接

交叉连接（CROSS JOIN）又称笛卡儿积，交叉连接的结果集是把一张表的每一行与另一张表的每一行连接为新的一行，返回两张表的每一行相连接后所有可能的搭配结果。交叉连接返回的查询结果集的记录行数等于其所连接的两张表记录行数的乘积。交叉连接产生的结果集一般是无意义的，但在数据库的数据模式上却有着重要的作用，所以这种查询实际很少使用。交叉连接对应的 SQL 语句的语法格式如下。

```
SELECT * FROM tb_name1 CROSS JOIN tb_name2;
```

或

```
SELECT * FROM tb_name1, tb_name2;
```

语法说明如下。

1）连接类型关键字 CROSS JOIN 可省略，即若省略连接类型关键字，则默认的连接类型是 CROSS JOIN。

2）交叉连接是没有 WHERE 子句的语句。

【例 5-29】　将班级表 class 和院系表 department 进行交叉连接。

例 5-29

SQL 语句如下。

```
SELECT * FROM class CROSS JOIN department;
```

运行结果如图 5-14 所示。

本例中，class 表有 5 行记录，department 表有 5 行记录，这两张表交叉连接后结果集的记录行数是 5×5=25 行。当所关联的两张表的记录行数很多时，交叉连接的查询结果集会非常大，且查询执行时间会很长。因此，应该避免使用交叉连接。

另外，也可以在 FROM 子句的交叉连接后面，使用 WHERE 子句设置过滤条件，减少返回的结果集。

ClassID	ClassName	ClassNum	Grade	DepartmentID	DepartmentID(1)	DepartmentName
2022700101	物理2022-1班	(Null)	2022	70	10	哲学学院
2022630501	软件2022-1班	40	2022	63	10	哲学学院
2022600103	数学2022-3班	20	2022	60	10	哲学学院
2022400102	法律2022-2班	(Null)	2022	40	10	哲学学院
2022100101	哲学2022-1班	25	2022	10	10	哲学学院
2022700101	物理2022-1班	(Null)	2022	70	40	法学院
2022630501	软件2022-1班	40	2022	63	40	法学院
2022600103	数学2022-3班	20	2022	60	40	法学院
2022400102	法律2022-2班	(Null)	2022	40	40	法学院
2022100101	哲学2022-1班	25	2022	10	40	法学院
2022700101	物理2022-1班	(Null)	2022	70	60	数学学院
2022630501	软件2022-1班	40	2022	63	60	数学学院
2022600103	数学2022-3班	20	2022	60	60	数学学院
2022400102	法律2022-2班	(Null)	2022	40	60	数学学院
2022100101	哲学2022-1班	25	2022	10	60	数学学院
2022700101	物理2022-1班	(Null)	2022	70	63	计算机学院
2022630501	软件2022-1班	40	2022	63	63	计算机学院
2022600103	数学2022-3班	20	2022	60	63	计算机学院
2022400102	法律2022-2班	(Null)	2022	40	63	计算机学院
2022100101	哲学2022-1班	25	2022	10	63	计算机学院
2022700101	物理2022-1班	(Null)	2022	70	70	物理学院
2022630501	软件2022-1班	40	2022	63	70	物理学院
2022600103	数学2022-3班	20	2022	60	70	物理学院
2022400102	法律2022-2班	(Null)	2022	40	70	物理学院
2022100101	哲学2022-1班	25	2022	10	70	物理学院

图 5-14　交叉连接

5.3.2　内连接

内连接（INNER JOIN）是在交叉连接的查询结果集中，通过在查询中设置连接条件，舍弃不匹配的记录，保留表关系中所有相匹配的记录。具体来说，内连接就是使用比较运算符进行表间某（些）列值的比较操作，并将与连接条件相匹配的行组成新的记录，其目的是为了消除交叉连接中某些没有意义的行。也就是说，在内连接查询中，只有满足条件的记录才能出现在结果集中。内连接对应的 SQL 语句如下。

```
SELECT selection_list1, selection_list2, …, selection_listn
    FROM tb_name1 INNER JOIN tb_name2
    ON 连接条件
    [WHERE 过滤条件];
```

语法说明：selection_list 为需要检索的列的名称或列别名，tb_name 是进行内连接的表名。

连接查询中连接两个表的条件称为连接条件，其一般格式如下。

```
[表名1.]列名1 比较运算符 [表名2.]列名2
```

语法说明如下。

1）连接条件中的列名为表中的列名。当查询引用多个表时，所有列的引用都必须明确。任何重复的列名都必须用表名限定，因此列名前须加表名限定，其他列名在表中不重复，则不需加表名限定。

2）当两个或多个表中存在相同意义的列时，可以通过这些列对相关的表进行连接查询。连接条件中用到的列虽然不必具有相同的名称或相同的数据类型，但是如果数据类型不相同，则必须兼容或可隐性转换。

3）如果多个表要做连接，那么这些表之间必然存在着主键和外键的关系。所以需要将这些键的关系列出，就可以得出表连接的结果。

内连接就是将参与连接的表中的每列与其他表的列相匹配，形成临时表，并将满足数据项条件的记录从临时数据表中选择出来。

4）从理论上说，使用 SELECT 语句连接表的数目没有上限。但在一条 SELECT 语句中连接的表多于 10 个时，数据库就很可能达不到最优化效果。对于 3 个及以上关系表的连接查询，一般遵循规则：连接 n 个表至少需要 n-1 个连接条件，以避免笛卡儿积的出现。

5）当表的名称很长或需要多次使用相同的表时，可以为表指定别名，用别名代表表原来的表名。为表取别名的基本语法格式如下。

```
表名 [AS] 表别名
```

其中，关键字 AS 为可选项。

注意：如果在 FROM 子句中指定了表别名，那么它所在的 SELECT 语句的其他子句都必须使用表别名来代替原来的表名。当同一个表在 SELECT 语句中多次被使用时，必须用表别名加以区分。

按照连接条件把内连接分为等值连接、不等值连接和自然连接。

1. 等值连接

在 ON 子句中连接两个表的条件称为连接条件，当连接条件中的比较运算符是“=”时，称为等值连接，它通过 INNER JOIN 关键字把多个表连接。等值连接的语法格式如下。

```
SELECT selection_list1, selection_list2, …, selection_listn
    FROM tb_name1 INNER JOIN tb_name2
    ON tb_name1.column_name1=tb_name2.column_name2
    [WHERE 过滤条件];
```

语法说明：column_name 是列名。

【例 5-30】 查询选修课程号为 630572 的学生的学号、姓名和成绩。

例 5-30

本例中要求查询的列分别在 student 表和 selectcourse 表中，通过 StudentID 列使用内连接方式连接两个表，找出选修课程号为 630572 的行。SQL 语句和运行结果如下。

```
SELECT student.StudentID, StudentName, Score
    FROM student INNER JOIN selectcourse
    ON student.StudentID=selectcourse.StudentID
    WHERE selectcourse.CourseID='630572';
```

StudentID	StudentName	Score
202263050132	徐东方	81.0
202263050133	范慧	39.0
202263050135	郑健辉	73.0

在连接操作中，如果 SELECT 子句涉及多个表的相同列名（如 StudentID），必须在相同的列名前加上表名（如 student.StudentID，selectcourse.StudentID）加以区分。

【例 5-31】 查询选修了课程名称为“数据结构”的学生的学号、姓名、课程号、课程名和成绩。

本例要求输出的各项分别存在于 student、course 和 selectcourse 三个表中，因此至少需要创建两个连接条件。SQL 语句和运行结果如下。

```
SELECT student.StudentID, StudentName, course.CourseID, CourseName, Score
   FROM student INNER JOIN course INNER JOIN selectcourse
   ON student.StudentID=selectcourse.StudentID AND course.CourseID=selectcourse.CourseID
   WHERE CourseName='数据结构';
```

StudentID	StudentName	CourseID	CourseName	Score
202263050132	徐东方	630572	数据结构	81.0
202263050133	范慧	630572	数据结构	39.0
202263050135	郑健辉	630572	数据结构	73.0

使用 INNER JOIN 实现多个表的内连接时，需要在 FROM 子句的多个表之间连续使用 INNER JOIN 关键字，并且连接条件中的各个关系表达式用逻辑运算符连接。

2．不等值连接

在 ON 子句中，当连接条件中的连接运算符不是“=”时，而是其他的运算符，则是不等值连接。若查询多个表内的数据，不等值连接查询就是把各自列展现出来，没有任何关联。通常不等值连接没有意义。

【例 5-32】 对 student 表和 selectcourse 表做不等值连接，返回的结果集限制在 5 行以内。

SQL 语句如下。

```
SELECT *
   FROM student INNER JOIN selectcourse
   ON student.StudentID != selectcourse.StudentID;
LIMIT 5;
```

本 SQL 语句返回结果的数量较多，可以加上 LIMIT 5 子句来限制返回行的数量。

3．自然连接（NATURAL JOIN）

只有当连接的列在两张表中的列名都相同时才可以使用自然连接（NATURAL JOIN），否则返回的是笛卡儿积的结果集。自然连接在 FROM 子句中使用关键字 NATURAL JOIN。

自然连接操作就是在表关系的笛卡儿积中选取满足连接条件的行。具体过程是，首先根据表关系中相同名称的列进行记录匹配，然后去掉重复的列。还可以理解为在等值连接中把目标列中重复的列去掉则为自然连接。自然连接的语法格式如下。

```
SELECT selection_list1, selection_list2, …, selection_listn
   FROM tb_name1 NATURAL JOIN tb_name2;
```

从语法格式看出，使用 NATURAL JOIN 进行自然连接时，不需要指定连接条件。

在自然连接时，会自动根据两张表中相同的列名进行数据的匹配。在执行完自然连接的新关系中，虽然可以指定包含哪些列，但是不能指定执行过程中的匹配条件，即按哪些列的值进行匹配。在执行完自然连接的新关系中，执行过程中所有匹配的列名只有一个，即会去掉重复列。

【例 5-33】 对 student 表和 selectcourse 表做自然连接。

1）不指定列名，SQL 语句如下。

```
SELECT * FROM student NATURAL JOIN selectcourse;
```

运行结果如图 5-15 所示。

StudentID	StudentName	Sex	Birthday	Address	ClassID	CourseID	Score	SelectCourseDate
202210010108	刘雨轩	男	2003-05-22	北京	2022100101	100101	88.0	(Null)
202210010123	李嘉欣	女	2003-03-15	上海	2022100101	100101	66.0	(Null)
202240010215	王宇航	男	2002-12-28	北京	2022400102	400121	100.0	(Null)
202260010306	张雅丽	女	2003-04-19	浙江	2022600103	600131	99.0	(Null)
202260010307	丁思婷	女	2002-11-24	广东	2022600103	600131	87.0	(Null)
202260010309	白浩杰	男	2003-08-23	广西	2022600103	600131	69.0	(Null)
202263050132	徐东方	男	2003-07-17	云南	2022630501	630572	81.0	(Null)
202263050132	徐东方	男	2003-07-17	云南	2022630501	630575	90.0	(Null)
202263050133	范慧	女	2003-08-08	贵州	2022630501	630572	39.0	(Null)
202263050133	范慧	女	2003-08-08	贵州	2022630501	630575	48.0	(Null)
202263050135	邓健辉	男	2003-06-11	河南	2022630501	630572	73.0	(Null)

图 5-15　自然连接 1

从结果集看，学号列 StudentID 只出现一次。结果集中列的顺序是按照原来表中列的顺序排列的。

2）指定列名，按 SELECT 输出列表中的列输出。查询每名学生及其选修课程的情况，要求显示学生的学号、姓名、选修的课程号和成绩。用自然连接，SQL 语句如下。

```
SELECT StudentID, StudentName, CourseID, Score
   FROM student NATURAL JOIN selectcourse;
```

运行结果如图 5-16 所示。

3）在结果集中同时显示姓名、课程名，自然连接的 SQL 语句如下。

```
SELECT StudentID, StudentName, CourseID, CourseName, Score
   FROM student NATURAL JOIN selectcourse NATURAL JOIN course;
```

运行结果如图 5-17 所示。

StudentID	StudentName	CourseID	Score
202210010108	刘雨轩	100101	88.0
202210010123	李嘉欣	100101	66.0
202240010215	王宇航	400121	100.0
202260010306	张雅丽	600131	99.0
202260010307	丁思婷	600131	87.0
202260010309	白浩杰	600131	69.0
202263050132	徐东方	630572	81.0
202263050132	徐东方	630575	90.0
202263050133	范慧	630572	39.0
202263050133	范慧	630575	48.0
202263050135	邓健辉	630572	73.0
202263050135	邓健辉	630575	89.0
202270010103	孙丽媛	700131	78.0
202270010104	黄杨	700131	51.0

图 5-16　自然连接 2

StudentID	StudentName	CourseID	CourseName	Score
202210010108	刘雨轩	100101	哲学基础	88.0
202210010123	李嘉欣	100101	哲学基础	66.0
202240010215	王宇航	400121	法律基础	100.0
202260010306	张雅丽	600131	数学1	99.0
202260010307	丁思婷	600131	数学1	87.0
202260010309	白浩杰	600131	数学1	69.0
202263050132	徐东方	630572	数据结构	81.0
202263050133	范慧	630572	数据结构	39.0
202263050135	邓健辉	630572	数据结构	73.0
202263050132	徐东方	630575	算法	90.0
202263050133	范慧	630575	算法	48.0
202263050135	邓健辉	630575	算法	89.0
202270010103	孙丽媛	700131	物理基础	78.0
202270010104	黄杨	700131	物理基础	51.0

图 5-17　自然连接 3

4）请读者添加同时显示班级号 ClassID 和班级名 ClassName 的自然连接的 SQL 语句。

4．自连接

若某个表与自身进行连接，称为自表连接或自身连接，简称自连接。使用自连接时，需要为表指定多个不同的别名，且对所有查询字段的引用均必须使用表别名限定，否则 SELECT 操作会失败。

【例 5-34】 查询与“算法”这门课学分相同的课程信息。

SQL 语句和运行结果如下。

```
SELECT c1.*
   FROM course AS c1 JOIN course AS c2
   ON c1.Credit=c2.Credit
   WHERE c2.CourseName='算法';
```

CourseID	CourseName	Credit	CourseHour	PreCourseID	Term
630572	数据结构	6	96	(Null)	2
630575	算法	6	96	630572	3

也可以使用下面的 SQL 语句实现自连接。

```
SELECT c1.*
  FROM course AS c1, course AS c2
   WHERE c1.Credit=c2.Credit AND c2.CourseName='算法';
```

查询结果中仍然包含“算法”这门课。若要去掉这条记录，只需在上述 SELECT 语句的

WHERE 子句中增加一个条件 AND c1.CourseName !='算法'，SQL 语句如下。

```
SELECT c1.*
    FROM course AS c1 JOIN course AS c2
    ON c1.Credit=c2.Credit
    WHERE c2.CourseName='算法' AND c1.CourseName !='算法';
```

5.3.3　外连接

外连接生成的结果集不仅包含符合连接条件的行数据，而且还包括左表（左外连接时的表）或右表（右外连接时的表）中所有的数据行。外连接的基本语法格式如下。

```
SELECT selection_list1, selection_list2, …, selection_listn
    FROM tb_name1 LEFT | RIGHT JOIN tb_name2
    ON tb_name1.column_name1=tb_name2.column_name2
```

外连接查询和内连接查询非常相似，外连接可以查询两个或两个以上的表，也需要通过指定列进行连接，当该列取值相等时，可以查询出该表的记录。而且，该列取值不相等的记录也可以查询出来。外连接根据连接表的顺序，分为左连接和右连接两种，使用关键字将两个表连接起来。

1．左连接（LEFT JOIN）

左连接是指将左表（LEFT JOIN 关键字左侧的表，也称基表）中的所有数据分别与右表（也称参考表）中的每条数据进行连接组合，返回的结果集中除内连接的数据外，还包括左表中的所有记录（包括不符合条件的记录），然后用左表这些记录按照连接条件与该关键字右边表中的记录连接匹配，并在右表的相应列中添加 NULL 值。

【例 5-35】 查询所有学生及其选修课程的情况，包括没有选修课程的学生，要求显示学号、姓名、班号、选修的课程号和成绩，使用左外连接。

例 5-35

1）为了出现有学生没有选学任何课程的记录，首先，向学生表 student 中插入一条新的学生记录，SQL 语句如下。

```
INSERT INTO student (StudentID, StudentName, Sex, Birthday, Address, ClassID)
    VALUES('202260010321', '于得水', '男', '2003-10-22', '山西', '2022600103');
```

2）左连接查询，SQL 语句如下。

```
SELECT a.StudentID, StudentName, ClassID, CourseID, Score
    FROM student AS a LEFT JOIN selectcourse AS b
    ON a.StudentID = b.StudentID;
```

运行结果如图 5-18 所示。

由于刚插入的学生还没有选课，故相应记录中的课程号和成绩的值均为 NULL。

2．右连接（RIGHT JOIN）

右连接以右表（RIGHT JOIN 关键字右边的表）为基表，其连接方法与左连接完全一样，即结果集中返回右表的所有记录行，然后右表的这些记录与左边表（参考表）中的记录按照连接条件进行匹配连接。如果左表中没有满足连接条件的记录，则结果集中来自左表中的相应行的所有列值为 NULL。

【例 5-36】 查询所有学生及其选修课程的情况，包括没有选修课程的学生，要求显示学号、姓名、班号、选修的课程号和成绩，使用右外连接。

直接把例 5-35 中的 LEFT 改成 RIGHT，SQL 语句如下。

```
SELECT a.StudentID, StudentName, ClassID, CourseID, Score
   FROM student AS a RIGHT JOIN selectcourse AS b
   ON a.StudentID = b.StudentID;
```

运行结果如图 5-19 所示。

StudentID	StudentName	ClassID	CourseID	Score
202210010108	刘雨轩	2022100101	100101	88.0
202210010123	李嘉欣	2022100101	100101	66.0
202240010215	王宇航	2022400102	400121	100.0
202260010306	张雅丽	2022600103	600131	99.0
202260010307	丁思婷	2022600103	600131	87.0
202260010309	白浩杰	2022600103	600131	69.0
202260010321	于得水	2022600103	(Null)	(Null)
202263050132	徐东方	2022630501	630572	81.0
202263050132	徐东方	2022630501	630575	90.0
202263050133	范慧	2022630501	630572	39.0
202263050133	范慧	2022630501	630575	48.0
202263050135	邓健辉	2022630501	630572	73.0
202263050135	邓健辉	2022630501	630575	89.0
202270010103	孙丽媛	2022700101	700131	78.0
202270010104	黄杨	2022700101	700131	51.0

图 5-18　左连接

StudentID	StudentName	ClassID	CourseID	Score
202210010108	刘雨轩	2022100101	100101	88.0
202210010123	李嘉欣	2022100101	100101	66.0
202240010215	王宇航	2022400102	400121	100.0
202260010306	张雅丽	2022600103	600131	99.0
202260010307	丁思婷	2022600103	600131	87.0
202260010309	白浩杰	2022600103	600131	69.0
202263050132	徐东方	2022630501	630572	81.0
202263050132	徐东方	2022630501	630575	90.0
202263050133	范慧	2022630501	630572	39.0
202263050133	范慧	2022630501	630575	48.0
202263050135	邓健辉	2022630501	630572	73.0
202263050135	邓健辉	2022630501	630575	89.0
202270010103	孙丽媛	2022700101	700131	78.0
202270010104	黄杨	2022700101	700131	51.0

图 5-19　右连接

本例的右表是 selectcourse 表，右表中的所有记录都能在左表被连接匹配，所以右连接的结果集中没有 NULL 值。

内连接和外连接这两类连接的操作语义是不同的，它们的差别在于外连接一定会返回结果集，无论该记录能否在另外一个表中找出相匹配的记录。

对于表连接，需要注意的是：上述各种连接方式的用途不一样，在实际构建查询时，灵活运用这些连接方式将有助于更有效地检索出所期望的目标数据信息。并且，为获取相同的目标数据信息，可使用的连接方式不唯一，甚至还可以使用子查询的方法。

在具体应用中，如果需要实现多表记录查询，一般不使用连接查询，因为该操作效率比较低，这时应使用子查询来替代连接查询。

5.4　子查询

如果一个 SELECT 语句能够返回单个值或者一列值，且该 SELECT 语句嵌套在另一个 SQL 语句（例如 SELECT、INSERT、UPDATE 或者 DELETE 语句）中，那么该 SELECT 语句称为子查询（也叫内层查询），包含子查询的 SQL 语句称为父查询（也叫外层查询）。

5.4.1　子查询的执行过程和类型

1．子查询的执行过程

在整个 SELECT 语句中，先从内层向外层执行，即先执行最内层的子查询，子查询出来的结果并不被显示出来，而是传递给外层的父查询，并作为父查询的查询条件。再层层向外执行，最后得出查询结果。部分子查询可以与连接相互替代，通过子查询，可以实现多表之间的查询。使用子查询也可以替代表达式。通过子查询可以把一个复杂的查询分解成一系列的逻辑步骤，利用单个语句的组合解决复杂的查询问题。

子查询可以作为动态表达式，该表达式的值随着外层查询的每一行的变化而改变。

2．子查询的类型

根据子查询的结果，可以将子查询分为 4 种类型。

- 子查询的结果只返回一个值，是标量子查询。从定义上讲，每个标量子查询都是一个列子查询和行子查询。

- 子查询的结果返回一个表，是表子查询。
- 子查询的结果返回一行，这一行有一个或多个值，是行子查询。
- 子查询的结果返回一列，即每行只有一个值，是列子查询。

3．子查询中的常用运算

当能确切知道子查询返回一个值时，子查询中可以包含比较运算符（<、<=、>、>=、=、<>、!=等），还可以包括 IN、NOT IN、ANY、ALL、EXISTS 和 NOT EXISTS 等关键字，最后返回比较结果为真的记录。

4．使用子查询时的注意事项

1）子查询需要用小括号括起来。子查询中也可以再包含嵌套子查询，嵌套可以多至 32 层。

2）当需要返回一个值或一个值列表时，可以利用子查询代替一个表达式。也可以利用子查询返回含有多个列的结果集替代表或连接操作相同的功能。

3）子查询的 SELECT 语句中不能使用 TEXT、BLOB、LONGTEXT 和 MEDIUMBLOB 等类型的列。

4）子查询一般用在主查询的 WHERE 子句或 HAVING 子句中，与比较运算符或者逻辑运算符一起构成 WHERE 筛选条件或 HAVING 筛选条件。

5）子查询返回的结果值的数据类型必须匹配新增列或 WHERE 子句中的数据类型。

6）子查询使用 ORDER BY 时，只能在外层使用，不能在内层使用。

5.4.2　选择列表中的子查询

当子查询的结果返回一个值时，则可以在表达式中引用子查询，这时子查询作为表达式中的一个项。这个包括子查询的表达式可以出现在外查询 SELECT 的选择列表中。

【例 5-37】 利用子查询显示学号为 202263050133 的学生的平均成绩、考试次数，同时显示学号、姓名等信息。

例 5-37

分析：利用子查询求平均成绩、考试次数，作为 SELECT 语句的输出列表中的表达式。SQL 语句和运行结果如下。

```
SELECT StudentID, StudentName,
    (SELECT AVG(Score) FROM selectcourse WHERE StudentID='202263050133') 平均成绩,
    (SELECT COUNT(StudentID) FROM selectcourse WHERE StudentID='202263050133') 考试次数
    FROM student WHERE StudentID='202263050133';
```

StudentID	StudentName	平均成绩	考试次数
202263050133	范慧	43.50000	2

5.4.3　子查询生成派生表

当子查询的结果返回一个表（表子查询）时，则可以把该表子查询作为数据源。SELECT 的数据源由 FROM 子句指定，FROM 子句可以指定单个表或者多个表，以及视图、临时表或结果集的数据源。因此，在 FROM 子句中可以使用子查询的结果集作为外层查询的源表。结果集表也称为派生表，可以为派生表定义一个别名。

【例 5-38】 查询课程号为 600131，成绩高于 60 分的学生的学号、课程号和成绩。

分析：利用子查询过滤出成绩高于 60 分的结果集表，以 T 命名，再对结果集表 T 中的记录按 CourseID='600131'查询。SQL 语句如下。

```
SELECT T.StudentID, T.CourseID, T.Score
    FROM (SELECT * FROM selectcourse WHERE Score>60) AS T
```

```
    WHERE CourseID='600131';
```

在“查询编辑器”窗格中，选中子查询 SQL 语句，单击“运行已选择的”按钮，运行结果如图 5-20 所示。全部 SQL 语句的运行结果如图 5-21 所示。

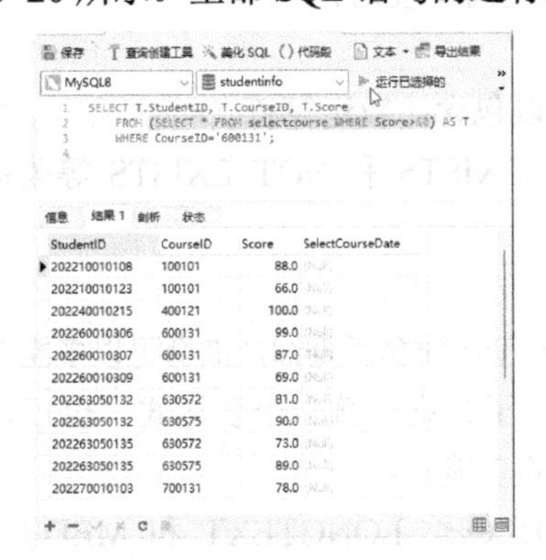

图 5-20　运行子查询

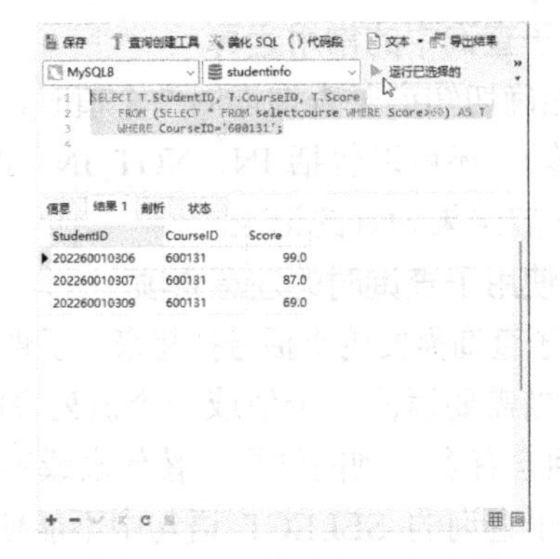

图 5-21　运行全部 SQL 语句

5.4.4　WHERE 子句中的子查询

当子查询的结果返回一个值、一行，或者一列时，则可以把子查询作为 WHERE 语句中条件的一部分，然后利用这个条件过滤本层查询的记录。

1. 子查询与比较运算符组成条件

如果子查询返回单个值，则可以把子查询的结果当成一个普通的表达式，然后用比较运算符组成外层查询的条件，即将一个表达式的值与子查询产生的值之间用比较运算符连接。

例 5-39

【例 5-39】 在成绩表 selectcourse 中，查询低于平均分的学生。

SQL 语句和运行结果如下。

```
SELECT StudentID, CourseID, Score FROM selectcourse
    WHERE Score < (SELECT AVG(Score) FROM selectcourse);
```

子查询过程是首先执行子查询，从 selectcourse 表中查询 Score 列的平均分，SQL 语句和运行结果如下。

```
SELECT AVG(Score) FROM selectcourse;
```

AVG(Score)
75.57143

然后把子查询的结果 75.57143 分与外层查询的 Score 列值一一比较，从 selectcourse 表中查找 Score 列值小于平均分的学生，SQL 语句和运行结果如下。

```
SELECT  StudentID, CourseID, Score FROM selectcourse
    WHERE Score < 75.57143;
```

StudentID	CourseID	Score
202210010123	100101	66.0
202260010309	600131	69.0
202263050133	630572	39.0
202263050133	630575	48.0
202263050135	630572	73.0
202270010104	700131	51.0

2. 使用带 IN 关键字的子查询

当子查询的结果返回一行，或者返回一列时，就不能使用比较运算符，而要使用 IN 关键

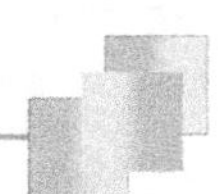

字。IN 关键字用于检测给定的一个值是否存在于多个值的列表中。当子查询返回一组数据时，适合用带 IN 关键字的查询。带 IN 的子查询语法如下。

```
WHERE 查询表达式 IN (子查询语句)
```

使用 IN 关键字进行子查询时，由子查询语句返回一个数据列，把查询表达式单个数据与由子查询语句产生的一系列值相比较，如果数据值匹配一系列值中的一个，则返回真。

【例 5-40】 查询考试成绩低于 60 分的学生的学号、姓名等信息。

通过子查询在成绩表中得到低于 60 分的学号集合，然后在学生表中用 IN 关键字检测每行记录是否匹配子查询结果集中的数据。SQL 语句和运行结果如下。

```
SELECT * FROM student
   WHERE StudentID IN (SELECT StudentID FROM selectcourse WHERE Score<60);
```

StudentID	StudentName	Sex	Birthday	Address	ClassID
202263050133	范慧	女	2003-08-08	贵州	2022630501
202270010104	黄杨	男	2003-02-13	湖北	2022700101

子查询从 selectcourse 表中得到 Score 列低于 60 的学号，SQL 语句和运行结果如下。

```
SELECT StudentID FROM selectcourse WHERE Score<60;
```

StudentID
202263050133
202263050133
202270010104

3. 使用带 EXISTS 关键字的子查询

EXISTS 关键字表示存在，使用 EXISTS 关键字时，内层查询语句不返回查询的记录，而是返回一个真或假值。如果内层查询语句查询到满足条件的记录，就会返回一个 True 值，否则返回 False 值。当返回 True 时，外层查询语句进行查询；当返回 False 时，外层查询语句不进行查询或者查询不出任何记录。

NOT EXISTS 与 EXISTS 相反，但工作方式类似。使用 NOT EXISTS 关键字时，当返回的值是 True 时，外层查询语句不执行查询；当返回值是 False 时，外层查询语句将执行查询。

【例 5-41】 如果存在班号为“2022600103”的班，则查询该班的所有学生。

SQL 语句和运行结果如下。

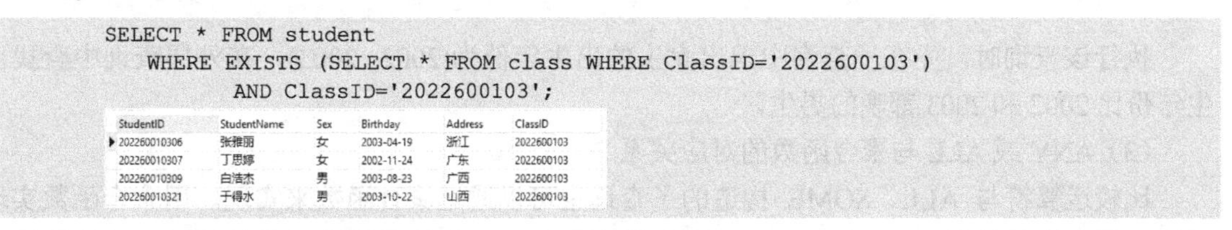

```
SELECT * FROM student
   WHERE EXISTS (SELECT * FROM class WHERE ClassID='2022600103')
         AND ClassID='2022600103';
```

StudentID	StudentName	Sex	Birthday	Address	ClassID
202260010306	张雅丽	女	2003-04-19	浙江	2022600103
202260010307	丁思婷	女	2002-11-24	广东	2022600103
202260010309	白浩杰	男	2003-08-23	广西	2022600103
202260010321	于得水	男	2003-10-22	山西	2022600103

外层查询的条件是 EXISTS (SELECT * FROM class WHERE ClassID='2022600103')与 ClassID='2022600103'同时为真。

4. 使用 ANY、SOME 或 ALL 的子查询

如果要对比较运算符做进一步的限制，可以使用 SQL 支持的 3 种定量比较谓词：ANY、SOME 或 ALL。它们都是判断是否任何或全部返回值都满足搜索要求，使用比较运算符与 SOME、ANY 和 ALL 关键字一起构造子查询。

- ANY 和 SOME 是同义词，可以替换使用。两个都是指表达式的值只要与子查询结果集中某个值满足比较的关系时，则返回 True，否则返回 False。
- ALL 指定表达式的值需要与子查询结果集中的每个值都进行比较，当表达式的值与结果集中的每个值都满足比较关系时，返回 True，否则返回 False。

（1）使用 ANY（或 SOME）的子查询

ANY（或 SOME）关键字表示只要满足内层查询语句返回结果中的一个，就可以通过该条件来执行外层查询语句。ANY 与 IN 的功能大致相同，IN 可以独立进行相等比较，而 ANY 必须与比较运算符配合使用，但可以进行任何比较。ANY 的语法如下。

```
<表达式> { = | <> | != | > | >= | < | <= | !> | !< } ANY (子查询)
```

【例 5-42】 查询男生中比某个女生出生年份晚的学生姓名和出生年份。

首先通过子查询得到所有女生的出生年份，SQL 语句和运行结果如下。

```
SELECT DISTINCT YEAR(Birthday) FROM student WHERE Sex='女';
```

YEAR(Birthday)
2003
2002

然后在外层查询中查找出生年份比 2002 或 2003 晚的男生，SQL 语句和运行结果如下。

```
SELECT StudentName, YEAR(Birthday) FROM student
    WHERE Sex='男' AND YEAR(Birthday) > ANY
          (SELECT DISTINCT YEAR(Birthday) FROM student WHERE Sex='女');
```

StudentName	YEAR(Birthday)
刘雨轩	2003
白浩杰	2003
于得水	2003
徐东方	2003
邓健辉	2003
黄杨	2003

（2）使用 ALL 的子查询

ALL 的用法和 ANY 或 SOME 一样，也是把列值与子查询结果进行比较，但它不是要求任意结果值的列值为真，而是要求所有列的结果都为真，否则就不返回行。

【例 5-43】 查询男生中比所有女生出生年份晚的学生姓名和出生年份。

SQL 语句和运行结果如下。

```
SELECT StudentName,YEAR(Birthday) FROM student
    WHERE Sex='男' AND YEAR(Birthday) > ALL
            (SELECT DISTINCT YEAR(Birthday) FROM student WHERE Sex='女');
```

StudentName	YEAR(Birthday)
(N/A)	(N/A)

执行该查询时，先在子查询中求出女生的出生年份为(2002, 2003)，在外层查询中查找出生年份比 2002 和 2003 都晚的男生。

（3）ANY 或 ALL 与聚合函数的对应关系

比较运算符与 ALL、SOME 构造的子查询也可以通过聚合函数来实现。用聚合函数实现子查询通常比直接用 ALL 或 SOME 查询效率要高，因为使用聚合函数能够减少比较次数。ANY 或 ALL 与聚合函数的对应关系见表 5-4。

表 5-4　SOME 或 ALL 与聚合函数的对应关系

关系运算符 SOME、ALL	=	!=	<	<=	>	>=
SOME（或 ANY）	IN		<MAX()	<=MAX()	>MIN()	>=MIN()
ALL		NOT IN	<MIN()	<=MIN()	>MAX()	>=MAX()

【例 5-44】 查询男生中比某个女生出生年份晚的学生姓名和出生年份。

用聚合函数的 SQL 语句如下。

```
SELECT StudentName, YEAR(Birthday) FROM student
```

```
WHERE Sex='男' AND YEAR(Birthday) > (SELECT MIN(YEAR(Birthday)) FROM student
                                      WHERE Sex='女');
```

5.4.5　用子查询插入、修改或删除记录

利用子查询插入、修改和删除记录就是利用一个嵌套在 INSERT、UPDATE 或 DELETE 语句中的子查询，成批地添加、修改或删除表中的记录。

1．用子查询插入记录

INSERT 语句中的 SELECT 子查询可以从一个或多个表向目标表中插入记录。使用 SELECT 子查询可同时插入多行。SELECT 语句中返回的是一个查询到的结果集，INSERT 语句将这个结果集插入到目标表中，结果集中记录的列数和列的类型要与目标表完全一致。用子查询插入记录的语法格式如下。

```
INSERT INTO 表名[(列名列表 1)]
    (SELECT 列名列表 2 FROM 表名);
```

子查询的列名列表 1 必须与 INSERT 语句的列名列表 2 匹配。如果 INSERT 语句没有指定列的列表，则两者的列数、列的数据和顺序要完全一致。

【例 5-45】 把 student 表中 2002 年出生的学生记录添加到 student2002 表中。

1）创建一个与 student 表相同结构的新表 student2002。

2）用子查询插入 2002 年出生的学生记录，SQL 语句如下。

```
INSERT INTO student2002(StudentID, StudentName, Sex, Birthday, Address, ClassID)
    ( SELECT * FROM student WHERE YEAR(Birthday)='2002');
```

3）查询 student2002 表中的记录，SQL 语句和运行结果如下。

```
SELECT * FROM student2002;
```

StudentID	StudentName	Sex	Birthday	Address	ClassID
▶ 202240010215	王宇航	男	2002-12-28	北京	2022400102
202260010307	丁思婷	女	2002-11-24	广东	2022600103

2．用子查询修改记录

UPDATE 语句中的 SELECT 子查询的结果，可用于修改表的记录。使用 SELECT 子查询可同时修改多行数据。实际上是通过将子查询的结果作为修改条件表达式中的一部分。

【例 5-46】 学号为 202240010215 的学生转班为“数学 2022-3 班”，在 student2002 表中，修改该生的班级号。

1）在子查询中求得“数学 2022-3 班”对应的班级号，SQL 语句和运行结果如下。

```
SELECT DISTINCT ClassID FROM class WHERE ClassName='数学 2022-3 班' LIMIT 1;
```

ClassID
▶ 2022600103

2）在 UPDATE 中把该生求得的班级号修改到 student2002 表中，SQL 语句如下。

```
UPDATE student2002 SET ClassID =
        (SELECT DISTINCT ClassID FROM class WHERE ClassName='数学 2022-3 班' LIMIT 1)
    WHERE StudentID='202240010215';
```

上面的 SQL 语句中，用 UPDATE 中子查询的结果值修改指定条件的字段值。

3．用子查询删除记录

在 DELETE 语句中利用子查询可以删除符合条件的记录行，实际上是通过将子查询的结果作为删除条件表达式中的一部分。

【例 5-47】 在 student2002 表中，删除“数学 2022-3 班”的所有记录。

SQL 语句如下。

```
DELETE FROM student2002
    WHERE ClassID =
      (SELECT DISTINCT ClassID FROM class WHERE ClassName='数学 2022-3 班' LIMIT 1);
```

上面的子查询写在删除条件中。

5.5 习题 5

一、选择题

1．（　　）是查询语句 SELECT 选项的默认值。

A．ALL　　B．DISTINCT
C．DISTINCTROW　　D．以上答案都不正确

2．与“Score >=60 && Score <=69”功能相同的选项是（　　）。

A．Score BETWEEN 60 AND 69　　B．Score IN(60, 69)
C．60 <= Score <= 69　　D．以上答案都不正确

3．（　　）在 SELECT 语句中对查询数据进行排序。

A．WHERE　　B．ORDER BY　　C．LIMIT　　D．GROUP BY

4．（　　）是聚合函数的选项。

A．DISTINCT　　B．SUM　　C．IF　　D．TOP

5．以下连接查询中，（　　）仅会保留符合条件的记录。

A．左外连接　　B．右外连接
C．内连接　　D．自连接

6．对“SELECT * FROM city LIMIT 5,10;”语句的描述正确的是（　　）。

A．获取第 6 条到第 10 条记录　　B．获取第 5 条到第 10 条记录
C．获取第 6 条到第 15 条记录　　D．获取第 5 条到第 15 条记录

7．查询 tb_book 表中 userno 列的记录，并去除重复值的语句是（　　）。

A．SELECT DISTINCT userno FROM tb_book;
B．SELECT userno DISTINCT FROM tb_book;
C．SELECT DISTINCT(userno) FROM tb_book;
D．SELECT userno FROM DISTINCT tb_book;

二、练习题

1．在 library 数据库中，查询 book 表中的所有记录。

2．在 library 数据库中，查询 book 表中的 BookName、BookID、Author 和 Price 列。

3．在 borrow 表中查询借书期限超过 31 天的读者。

4．在 book 表中，查询定价在 60～100 元范围内的图书。

5．在 book 表中，查询电子工业出版社和机械工业出版社的图书记录。

6．在 borrow 表中，查询未还书的读者记录。

7．在 book 表中，查询图书名中有“程序设计”的图书。

8．在 borrow 表中，先按借书日期降序排列，再按读者编号升序排列。

9．在 book 表中，查询书号以 9787 开头的图书，按出版社升序排序，显示 3 行记录，从

第 5 行开始显示。

10．在 borrow 表中，查询借阅图书的记录数，分别查询所有借阅记录和已经归还图书的记录。

11．在 book 表中，计算图书的平均定价、最高定价、最低定价，并计算最高定价与最低定价之差。

12．在 reader 表中，按性别统计读者的人数。

13．在 book 表中，查询每一家出版社出版图书的平均定价和所有图书的平均定价。

14．将 reader 表和 borrow 表进行交叉连接。

15．查询借阅过书号是 9787121198666 的读者号、读者名、性别、书名、作者和借阅日期。

16．查询借阅过书号是 9787121198666 的图书，但是借阅图书号与图书号不匹配的记录。

17．在 book 表中，查询高于平均定价的图书。

18．查询没有借阅过任何图书的读者，也就是在 borrow 表中没有记录的读者。

19．如果存在书号为 9787121198666 的书，就查询借阅这本书的所有读者。

第6章　索　　引

本章主要介绍索引的基本概念、特点，以及创建索引、查看索引和删除索引的方法。

6.1　索引概述

数据库的数据以记录的方式保存在表中，索引（Index）的目的就是为了提高从表中查找一些记录的速度。

6.1.1　表中数据的搜索方式

对表执行查询操作时，搜索表中数据的方式主要有如下两种。

1．全表搜索方式

全表搜索方式是将表中所有记录从头至尾逐行读取，与查询条件进行对比，返回满足条件的记录。这种搜索方式需要读取相关表中的所有数据，需要大量的读写操作，当表中数据量巨大时，查询检索的效率会大大降低。

2．索引搜索方式

索引搜索方式是通过查找索引表的值，再根据索引值与记录的关系直接访问表中的记录。索引表是一张指示索引逻辑记录和数据表物理记录之间对应关系的表。例如，对学生表的姓名列建立索引，则建立一张索引表，索引表中按姓名列的数据排序，并为其建立指向学生表中记录所在位置的指针，如图 6-1 所示。索引表中的 StudentName 列称为索引项或索引列，各列值称为索引值。例如，当查找姓名为“于得水”的学生时，首先在索引项中找到该姓名，然后按照索引值与表之间的对应关系，直接找到表中该姓名对应的记录。因此，在数据库中建立适当的索引，能有效提高检索数据的效率。

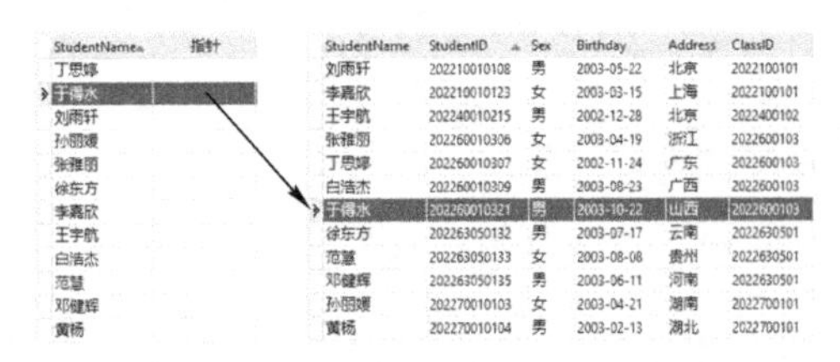

StudentName	指针
丁思婷	
于得水	
刘雨轩	
孙丽媛	
张雅丽	
徐东方	
李嘉欣	
王宇航	
白浩杰	
范慧	
邓健辉	
黄杨	

StudentName	StudentID	Sex	Birthday	Address	ClassID
刘雨轩	202210010108	男	2003-05-22	北京	2022100101
李嘉欣	202210010123	女	2003-03-15	上海	2022100101
王宇航	202240010215	男	2002-12-28	北京	2022400102
张雅丽	202260010306	女	2003-04-19	浙江	2022600103
丁思婷	202260010307	女	2002-11-24	广东	2022600103
白浩杰	202260010309	男	2003-08-23	广西	2022600103
于得水	202260010321	男	2003-10-22	山西	2022600103
徐东方	202263050132	男	2003-07-17	云南	2022630501
范慧	202263050133	女	2003-08-08	贵州	2022630501
邓健辉	202263050135	男	2003-06-11	河南	2022630501
孙丽媛	202270010103	女	2003-04-21	湖南	2022700101
黄杨	202270010104	男	2003-02-13	湖北	2022700101

图 6-1　索引表与数据表示意图

6.1.2　索引的概念

索引（Index）是对表中一列或多列的值进行排序，并建立索引表的一种数据结构，使用索引可快速访问表中的特定记录。在 MySQL 中，所有数据类型都可以被索引。

索引是在表的基础上建立的，索引包含从表生成的键，以及映射到指定记录行的存储位置指针。表的存储由两部分组成，一部分是表的数据页，另一部分是索引页，索引存放在索引页中，索引提供了排序表中记录的方法。

当通过索引查询表中的数据时，不需要遍历所有数据库中的所有数据，可以快速查询表中的特定记录，这样会提高查询效率。

索引一旦创建，将由数据库自动管理和维护。例如，向表中插入、修改和删除一条记录

时，数据库会自动在索引中做出相应的修改。在编写 SQL 查询语句时，具有索引的表与不具有索引的表没有任何区别，索引只是提供一种快速访问指定记录的方法。

在 MySQL 中，当执行查询时，查询优化器会对可用的多种数据检索方法的成本进行估计，从中选用最有效的查询计划。

6.1.3　索引的类型

索引的类型和存储引擎有关，每种存储引擎所支持的索引类型不一定完全相同。MySQL 索引可以从存储方式、逻辑角度和实际使用的角度来进行分类。

1．按数据结构分类

按查找记录的数据结构分类，索引分为 B Tree（B 树）索引和 Hash（散列）索引。

（1）B 树索引

InnoDB 和 MyISAM 存储引擎支持 B 树索引，B 树索引为系统默认索引类型。

对于 B 树数据结构，表中的每一行都会在索引上有一个对应值。因此，在表中进行数据查询时，可以根据索引值一步一步定位到数据所在的行。

B 树索引可以进行全键值、键值范围和键值前缀查询，也可以对查询结果进行 ORDER BY 排序。但 B 树索引必须遵循左边前缀原则，要考虑以下几点约束。

1）查询必须从索引的最左边的列开始。

2）查询不能跳过某一索引列，必须按照从左到右的顺序进行匹配。

3）存储引擎不能使用索引中范围条件右边的列。

（2）Hash 索引

Hash 一般翻译为“散列”，就是把任意长度的输入（又叫作预映射，pre-image）通过散列算法变换成固定长度的输出，该输出就是散列值。

MySQL 目前仅有 MEMORY 存储引擎和 HEAP 存储引擎支持 Hash 索引。其中，MEMORY 存储引擎支持 B 树索引和 Hash 索引，且将 Hash 当成默认索引。Hash 索引不是基于树形的数据结构查找数据，而是根据索引列对应的散列值的方法获取表的记录行。散列索引的最大特点是访问速度快，但也存在以下缺点。

1）MySQL 需要读取表中索引列的值来参与散列计算，散列计算是一个比较耗时的操作。也就是说，相对于 B 树索引，建立 Hash 索引会耗费更多的时间。

2）Hash 索引只支持等值比较，如“=”“IN()”或“<=>”。

3）Hash 索引不支持键的部分匹配，因为在计算 Hash 值时是通过整个索引值来计算的。

2．按逻辑区分类

根据索引的具体用途，MySQL 中的索引在逻辑上分为以下 5 类。

（1）普通索引（INDEX）

普通索引是 MySQL 中最基本的索引类型，不附加任何限制条件，唯一任务就是加快系统对数据的访问速度。普通索引可以创建在任何数据类型中，普通索引允许在定义索引的列中插入重复值和空值，其值是否唯一和非空由列本身的完整性约束条件决定。建立索引后，查询时可以通过索引查询。创建普通索引时，使用的关键字是 CREATE INDEX。

（2）唯一（UNIQUE）索引

唯一索引与普通索引的区别仅在于索引列值不能重复，即索引列值必须是唯一的，但可以是空值。如果是组合索引，则列值的组合必须唯一。创建唯一索引通常使用 CREATE

UNIQUE INDEX 关键字。在一个表上可以创建多个唯一索引，通过唯一索引，可以更快速地确定某条记录。主键就是一种特殊唯一索引。

当在表中创建主键约束或者唯一键约束时，MySQL 自动创建一个唯一索引。如果表中已经包含有数据，那么创建唯一索引时，会检查表中已有数据的索引值是否重复。每当执行插入记录或者修改记录时，会检查该索引值，如果有重复值，则取消执行，并且返回一个错误消息，确保表中的每一行数据都有一个唯一值。只能在可以保证实体完整性的列上创建唯一性索引。

（3）主键（PRIMARY KEY）索引

主键索引是专门为主键列创建的索引，主键索引是一种特殊的唯一索引，不允许值重复或者值为空。与唯一性索引的不同在于其索引列值不能为空。

创建主键索引通常使用 PRIMARY KEY 关键字。不能使用 CREATE INDEX 语句创建主键索引。一般在创建表时指定主键，也可以通过修改表的方式添加主键，每个表只能有一个主键。

（4）全文（FULLTEXT）索引

全文索引是指在定义索引的列上支持值的全文查找，主要用来查找文本中的关键字。全文索引只能创建在数据类型为 CHAR、VARCHAR 或 TEXT 的列上。在 MySQL 中只有 MyISAM 存储引擎支持全文索引。

全文索引允许在索引列中插入重复值和空值。对于查询数据量较大的字符串类型的列时，使用全文索引可以提高查询速度。默认全文索引的搜索执行方式不区分大小写。但索引的列使用二进制排序后，可以执行区分大小写的全文索引。

创建全文索引使用 CREATE FULLTEXT INDEX 关键字，建立全文索引后，能够在建立了全文索引的列上进行全文查找。

（5）空间（SPATIAL）索引

空间索引是对空间数据类型的列建立的索引。空间数据类型有 4 种，分别是 GEOMETRY、POINT、LINESTRING 和 POLYGON。使用 CREATE SPATIAL INDEX 关键字创建空间索引，空间索引只能建立在空间数据类型上，创建空间索引的列必须将其声明为 NOT NULL，空间索引只能在存储引擎为 MyISAM 的表中创建。对于初学者来说，这类索引很少会用到。

3. 按使用时分类

在实际使用中，通常按单列创建索引和按多列创建索引，因此分为单列索引和组合索引。

（1）单列索引

单列索引就是索引只包含表中的一个列，一个表上可以建立多个单列索引。单列索引可以是普通索引，也可以是唯一性索引，还可以是全文索引。只要保证该索引只对应一个列即可。

（2）多列索引

多列索引也称组合索引、复合索引，多列索引是用表的多个列共同组成一个索引，该索引指向表中对应的多个列，可以通过这几个列查询。但是，只有查询条件中使用了这些列中第一个列时，索引才会被使用，也就是最左前缀法则。所谓最左前缀法则是指先按照第一列（顺序排列位于最左侧的列）排序，在第一列的值相同的情况下再对第二列排序，依此类推。

当表中有多个关键列时，使用多列索引可以提高查询性能，减少在一个表中所创建的索引数量。在搜索时，当两个或者多个列作为一个关键值时，最好在这些列上创建多列索引。当创建多列索引时，应该考虑以下规则。

1）在多列索引中，所有的列必须来自同一个表，不能多表建立。

2）在多列索引中，列的排列顺序非常重要，原则上，应该首先定义唯一的列。为了使查询优化器使用多列索引，查询语句中的 WHERE 子句必须参考多列索引中第一个列。

3）最多可以把 16 个列合并成一个多列索引，构成多列索引的列的总长度不能超过 900 字节。

4．聚簇索引和非聚簇索引

按表的物理顺序分类，分为聚簇索引和非聚簇索引。

（1）聚簇索引

聚簇索引是指索引表的索引键值顺序与数据表的物理顺序相同，这样能保证索引值相近的记录行所存储的物理位置也相近。一个表只能有一个聚簇索引，因为一个表的物理顺序只有一种情况，所以，对应的聚簇索引只能有一个。

（2）非聚簇索引

非聚簇索引的索引顺序与数据的物理排列顺序无关。而非聚簇索引就是普通索引，仅仅只是对列创建相应的索引，不影响整个表的物理存储顺序。

并非所有的 MySQL 存储引擎都支持聚簇索引，目前只有 SQLidDB 和 InnoDB 支持聚簇索引。

6.2　查看索引

使用 SHOW INDEX 语句查看表中建立的索引名、索引类型及相关参数，其语法格式如下。

```
SHOW INDEX FROM tb_name [FROM db_name];
SHOW INDEX FROM [db_name.]tb_name;
```

语法格式中参数的说明如下。

1）db_name 是数据库名，tb_name 是表名。

2）这两个语句的功能相同。

【例 6-1】 在 studentinfo 数据库中，查看 selectcourse 表中建立的索引。

SQL 语句如下。

```
USE studentinfo;
SHOW INDEX FROM selectcourse;
```

在 Navicat for MySQL 的“查询编辑器”窗格中运行上面的 SQL 语句后，显示如图 6-2 所示。

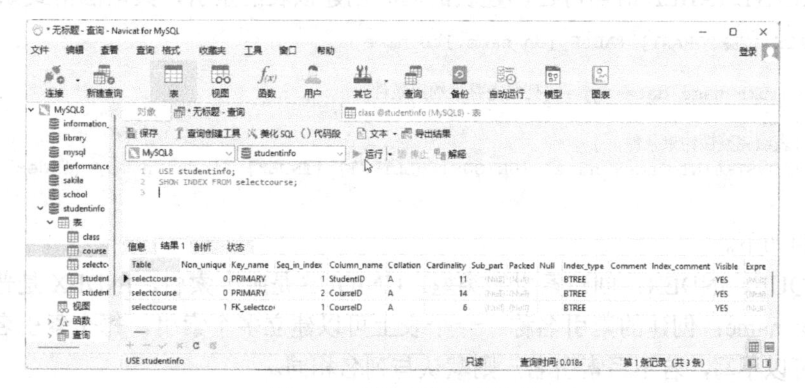

图 6-2　查看表的索引信息

索引信息以表格的形式显示，显示的索引信息主要有以下几项。

1）Table：指定索引所在的表名，图 6-2 中显示 selectcourse 表。

2）Non_unique：该索引是否为唯一索引。如果是唯一索引，则该列值为 0；如果不是唯一索引，则该列值为 1。图 6-2 中第 1、2 行是唯一索引，第 3 行不是唯一索引。

3）Key_name：索引的名称。若是在创建索引的语句中使用 PRIMARY KEY 关键字，且没有给出索引名，则系统会为其指定一个索引名称，即 PRIMARY。图 6-2 中第 1、2 行是主键索引，索引名称是 PRIMARY。

4）Seq_in_index：索引中的列序列号，从 1 开始。

5）Column_name：建立索引的列名称。图中的两个主键索引分别建立在 StudentID 和 CourseID 列上。

6）Collation：列以什么方式存储在索引中。值 A 是升序，D 是降序，NULL 表示无分类。

7）Cardinality：索引中唯一值的估计值。基数根据被存储为整数的统计数据来计数，所以即使对于小型表，该值也没有必要是精确的。基数越大，使用该索引的机会就越大。

8）Sub_part：如果列只是被部分地编入索引，则为被编入索引的字符的数目；如果整列被编入索引，则为 NULL。

9）Packed：指示关键字如何被压缩。如果没有被压缩，则为 NULL。

10）Null：如果索引列的值允许有 NULL，则为 YES；否则不显示内容。

11）Index_type：索引类型（BTREE，FULLTEXT，HASH，RTREE）。

12）Comment：多种评注。可以使用 db_name、tb_name 作为 tb_name FROM db_name。

6.3 创建索引

创建索引是指在某个表的一列或多列上建立一个索引。MySQL 提供了 4 种创建索引的方法。一种是在创建表的同时创建索引；另外两种分别是在已经存在的表上使用 CREATE INDEX 语句创建索引，或使用 ALTER TABLE 语句添加索引；还有一种是自动创建索引。

6.3.1 创建索引的语句

1. 使用 CREATE TABLE 语句创建索引

使用 CREATE TABLE 语句可在创建表的同时创建该表的索引，其语法格式如下。

```
CREATE [TEMPORARY] TABLE [db_name.]tb_name
(
    column_name data_type [列级完整性约束条件, ]
    [ …, ]
    [表级完整性约束条件, ]
    [CONSTRAINT index_name] [UNIQUE|FULLTEXT] [INDEX] [index_name] (index_column)
);
```

语法说明如下。

1）UNIQUE、INDEX：创建索引的类型。UNIQUE 是唯一索引，INDEX 是普通索引。

2）index_name：创建的索引名称。一个表上可以建立多个索引，每个索引名必须是唯一的。索引名可以不写，若不写索引名，则默认与列名相同。

3）index_column：索引列的定义，其格式如下。

```
index_column_name [(length)] [ASC|DESC]
```

其中：

① index_column_name：要创建索引的列名。通常将查询语句中在 WHERE 子句和 JOIN 子句里出现的列作为索引列。

② length：指定使用列的前 length 个字符创建索引，length 小于列实际长度。使用列值的一部分创建索引有利于减小索引文件的大小，节省磁盘空间。由于索引列的长度有一个最大上限，如果索引列的长度超过了这个上限，就需要利用前缀来索引。另外，在为 BLOB 或 TEXT 类型的列建立索引时必须使用前缀索引。前缀最长为 255 个字节，但对于使用 MyISAM 和 InnoDB 作为存储引擎的表，前缀最长为 1000 个字节。

③ ASC | DESC：指定索引是按 ASC（升序）还是 DESC（降序）排列，默认为 ASC。

2．使用 CREATE INDEX 语句创建索引

用 CREATE INDEX 语句能够在一个已存在的表上创建索引，其语法格式如下。

```
CREATE [UNIQUE|FULLTEXT] [INDEX] index_name
    ON tb_name (index_column_name [(length)] [ASC | DESC]);
```

语法格式说明与 CREATE TABLE 中相关选项的含义相同。可以指定索引的类型、唯一性和复合性，既可以在一个列上创建索引，也可以在两个或者两个以上的列上创建索引。

列的数据类型如果是 CHAR、VARCHAR 类型，length 小于列长度；如果是 BLOB 或 TEXT 类型，必须指定 length。

3．使用 ALTER TABLE 语句创建索引

使用 ALTER TABLE 语句可以添加索引，语法格式如下。

```
ALTER TABLE tb_name
    ADD [UNIQUE|FULLTEXT] [INDEX] [index_name] (index_column_name [(length)] [ASC|DESC]);
```

4．自动创建索引

前面 3 种创建索引的方法是通过 SQL 语句直接创建索引。索引本身不具有约束功能，如果在表中定义主键约束、唯一键约束、外键约束时，会同时创建索引。

在创建主键约束时，自动创建一个唯一的聚簇索引。虽然，在逻辑上，主键约束是一种重要的结构，但是，在物理结构上，与主键约束相对应的结构是唯一的聚簇索引。换句话说，在物理实现上，不存在主键约束，而只存在唯一的聚簇索引。

同样，在创建唯一键约束时，也同时创建索引，这种索引则是唯一的非聚簇索引。若建立外键，也自动建立外键索引。

因此，当使用约束创建索引时，索引的类型和特征基本都已经确定了，定制的余地比较小。

当在表上定义主键或唯一键约束时，如果表中已经有了使用 CREATE INDEX 语句创建的标准索引时，那么由主键约束或唯一键约束创建的索引将覆盖以前创建的标准索引。也就是说，主键约束或唯一键约束创建的索引的优先级高于使用 CREATE INDEX 语句创建的索引。

6.3.2　创建索引实例

1．没有索引

在定义表结构时，如果没有添加建立索引的关键字，也没有定义主键、唯一键和外键，则该表没有索引。

【例 6-2】 在 studentinfo 数据库中，重新创建系表 department，列定义有系编号 DepartmentID、CHAR(2)；系名称 Department-Name、VARCHAR(10)；系电话 Telephone、VARCHAR(20)。

例 6-2

SQL 语句如下。

```
DROP TABLE IF EXISTS department;
CREATE TABLE department
(
   DepartmentID CHAR(2),
   DepartmentName VARCHAR(10),
   Telephone CHAR(20)
);
```

在 studentinfo 数据库中，查看 department 表上建立的索引，SQL 语句如下。

```
SHOW INDEX FROM department;
```

在 Navicat for MySQL 中的“查询编辑器”窗格中运行 SHOW INDEX 语句，查看该表上建立的索引，该表中没有索引，如图 6-3 所示。

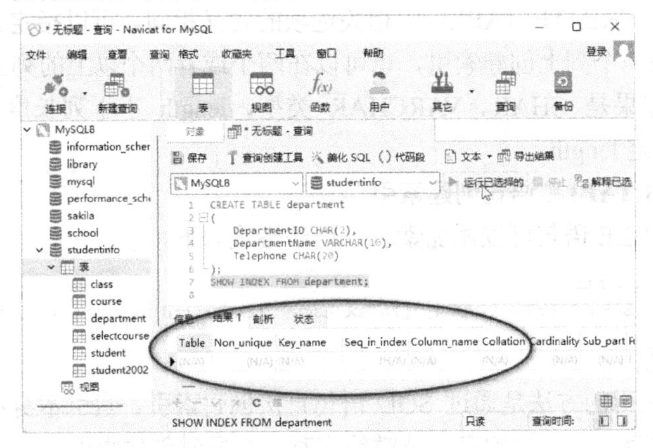

图 6-3　查看表的索引信息（没有索引）

2. 普通索引

普通索引是最基本的索引，它没有任何限制。普通索引可以建立在任何数据类型的列上，如果语句中没有指明排序的方式，则采用默认（ASC）的索引方式。INDEX 的功能只是索引，没有约束的功能。

【例 6-3】 重新创建 department 表，在定义表的同时为 DepartmentID 列定义普通索引，并按升序排列；创建表后为该表的 DepartmentName 列添加普通索引。

SQL 语句如下。

```
DROP TABLE IF EXISTS department;
CREATE TABLE department
(
   DepartmentID CHAR(2),
   DepartmentName VARCHAR(10),
   Telephone CHAR(20),
   INDEX index_id(DepartmentID ASC)                    # 定义表时创建索引
);
# 定义表后创建索引
CREATE INDEX index_name ON department (DepartmentName);  # 添加普通索引
```

执行 SHOW INDEX 语句，查看该表上建立的索引，结果如图 6-4 所示，其中，index_id

和 index_name 是创建的普通索引。

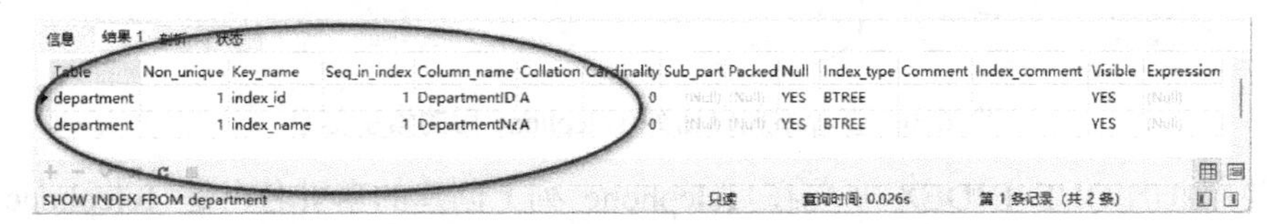

信息　结果 1　剖析　状态

Table	Non_unique	Key_name	Seq_in_index	Column_name	Collation	Cardinality	Sub_part	Packed	Null	Index_type	Comment	Index_comment	Visible	Expression
department	1	index_id	1	DepartmentID	A	0	(Null)	(Null)	YES	BTREE			YES	(Null)
department	1	index_name	1	DepartmentNa	A	0	(Null)	(Null)	YES	BTREE			YES	(Null)

SHOW INDEX FROM department　只读　查询时间: 0.026s　第 1 条记录 (共 2 条)

图 6-4　查看 department 表的索引信息（普通索引）

3．列值前缀普通索引

创建基于列值前缀字符的索引时，在列名后的小括号中指定。对字符类型的排序，若是英文，按照字母序排列；若是中文，不同的字符集和校对规则有不同的处理规则。

【例 6-4】 在 department 表中，为 DepartmentName 列添加前 3 个字符的列值前缀普通索引；为 Telephone 列添加前 14 个字符的列值前缀普通索引。

SQL 语句如下。

```
CREATE INDEX index_name3 ON department (DepartmentName(3) DESC);
ALTER TABLE department  ADD INDEX index_telephone14 (Telephone(14));
```

执行 SHOW INDEX 语句，查看该表上建立的索引，SQL 语句如下。

```
SHOW INDEX FROM department;
```

结果如图 6-5 所示，index_name3 和 index_telephone14 是创建的前缀普通索引，Sub_part 列下的 3 和 14 就是前缀索引的字符数目；Collation 列下的 D 表示降序，A 表示升序。

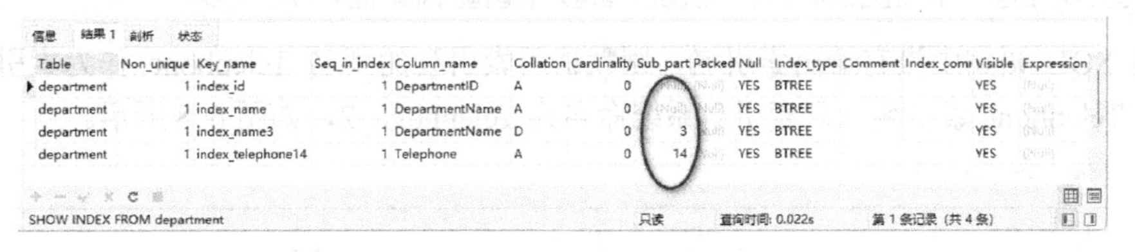

信息　结果 1　剖析　状态

Table	Non_unique	Key_name	Seq_in_index	Column_name	Collation	Cardinality	Sub_part	Packed	Null	Index_type	Comment	Index_comm	Visible	Expression
department	1	index_id	1	DepartmentID	A	0	(Null)	(Null)	YES	BTREE			YES	(Null)
department	1	index_name	1	DepartmentName	A	0	(Null)	(Null)	YES	BTREE			YES	(Null)
department	1	index_name3	1	DepartmentName	D	0	3	(Null)	YES	BTREE			YES	(Null)
department	1	index_telephone14	1	Telephone	A	0	14	(Null)	YES	BTREE			YES	(Null)

SHOW INDEX FROM department　只读　查询时间: 0.022s　第 1 条记录 (共 4 条)

图 6-5　查看表的索引信息（列值前缀索引）

4．唯一索引

如果定义列为唯一约束，则系统会自动为该唯一列建立一个唯一索引。也可以使用 UNIQUE 关键字创建唯一索引。对于要创建唯一索引的列，索引列的值必须唯一，但允许有空值。如果是多列索引，则列值的组合必须唯一。

【例 6-5】 重新创建 department 表，定义表的 Telephone 列是唯一键约束，在表的 DepartmentName 列上创建名为 name 的唯一索引。

SQL 语句如下。

```
DROP TABLE IF EXISTS department;
CREATE TABLE department
(
   DepartmentID CHAR(2),
   DepartmentName VARCHAR(10),
   Telephone CHAR(20) UNIQUE,
   UNIQUE INDEX name (DepartmentName)
);
```

执行 SHOW INDEX 语句，查看该表上建立的索引，结果如图 6-6 所示。第 1 行索引是在创建唯一键约束时，系统会默认创建的一个唯一索引，索引名就是列名 Telephone。第 2 行的 name 是用 UNIQUE INDEX 创建的索引。

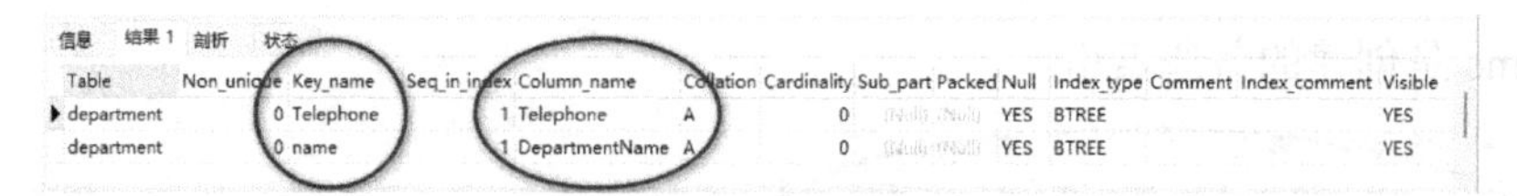
信息 结果 1 剖析 状态

Table	Non_unique	Key_name	Seq_in_index	Column_name	Collation	Cardinality	Sub_part	Packed	Null	Index_type	Comment	Index_comment	Visible
department	0	Telephone	1	Telephone	A	0	(Null)	(Null)	YES	BTREE			YES
department	0	name	1	DepartmentName	A	0	(Null)	(Null)	YES	BTREE			YES

图 6-6　查看添加电话列 Telephone 后的索引信息

如果使用 UNIQUE INDEX 子句在 Telephone 列上创建的索引名也是 Telephone，则发生 Duplicate key name ' Telephone'（该列名重复）的错误。

【例 6-6】 使用 CREATE INDEX 在表 department 的 DepartmentID 列上创建唯一索引。

SQL 语句如下。

```
CREATE UNIQUE INDEX departmentID ON department (DepartmentID);
```

执行 SHOW INDEX 语句，查看该表上建立的索引，结果如图 6-7 所示，其中第 3 行索引是新建的索引。

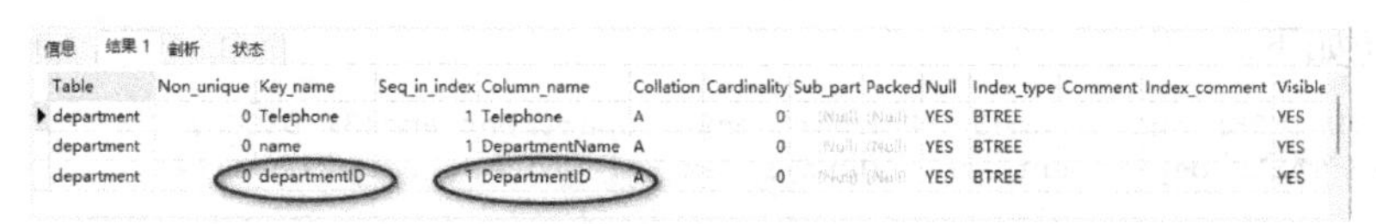
信息 结果 1 剖析 状态

Table	Non_unique	Key_name	Seq_in_index	Column_name	Collation	Cardinality	Sub_part	Packed	Null	Index_type	Comment	Index_comment	Visible
department	0	Telephone	1	Telephone	A	0	(Null)	(Null)	YES	BTREE			YES
department	0	name	1	DepartmentName	A	0	(Null)	(Null)	YES	BTREE			YES
department	0	departmentID	1	DepartmentID	A	0	(Null)	(Null)	YES	BTREE			YES

图 6-7　查看添加的 DepartmentID 索引信息

【例 6-7】 使用 ALTER TABLE 语句在表 department 的电话列 Telephone 上创建唯一索引。

SQL 语句如下。

```
ALTER TABLE department ADD UNIQUE INDEX (Telephone DESC);
```

本例 SQL 语句中没有给出索引名，则默认用索引列的列名 Telephone 作为索引名，由于已经存在 Telephone 索引名，则索引名系统命名为 Telephone_2，如图 6-8 所示。

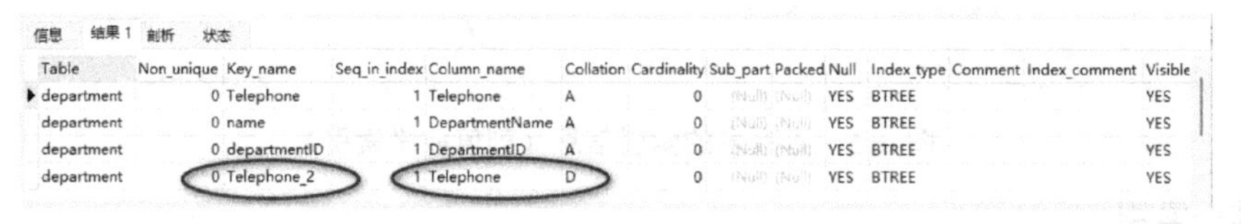
信息 结果 1 剖析 状态

Table	Non_unique	Key_name	Seq_in_index	Column_name	Collation	Cardinality	Sub_part	Packed	Null	Index_type	Comment	Index_comment	Visible
department	0	Telephone	1	Telephone	A	0	(Null)	(Null)	YES	BTREE			YES
department	0	name	1	DepartmentName	A	0	(Null)	(Null)	YES	BTREE			YES
department	0	departmentID	1	DepartmentID	A	0	(Null)	(Null)	YES	BTREE			YES
department	0	Telephone_2	1	Telephone	D	0	(Null)	(Null)	YES	BTREE			YES

图 6-8　查看添加的 Telephone 索引名

5. 多列索引

多列索引是在多个列上创建一个索引，也称组合索引或联合索引。在搜索时，当两个或者多个列作为一个关键值时，最好在这些列上创建多列索引。使用多列索引可以提高查询性能，减少在一个表中所创建的索引数量。

可以创建多列普通索引、多列唯一索引和多列主键索引。如果是建立多列唯一索引，则列值的组合值必须唯一。

当创建多列索引时，应该考虑以下规则。

1）在多列索引中，所有的列必须来自同一个表，不能多表建立。

2）在多列索引中，列的排列顺序非常重要，原则上，应该首先定义唯一的列。为了使查询优化器使用多列索引，查询语句中的 WHERE 子句必须参考多列索引中第一个列。

3）最多可以把 16 个列合并成一个多列索引，构成多列索引的列的总长度不能超过 900 字节。

【例 6-8】 创建 teacher 表，列有 TeacherID、CHAR(6)；TeacherName、CHAR(20)；Age、INT；DepartmentName、VARCHAR(10)；DepartmentID、CHAR(2)。

在 DepartmentName 列和 TeacherName 列上建立多列普通索引，并且 DepartmentName 按升序，TeacherName 列按降序，索引名为 name。

SQL 语句如下。

```
CREATE TABLE teacher
(
    TeacherID CHAR(6),
    TeacherName CHAR(20),
    Age INT,
    DepartmentName VARCHAR(10),
    DepartmentID CHAR(2),
    INDEX name (DepartmentName ASC, TeacherName DESC)
);
```

执行 SHOW INDEX 语句，查看该表上建立的索引，SQL 语句如下。

```
SHOW INDEX FROM teacher;
```

该表建立的索引如图 6-9 所示，第 1、2 行是创建的多列索引，索引名都是 name，列名分别是 DepartmentName、TeacherName。

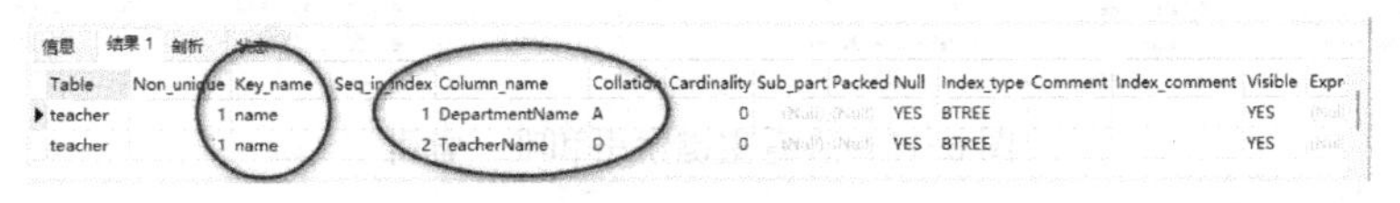

信息　结果 1　剖析　状态

Table	Non_unique	Key_name	Seq_in_index	Column_name	Collation	Cardinality	Sub_part	Packed	Null	Index_type	Comment	Index_comment	Visible	Expr
teacher	1	name	1	DepartmentName	A	0	(Null)	(Null)	YES	BTREE			YES	(Null)
teacher	1	name	2	TeacherName	D	0	(Null)	(Null)	YES	BTREE			YES	(Null)

图 6-9　查看多列索引

在 teacher 表上的 name 索引是建立在两个列 DepartmentName、TeacherName 上的，排序时先按 DepartmentName 列升序排列，当 DepartmentName 值相同时，再按 TeacherName 列的值降序排序。

如果 teacher 表已经创建，可以使用下面语句添加索引，SQL 语句如下。

```
CREATE INDEX name2 ON teacher (DepartmentName, TeacherName);
```

6．全文索引

全文索引只能建立在数据类型为 CHAR、VARCHAR 和 TEXT 的列上。

【例 6-9】 在 teacher 表中添加简历列 Note、VARCHAR(50)，并指定 Note 列为全文索引。

使用 ALTER TABLE 语句，在已经创建的 teacher 表中添加 Note 列，并在 Note 列上建立一个 FULLTEXT 索引，索引名为 index_note。SQL 语句如下。

```
ALTER TABLE teacher
    ADD COLUMN Note VARCHAR(50),
    ADD FULLTEXT INDEX index_note (Note);
```

查看该表建立的 FULLTEXT 索引，如图 6-10 所示。

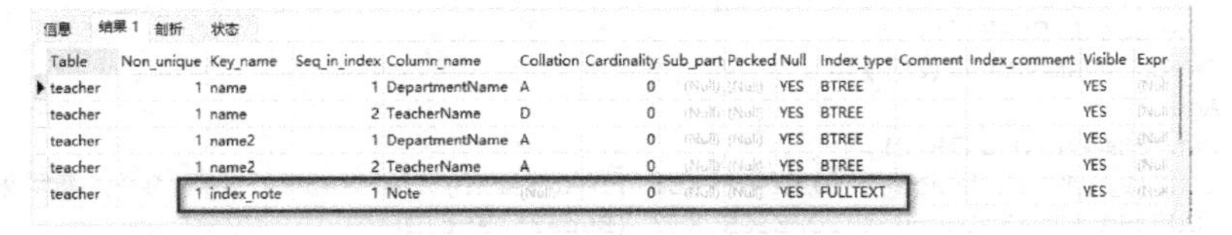

信息　结果 1　剖析　状态

Table	Non_unique	Key_name	Seq_in_index	Column_name	Collation	Cardinality	Sub_part	Packed	Null	Index_type	Comment	Index_comment	Visible	Expr
teacher	1	name	1	DepartmentName	A	0	(Null)	(Null)	YES	BTREE			YES	(Null)
teacher	1	name	2	TeacherName	D	0	(Null)	(Null)	YES	BTREE			YES	(Null)
teacher	1	name2	1	DepartmentName	A	0	(Null)	(Null)	YES	BTREE			YES	(Null)
teacher	1	name2	2	TeacherName	A	0	(Null)	(Null)	YES	BTREE			YES	(Null)
teacher	1	index_note	1	Note	(Null)	0	(Null)	(Null)	YES	FULLTEXT			YES	(Null)

图 6-10　查看 FULLTEXT 索引

7．主键索引和外键索引

创建表时，若指定表的主键，则自动建立主键索引。若建立外键，则自动建立外键索引。如果创建表时没有指定主键，可以添加主键约束，也将自动建立主键索引。

【例 6-10】 重新创建 department 表，在定义列时对 DepartmentID 列设置主键约束，对 Telephone 列设置唯一键，对 DepartmentName 列创建唯一索引。

SQL 语句如下。

```
DROP TABLE IF EXISTS department;
CREATE TABLE department
(
   DepartmentID CHAR(2) PRIMARY KEY,          # 设置主键约束
   DepartmentName VARCHAR(10),
   Telephone CHAR(20) UNIQUE,                 # 设置唯一约束
   UNIQUE INDEX name (DepartmentName)         # 创建唯一索引
);
```

查看该表的索引如图 6-11 所示，第 1 行是系统自动建立的 DepartmentID 列的主键索引，第 2 行是系统自动建立的 Telephone 列的唯一索引，第 3 行是创建的 DepartmentName 列的唯一索引。

信息　结果 1　剖析　状态

Table	Non_unique	Key_name	Seq_in_index	Column_name	Collation	Cardinality	Sub_part	Packed	Null	Index_type	Comment	Index_comment	Visible	E
department	0	PRIMARY	1	DepartmentID	A	0	(Null)	(Null)		BTREE			YES	
department	0	Telephone	1	Telephone	A	0	(Null)	(Null)	YES	BTREE			YES	
department	0	name	1	DepartmentName	A	0	(Null)	(Null)	YES	BTREE			YES	

图 6-11　查看主键索引和唯一索引

【例 6-11】 在 teacher 表中，给 TeacherID 列添加主键约束。

SQL 语句如下。

```
ALTER TABLE teacher ADD PRIMARY KEY (TeacherID);
```

查看建立的主键索引，如图 6-12 所示。

信息　结果 1　剖析　状态

Table	Non_unique	Key_name	Seq_in_index	Column_name	Collation	Cardinality	Sub_part	Packed	Null	Index_type	Comment	Index_comment	Visible	Expr
teacher	0	PRIMARY	1	TeacherID	A	0	(Null)	(Null)		BTREE			YES	(Null)
teacher	1	name	1	DepartmentName	A	0	(Null)	(Null)	YES	BTREE			YES	(Null)
teacher	1	name	2	TeacherName	D	0	(Null)	(Null)	YES	BTREE			YES	(Null)
teacher	1	name2	1	DepartmentName	A	0	(Null)	(Null)	YES	BTREE			YES	(Null)
teacher	1	name2	2	TeacherName	A	0	(Null)	(Null)	YES	BTREE			YES	(Null)
teacher	1	index_note	1	Note	(Null)	0	(Null)	(Null)	YES	FULLTEXT			YES	(Null)

图 6-12　查看主键索引

【例 6-12】 重新创建 teacher 表，设置 TeachertID 列为主键约束，设置外键约束 FK_teacher，通过外键 DepartmentID 列与 department 表建立外键关系。

SQL 语句如下。

```
DROP TABLE IF EXISTS teacher;
CREATE TABLE teacher
(
   TeacherID CHAR(6),
   TeacherName CHAR(20),
   Age INT,
   DepartmentID CHAR(2),
   CONSTRAINT PK_teacher PRIMARY KEY (TeacherID),              # 定义主键约束
   CONSTRAINT FK_teacher FOREIGN KEY (DepartmentID)
                  REFERENCES department (DepartmentID)         # 定义外键约束
);
```

执行 SHOW INDEX 语句，查看该表上建立的索引，如图 6-13 所示，第 1 行是通过 CONSTRAINT 子句定义的 TeacherID 列的主键约束，系统自动建立一个主键索引。第 2 行是通过 CONSTRAINT 子句定义的外键约束，用外键 DepartmentID 列与 department 表建立外键

约束，系统自动建立一个外键索引。

信息　摘要　结果 1　剖析　状态

Table	Non_unique	Key_name	Seq_in_index	Column_name	Collation	Cardinality	Sub_part	Packed	Null	Index_type	Comment	Index_comment	Visible	Expression
teacher	0	PRIMARY	1	TeacherID	A	0	(Null)	(Null)		BTREE			YES	(Null)
teacher	1	FK_teacher	1	DepartmentID	A	0	(Null)	(Null)	YES	BTREE			YES	(Null)

图 6-13　查看主键索引和外键索引

6.4　使用索引

表通常都会有索引，这些索引有些是建表时程序员定义的，有些是系统自动生成的。合理地使用索引，可以加快查询速度。然而，在使用中，会出现有些 SQL 语句执行时不使用索引，而使用了全表扫描的情况，造成执行速度慢。

6.4.1　EXPLAIN 语句的使用

EXPLAIN（执行计划）语句可以模拟优化器来执行 SQL 查询语句，EXPLAIN 语句的输出结果能够让程序员了解 MySQL 优化器是如何执行 SQL 语句的，从而知道 MySQL 是如何处理 SQL 语句的。

1．EXPLAIN 语句的语法

EXPLAIN 语句的语法格式如下。

```
EXPLAIN SQL_statement;
```

语法说明：SQL_statement 是 SQL 语句，一般是 SELECT 查询语句。

该语句并没有提供任何调整建议，但它能够提供重要的信息，帮助程序员做出调优决策。通过 EXPLAIN+SQL 语句可以知道如下内容。

1）表的读取顺序（对应 id）。

2）数据读取操作的操作类型（对应 select_type）。

3）哪些索引可以使用（对应 possible_keys）。

4）哪些索引被实际使用（对应 key）。

5）表直接的引用（对应 ref）。

6）每张表有多少行被优化器查询（对应 rows）。

【例 6-13】 在 studentinfo 数据库中，显示 student 表的索引，然后用 EXPLAIN 语句执行查询，了解 EXPLAIN 运行的结果。

例 6-13

1）使用 SHOW INDEX 语句显示 student 表的索引，结果如图 6-14 所示，student 表上有两个索引，一个是主键索引，另一个是外键索引。

信息　结果 1　剖析　状态

Table	Non_unique	Key_name	Seq_in_index	Column_name	Collation	Cardinality	Sub_part	Packed	Null	Index_type	Comment	Index_c
student	0	PRIMARY	1	StudentID	A	12	(Null)	(Null)		BTREE		
student	1	FK_student	1	ClassID	A	5	(Null)	(Null)	YES	BTREE		

图 6-14　查看 student 表上的索引

2）用 EXPLAIN 查看执行 SELECT 查询的情况，SQL 语句如下。

```
EXPLAIN SELECT * FROM student WHERE ClassID=(SELECT ClassID FROM class WHERE ClassName='软件 2022-1 班');
```

EXPLAIN 执行结果如图 6-15 所示。

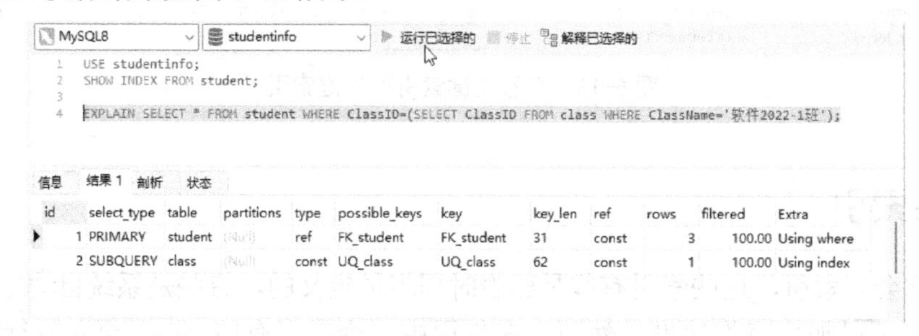

图 6-15　查看 EXPLAIN 执行结果

EXPLAIN 执行结果的解释如下。

1）id：执行计划中查询的序列号。表示查询中执行 SELECT 子句或操作表的顺序，id 值越大，优先级越高，越先被执行。id 相同，执行顺序由上至下。如果是子查询，id 的序号会递增，id 值越大，优先级越高，越先被执行。id 如果相同，可以认为是一组，从上往下顺序执行；在所有组中，id 值越大，优先级越高，越先被执行。

2）select_type：查询中每个 SELECT 子句的类型，其说明见表 6-1。

表 6-1　select_type 查询类型

查询类型	解　释
SIMPLE	简单的 SELECT 查询，不使用 UNION 及子查询
PRIMARY	子查询中最外层查询，查询中若包含任何复杂的子部分，最外层的 SELECT 被标记为 PRIMARY
UNION	UNION 中的第二个或随后的 SELECT 查询，不依赖于外部查询的结果集
DEPENDENT UNION	UNION 中的第二个或随后的 SELECT 查询，依赖于外部查询的结果集
SUBQUERY	子查询中的第一个 SELECT 查询，结果不依赖于外部查询的结果集
DEPENDENT SUBQUERY	子查询中的第一个 SELECT，依赖于外部查询的结果集
UNION RESULT	UNION 的结果，UNION 语句中第二个 SELECT 开始后面所有 SELECT
DERIVED	用于 FROM 子句里有子查询的情况。MySQL 会递归执行这些子查询，把结果放在临时表里
UNCACHEABLE SUBQUERY	结果集不能被缓存的子查询，必须重新为外层查询的每一行进行评估
UNCACHEABLE UNION	一个子查询的结果不能被缓存，必须重新评估外链接的第一行；UNION 中的第二个或随后的 SELECT 查询，属于不可缓存的子查询

3）table：显示这一步所访问的表名称（显示这一行的数据是关于哪张表的），有时不是真实的表名字，可能是简称，也可能是第几步执行结果的简称。

4）partitions：匹配的分区。

5）type：对表访问的方式，表示在表中找到所需行的方式，又称访问类型。常用的类型有 ALL、index、range、ref、eq_ref、const、system 和 NULL（从左到右，性能从差到好）。type 对表的访问类型及其解释见表 6-2。

表 6-2　type 对表的访问类型

类　型	解　释
All	全表扫描（Full Table Scan），将遍历全表以找到匹配的行
index	全索引扫描（Full Index Scan），index 与 All 区别在于 index 类型只遍历索引
range	只检索给定范围的行，使用一个索引来选择行，对索引的扫描开始于某一点，返回匹配值的行，常见于 between、<、>等查询
ref	表示上述表的连接匹配条件，即哪些列或常量被用于查找索引列上的值。对于非唯一性索引扫描，返回匹配某个单独值的所有行
eq_ref	唯一性索引扫描，对于每个索引键值，表中只有一条记录匹配，常用于主键 PRIMARY KEY 或者唯一 UNIQUE 索引扫描
const，system	当对查询中某部分进行优化，并转换为一个常量时，使用这些类型访问。如将主键置于 WHERE 列表中，就能将该查询转换为一个常量，system 是 const 类型的特例，当查询的表只有一行时，使用 system
NULL	在优化过程中分解语句，执行时甚至不用访问表或索引，例如，从一个索引列里选取最小值可以通过单独索引查找完成

6）possible_keys：显示可能应用在这张表中的一个或多个索引。查询涉及的列上若存在索引，则该索引将被列出，但不一定被查询实际使用，如果没有任何索引则显示 Null。

7）key：表示实际使用的索引，必然包含在 possible_keys 中。如果为 NULL，则没有使用索引。一般很少选择优化不足的索引。可以在 SELECT 语句中使用 USE INDEX（indexname）来强制使用一个索引，或者用 IGNORE INDEX（indexname）来强制忽略索引。

8）key_len：表示索引中使用的字节数，可通过该列计算查询中使用的索引的长度（key_len 显示的值为索引字段的最大可能长度，并非实际使用长度，即 key_len 是根据表定义计算而得，不是通过表内检索出的）。在不损失精确性的情况下，长度越短越好。

9）ref：列与索引的比较，表示表的连接匹配条件，显示索引的哪一列被使用了，即哪些列或常量被用于查找索引列上的值，如果可能的话，是一个常数。

10）rows：估算出结果集行数，表示根据表统计信息及索引选用情况，估算找到所需的记录所需要读取的行数。

11）filtered：按表条件过滤的行百分比。

12）Extra：执行查询的额外信息，有几种情况，见表 6-3。

表 6-3　Extra 执行查询的额外信息

类　型	解　释
Using where	不用读取表中所有信息，仅通过索引就可以获取所需数据，这发生在对表的全部的请求列都是同一个索引的部分时，表示 MySQL 服务器将在存储引擎检索行后再进行过滤
Using temporary	表示需要使用临时表来存储结果集，常见于排序和分组查询，如 GROUP BY、ORDER BY
Using filesort	当 Query 中包含 ORDER BY 操作，而且无法利用索引完成的排序操作称为文件排序。例如，“EXPLAIN SELECT * FROM emp ORDER BY name”
Using join buffer	该值强调了在获取连接条件时没有使用索引，并且需要连接缓冲区来存储中间结果。如果出现了这个值，那应该注意，根据查询的具体情况可能需要添加索引来改进
Impossible where	这个值强调了 WHERE 语句会导致没有符合条件的行（通过收集统计信息不可能存在结果）
Select tables optimized away	这个值意味着仅通过使用索引，优化器可能仅从聚合函数结果中返回一行
No tables used	Query 语句中使用 FROM DUAL 或不含任何 FROM 子句。例如，“EXPLAIN SELECT NOW() FROM DUAL;”，其中 DUAL 表示一个空表或虚拟表

说明：

1）EXPLAIN 不会显示关于触发器、存储过程的信息或用户自定义函数对查询的影响情况。

2）EXPLAIN 不考虑各种 Cache。

3）EXPLAIN 不能显示 MySQL 在执行查询时所做的优化工作。

4）部分统计信息是估算的，并非精确值。

5）EXPALIN 只能解释 SELECT 操作，其他操作要重写为 SELECT 后查看执行计划。

2．使用 EXPLAIN 语句查看分析结果

【例 6-14】 在 studentinfo 数据库中，创建一个新表 tb3，表结构为：ID 列、INT 型、非空、主键、自动递增，Name 列、VARCHAR(20)型，Age 列、INT 型，在表的 Name 列上建立普通索引；并添加几条记录。

1）定义 tb3 表，添加记录等，SQL 语句如下。

```
USE studentinfo;
CREATE TABLE tb3
(
   ID INT NOT NULL PRIMARY KEY AUTO_INCREMENT,
   Name VARCHAR(20),
   Age INT,
   INDEX index_name (Name ASC)
);
INSERT INTO tb3 (Name, Age) VALUES ('Jack', 18),('Lily',19),('Tom', 17),('Tina',18),
('Alina',18);
SELECT * FROM tb3;
SHOW INDEX FROM tb3;
```

显示的索引如图 6-16 所示，tb3 表上有两个索引，一个是主键索引，另一个是普通索引。

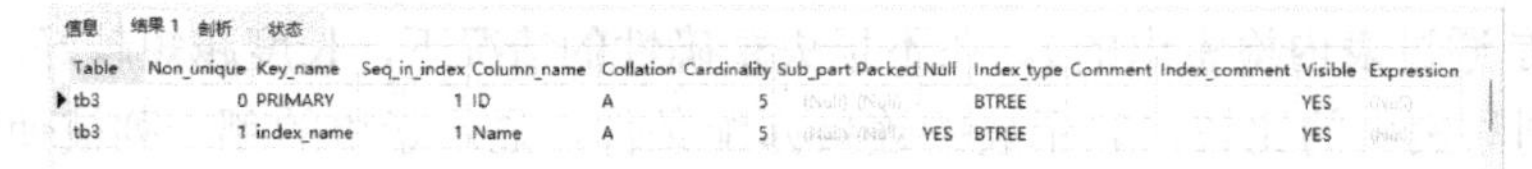
信息 结果 1 剖析 状态

Table	Non_unique	Key_name	Seq_in_index	Column_name	Collation	Cardinality	Sub_part	Packed	Null	Index_type	Comment	Index_comment	Visible	Expression
tb3	0	PRIMARY	1	ID	A	5	(Null)	(Null)		BTREE			YES	(Null)
tb3	1	index_name	1	Name	A	5	(Null)	(Null)	YES	BTREE			YES	(Null)

图 6-16 查看 tb3 表上的索引

2）运行 EXPLAIN 语句。

```
EXPLAIN SELECT * FROM tb3 WHERE ID=3;
```

该语句输出在表中查找 ID=3 的记录时的情况，如图 6-17 所示。其中，type 列值为 const 表示通过索引一次就找到了，key 列值为 PRIMARY 表示使用了主键索引。

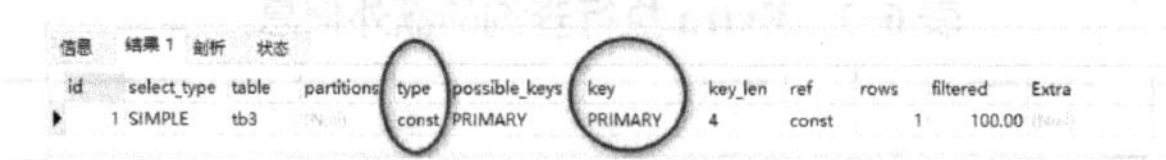
信息 结果 1 剖析 状态

id	select_type	table	partitions	type	possible_keys	key	key_len	ref	rows	filtered	Extra
1	SIMPLE	tb3	(Null)	const	PRIMARY	PRIMARY	4	const	1	100.00	(Null)

图 6-17 查看 newtable5 表上的索引（主键索引）

运行下面的 SQL 语句。

```
EXPLAIN SELECT * FROM tb3 WHERE Name='Lily';
```

该语句输出在表中查找 Name='Lily'记录时的情况，如图 6-18 所示。其中，type 列值为 ref 表示这是非唯一索引，认为有多个匹配行；possible_keys 和 key 的值都是 index_name，表示使用了 index_name 索引。

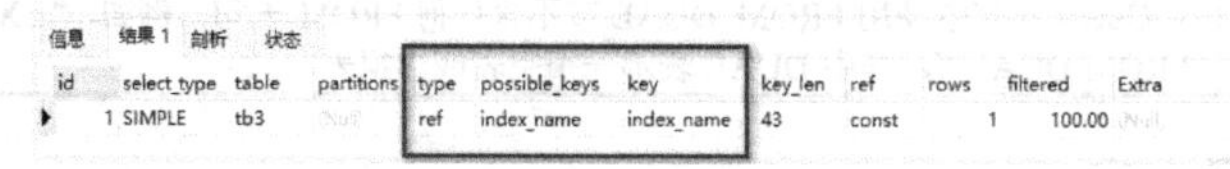
信息 结果 1 剖析 状态

id	select_type	table	partitions	type	possible_keys	key	key_len	ref	rows	filtered	Extra
1	SIMPLE	tb3	(Null)	ref	index_name	index_name	43	const	1	100.00	(Null)

图 6-18 查看 EXPLAIN 执行结果（普通索引）

运行下面的 SQL 语句。

```
EXPLAIN SELECT * FROM tb3 WHERE Age=19;
```

该语句输出在表中查找 Age=19 记录时的情况，如图 6-19 所示。其中，type 列值为 ALL 表示这是全表扫描；key 列值为 Null 表示没有使用索引。

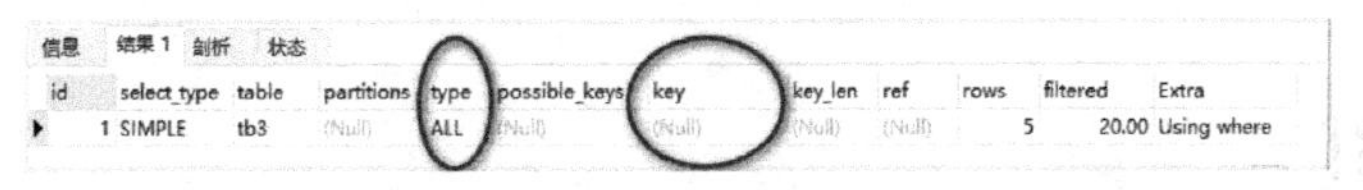

信息 结果 1 剖析 状态

id	select_type	table	partitions	type	possible_keys	key	key_len	ref	rows	filtered	Extra
1	SIMPLE	tb3	(Null)	ALL	(Null)	(Null)	(Null)	(Null)	5	20.00	Using where

图 6-19 查看 EXPLAIN 执行结果（无索引）

【例 6-15】 使用 ALTER TABLE 命令在 tb3 表的 Name 列的前 4 个字节上创建降序排序。

SQL 语句如下。

```
ALTER TABLE tb3 ADD INDEX index_name4 (name(4) DESC);
```

用“SHOW INDEX FROM tb3;”语句查看表索引，结果如图 6-20 所示，在 tb3 上的 Name 列上有两个索引，区别只是索引名称和索引长度的不同。

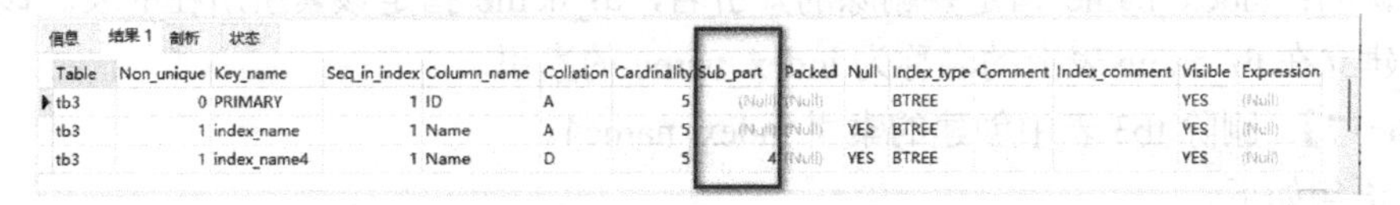

信息 结果 1 剖析 状态

Table	Non_unique	Key_name	Seq_in_index	Column_name	Collation	Cardinality	Sub_part	Packed	Null	Index_type	Comment	Index_comment	Visible	Expression
tb3	0	PRIMARY	1	ID	A	5	(Null)	(Null)		BTREE			YES	(Null)
tb3	1	index_name	1	Name	A	5	(Null)	(Null)	YES	BTREE			YES	(Null)
tb3	1	index_name4	1	Name	D	5	4	(Null)	YES	BTREE			YES	(Null)

图 6-20 查看 tb3 表上的索引

查看分别使用哪一个索引，分别执行下面的 SQL 语句。

```
EXPLAIN SELECT * FROM tb3 WHERE Name='abcdefg';
EXPLAIN SELECT * FROM tb3 WHERE Name='abc';
```

结果如图 6-21 所示，虽然 Name 列有 index_name 和 index_name4 两个索引，但是，运行上面两条 SQL 语句时，执行的索引都是 index_name。

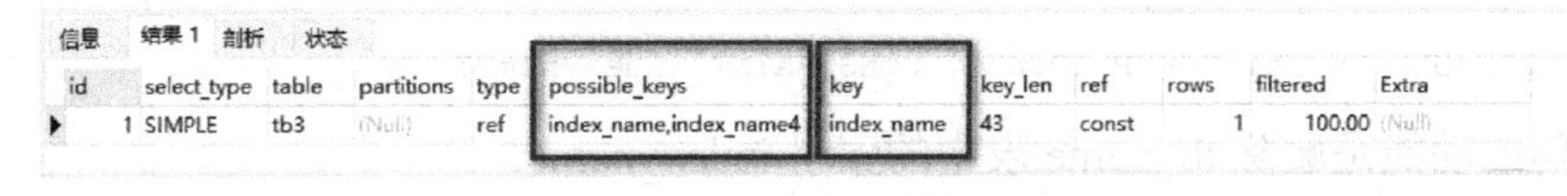

信息 结果 1 剖析 状态

id	select_type	table	partitions	type	possible_keys	key	key_len	ref	rows	filtered	Extra
1	SIMPLE	tb3	(Null)	ref	index_name,index_name4	index_name	43	const	1	100.00	(Null)

图 6-21 查看使用的索引

6.4.2 指定使用的索引

可以在 SELECT 语句中指定要使用的索引，其语法格式如下。

```
SELECT 表达式列表 FROM TABLE [{USE|IGNORE|FORCE} INDEX (key_list)] WHERE 条件;
```

在查询语句中表名的后面添加 USE|IGNORE|FORCE INDEX (key_list)子句。

1）USE INDEX：指定查询语句使用的索引列表。

2）IGNORE INDEX：指定查询语句忽略一个或者多个索引。

3）FORCE INDEX：指定查询语句强制使用一个特定的索引。

【例 6-16】 指定使用 index_name4 索引用于 Name 查询。

SQL 语句如下。

```
SELECT * FROM tb3 USE INDEX (index_name4) WHERE Name='abcdefg';
```

运行下面的 SQL 语句，查看使用索引的情况，结果如图 6-22 所示，结果显示使用了指定的索引。

```
EXPLAIN SELECT * FROM tb3 USE INDEX (index_name4) WHERE Name='abcdefg';
```

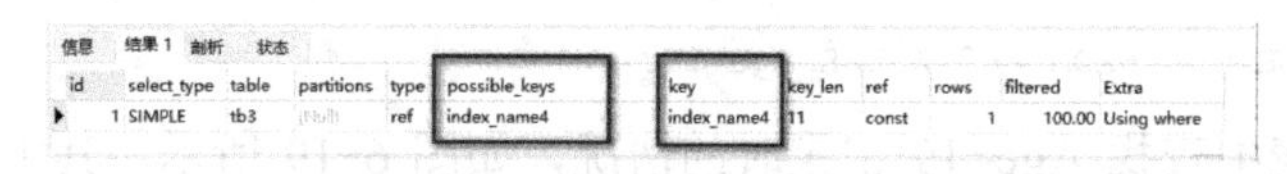

信息 结果 1 剖析 状态

id	select_type	table	partitions	type	possible_keys	key	key_len	ref	rows	filtered	Extra
1	SIMPLE	tb3	(Null)	ref	index_name4	index_name4	11	const	1	100.00	Using where

图 6-22　查看使用的指定索引

6.5　删除索引

对于不再使用的索引，应该删除。因为不经常使用的索引一方面会占有系统资源，另一方面也可能导致更新速度下降。删除索引使用 ALTER TABLE 或 DROP INDEX 语句。

1. 使用 DROP INDEX 语句删除索引

删除索引语句的语法格式如下。

```
DROP INDEX index_name ON tb_name;
```

语法说明：index_name 指定要删除的索引名，tb_name 指定该索引所在的表。该语句的作用是删除建立在 tb_name 表上的名称为 index_name 的索引。

【例 6-17】 删除 tb3 表中创建的索引 index_name4。

SQL 语句如下。

```
DROP INDEX index_name4 ON tb3;
```

执行删除语句后，执行“SHOW INDEX FROM tb3;”语句查看表索引，tb3 表上的 index_name4 索引被删除，对 tb3 表本身没有任何影响，也不影响该表上其他的索引。

2. 使用 ALTER TABLE 语句删除索引

ALTER TABLE 语句具有很多功能，不仅能添加索引，还能删除索引。删除索引的语法格式如下。

```
ALTER TABLE tb_name DROP INDEX | CONSTRAINT index_name;
```

上面语句的功能是删除 tb_name 表中的索引 index_name。

如果要删除主键 PRIMARY KEY 索引，因为一个表只有一个 PRIMARY KEY 索引，因此不需要指定索引名，删除主键 PRIMARY KEY 的语法格式如下。

```
ALTER TABLE tb_name DROP PRIMARY KEY;
```

注意：如果删除表中的某一列，而该列是索引项，则该列的索引也被删除。对于多列组合的索引，如果删除其中的某列，则该列也会从索引中删除。如果删除组成索引的所有列，则整个索引将被删除。推荐使用 DROP INDEX 删除索引。

如果要删除外键索引，要先删除外键约束，再删除外键索引。删除外键约束的语法格式如下：

```
ALTER TABLE tb_name DROP {FOREIGN KEYICONSTRAINT 外键名};
```

【例 6-18】 删除 tb3 表中创建的主键索引。

SQL 语句如下。

```
ALTER TABLE tb3 DROP PRIMARY KEY;
```

显示错误提示：1075 - Incorrect table definition; there can be only one auto column and it must be defined as a key。意思是不能删除该索引，因为自动列必须定义为主键索引。

【例 6-19】 删除 tb5 表中创建的主键索引。

1）创建一个 tb5 表，SQL 语句如下。

```
CREATE TABLE tb5
(
   ID INT NOT NULL PRIMARY KEY,
   Name VARCHAR(20),
   Age INT,
   INDEX index_name(Name ASC)
);
```

2）使用“SHOW INDEX FROM tb5;”语句查看该表的索引，结果如图 6-23 所示。

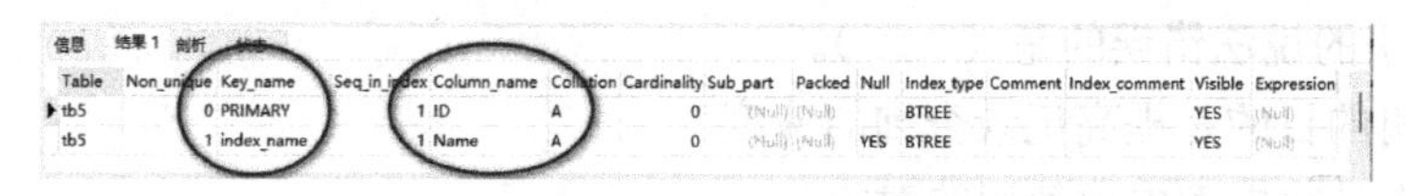

信息　结果 1　剖析　状态

Table	Non_unique	Key_name	Seq_in_index	Column_name	Collation	Cardinality	Sub_part	Packed	Null	Index_type	Comment	Index_comment	Visible	Expression
tb5	0	PRIMARY	1	ID	A	0	(Null)	(Null)		BTREE			YES	(Null)
tb5	1	index_name	1	Name	A	0	(Null)	(Null)	YES	BTREE			YES	(Null)

图 6-23　查看 tb5 表的索引

3）删除主键索引，SQL 语句如下。

```
ALTER TABLE tb5 DROP PRIMARY KEY;
```

4）使用“SHOW INDEX FROM tb5;”语句查看该表的索引，结果如图 6-24 所示，这时已经没有主键索引了。

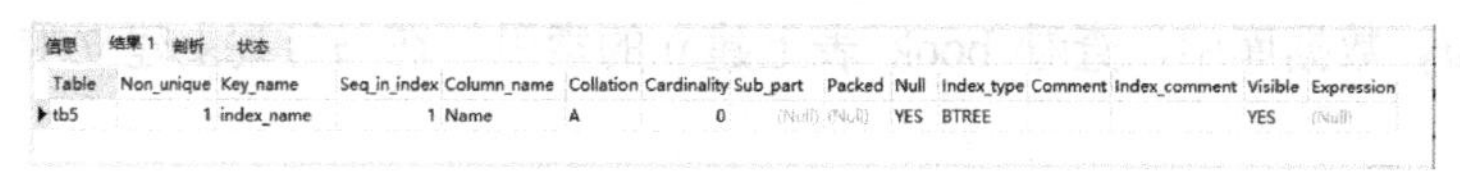

信息　结果 1　剖析　状态

Table	Non_unique	Key_name	Seq_in_index	Column_name	Collation	Cardinality	Sub_part	Packed	Null	Index_type	Comment	Index_comment	Visible	Expression
tb5	1	index_name	1	Name	A	0	(Null)	(Null)	YES	BTREE			YES	(Null)

图 6-24　查看 tb5 表删除一个索引后的索引

【例 6-20】 删除 student 表上的外键索引。

1）在删除前使用“SHOW INDEX FROM student;”语句查看 student 表上的索引，结果如图 6-25 所示。

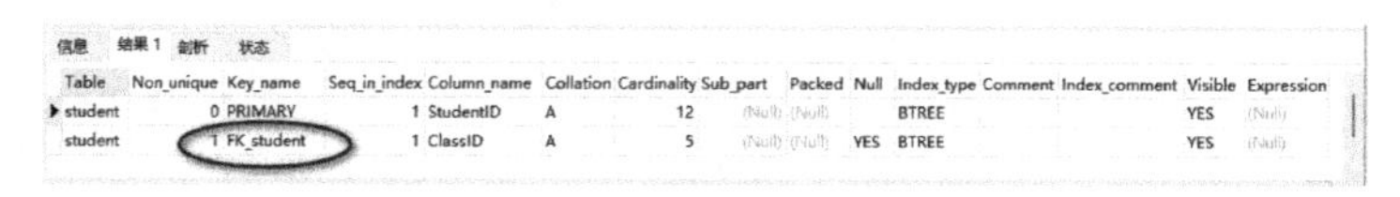

信息　结果 1　剖析　状态

Table	Non_unique	Key_name	Seq_in_index	Column_name	Collation	Cardinality	Sub_part	Packed	Null	Index_type	Comment	Index_comment	Visible	Expression
student	0	PRIMARY	1	StudentID	A	12	(Null)	(Null)		BTREE			YES	(Null)
student	1	FK_student	1	ClassID	A	5	(Null)	(Null)	YES	BTREE			YES	(Null)

图 6-25　查看 student 表上的索引

2）删除 student 表上的外键约束，SQL 语句如下。

```
ALTER TABLE student DROP CONSTRAINT FK_student;
```

3）删除 student 表上的外键索引，SQL 语句如下。

```
ALTER TABLE student DROP INDEX FK_student;
SHOW INDEX FROM student;
```

查看删除外键索引后 student 表上的索引，如图 6-26 所示。

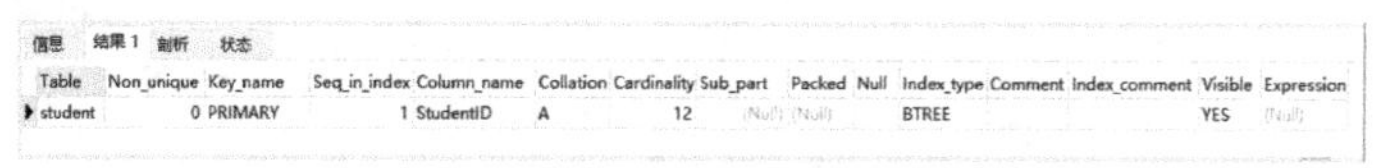

信息　结果 1　剖析　状态

Table	Non_unique	Key_name	Seq_in_index	Column_name	Collation	Cardinality	Sub_part	Packed	Null	Index_type	Comment	Index_comment	Visible	Expression
student	0	PRIMARY	1	StudentID	A	12	(Null)	(Null)		BTREE			YES	(Null)

图 6-26　查看 student 表上删除外键后的索引

6.6　习题 6

一、选择题

1．建立索引的主要目的是（　　）。

A．节省存储空间　　B．提高安全性

C．提高查询速度　　D．提高数据更新的速度

2．索引可以提高（　　）操作的效率。

A．INSERT　　B．UPDATE　　C．DELETE　　D．SELECT

3．能够在已存在的表上建立索引的语句是（　　）。

A．CREATE TABEL　　B．ALTER TABLE

C．UPDATE TABLE　　D．REINDEX TABLE

4．有关索引的说法错误的是（　　）。

A．索引的目的是提高记录查询的速度

B．索引是数据库内部使用的对象

C．索引建立得太多，会降低数据增加删除修改速度

D．只能为一个列建立索引

5．SQL 语言中的 DROP INDEX 语句的作用是（　　）。

A．删除索引　　B．更新索引　　C．建立索引　　D．修改索引

二、练习题

1．在 library 数据库中，查看 book 表上建立的索引，在书号列上建立唯一索引，以升序排列。

2．在 reader 表中，为读者姓名列的前 1 个汉字建立降序普通索引。

3．查看 borrow 表上建立的索引，建立读者号、书号的组合索引。

4．删除 reader 表上建立的索引。

第7章 视　　图

本章主要学习视图的概念，视图创建、修改和删除的方法，以及利用视图进行查询操作的方法。

7.1 视图的概念

视图（View）是由一个或者多个表，以及其他视图中通过 SELECT 语句导出的虚拟表，是根据需求重新定义表的逻辑结构，数据库中只存放了视图的定义，并没有存放视图中的数据。浏览视图时所对应数据的行和列数据来源于定义视图查询所引用的表，并且在引用时动态生成。通过视图可以实现对基表数据的查询与修改。

视图来源于一个或多个基本表的行或列的子集，也可以是基表的统计汇总，或者是视图与基表的组合。视图是由 SELECT 语句构成的、基于选择查询的虚拟表，视图中保存的仅仅是一条 SELECT 语句，视图中的数据是存储在基表中的，数据库中只存储视图的定义。视图可以从一个或多个表中的一列或多列中提取数据，并按照表的行和列来显示这些记录。视图中的数据来源于由定义视图所引用的表，并且能够实现动态引用，即表中数据发生变化时，视图中的数据随之变化。

当调用视图时，才会执行视图中的 SELECT 语句，进行取数据操作。视图的内容没有存储，而是在视图被引用时才派生出数据。这样不会占用空间，由于是即时引用，视图的内容总是与真实表的内容一致。视图这样设计的好处是比较节省空间，只要维护好真实表的内容，就可以保证视图的完整性。

7.2 创建视图

1. 创建视图的语法格式

创建视图是指在指定的一张或多张表或其他视图上建立视图，创建视图的语法格式如下。

```
CREATE [OR REPLACE] VIEW view_name[(column_name1, column_name2,…)]
    AS select_statement
    [WITH [{CASCADED | LOCAL}] CHECK OPTION];
```

语法格式中的参数说明如下。

1）OR REPLACE：可选项，该子语句用于替换数据库中已有的同名视图，但需要在该视图上具有 DROP 权限。

2）view_name：指定视图的名称。该名称在数据库中必须是唯一的，不能与其他表或视图同名。视图的命名建议采用“view_表名_功能”的形式。

3）column_name：可选子句，为视图中的每个列指定明确的名称。其中，列名的数目必须等于 SELECT 语句检索出的结果数据集的列数，并且每个列名之间用逗号分隔。如若省略

column_name 子句，则新建视图使用与基础表或源视图中相同的列名。

4）select_statement：指定创建视图的查询语句，查询语句参数是一个完整的 SELECT 语句，表示从某个表中查出某些满足条件的记录，将这些记录导入视图中。SELECT 语句可以是任何复杂的查询语句，但不允许包含子查询。

5）WITH CHECK OPTION：可选项，在更新视图上的记录时，该子句检查新记录是否符合 select_statement 中指定的 WHERE 子句的条件。若插入的新记录不符合 WHERE 子句的条件，则记录插入操作无法成功，因而此时视图的插入操作受限。另外，当视图依赖多个基础表时，也不能向该视图插入记录，这是因为不能正确地确定要被更新的基础表。这样可以确保修改后仍可以通过视图看到修改后的记录，并且 WITH CHECK OPTION 子句只能和可更新视图一起使用。

当视图是根据另一个视图定义时，WITH CHECK OPTION 给出两个参数，即 CASCADED 和 LOCAL，它们决定检查测试的范围。其中，关键字 CASCADED 为选项默认值，表示更新视图时要满足所有相关视图和表的条件；关键字 LOCAL 表示更新视图时，要满足该视图本身的定义条件即可。虽是可选属性，但为了数据安全性，建议使用。

2．创建视图时的注意事项

创建视图时需要注意以下几点。

1）需要具有创建视图（CREATE VIEW）的权限，若加了 OR REPLACE，还需要用户具有删除视图（DROP VIEW）的权限。

2）定义视图的 SELECT 语句不能包含 FROM 子句中的子查询。

3）定义视图的 SELECT 语句不能引用系统或用户变量。

4）定义视图的 SELECT 语句不能引用预处理语句参数。

5）在存储子程序内，定义视图中不能引用子程序参数或局部变量。

6）不能将触发器与视图关联在一起。

7）ORDER BY 子句可以用在视图定义中。但是，如果引用特定视图，而该视图使用了自己的 ORDER BY 语句，那么该视图中的 ORDER BY 子句将被忽略。

8）视图可以嵌套，即可以利用从其他视图中检索数据的查询来构造一个视图。

9）视图不能索引，也不能有关联的触发器、默认值。

10）引用的表或视图必须存在，视图必须具有唯一的列名，就像基本表一样。

11）视图可以和表一起使用。例如，编写一条连接表和视图的 SELECT 语句。

12）不能引用 TEMPORARY 表，不能创建 TEMPORARY 视图。

使用视图查询时，若其关联的基本表中添加了新列，则该视图将不包括新列。如果与视图相关联的表或视图被删除，则该视图将不能使用。

由于视图不包含数据，所以每次使用视图时都必须处理查询执行时所需的任何一个检索操作。倘若用多个连接和过滤条件创建了复杂的视图或者嵌套了视图，可能会发现系统运行性能下降得十分严重。因此，在部署使用了大量视图的应用前，应该进行性能测试。

3．在单表上创建视图的实例

可以在单个表上创建视图。定义视图时可在视图名后面指明视图列的名称，列名之间用逗号分隔。列名可以不与 SELECT 的列名相同，但列的数目要与 SELECT 语句检索的列数相等。例如，下面的 SQL 语句。

```
CREATE VIEW view_student2(学号, 学生名, 性别)
```

```
    AS SELECT StudentID, StudentName, Sex FROM student;
```

【例 7-1】 在 studentinfo 数据库中，创建视图 view_selectcourse_avg，要求该视图包含成绩表 selectcourse 中所有学生的学号和平均成绩，并按学号 StudentID 排序。

例 7-1

1）创建视图 view_selectcourse_avg 的 SQL 语句如下。

```
USE studentinfo;
CREATE VIEW view_selectcourse_avg (学号, 平均分)
   AS SELECT StudentID, AVG(Score) FROM selectcourse GROUP BY StudentID;
```

在 Navicat for MySQL 的“查询编辑器”窗格中输入上面的 SQL 语句，单击“运行”按钮。在“导航”窗格中刷新“视图”，然后展开“视图”，在“视图”下可以看到新建的视图名 view_selectcourse_ avg，如图 7-1 所示。

2）创建视图后，可以如同查询基本表那样对该视图查询，在“导航”窗格中双击视图名 view_selectcourse_avg 打开视图，“内容”窗格中显示该视图中的记录，如图 7-2 所示。

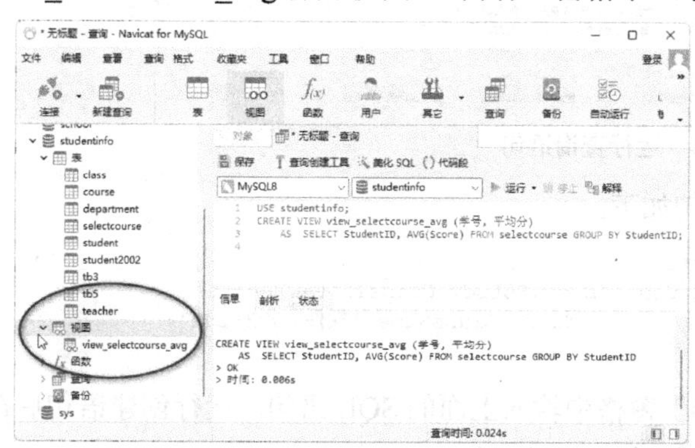

图 7-1 运行视图语句、展开视图

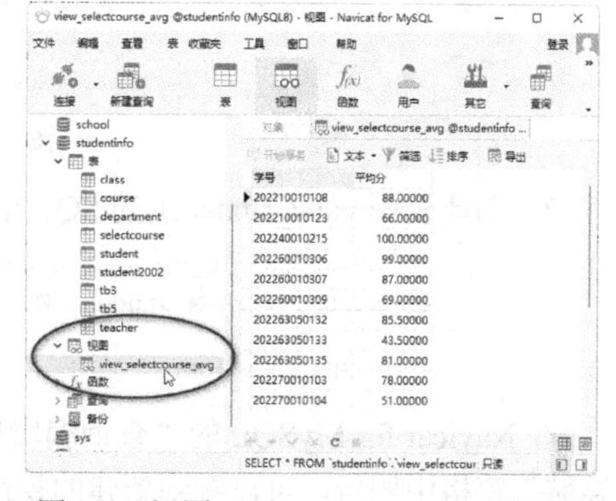

图 7-2 视图 view_selectcourse_avg 的记录

3）该视图中的记录与使用下面 SQL 语句的查询结果相同。

```
SELECT FROM view_selectcourse_avg;
```

在“查询编辑器”窗格中选中上面查询的 SELECT 语句部分，单击“运行已选择的”按钮，结果如图 7-3 所示。

4．在多表上创建视图的实例

可以在两个或两个以上的表上创建视图。定义视图时基本表可以是当前数据库的表，也可以来自于另外一数据库的基本表，只要在表名前添加数据库名称即可。

【例 7-2】 在 studentinfo 数据库中，在 student 表上创建一个名为 view_student1 的视图，要求该视图包含 student 表中所有列、所有“软件 2022-1 班”的学生记录，并且要求保证今后对该视图数据的修改都必须符合这个条件。

图 7-3 运行选中的查询语句部分

1）先设计满足视图要求的查询语句，本例在 class 表中通过子查询得到“软件 2022-1 班”对应的 ClassID，然后在 student 表中查询该 ClassID 的学生记录。SQL 语句如下。

```
SELECT * FROM student WHERE ClassID =
                        (SELECT ClassID FROM class WHERE ClassName='软件 2022-1 班');
```

在 Navicat for MySQL 的“查询编辑器”窗格中输入上面的 SQL 语句，运行该语句查看得到的记录，如图 7-4 所示。确认查询正确后进行创建视图的设计。

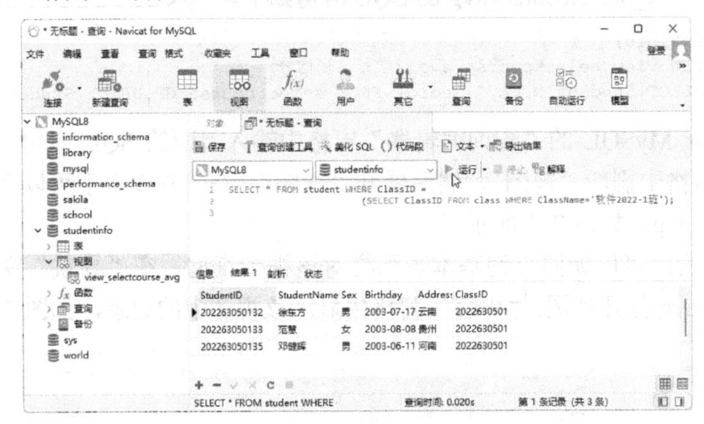

图 7-4　运行查询语句

2）创建视图 view_student1 的 SQL 语句如下。

```
CREATE OR REPLACE VIEW view_student1
    AS  SELECT * FROM student WHERE ClassID = (SELECT ClassID FROM class
                                            WHERE ClassName='软件 2022-1 班')
    WITH CHECK OPTION;
```

在 Navicat for MySQL 的“查询编辑器”窗格中输入上面的 SQL 语句。运行创建语句后在“导航”窗格中刷新，可以看到新建的视图名 view_student1。

3）创建视图后，在“导航”窗格中双击视图名打开视图，“内容”窗格中显示该视图中的记录，如图 7-5 所示。

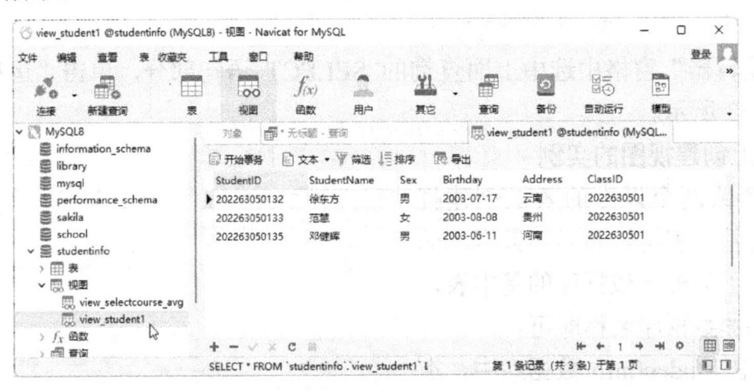

图 7-5　打开视图 view_student1

【例 7-3】 在 studentinfo 数据库中，创建名为 view_selectcourse 的成绩视图，要求该视图包含 StudentID、StudentName、CourseID、CourseName 和 Score 列的所有学生记录。

1）首先设计 SELECT 语句，SELECT 语句如下。

```
SELECT student.StudentID, StudentName, course.CourseID, CourseName, Score
    FROM student INNER JOIN course INNER JOIN selectcourse
    ON student.StudentID=selectcourse.StudentID AND course.CourseID=selectcourse.CourseID;
```

上面 SELECT 语句的运行结果如图 7-6 所示。

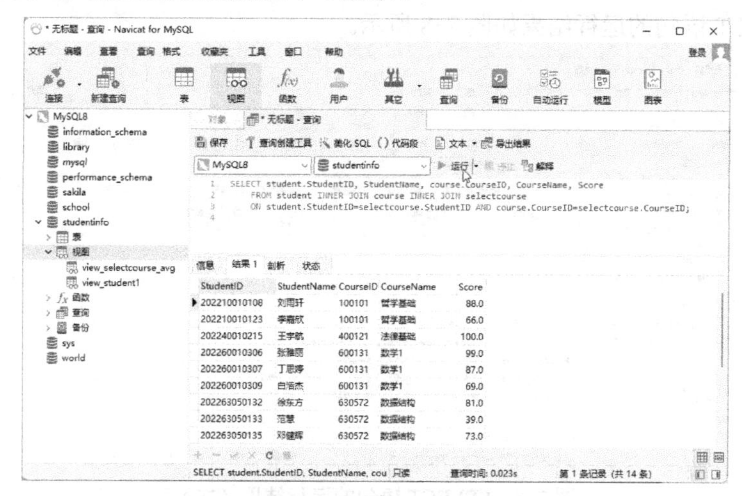

图 7-6　SELECT 语句的运行结果（一）

2）创建视图，其 SQL 语句代码如下。

```
        CREATE OR REPLACE VIEW view_selectcourse (StudentID, StudentName, CourseID, CourseName, Score)
            AS SELECT student.StudentID, StudentName, course.CourseID, CourseName, Score
               FROM student INNER JOIN course INNER JOIN selectcourse
               ON student.StudentID=selectcourse.StudentID AND course.CourseID=selectcourse.CourseID;
```

3）创建视图后，双击视图名 view_selectcourse 打开视图，查询该视图中的记录，如图 7-7 所示。由此可见，视图是把 SELECT 语句的查询结果创建为一个虚拟表。

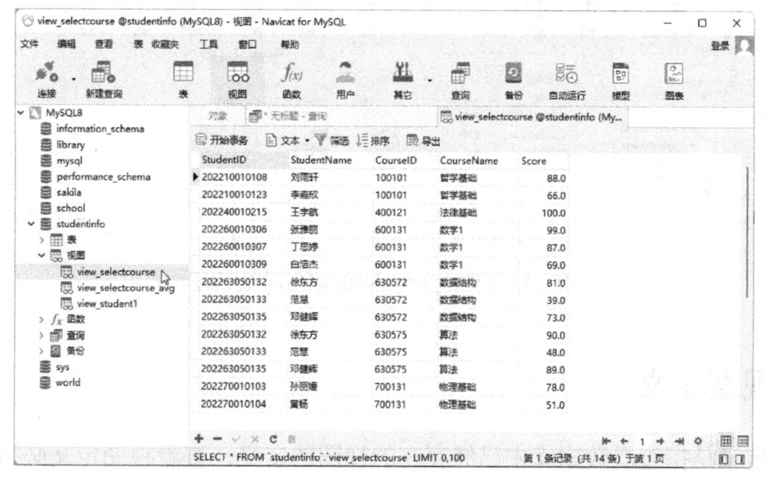

图 7-7　查询 view_selectcourse 视图中的记录

5．在已有视图上创建视图的实例

【例 7-4】 在 view_selectcourse 视图上创建视图 view_selectcourse60，要求该视图包含 StudentID、StudentName、CourseID、CourseName 和 Score 列，所有 Score<60 的学生记录，并且要求保证以后对该视图记录的修改都必须符合 Score<60 条件。

1）首先设计 SELECT 语句，基于 view_selectcourse 视图，包含所有列，Score<60 的学生记录，SELECT 语句如下。

```
SELECT * FROM view_selectcourse  WHERE Score<60;
```

上面 SELECT 语句的运行结果如图 7-8 所示。

图 7-8　SELECT 语句的运行结果（二）

2）创建视图，其 SQL 语句如下。

```
    CREATE  OR  REPLACE  VIEW  view_selectcourse60  (StudentID,  StudentName,  CourseID,
CourseName, Score)
        AS  SELECT * FROM view_selectcourse  WHERE Score<60
        WITH CHECK OPTION;
```

3）创建视图后，双击视图名 view_selectcourse60 打开视图，查询该视图中的记录，如图 7-9 所示。

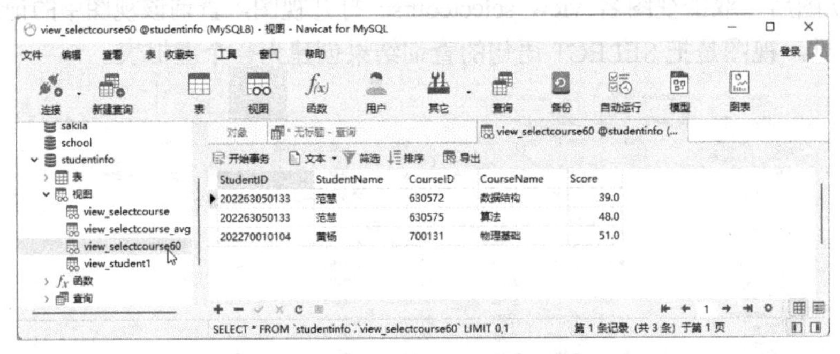

图 7-9　查询 view_selectcourse60 视图中的记录

7.3　查看视图定义

查看视图定义是指查看数据库中已经存在的视图的定义，查看视图定义必须要有查看的权限。查看视图定义的方法包括以下几条语句，它们从不同的角度显示视图的相关信息。

1．使用 SHOW CREATE VIEW 语句查看已有视图的定义（结构）

语法格式如下。

```
SHOW CREATE VIEW view_name;
```

其中，view_name 指定要查看视图的名称。

2．使用 DESCRIBE 语句查看视图的定义

语法格式如下。

```
DESCRIBE | DESC view_name;
```

3. 查询 information_schema 数据库下的 views 表

MySQL 数据库中，所有视图的定义都保存在 information_schema 数据库下的 views 表中，所以查询 information_schema.views 表就可以查看到数据库中所有视图的详细信息。语法格式如下。

```
SELECT * FROM information_schema.views WHERE table_name ='视图名';
```

语法说明：*表示查询所有列的信息。

【例 7-5】 在 studentinfo 数据库中，查看 view_selectcourse 视图的定义。

1）使用 SHOW CREATE VIEW 语句查看视图 view_selectcourse 的定义，SQL 语句如下。

```
SHOW CREATE VIEW view_selectcourse;
```

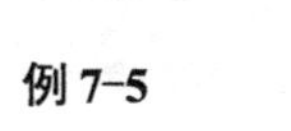

上面的语句在 Navicat for MySQL 的“查询编辑器”窗格中不能完整地呈现出结果，所以在“命令列界面”窗格中运行，结果如图 7-10 所示。

图 7-10　使用 SHOW CREATE VIEW 查看视图的定义

2）使用 DESCRIBE 语句查看 view_selectcourse 视图的定义，SQL 语句如下。

```
DESC view_selectcourse;
```

在“命令列界面”窗格中的运行结果如图 7-11 所示。

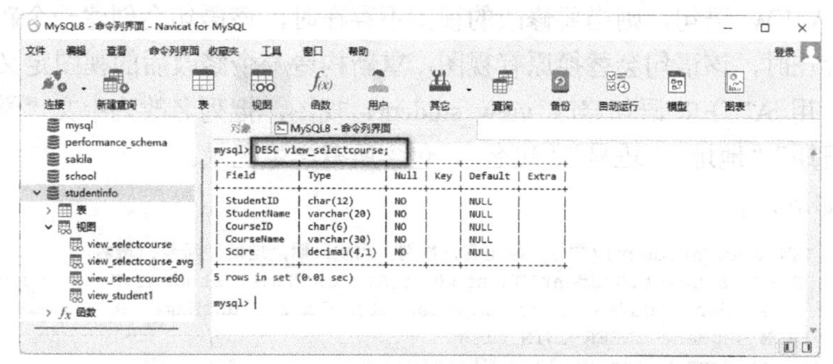

图 7-11　使用 DESCRIBE 语句查看视图的定义

3）在 information_schema 数据库中，查询 views 表中的视图 view_selectcourse，SQL 语句如下。

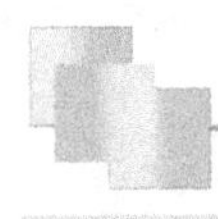


```
SELECT * FROM information_schema.views WHERE table_name ='view_selectcourse';
```

上面的语句在“命令列界面”窗格中的运行结果与 SHOW CREATE VIEW 语句的结果相同，如图 7-10 所示。

上面的语句在“查询编辑器”窗格中的运行结果如图 7-12 所示。

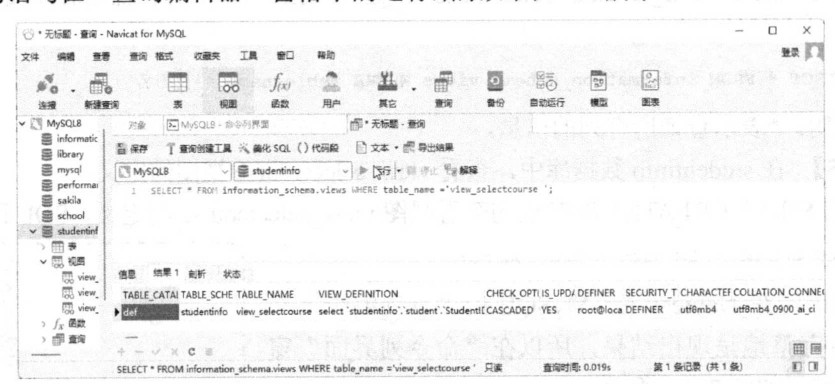

图 7-12　在“查询编辑器”窗格中查看视图的定义

7.4　修改视图定义

修改视图定义是指修改数据库中已有视图的定义。当基本表的某些列发生改变时，可以通过修改视图来保持视图和基本表的一致性。可以通过 CREATE OR REPLACE VIEW 语句重新创建视图，或者使用 ALTER 语句修改视图。使用 ALTER VIEW 语句修改已有视图定义的语法格式如下。

```
ALTER VIEW view_name [(column_name1, column_name2,…)]
   AS select_statement
   [WITH [{CASCADED | LOCAL}] CHECK OPTION];
```

语法说明：ALTER VIEW 语句的语法与 CREATE VIEW 类似，参数一样。但需要注意的是，对于 ALTER VIEW 语句的使用，需要用户具有对视图进行 CREATE VIEW 和 DROP 的权限，以及由 SELECT 语句选择的每一列上的某些权限。

另外，修改视图的定义也可以先使用 DROP VIEW 语句删除视图，再使用 CREATE VIEW 语句创建视图；还可以使用 CREATE OR REPLACE VIEW 语句创建视图。若使用 CREATE OR REPLACE VIEW 语句，则当要修改的视图不存在时，该语句会创建一个新的视图；而当要修改的视图存在时，该语句会替换原有视图，重新构造一个修改后的视图定义。

【例 7-6】 用 ALTER 语句修改 view_student1 视图，把列名改为中文“学号”“学生名”“性别”“出生日期”“地址”“班号”“班名”，包含所有学生记录。

SQL 语句如下。

```
ALTER VIEW view_student1(学号, 学生名, 性别, 出生日期, 地址, 班号, 班名)
   AS  SELECT student.StudentID, student.StudentName, student.Sex, student.Birthday,
         student.Address, student.ClassID, class.ClassName
       FROM student INNER JOIN class
       ON student.ClassID=class.ClassID;
```

修改视图后，先关闭原来打开的 view_student1 视图窗格，然后在“导航”窗格中双击视图名 view_student1 打开视图窗格，查询该视图中的记录，如图 7-13 所示。

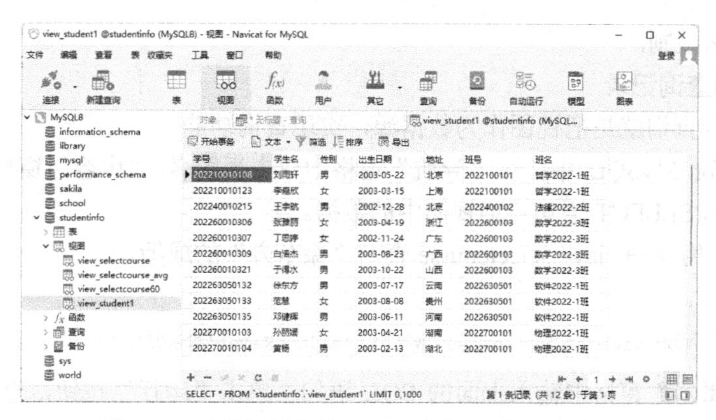

图 7-13　查询视图中的记录（通过“导航”窗格）

7.5　删除视图定义

删除视图定义是指删除数据库中已存在的视图。删除视图时，只能删除视图的定义，不会删除表中的数据。在确认删除视图之前，应该检查是否有数据库对象依赖于将被删除的视图。如果存在这样的对象，那么首先应该确定是否还有必要保留该对象，如果不必保留，则可以直接删除该视图。

视图的删除与表的删除类似，既可以在 Navicat for MySQL 中删除，也可以通过 DROP VIEW 语句删除视图。使用 DROP VIEW 语句删除视图的语法格式如下。

```
DROP VIEW [IF EXISTS] view_name [,view_name,…];
```

语法说明如下。

1）view_name：指定要被删除的视图名。使用 DROP VIEW 语句可以一次删除多个视图，各视图名之间用逗号分隔。

2）IF EXISTS：可选项，用于防止因删除不存在的视图而出错。若在 DROP VIEW 语句中没有给出该关键字，则当指定的视图不存在时系统会发生错误。

【例 7-7】 删除视图 view_selectcourse60 和 view_selectcourse_avg。

SQL 语句如下。

```
DROP VIEW IF EXISTS view_selectcourse60, view_selectcourse_avg;
```

在 Navicat for MySQL 的“导航”窗格中刷新数据库或视图后，被删除的视图已经看不到。

如果要在 Navicat for MySQL 中删除视图，则在“导航”窗格中先展开“视图”，然后右击视图名，在弹出的快捷菜单中选择“删除”命令，打开“确认删除”对话框，单击“删除”按钮即可。

7.6　视图的应用

视图的应用主要包括视图的检索、通过视图对基表进行插入、修改和删除操作。

7.6.1　视图的检索

创建视图后，就可以像对表一样对视图查询，这也是对视图使用最多的一种操作，视图的

检索几乎没有什么限制。

1．使用视图查询记录

使用视图进行查询就是把视图作为数据源，实现查询功能。

在 Navicat for MySQL 中，在“导航”窗格中双击视图名，“内容”窗格中显示该视图中的记录。可以使用 SELECT 语句查询视图中的数据。

【例 7-8】 使用视图 view_selectcourse 查询“徐东方”的成绩。

SQL 语句如下。

```
SELECT * FROM view_selectcourse  WHERE StudentName='徐东方';
```

在“查询编辑器”窗格中输入上面的 SQL 语句，单击“运行”按钮，查询结果如图 7-14 所示。

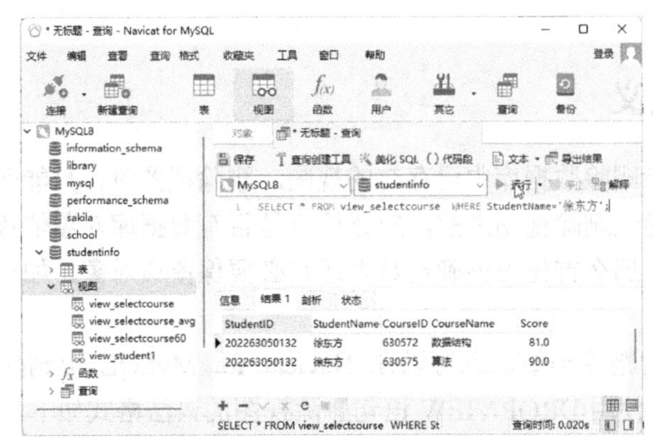

图 7-14　查询视图中的记录（通过“查询编辑器”窗格）

2．使用视图统计计算

可以像使用基本表一样对视图进行统计计算。

【例 7-9】 在 view_selectcourse 视图中统计各门课程的平均成绩，并按课程名称降序排列。

SQL 语句和运行结果如下。

```
SELECT CourseID 课程号, CourseName 课程名, AVG(Score) 平均成绩
   FROM view_selectcourse
   GROUP BY CourseID
   ORDER BY CourseID DESC;
```

信息　结果 1　剖析　状态

课程号	课程名	平均成绩
700131	物理基础	64.50000
630575	算法	75.66667
630572	数据结构	64.33333
600131	数学1	85.00000
400121	法律基础	100.00000
100101	哲学基础	77.00000

7.6.2　修改视图中的记录

使用视图修改表中的记录，是指在视图中使用 INSERT、UPDATE 和 DELETE 等语句修改基表中的记录。由于视图是不存储数据的虚表，因此对视图中记录的修改，最终将转换为对视图所引用的基础表中记录的修改。更新视图时，只有满足可更新条件的视图才能更新，否则会导致错误。所以，尽量不要更新视图。对于可更新的视图，需要该视图中的行和基础表中的行之间具有一对一的关系。对视图的修改操作有一些限制，对视图数据的修改有以下说明。

1）视图若只依赖于一个基表，则可以直接通过视图来更新基本表的记录。

2）若一个视图依赖于多张基表，则一次只能修改一个基表的记录，不能同时修改多个基表中的记录。

3）如果视图中包含下述任何一种 SQL 语句结构，那么视图不可修改。

① 视图中的列包含 SUM、COUNT 等聚集函数。

② 视图中的列是通过表达式并使用列计算出其他列。

③ 视图中包含 DISTINCT 关键字。

④ 视图中包含 GROUP BY 子句、ORDER BY 子句和 HAVING 子句。

⑤ 视图中包含 UNION、UNION ALL 运算符。

⑥ 视图中 FROM 子句中包含多个表。

⑦ 视图中包含的列位于选择列表中的子查询。

⑧ SELECT 语句中引用了不可更新的视图。

⑨ WHERE 子句中的子查询，引用 FROM 子句中的表。

⑩ WITH [{CASCADED | LOCAL}] CHECK OPTION 也决定视图是否可以更新。

1. 使用 INSERT 语句通过视图向基础表插入记录

【例 7-10】 向 view_student1 视图中插入一条记录。

1）使用 INSERT 语句插入记录，SQL 语句如下。

```
    INSERT INTO view_student1 VALUES ('202263050163', '张永春', '男', '2003-12-09', '贵州',
'2022630501');
```

添加后，分别查看 view_student1 视图和 student 表中的记录。如果在 Navicat for MySQL 的窗格中查看，要先关闭之前打开的该视图的记录窗格，然后在“导航”窗格再次双击打开该视图，才能看到更新后的视图记录。

2）由于在创建视图时使用了 WITH CHECK OPTION 子句指定更新视图上的记录时要符合指定的限制条件 WHERE ClassName='软件 2022-1 班'，即班号为 2022630501，所以添加的记录要符合这个要求。现在添加一行班号不是 2022630501 的记录，SQL 语句如下。

```
    INSERT INTO view_student1 VALUES ('202263050166', '王美娟', '女', '2003-11-22', '四川',
'2022600103');
```

运行上面的 SQL 语句，将显示 1369 - CHECK OPTION failed 'studentinfo.view_student1'的错误提示，如图 7-15 所示。

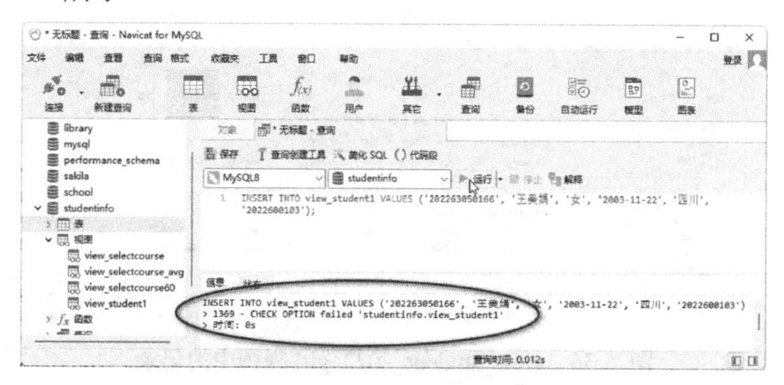

图 7-15　错误提示

2. 使用 UPDATE 语句通过视图修改基础表的记录

【例 7-11】 将视图 view_student1 中学号为 202263050163 的学生的出生日期改为 2003-09-30。使用 UPDATE 语句更新记录，SQL 语句如下。

```
UPDATE view_student1  SET Birthday='2003-09-30' WHERE StudentID='202263050163';
```

运行上面的 SQL 语句后，查看 view_student1 视图和 student 表中的记录，可看到已更改。也可以分别执行下面的 SQL 语句来查看 view_student1 视图和 student 表中的记录。

```
SELECT * FROM view_student1;
SELECT * FROM student WHERE ClassID='2022630501';
```

3．使用 DELETE 语句通过视图删除基础表的记录

【例 7-12】 删除视图 view_student1 中姓名为“张永春”的学生记录。

使用 DELETE 语句删除指定记录，SQL 语句如下。

```
DELETE FROM view_student1  WHERE StudentName='张永春';
```

运行上面的 SQL 语句后，查看 view_student1 视图和 student 表中的记录，该记录已经被删除。

注意：*对于依赖多个基础表的视图，不能使用 DELETE 语句。*

7.7　检查视图的应用

在 MySQL 数据库中，视图可分为普通视图与检查视图。在视图定义中，当没有使用 WITH CHECK OPTION 子句时，表示 WITH_CHECK_OPTION 的值为 0，即为普通视图，普通视图不具备检查功能。如果使用了 WITH CHECK OPTION 子句，在通过检查视图更新基表数据时，只有满足检查条件的修改语句才能执行成功。

【例 7-13】 在 studentinfo 数据库中，创建 view_student_2022_girl 的视图，限制其中的记录必须为 2022 级的女学生记录。

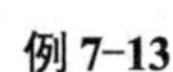

1）定义视图 view_student_2022_girl，该视图基于 student 表。SQL 语句如下。

```
CREATE OR REPLACE VIEW view_student_2022_girl
   AS  SELECT * FROM student WHERE LEFT(StudentID,4)='2022' AND Sex='女'
   WITH CHECK OPTION;
```

显示 view_student_2022_girl 视图中的记录，如图 7-16 所示。

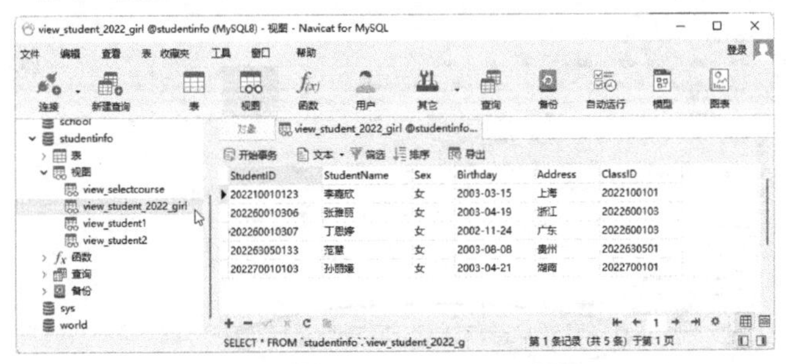

图 7-16　view_student_2022_girl 视图中的记录

2）向 view_student_2022_girl 视图中插入一条满足检查条件的记录，SQL 语句如下。

```
INSERT INTO view_student_2022_girl VALUES('202263050177', '柴一涵', '女', '2003-5-25',
'北京', '2022630501');
```

打开 view_student_2022_girl 视图，上面的记录已经成功插入到 view_student_2022_girl 视

图中。打开 student 表，上面的记录也出现在表中。

3）向 view_student_2022_girl 视图中插入一条不满足检查条件的记录，SQL 语句如下。

```
    INSERT INTO view_student_2022_girl VALUES('202263050199', '李思琪', '男', '2003-8-02',
'上海', '2022630501');
```

运行上面的 SQL 语句，因插入的记录性别为男，不符合检查条件，无法插入，并显示错误提示信息“1369-CHECK OPTION failed 'studentinfo.view_student_2022_girl'”，如图 7-17 所示。

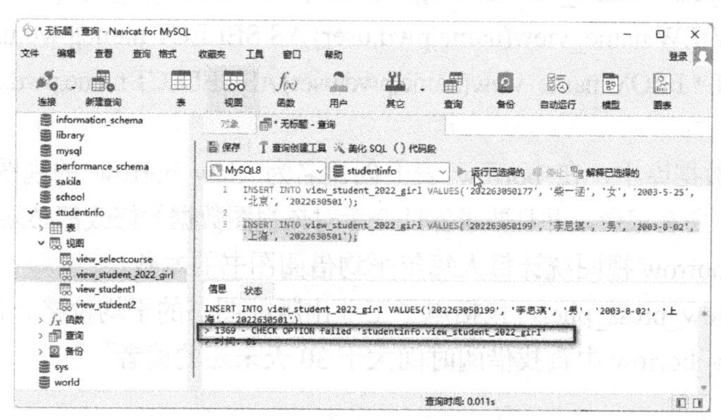

图 7-17　CHECK OPTION 提示

执行结果表明，通过检查更新表数据时，检查视图对更新数据进行了先行检查，若更新语句的数据不满足检查条件，则检查视图就会抛出异常，更新失败。

另外，检查视图又可以分为 LOCAL 视图与 CASCADED 视图。当 WITH_CHECK_OPTION 的值为 1 时表示 LOCAL 视图，值为 2 时表示 CASCADED 视图。CASCADED 视图又称级联视图，是在视图的基础上再次创建的另一个视图。

7.8　习题 7

一、选择题

1. 下面列出的关于视图的选项中，（　　）是不正确的。
   A. 视图对应二级模式结构的外模式
   B. 视图是虚表
   C. 使用视图可以加快查询语句的执行速度
   D. 使用视图可以简化查询语句的编写
2. （　　）操作可用于创建视图。
   A. UPDATE　　B. DELETE　　C. INSERT　　D. SELECT
3. 下面关于视图的描述正确的是（　　）。
   A. 视图没有表结构文件　　B. 视图中不保存数据
   C. 视图仅能查询数据　　D. 以上说法都不正确
4. 下列关于视图和表的说法正确的是（　　）。
   A. 每个视图对应一个表
   B. 视图是表的一个镜像备份
   C. 对所有视图都可以像表一样执行 UPDATE 操作

D．视图的数据全部在表中

5．SQL 的视图是从（　）中导出的。

A．基表　　B．视图　　C．基表或视图　　D．数据库

6．在 tb_name 表中创建一个名为 name_view 的视图，并设置视图的属性为 name、pwd、user，应执行的语句是（　）。

A．CREATE VIEW name_view(name,pwd,user) AS SELECT name,pwd,user FROM tb_name;

B．SHOW VIEW name_view(name,pwd,user) AS SELECT name,pwd,user FROM tb_name;

C．DROP VIEW name_view(name,pwd,user) AS SELECT name,pwd,user FROM tb_name;

D．SELECT * FROM name_view(name,pwd,user) AS SELECT name,pwd,user FROM tb_name;

二、练习题

1．在 library 数据库中，在 borrow 表上创建名为 view_borrow 的视图，要求该视图包含 borrow 表上所有列、所有记录，并且要求保证今后对该视图数据的修改都必须符合这个条件。

2．使用 view_borrow 视图统计每人每年平均借阅图书的本数。

3．建立视图 view_press_phei，包括电子工业出版社图书的平均价格、最高价、最低价。

4．在视图 view_borrow 中查找借阅时间大于 30 天未还的读者。

第 8 章　编程基础和自定义函数

本章介绍编程基础、运算符与表达式、系统函数、自定义函数和控制流程语句。

8.1　编程基础

MySQL 程序设计结构是在 SQL 标准的基础上增加了一些程序设计语言的元素，包括常量、变量、运算符、表达式、流程控制和函数等内容。

8.1.1　SQL 语言概述

SQL（Structured Query Language，结构化查询语言）是关系数据库的标准语言，是一个通用的、功能极强的关系数据库语言。目前，绝大多数流行的关系型数据库管理系统，如 MySQL、SQL Server、Oracle、Sybase 等都采用 SQL 语言标准。

MySQL 数据库支持的 SQL 语言主要包括以下几个部分。

1）数据定义语言（Data Definition Language，DDL）。数据定义语言用于定义数据库和数据库中的对象（表、视图、索引等），包括创建 CREATE、修改 ALTER、删除 DROP 等操作。

2）数据操纵语言（Data Manipulation Language，DML）。数据操纵语言用于操纵数据库中对象的记录，包括查询 SELECT、添加 INSERT、修改 UPDATE、删除 DELETE 等操作。

3）数据控制语言（Data Control Language，DCL）。数据控制语言用于对数据存取权限控制，包括授予权限 GRANT、收回权限 REVOKE 等。

4）MySQL 扩展增加的语言要素。这部分不是标准 SQL 所包含的内容，而是为了用户编程的方便所增加的语言要素，包括常量、变量、运算符、表达式、函数、流程控制语句和注释等。

5）SQL 的语句都是由一个或多个关键字构成的，SQL 语句不区分大小写。

8.1.2　标识符

标识符用来命名一些对象，如数据库、表、列、变量等，以便在程序中的其他地方引用。前面章节介绍的数据库名、表名、列名就是标识符。标识符是符合标识符格式规则的名称。

由于 MySQL 标识符的命名规则较烦琐，这里推荐使用万能命名规则：标识符由字母、数字或下画线“_”组成，且第一个字符必须是字母或下画线。MySQL 标识符命令规则的说明如下。

1）MySQL 关键词、列名、索引名、变量名、常量名、函数名和存储过程名等不区分大小写，但数据库名、表名和视图名则跟操作系统有关，Windows 不区分大小写，UNIX、Linux、iOS 区分大小写。

2）以特殊字符@@、@开头的标识符用于系统变量和用户会话变量，不能用做任何其他类型对象的名称。

3）标识符不能使用 SQL 保留字。

4）不允许嵌入空格或其他特殊字符。

8.1.3 常量

常量指在程序运行过程中值不变的量。常量又称为文字值或标量值，表示一个特定数据值的符号。常量都有数据类型，数据类型是一种属性，用于指定常量可保存的数据类型。MySQL 系统提供的数据类型在第 3 章已经介绍了。

常量的使用格式取决于它所表示的值的数据类型。根据常量值的不同类型，常量分为字符串常量、二进制常量、十六进制常量、整型常量、实数常量、日期时间常量和 NULL 等。

1. 字符串常量

字符串常量是指用单引号或双引号括起来的字符序列。由于大多编程语言（例如 Java、C 等）使用双引号表示字符串，为了便于区分，在 MySQL 中推荐使用单引号表示字符串。

例 8-1

【例 8-1】 SELECT 语句输出 3 个字符串。

SQL 语句和运行结果如下。

```
SELECT 'MySQL', 'I\'m a student.' AS Student, "I'm a student." st;
```

信息　结果 1　剖析　状态

MySQL	Student	st
MySQL	I'm a student.	I'm a student.

上面第 2 个字符串中使用了转义字符“\”输出单引号，但是该字符串变得不好理解，遇到这种情况，建议使用第 3 个字符串的形式，即用另外一种引号表示字符串。

2. 数值常量

数值常量分为整数常量和实数常量。

（1）整数常量

整数常量以不包含小数点的十进制数字表示。整数常量必须全部为数字，不能包含小数点。例如，20、+123、-21368。

（2）实数常量

实数常量以包含小数点的十进制数字表示，分为浮点小数常量和定点小数常量。

1）浮点小数常量。例如，0.12E-3、+326E+5、-358E-21。

2）定点小数常量。例如，1.356、-0.3、+12.356。

【例 8-2】 使用 SELECT 语句输出数值常量。

SQL 语句和运行结果如下。

```
SELECT 20, +123, -21368, 1.356, -0.3, +12.356, 0.12E-3, +326E+5, -358E-21;
```

信息　结果 1　剖析　状态

20	123	-21368	1.356	-0.3	12.356	0.12E-3	326E+5	-358E-21
20	123	-21368	1.356	-0.3	12.356	0.00012	32600000	-3.58e-19

3. 日期时间常量

日期时间常量是一个符合日期、时间格式的，被单引号或双引号括起来的字符串。MySQL 可以识别多种格式的日期和时间。

1）数字日期格式。例如，'2022-09-23'、'2022/09/23'、'23.09.2022'、'09/23/2022'。

2）字母日期格式。例如，'September 23,2022'、'Sept 23,2022'。

3）未分隔的字符串日期格式。例如，'20220923'、"20220923"。

4）时间格式。例如，'18:46:08'、'03:56 PM'。

5）日期时间格式。例如，'2022-09-23 18:46:08'、'2022-09-23 08:01:03.420'。

日期时间常量的值必须符合日期、时间标准，例如，'2022-09-32'是错误的日期常量。

4．布尔常量

布尔常量只包含两个可能值：True 和 False，其中 True 的值为 1，False 的值为 0。在代码中，也可以用 0 表示 False，非 0 表示 True。

【例 8-3】 SELECT 语句输出 True 和 False。

SQL 语句和运行结果如下。

```
SELECT True, False, 10>5, 10<5, True OR False, 10>5 AND False, 0 AND 13;
```

信息　结果 1　剖析　状态

True	False	10>5	10<5	True OR False	10>5 AND False	0 AND 13
1	0	1	0	1	0	0

在用 SELECT 语句显示布尔值 True 或 False 时，会把其转换为数值 1 或 0。

5．NULL 值

NULL 值适用于各种列的类型，它通常表示“未知”“值不确定”“没有值”等含义。NULL 值参与算术运算、比较运算以及逻辑运算时，结果依然为 NULL。

NULL 与数值 0 或字符串类型的空字符串的意义是完全不同的。

8.1.4　变量

变量是指在程序运行过程中值可以改变的量，用于临时存放数据。变量具有名字、值和数据类型 3 个属性，变量名用于标识该变量；值是该变量的取值；数据类型就是值的数据类型，用于确定该变量存放值的格式及允许的运算。变量名要求是标识符，不能与关键词和函数名相同。

在 MySQL 中，变量分为系统变量（以@@开头）和用户自定义变量（以@开头）。

1．系统变量

系统变量是指 MySQL 系统定义的，用于控制数据库的一些行为和方式的参数。例如，数据库的存放位置、日志文件的大小等。系统变量的取值都有默认值，会在 MySQL 服务器启动时使用命令行上的选项或配置文件完成系统变量的设置，对所有 MySQL 客户端都有效。

MySQL 服务维护着两种系统变量，即系统变量分为全局变量（Global Variables）和会话变量（Session Variables）。全局变量影响 MySQL 服务的整体运行方式，会话变量影响具体客户端连接的操作。

MySQL 每一个客户端成功连接 MySQL 服务器后，都会产生与之对应的会话。会话期间，MySQL 服务实例会在服务器内存中生成与该会话对应的会话变量，这些会话变量的初始值是全局变量值的复制。

系统变量有以下特征。

1）系统变量在 MySQL 服务器启动时被创建并初始化为默认值。

2）用户只能使用系统预先定义的系统变量，不能创建系统变量。

3）系统会话变量名以@@开头，全局系统变量名不以@@开头。

（1）查看系统变量

查看 MySQL 中的系统变量的语法格式如下。

```
SHOW [GLOBAL | SESSION] VARIABLES [LIKE '匹配模式' | WHERE 表达式];
```

语法说明如下。

1）修饰符 GLOBAL 用于显示全局系统变量，当变量没有全局值时，则不显示任何值；SESSION 是默认的修饰符，可以用 LOCAL 替换，也可以省略，用于显示当前连接中有效的会话变量，如果没有会话变量则显示全局系统变量。

2）SHOW VARIABLES 不带任何条件时则可以获取当前连接中系统所有有效的变量。

【例 8-4】 查看 MySQL 中所有的全局系统变量。

SQL 语句如下。

```
SHOW GLOBAL VARIABLES;
```

如果在 MySQL 8.0 Command Line Client 中运行，则改为“SHOW GLOBAL VARIABLES \G;”。

如果在 Navicat for MySQL 中运行，可以不打开任何数据库，直接在“查询编辑器”窗格中输入以上 SQL 语句，运行结果如图 8-1 所示，显示的变量表有两列，分别为 Variable Name（变量名）和 Value（值）。全局系统变量非常多，可以在窗格中移动滚动条来查看。

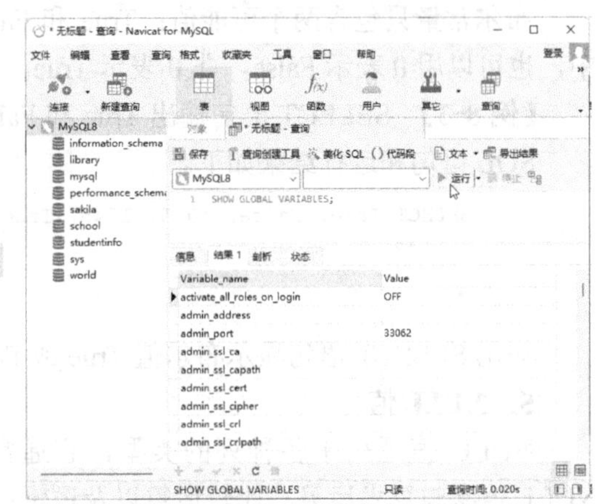

图 8-1 查询全局系统变量

【例 8-5】 查看当前会话相关的所有会话变量以及全局变量。

SQL 语句如下。

```
SHOW SESSION VARIABLES;
```

在结果中显示的会话变量名前不显示@@。

【例 8-6】 查看指定的变量 character_set_client，该变量既是全局变量，又是会话变量。

查看该变量的会话变量，使用 SQL 语句如下。

```
SHOW SESSION VARIABLES LIKE 'character_set_client';
```

查看该变量的全局变量，使用 SQL 语句如下。

```
SHOW GLOBAL VARIABLES LIKE 'character_set_client';
```

【例 8-7】 查看变量名以 character 开头的会话变量，即 MySQL 采用的字符集。

SQL 语句如下。

```
SHOW SESSION VARIABLES LIKE 'character%';
```

运行结果如图 8-2 所示。

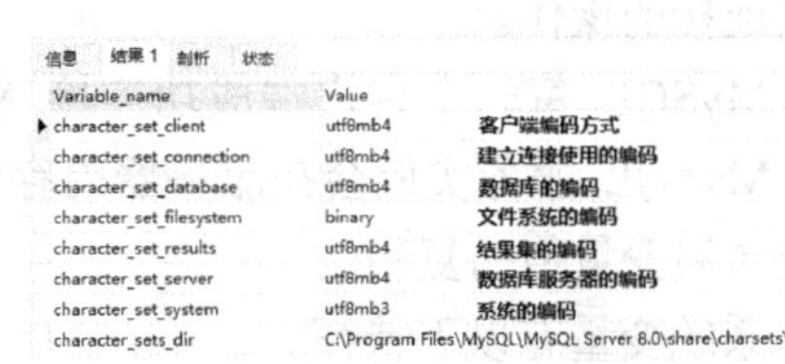

图 8-2 查看字符集

（2）查询系统变量

也可以使用 SELECT 语句查询系统变量，其语法格式如下。

```
SELECT@@[GLOBAL.]系统变量名 1[, @@[GLOBAL.]系统变量名 2 , …];
```

语法说明如下：

1）修饰符 GLOBAL 用于显示全局系统变量，当变量没有全局值时，则不显示任何值。如果省略 GLOBAL，则默认显示会话变量。

2）在 SQL 语句中调用全局变量时，需要在其名称前加上“@@”符号。但是，在调用某

些特定的全局变量时需要省略“@@”符号，如系统日期、系统时间、当前用户等。

【例 8-8】 显示系统变量的值。

SQL 语句和运行结果如下。

```
SELECT @@VERSION, @@HOSTNAME, CURRENT_USER, @@BASEDIR, @@DATADIR;
```

信息　结果 1　剖析　状态

@@VERSION	@@HOSTNAME	CURRENT_USER	@@BASEDIR	@@DATADIR
8.0.27	DESKTOP-5	root@localhost	C:\Program Files\MySQL\MySQL Server 8.0\	C:\ProgramData\MySQL\MySQL Server 8.0\Data\

【例 8-9】 显示系统变量当前日期、时间、时间戳。

SQL 语句和运行结果如下。

```
SELECT CURRENT_DATE, CURRENT_TIME, CURRENT_TIMESTAMP;
```

信息　结果 1　剖析　状态

CURRENT_DATE	CURRENT_TIME	CURRENT_TIMESTAMP
2022-04-02	19:59:45	2022-04-02 19:59:45

（3）设置系统变量

设置系统变量的常用方法有两种，一种是在配置文件 my.ini 中修改系统变量的值（需要重启 MySQL 服务才会生效）；另一种是在 MySQL 服务运行期间，用 SET 语句重新设置系统变量的值。但是，MySQL 服务启动时，会将所有的系统变量恢复默认值。

设置系统变量的值的方法如下。

```
SET GLOBAL 系统变量名=值;
```

语法说明：GLOBAL 指定修改全局变量，SESSION 指定修改会话变量。如果没有指定修改全局变量还是会话变量，则默认修改会话变量。

需要注意的是，更改全局变量只影响更改后连接客户端的相应会话变量，而不会影响目前已经连接的客户端的会话变量（即使客户端执行 SET GLOBAL 语句也不影响）。也就是说，对于修改全局变量之前连接的客户端只有在客户端重新连接后，才会影响到客户端。

客户端连接 MySQL 服务器时，当前全局变量的值会对客户端的会话变量进行相应初始化。设置会话变量不需要特殊权限，但客户端只能更改自己的会话变量，而不能更改其他客户端的会话变量。

设置会话变量的值的方法如下。

```
SET SESSION 会话变量名=值;
SET @@会话变量名=值;
```

如果设置语句中没有指定是 GLOBAL 还是 SESSION，则服务器会当作 SESSION 处理。

【例 8-10】 显示和修改会话变量 sort_buffer_size 的值。

SQL 语句如下。

```
SELECT @@sort_buffer_size;
SET @@sort_buffer_size = 50000;
SELECT @@sort_buffer_size;
```

使用 SET 设置全局变量或会话变量成功后，如果 MySQL 服务重启，数据库的配置就又会重新初始化。一切按照配置文件进行初始化，全局变量和会话变量的配置都会失效。

MySQL 中还有一些特殊的全局变量，如 log_bin、tmpdir、version、datadir 等，在 MySQL 服务实例运行期间它们的值不能动态修改，即不能使用 SET 语句重新设置，这种变量称为静态变量。数据库管理员可以通过修改源代码或更改配置文件来重新设置静态变量的值。

2. 用户会话变量

与其他高级编程语言类似，用户自定义变量用于存储临时数据。用户自定义变量分为用户会话变量（以一个@开头）和局部变量（不以@开头）。

用户会话（User Session）变量与系统会话变量相似，它们都与“当前会话”有密切关系，跟 MySQL 当前客户端是绑定的，仅对当前用户使用的客户端生效。

用户会话变量是由用户创建、其作用域限制在用户连接会话中的变量，不同用户会话中的用户会话变量互相不受影响。创建用户会话变量后，就可以作为表达式的组成元素用于其他 SQL 语句中。

（1）定义用户会话变量

会话变量是由“@”符号和变量名组成的，在定义会话变量时必须为该变量赋值。会话变量的定义与赋值方式有如下 3 种。

1）方法一：使用 SET 语句定义用户会话变量，并为其赋值，其语法格式如下。

```
SET @user_variable1[:]=expression1 [, @user_variable2[:]=expression2 ,…];
```

语法说明如下。

① user_variable 为用户会话变量名，expression 可以是常量、变量或表达式。SET 命令可以同时定义多个变量，中间用逗号隔开。

② 用户会话变量名必须以@开头，并符合标识符的命名规则，变量名大小写不敏感。

③ 用户会话变量的定义与赋值同时进行，用户会话变量通过 SET 语句创建和初始化。

④ 用户会话变量的数据类型是赋值运算符“=”或“:=”右边表达式的计算结果的数据类型，“=”和“:=”等价。也就是说，等号右边的值（包括字符集和字符排序规则）决定了用户会话变量的数据类型（包括字符集和字符排序规则）。

⑤ 用户对话变量定义并初始化或者赋值后，可以在需要时使用（引用）用户对话变量。输出用户变量使用 SELECT 语句，其语法格式如下。

```
SELECT @user_variable1 [, @user_variable2, ...];
```

例 8-11

【例 8-11】 创建用户会话变量@user_name 和@age，并为其赋值，然后使用 SELECT 语句输出变量的值。

SQL 语句和运行结果如下。

```
SET @user_name='Jack', @age=18;
SELECT @user_name, @age;
```

信息 结果 1 剖析 状态

@user_name	@age
Jack	18

```
SET @age=@age+1;
SELECT @user_name, @age;
```

信息 结果 1 剖析 状态

@user_name	@age
Jack	19

2）方法二：使用 SELECT 语句定义用户会话变量，并为其赋值，语法格式如下。

```
SELECT @user_variable1:=expression1 [, @user_variable2:=expression2, …];
```

语法说明。

① 使用 SELECT 语句定义用户会话变量时，赋值号采用“:=”形式，即“:=”是赋值号，语句的功能是赋值并显示结果集。

② 在 SELECT 语句中，“=”是作为比较运算符使用的。特殊情况下，“=”只在 SET 语句中作为赋值号使用，包括 UPDATE 语句中的 SET 子句，如“SET @variable=expression”。

【例 8-12】 创建用户会话变量@aa 和@bb，分别用“:=”与“=”运算符，解释其区别。

SQL 语句和运行结果如下。

```
SELECT @aa := 100;                          #这里的:=是赋值运算符
信息  结果 1  剖析  状态
@aa := 100
      100
SELECT @aa;                                 #赋值后@aa 值为 100
信息  结果 1  剖析  状态
@aa
  100
SELECT @bb;                                 #@bb 没有被创建，为 NULL
信息  结果 1  剖析  状态
@bb
(NULL)
SELECT @bb = 100, @aa = 100;                #这里的=是比较运算符
信息  结果 1  剖析  状态
@bb = 100    @aa = 100
(NULL)               1
```

说明：@bb 没有定义，为 NULL，即 NULL = 100，比较结果为 NULL。@aa 的值为 100，即 100 = 100，结果为 1。

3）方法三：使用 SELECT…INTO 语句定义用户会话变量，并为其赋值，语法格式如下。

```
SELECT expression1 [, expression2, …] INTO @user_variable1 [, @user_variable2, …];
```

语法说明：方法二与方法三的区别在于，方法二语法格式中的 SELECT 语句会产生结果集，方法三语法格式中利用 INTO 赋值方式的 SELECT 语句，仅仅用于会话变量的定义和赋值，不会产生结果集，也不显示结果。

【例 8-13】 创建用户会话变量@xx、@name 并赋值，然后使用 SELECT 语句输出该变量的值。

SQL 语句和运行结果如下。

```
SELECT 100, 'Jack' INTO @xx, @name;
SELECT @xx, @name;
信息  结果 1  剖析  状态
@xx  @name
100  Jack
```

注意：SELECT...INTO...语句不会产生结果集。

（2）用户会话变量在 SQL 语句中的使用

1）检索数据时，如果 SELECT 语句的结果集是单个值，可以将 SELECT 语句的返回结果赋予用户会话变量。

【例 8-14】 在 studentinfo 数据库中，使用聚合函数计算学生人数，并赋值给@StCount 变量。

① 方法一：SET 语句使用“=”赋值，SQL 语句和运行结果如下。

```
USE studentinfo;
SET @StCount = (SELECT COUNT(*) FROM student);
SELECT @StCount;
信息  结果 1  剖析  状态
@StCount
      13
```

注意：SET 语句中的 SELECT 查询语句需要使用括号括起来。

② 方法二：上面的 SET 语句也可以使用 SELECT 的“:=”赋值，SQL 语句和运行结果如下。

```
SELECT @StCount := (SELECT COUNT(*) FROM student);
```

信息 结果 1 剖析 状态

@StCount := (SELECT COUNT(*) FROM student)
13

可以更改显示的列名，SQL 语句和运行结果如下。

```
SELECT @StCount := (SELECT COUNT(*) FROM student) AS 人数;
```

信息 结果 1 剖析 状态

人数
13

③ 方法三：SQL 语句和运行结果如下。

```
SELECT @StCount := COUNT(*) FROM student;
```

信息 结果 1 剖析 状态

@StCount := COUNT(*)
13

④ 方法四：SQL 语句和运行结果如下。

```
SELECT COUNT(*) INTO @StCount FROM student;
SELECT @StCount AS 人数;
```

信息 结果 1 剖析 状态

人数
13

⑤ 方法五：SQL 语句和运行结果如下。

```
SELECT COUNT(*) FROM student INTO @StCount;
SELECT @StCount;
```

信息 结果 1 剖析 状态

@StCount
13

上述所有的方法都把统计学生人数的聚合函数 COUNT(*)的值赋给@StCount 变量，可以根据实际需要选用其中一种方法。

使用 SELECT 语句时，该 SELECT 语句不能产生结果集，否则将产生编译错误，此时可以选用方法一、方法四和方法五。

2）用户会话变量也可以直接嵌入到 SELECT、INSERT、UPDATE 和 DELETE 语句的条件表达式中。

例 8-15

【例 8-15】 在 studentinfo 数据库中，先把要查找的学号赋值给用户会话变量，然后用该用户会话变量与列作比较。

SQL 语句和运行结果如下。

```
SET @StudentID='202210010123';
SELECT * FROM student WHERE StudentID=@StudentID;
```

信息 结果 1 剖析 状态

StudentID	StudentName	Sex	Birthday	Address	ClassID
202210010123	李嘉欣	女	2003-03-15	上海	2022100101

通过“@”符号，MySQL 解析器可以分辨 StudentID 是列名，@StudentID 是用户会话变量名。

【例 8-16】 把学号为“202210010123”的学生的所在班级号保存到一个用户会话变量中，然后查询这个班级号的所有学生名单。

SQL 语句和运行结果如下。

```
SET @StudentID='202210010123';
SET @ClassID=(SELECT ClassID FROM student WHERE StudentID=@StudentID);
SELECT * FROM student WHERE ClassID=@ClassID;
```

信息　结果 1　剖析　状态

StudentID	StudentName	Sex	Birthday	Address	ClassID
202210010108	刘雨轩	男	2003-05-22	北京	2022100101
202210010123	李嘉欣	女	2003-03-15	上海	2022100101

【例 8-17】 利用 SELECT 语句把表中的一个数据赋值给用户会话变量。

SQL 语句和运行结果如下。

```
SELECT @StName:=StudentName FROM student LIMIT 2,3;
```

信息　结果 1　剖析　状态

@StName:=StudentName
王宇航
张雅丽
丁思婷

```
SELECT @StName;
```

信息　结果 1　剖析　状态

@StName
丁思婷

执行第 1 个 SELECT 语句会依次把 3 个姓名赋值给@StName，只有最后一个姓名保存在@StName 中，执行第 2 个 SELECT 语句显示保存在@StName 中的值。

（3）用户会话变量的特点

在一个 MySQL 客户端定义了会话变量后，会话期间该会话变量一直有效，其他 MySQL 客户端不能访问这个客户端上定义的会话变量。当某个客户端关闭或者与 MySQL 服务器断开连接后，该客户端上定义的所有会话变量将自动释放。

实际上是 MySQL 服务器在内存中为每一个会话开辟独立的会话连接空间，每个客户端上定义的会话变量各自独立，不同的会话空间互不干扰，会话结束，会话空间释放。而会话变量的生存期就是所在会话空间开辟到释放的这一段时间。

3. 局部变量

局部变量的作用范围仅限制在程序的内部，即在其定义局部变量的批处理、存储过程、函数、触发器和语句块中。局部变量常用来保存临时数据。普通变量通常都是局部变量。局部变量名不能与全局变量名重名，由用户创建且必须使用 DECLARE 语句定义后才能使用。

8.1.5 注释

注释是程序代码中不执行的文本字符串，用于对代码进行解释说明。SQL 语言提供了两种形式的注释。

1. 单行注释

注释以#或者两个减号--加上一个空格开始，其后为注释内容。如果对多行注释，则需要每行都使用注释语句。单行注释的语法格式如下。

```
#注释内容
-- 注释内容
```

注意：两个减号--后要至少加上一个空格。

2. 多行注释

注释以/*开始，以*/结束，其中间为注释内容。/*　*/可以在程序的任意处注释，包含在/*

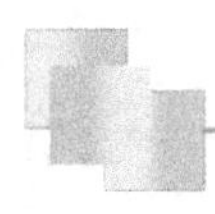

和*/之间的文本都是注释。多行注释的语法格式如下。

```
/*注释内容
注释内容*/
```

8.1.6 BEGIN…END 语句块

为了完成某个功能，需要多条 MySQL 语句时，就要用 BEGIN…END 复合语句包含多个语句，形成语句块，典型的 BEGIN…END 语句块格式如下。

```
[label] BEGIN
    [statement1;]
    [statement2;]
    […]
END [label];
```

语法说明如下。

1）statement 是语句，每个语句都必须用分号（;）结尾。开始标签名 label 与结束标签名 label 必须相同。一个 BEGIN…END 语句块中可以嵌套另外的 BEGIN…END 语句块。

2）单独使用 BEGIN…END 语句块没有意义，只有将 BEGIN…END 语句块封装到函数、存储过程、触发器或事件等存储程序内部才有意义。

8.1.7 更改语句结束符的 DELIMITER 语句

默认的 SQL 语句结束符号是“;”。在 MySQL 客户端输入 MySQL 语句时，也是默认使用“;”作为 MySQL 语句的结束符号。在 BEGIN…END 语句块中通常包含多条 SQL 语句，这些 SQL 语句如果仍以分号作为语句结束符，那么按〈Enter〉键执行完第一个分号语句后，就会认为程序结束，这显然无法满足要求。

为了避免 BEGIN…END 语句块中的多条 SQL 语句被立即执行，MySQL 提供了更改 MySQL 客户端语句结束符号的语句 DELIMITER。DELIMITER 语句将语句的结束符号临时修改为其他符号，从而告诉 MySQL 解释器，该段语句的结束和执行使用了新的符号。

DELIMITER 语句的语法格式如下。

```
DELIMITER [{结束符1;}]
```

语法说明如下。

1）“结束符”是用户定义的结束符号，通常使用一些特殊的符号，如“##”“$$”“!!”等。应该避免使用反斜杠“\”字符，因为它是转义字符。

2）如果省略“结束符”，并以“;”结束，将恢复 MySQL 默认的“;”结束符。

3）如果是通过 MySQL 命令行客户端方式输入多条 SQL 语句，通常用 DELIMITER 语句将语句结束符“;”改变为其他符号。在使用结束后，再将语句结束符号改回默认的分号。

4）在 Navicat for MySQL 的“查询编辑器”窗格中编辑 SQL 程序，不需要使用 DELIMITER 语句更改语句结束符，因为该编辑器中的 SQL 语句需要使用“运行”按钮来执行。

【例 8-18】 在 Navicat for MySQL“命令列界面”窗格或 MySQL 8.0 Command Line Client，将 MySQL 语句的结束符修改为“$$”，最后再恢复为默认的“;”。

例 8-18

将 MySQL 语句的结束符修改为“$$”的 SQL 语句如下。

```
USE studentinfo;
DELIMITER $$
SELECT * FROM class
WHERE ClassNum > 20$$
```

恢复为默认“;”的 SQL 语句如下。

```
DELIMITER ;
SELECT * FROM class
WHERE ClassNum > 30;
```

运行结果如图 8-3 所示。

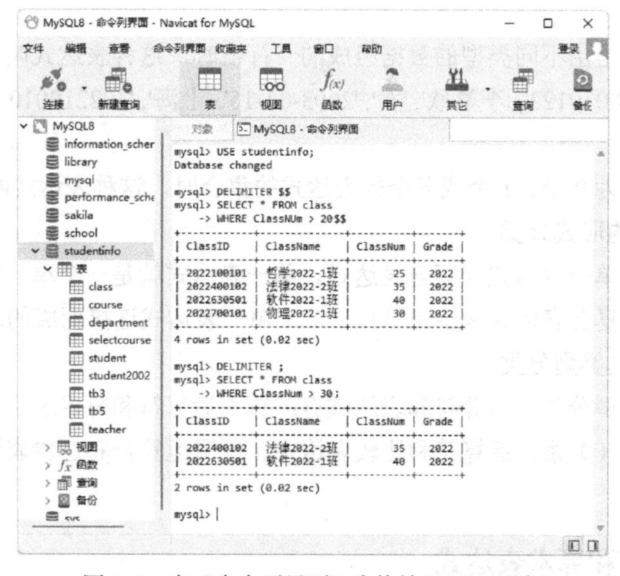

图 8-3　在“命令列界面”窗格输入 SQL 语句

在 Navicat for MySQL“命令列界面”窗格或 MySQL 8.0 Command Line Client 中，依次输入上面的 SQL 语句。第一条 DELIMITER 语句将当前 MySQL 客户端的命令结束符号改为“$$”；然后在 SELECT 语句中使用“$$”作为结束符号；第二条 DELIMITER 语句把客户端的命令结束符号恢复原状；恢复原状后的 SELECT 语句重新使用“;”作为结束标记。

8.2　运算符和表达式

运算是对数据进行加工的过程，描述各种不同运算的符号称为运算符，运算符的作用是用来指明对操作数所进行的运算，而参与运算的数据称为操作数。MySQL 提供的运算符有：算术运算符、比较运算符和逻辑运算符。

MySQL 表达式是由常量、变量、列名、运算符和函数等元素，按照一定的规则组成的序列。表达式可用来执行运算、操作字符串或测试数据，每一个表达式经过运算都会产生一个唯一的值。

8.2.1　表达式的概念

MySQL 表达式根据分类标准不同，有下面几种分类。

1. 按照表达式值的类型分类

与常量和变量一样，表达式的值也具有某种数据类型，值的数据类型有字符类型、数值类型、日期时间类型。根据表达式的值的类型，表达式分为字符型表达式、数值型表达式和日期型表达式。

2. 按照值的形式分类

（1）标量表达式

在 MySQL 中，当表达式的结果只是一个值时，即一个数值、一个字符串或一个日期，这种表达式叫作标量表达式。例如，2+3，'ab'<'ba'。

（2）行表达式

当表达式的结果是由不同类型的数据组成的一行值时，这种表达式叫作行表达式。例如，一行记录的值('202210010123', '李嘉欣', '女', '2003-03-15', '上海', '2022100101')。

（3）表表达式

当表达式的结果为 0 个、1 个或多个行表达式的集合时，这种表达式叫作表表达式。

3. 按照表达式的形式分类

表达式还可分为单一表达式和复合表达式。单一表达式就是一个单一的值，如一个常量、变量、函数或列名。复合表达式是由运算符将多个单一表达式连接而成的表达式。

4. 按照运算符的类型分类

按照运算符的类型分类，运算符和表达式有：算术运算符和算术表达式、字符串运算符和字符串表达式、比较（关系）运算符和比较表达式、逻辑运算符和逻辑表达式、日期运算符和日期表达式等。

8.2.2 算术运算符和算术表达式

MySQL 支持的算术运算符有加、减、乘、除和取余数运算（MySQL 没有幂运算符），运算符及其说明见表 8-1。

表 8-1 MySQL 支持的算术运算符

运 算 符	说 明
+	加法运算，返回相加后的值。例如，“SELECT 1+2;”的结果为 3
-	减法运算，返回相减后的值。例如，“SELECT 1-2;”的结果为-1
*	乘法运算，返回相乘后的值。例如，“SELECT 2*3;”的结果为 6
/ 或 DIV	除法运算，返回相除后的商。例如，“SELECT 2/3;”的结果为 0.6667
% 或 MOD	取余数运算，返回相除后的余数。例如，“SELECT 10 MOD 4;”的结果为 2

说明：

1）在除法运算和取余数运算中，如果除数为 0，将是非法除数，返回结果为 NULL。

2）对于除法运算，使用 a DIV b 与 a/b 功能相同。

3）对于取余数运算，使用 a%b、a MOD b 与使用 MOD(a,b)函数功能相同。

在算术表达式中包含各种算术运算符，必须规定各个运算的先后顺序，这就是算术运算符的优先级。表 8-2 按优先顺序由高到低（即 1 的优先级最高）列出了算术运算符。

表 8-2　算术运算符的优先级

优　先　级	算术运算符	操　　作
1	( )	圆括号
2	+、-	正号、负号
3	*、/、%	乘法、除法、取余数
4	+、-	加法、减法

当一个表达式中含有多种算术运算符时，将按上述顺序求值。对于同等优先级的多种算术运算符，从左到右依次计算。使用括号“( )”可以改变优先级的顺序，如果表达式中含有括号，则先计算括号内表达式的值；如果有多层括号，则先计算最内层括号中的表达式。

8.2.3　比较运算符和比较表达式

比较运算符又称关系运算符，用来对左边操作数和右边操作数进行比较，比较结果为 True 返回 1，为 False 返回 0，不确定返回 NULL。MySQL 支持的比较运算符见表 8-3。

表 8-3　MySQL 数据库支持的比较运算符

运　算　符	说　　明
=	等于
<=>	NULL 安全的等于
<> 或 !=	不等于
<	小于
<=	小于或等于
>	大于
>=	大于或等于
BETWEEN min AND max	在 min 和 max 之间
NOT BETWEEN min AND max	不在 min 和 max 之间
IN(value1, value2,…)	存在于集合(value1, value2, …)中
IS NULL	为 NULL
IS NOT NULL	不为 NULL
LIKE	通配符匹配，“%”匹配任何数目字符，甚至包括零字符。“_”只能匹配一个字符
NOT LIKE	通配符不匹配
REGEXP 或 RLIKE	正则表达式匹配

所有比较运算符都可以对数值、字符串及其表达式的值进行比较。在应用比较运算符时，需要注意以下几点。

1．等于运算（=）

等于运算符用来比较两边的操作数是否相等，相等的话返回 1，不相等的话返回 0。NULL 不能用于=比较。具体的语法规则如下。

1）若有一个或两个操作数为 NULL，则比较运算的结果为 NULL。

2）若两个操作数都是字符串，则按照字符串进行比较。字符串以不区分大小写的方式比较。

3）若两个操作数均为整数，则按照整数进行比较。若一个操作数是整型，另一个操作数是浮点型，则都按浮点数比较。

4）若一个操作数为字符串，另一个操作数为数值，则自动将字符串转换为数值。

【例 8-19】 使用相等（=）判断。

SQL 语句和运行结果如下。

```
SELECT 2=2, '2'=2, 3.0=3, 'Ab'='aB', (2+3)=(2*3), NULL=null, 0=NULL;
```

信息 结果 1 剖析 状态

2=2	'2'=2	3.0=3	'Ab'='aB'	(2+3)=(2*3)	NULL=null	0=NULL
1	1	1	1	0	(Null)	(Null)

2=2 和'2'=2 的返回值相同，都是 1，因为在判断时，自动把字符串'2'转换成了数值 2。

字符不区分大小写，'Ab'='aB'为相同的字符串比较，因此返回值为 1。

对于 3.0=3，把 3 转换为浮点数 3.0，所以返回值为 1。

表达式 2+3 和表达式 2*3 先计算值，然后比较，返回值为 0。

由于=不能用于空值 NULL 的判断，因此 NULL=null、0=NULL 的返回值为 NULL。

2．安全等于运算符（<=>）

<=>操作符用来判断 NULL，具体语法规则为：当两个操作数均为 NULL 时，其返回值为 1，而不为 NULL；而当一个操作数为 NULL 时，其返回值为 0，而不为 NULL。

【例 8-20】 使用<=>进行相等的判断。

SQL 语句和运行结果如下。

```
SELECT 2<=>2, '2'<=>2, 3.0<=>3, 'Ab'<=>'aB', (2+3)<=>(2*3), NULL<=>null,0<=>NULL;
```

信息 结果 1 剖析 状态

2<=>2	'2'<=>2	3.0<=>3	'Ab'<=>'aB'	(2+3)<=>(2*3)	NULL<=>null	0<=>NULL
1	1	1	1	0	1	0

3．BETWEEN...AND...

在条件表达式中若需要对指定区间的数据进行判断时，可使用 BEIWEEN min AND max，用于 min 到 max 之间的范围（包含 min 和 max），并且在设置时，min 必须小于等于 max。

【例 8-21】 使用 BETWEEN…AND…查询班级人数在 20～30 的班级。

SQL 语句和运行结果如下。

```
SELECT * FROM class WHERE ClassNum BETWEEN 20 AND 30;
```

信息 结果 1 剖析 状态

ClassID	ClassName	ClassNum	Grade
2022100101	哲学2022-1班	25	2022
2022600103	数学2022-3班	20	2022
2022700101	物理2022-1班	30	2022

8.2.4 逻辑运算符和逻辑表达式

逻辑运算符又称为布尔运算符，用来确定表达式的真和假。MySQL 中支持的逻辑运算符见表 8-4。逻辑运算符的求值结果与关系运算符相同，结果为真返回 1，为假返回 0，不确定返回 NULL。

表 8-4 MySQL 数据库支持的逻辑运算符表

运算符	说明
NOT 或 !	逻辑非
AND 或 &&	逻辑与
OR 或 ||	逻辑或
XOR	逻辑异或

1．NOT 或!

NOT 或!都是逻辑非运算符，返回和操作数相反的结果，具体语法规则为：当操作数为 0（假）时，返回值为 1；当操作数为非零值时，返回

值为 0；当操作数为 NULL 时，返回值为 NULL。

NOT 与!的优先级不同：NOT 的优先级低于“+、-”，!的优先级要高于“+、-”。

【例 8-22】 使用 NOT 和!进行逻辑判断。

SQL 语句和运行结果如下。

```
SELECT NOT 1+2, ! 1+2, NOT -2+1, ! -2+1, NOT NULL, !NULL, NOT(1+2), !(1+2);
```

信息　结果 1　剖析　状态

NOT 1+2	! 1+2	NOT -2+1	! -2+1	NOT NULL	!NULL	NOT(1+2)	!(1+2)
0	2	0	1	(Null)	(Null)	0	0

由运行结果看出，NOT 1+2 和! 1+2 的返回值不同，这是因为 NOT 与!的优先级不同，因此 NOT 1+2 相当于 NOT(1+2)，先计算 1+2=3，再进行 NOT 运算，由于操作数不为 0，因此 NOT 1+2 的结果是 0。而! 1+2 相当于(!1)+2，先计算!1 结果为 0，再加 2，最后结果为 2。

在使用运算符时，一定要注意不同运算符的优先级，如果不能确定优先级顺序，最好使用括号，以保证运算结果的正确。

2. AND 或者&&

AND 和&&都是逻辑与运算符，具体语法规则为：当所有操作数都为非零值并且不为 NULL 时，返回值为 1；当一个或多个操作数为 0 时，返回值为 0；当操作数中有一个为 NULL 并且另一个操作数不为 0 时，返回值为 NULL。

【例 8-23】 使用与运算符 AND 和&&进行逻辑判断。

SQL 语句和运行结果如下。

```
SELECT 1 AND -1, 1 && -1, 1 AND 0, 1 && 0, 0 AND NULL, 1 AND NULL;
```

信息　结果 1　剖析　状态

1 AND -1	1 && -1	1 AND 0	1 && 0	0 AND NULL	1 AND NULL
1	1	0	0	0	(Null)

由结果看到，AND 和&&的作用相同。1 AND-1 中没有 0 或者 NULL，所以返回值为 1；1 AND 0 中有操作数 0，所以返回值为 0；0 AND NULL 中有一个操作数为 0，所以返回值为 0；1 AND NULL 中有 NULL，所以返回值为 NULL。

AND 运算符可以有多个操作数，但要注意多个操作数运算时，AND 两边一定要使用空格隔开，不然会影响结果的正确性。

3. OR 或者||

OR 和||都是逻辑或运算符，具体语法规则为：当两个操作数都为非 NULL 值时，如果有任意一个操作数为非零值，则返回值为 1，否则结果为 0；当有一个操作数为 NULL 时，如果另一个操作数为非零值，则返回值为 1，否则结果为 NULL；假如两个操作数均为 NULL 时，则返回值为 NULL。

【例 8-24】 使用或运算符 OR 和||进行逻辑判断。

SQL 语句和运行结果如下。

```
SELECT 1 OR -1 OR 0, 1 OR 2, 1 OR NULL, 0 OR NULL, NULL OR NULL;
```

信息　结果 1　剖析　状态

1 OR -1 OR 0	1 OR 2	1 OR NULL	0 OR NULL	NULL OR NULL
1	1	1	(Null)	(Null)

```
SELECT 1 || -1 || 0, 1||2, 1||NULL, 0||NULL, NULL||NULL;
```

信息　结果 1　剖析　状态

1 || -1 || 0	1||2	1||NULL	0||NULL	NULL||NULL
1	1	1	(Null)	(Null)

由结果看到，OR 和||的作用相同。1 OR -1 OR 0 含有 0，但同时包含有非 0 的值 1 和-1，所以返回结果为 1；1 OR 2 中没有操作数 0，所以返回结果为 1；1 OR NULL 虽然有 NULL，但是有操作数 1，所以返回结果为 1；0 OR NULL 中没有非 0 值，并且有 NULL，所以返回值为 NULL；NULL OR NULL 中只有 NULL，所以返回值为 NULL。

4. XOR

XOR 表示逻辑异或，具体语法规则为：当任意一个操作数为 NULL 时，返回值为 NULL；对于非 NULL 的操作数，如果两个操作数都是非 0 值或者都是 0 值，则返回值为 0；如果一个为 0 值，另一个为非 0 值，返回值为 1。

【例 8-25】 使用异或运算符 XOR 进行逻辑判断。

SQL 语句和运行结果如下。

```
SELECT 1 XOR 1, 0 XOR 0, 1 XOR 0, 1 XOR NULL, 1 XOR 1 XOR 1;
```

信息　结果 1　剖析　状态

1 XOR 1	0 XOR 0	1 XOR 0	1 XOR NULL	1 XOR 1 XOR 1
0	0	1	(Null)	1

由结果可以看到：1 XOR 1 和 0 XOR 0 中运算符两边的操作数都为非零值，或者都是零值，因此返回 0；1 XOR 0 中两边的操作数，一个为 0 值，另一个为非 0 值，所以返回值为 1；1 XOR NULL 中有一个操作数为 NULL，所以返回值为 NULL；1 XOR 1 XOR 1 中有多个操作数，运算符相同，因此运算顺序从左到右依次计算，1 XOR 1 的结果为 0，再与 1 进行异或运算，所以返回值为 1。

提示：a XOR b 的计算等同于(a AND (NOT b))或者((NOT a) AND b)。

8.3 系统函数

MySQL 数据库管理系统提供了丰富的系统函数（也称内部函数），这些系统函数无需定义就可以直接使用，包括数学函数、字符串函数、日期和时间函数、数据类型转换函数、条件控制函数、系统信息函数和加密函数等。所有函数对数据操作后，都会返回一个结果。使用这些函数，可以简化用户的操作。

8.3.1 数学函数

数学函数主要对数值类型的数据进行处理，从而实现一些比较复杂的数学运算。数学函数在进行数学运算的过程中，如果发生错误，则返回值为 NULL。

数学函数可分为求近似值函数、随机函数、三角函数、指数函数及对数函数、二进制、十六进制函数等。常用数学函数及其说明见表 8-5。

表 8-5　常用数学函数

函　数	说　明
ABS(x)	返回 x 的绝对值
CEIL(x)、CEILING(x)	返回大于或等于 x 的最小整数
FLOOR(x)	返回小于或等于 x 的最大整数
RAND()	返回[0,1)之间的随机浮点数，随机值包括 0，但不包括 1

（续）

函　　数	说　　明
RAND(x)	返回[0,1)之间的随机浮点数，x 是种子，如果 x 相同，则返回相同的随机浮点数
PI()	返回圆周率
TRUNCATE(x,y)	返回 x 保留到小数点后 y 位的值，直接截断，不四舍五入
ROUND(x)	将 x 四舍五入为整数
ROUND(x,y)	返回 x 保留到小数点后 y 位的值，但截断时要四舍五入
POW(x,y)或 POWER(x,y)	返回 x 的 y 次方（x^y）的值
SQRT(x)	返回 x 的平方根的值
EXP(x)	返回 e 的 x 次方（e^x)的值
MOD(x,y)	返回 x 除以 y 的余数
LOG(x)	返回自然对数(以 e 为底的对数）
LOG10(x)	返回以 10 为底的对数($\log_{10}x$)
RADIANS(x)	将角度转换为弧度
DEGREES(x)	将弧度转换为角度
SIN(x)	求正弦值
ASIN(x)	求反正弦值
COS(x)	求余弦值
ACOS(x)	求反余弦值
TAN(x)	求正切值
ATAN(x)	求反正切值
COT(x)	求余切值
BIN(x)	返回 x 的二进制数，x 必须为整数
OCT(x)	返回 x 的八进制数，x 必须为整数
HEX(x)	返回 x 的十六进制数

【例 8-26】 数学函数的使用示例。

SQL 语句和运行结果如下。

```
SELECT PI(), TRUNCATE(3.28,1), ROUND(32.127,2), RAND(), SQRT(16), FLOOR(-5.97);
```

信息　结果 1　剖析　状态

PI()	TRUNCATE(3.28,1)	ROUND(32.127,2)	RAND()	SQRT(16)	FLOOR(-5.97)
3.141593	3.2	32.13	0.9162197438219746	4	-6

【例 8-27】 使用随机函数 RAND()对查询结果集随机排序。

SQL 语句如下。

```
SELECT * FROM school.student ORDER BY RAND();
```

每次执行该 SELECT 语句产生结果集的顺序可能不同。

【例 8-28】 二进制、十六进制函数的调用。

SQL 语句和运行结果如下。

```
SELECT BIN(128), OCT(128), HEX(128);
```

信息　结果 1　剖析　状态

BIN(128)	OCT(128)	HEX(128)
10000000	200	80

8.3.2 字符串函数

MySQL 提供了非常多的字符串函数，按功能字符串函数分为计算字符串长度函数、字符串连接函数、子字符串转换函数、字符串复制函数和字符串比较函数等。

使用字符串函数在对字符串操作时，字符集、校对规则的设置至关重要。同一个字符串函数对同一个字符串操作时，如果字符集或者校对规则的设置不同，函数返回的结果也可能不同。常用字符串函数及其说明见表 8-6。

表 8-6 常用字符串函数及其说明

函　数	说　明
ORD(s)、CHAR(n)	字符与 ASCII 码之间的相互转换
CHAR_LENGTH(s)	返回字符串 s 的字符数，一个多字节字符算一个字符
LENGTH(s)	返回字符串 s 的字节长度，utf8 中，一个汉字算 3 字节
CONCAT(s1,s2,...)	将字符串 s1、s2 等多个字符串合并为一个字符串
CONCAT_WS(x,s1,s2,...)	同 CONCAT(s1,s2,...)函数，但是要使用连接符 x 来连接每个字符串
INSERT(s1,n,len,s2)	使用字符串 s2 替换 s1 中的第 n 个位置开始的长度为 len 的字符串，s1 中的第 1 个字符的位置为 1
UPPER(S), UCASE(s)	将字符串 s 的所有字母都变成大写字母
LOWER(s), LCASE(s)	将字符串 s 的所有字母都变成小写字母
LEFT(s,n)	返回字符串 s 的前 n 个字符
RIGHT(s,n)	返回字符串 s 的后 n 个字符
LPAD(s1,len,s2)	使用字符串 s2 填充 s1 的开始处，使字符串的长度达到 len
RPAD(s1,len,s2)	使用字符串 s2 填充 s1 的结尾处，使字符串的长度达到 len
LTRIM(s)	去除字符串 s 开始处的空格
RTRIM(s)	去除字符串 s 结尾处的空格
TRIM(S)	去除字符串 s 开始和结尾处的空格
TRIM(s1 FROM s)	去除字符串 s 开始和结尾处的字符串 s1
REPEAT(s,n)	将字符串 s 重复 n 次
SPACE(n)	返回 n 个空格
REPLACE(s,s1,s2)	用字符串 s2 替代字符串 s 中的字符串 s1
STRCMP(s1,s2)	比较字符串 s1 和 s2，如果 s1 大于 s2，则返回 1；如果 s1 等于 s2，则返回 0；如果 s1 小于 s2，则返回-1
SUBSTRING(s,n,len), MID(s,n,len)	获取从字符串 s 中的第 n 个位置开始的长度为 len 的字符串
LOCATE(s1,s), POSITION(s1 IN s)	返回字符串 s1 在 s 中的开始位置
INSTR(s,s1)	返回字符串 s1 在 s 中的开始位置
REVERSE(s)	将字符串 s 的顺序反过来
ELT(n,s1,s2,...)	返回在字符串 s1、s2 等多个字符串中的第 n 个字符串
FIELD(s,s1,s2,...)	返回在字符串 s1、s2 等多个字符串中的第 1 个与字符串 s 匹配的字符串的位置
FIND_IN_SET(s1,s)	返回在字符串 s 中与 s1 匹配的字符串的位置，字符串 s 中包含了若干个用逗号隔开的字符串

下面介绍常用的字符串函数。

1．获取字符串的长度和字节数

CHAR_LENGTH()函数返回字符串的字符数，一个多字节字符算一个字符。LENGTH()函

数根据当前 MySQL 的字符集来获取字符串占用的字节数，不同字符集获取的长度不同。例如，在 utf8 字符集中，一个汉字占 3 字节。

【例 8-29】 字符串函数使用示例。

SQL 语句和运行结果如下。

```
SELECT CHAR_LENGTH('MySQL 数据库系统'), LENGTH('MySQL 数据库系统');
```

CHAR_LENGTH('MySQL数据库系统')	LENGTH('MySQL数据库系统')
10	20

从结果可知，CHAR_LENGTH()函数将中文（多字节字符）算作单个字符计算，而 LENGTH()函数在计算时一个中文占用 3 个字节，因此结果分别为 10 和 20。

2．比较两个字符串的大小

STRCMP()函数有两个参数，表示参与比较的字符串，当第一个参数大于第二个参数时，返回 1；当第一个参数等于第二个参数时，返回 0；当第一个参数小于第二个参数时，返回-1。

【例 8-30】 比较两个字符串。

SQL 语句和运行结果如下。

```
SELECT STRCMP('ABC', 'ABB'), STRCMP('ABC', 'abc'), STRCMP('ABC', 'ABD');
```

STRCMP('ABC', 'ABB')	STRCMP('ABC', 'abc')	STRCMP('ABC', 'ABD')
1	0	-1

STRCMP()函数是根据参数的校对集设置的比较规则进行比较的，当校对集不兼容时，则必须将其中一个参数的校对集转换为与另一个参数兼容的状态。

3．连接字符串

MySQL 没有像其他编程语言的连接字符串的运算符（例如“+”），要使用 CONCAT()函数连接字符串。

【例 8-31】 把 3 个字符串连接成为一个字符串。

SQL 语句和运行结果如下。

```
SELECT CONCAT('ABC', 'abc123', '2022-05-01');
```

CONCAT('ABC', 'abc123', '2022-05-01')
ABCabc1232022-05-01

8.3.3　日期和时间函数

日期和时间函数主要用来处理日期和时间的值，日期和时间函数分为获取 MySQL 服务器当前日期或时间函数，获取日期或时间的某一部分的函数，时间和秒数之间的转换函数，日期间隔、时间间隔函数，日期和时间格式化函数等。

常用的日期和时间函数见表 8-7。

表 8-7　常用的日期和时间函数

函　　数	说　　明
CURDATE()、CURRENT_DATE()	返回当前的日期，这两个函数等价
CURTIME()、CURRENT_TIME()	返回当前的时间，这两个函数等价
DATE_ADD(date,interval int keyword)	返回日期 date 加上间隔时间 int 的结果（int 必须按照关键字进行格式化）
DATE_FORMAT(date,fmt)	依照指定的 fmt 格式格式化日期 date 值或字符串（字符串转为日期）

（续）

函　　数	说　　明
DATE_SUB(date,interval int keyword)	返回日期 date 加上间隔时间 int 的结果（int 必须按照关键字进行格式化）
DATEDIFF(date1, date2)	返回 date1-date2 后的两个日期之间的天数
DAYOFWEEK(date)	返回 date 所代表的星期中的第几天（1～7）
DAYOFMONTH(date)	返回 date 是一个月的第几天（1～31）
DAYOFYEAR(date)	返回 date 是一年的第几天（1～366）
DAYNAME(date)	返回 date 的星期名
HOUR(time)	返回 time 的小时值（0～23）
MINUTE(time)	返回 time 的分钟值（0～59）
MONTH(date)	返回 date 的月份值（1～12）
NOW()	返回当前的日期和时间
QUARTER(date)	返回 date 在一年中的季度（1～4）
STR_TO_DATE(date_str,fmt)	依照指定的 fmt 格式把 date_str 字符串转为日期
WEEK(date)	返回日期 date 为一年中第几周（0～53）
YEAR(date)	返回日期 date 的年份（1000～9999）
UNIX_TIMESTAMP()	以 UNIX 时间戳的形式返回当前时间
UNIX_TIMESTAMP(date_str)	将普通格式的日期字符串 date_str 以 UNIX 时间戳的形式返回
FROM_UNIXTIME(date)	把 UNIX 时间戳的时间 date 转换为普通格式的时间

一般的日期函数除了使用 DATE 类型的参数外，也可以使用 DATETIME 或 TIMESTAMP 类型的参数，只是忽略了这些类型值的时间部分。类似的情况还有以 TIME 类型为参数的函数，可以接收 TIMESTAMP 类型的参数，只是忽略了日期部分，许多日期函数可以同时接收数值和字符串类型的参数。

从形式上说，MySQL 日期类型的表示方法与字符串的表示方法相同（使用单引号括起来）；本质上，MySQL 日期类型的数据是一个数值类型，可以参与简单的加、减运算。

1．时间转字符串

函数格式为：DATE_FORMAT(日期, 格式字符串);

【例 8-32】 时间转字符串示例。

SQL 语句和运行结果如下。

```
SELECT DATE_FORMAT(NOW(), '%Y-%m-%d %H:%i:%s');
信息  结果 1  剖析  状态
DATE_FORMAT(NOW(), '%Y-%m-%d %H:%i:%s')
▶ 2022-04-04 19:32:27
```

2．字符串转日期时间

函数格式为：STR_TO_DATE(字符串, 日期格式);

【例 8-33】 字符串转日期时间示例。

SQL 语句和运行结果如下。

```
SELECT STR_TO_DATE('2022-09-29 18:57:32', '%Y-%m-%d %H:%i:%s');
信息  结果 1  剖析  状态
STR_TO_DATE('2022-09-29 18:57:32', '%Y-%m-%d %H:%i:%s')
▶ 2022-09-29 18:57:32
```

3．字符串转时间戳

函数格式为：UNIX_TIMESTAMP(字符串);

【例 8-34】 把当前日期时间转时间戳示例，把字符串转时间戳示例。

SQL 语句和运行结果如下。

```
SELECT UNIX_TIMESTAMP(NOW()), UNIX_TIMESTAMP('2022-09-29');
```

信息　结果 1　剖析　状态

UNIX_TIMESTAMP(NOW())	UNIX_TIMESTAMP('2022-09-29')
1649072234	1664380800

4．时间戳转字符串

函数格式为：FROM_UNIXTIME(时间戳);

【例 8-35】 把时间戳转换为字符串示例。

SQL 语句和运行结果如下。

```
SELECT FROM_UNIXTIME(1664380800, '%Y-%m-%d');
```

信息　结果 1　剖析　状态

FROM_UNIXTIME(1664380800, '%Y-%m-%d')
2022-09-29

5．获取当前服务器的时间

MySQL 提供的 NOW()、LOCALTIME()、CURRENT_TIMESTAMP()都可以获取当前服务器的时间。

【例 8-36】 获取服务器的当前日期、时间。

SQL 语句和运行结果如下。

```
SELECT NOW(),LOCALTIME(),CURRENT_TIMESTAMP(),CURDATE(),CURTIME(),YEAR(NOW());
```

信息　结果 1　剖析　状态

NOW()	LOCALTIME()	CURRENT_TIMESTAMP()	CURDATE()	CURTIME()	YEAR(NOW())
2022-04-05 13:15:27	2022-04-05 13:15:27	2022-04-05 13:15:27	2022-04-05	13:15:27	2022

从运行结果看，中文系统默认的日期时间格式为 YYYY-MM-DD HH:MM:SS。

6．SLEEP()延时函数

SLEEP()函数的作用是休眠，不少 SQL 语句很快就执行结束了，SLEEP()函数让 SQL 语句暂停执行指定的时间，这样能够模拟或者观察 SQL 语句执行过程中的细节，方便调试、纠错。函数格式如下。

```
SLEEP(时长)
```

参数是休眠的时长，以秒为单位，也可以是小数。

例如，执行 SELECT 时间为 3 秒，SQL 语句如下。

```
SELECT SLEEP(3);
```

【例 8-37】 SLEEP()函数能够放在 SELECT 子句中，让每行记录都休眠指定的时间。

SQL 语句如下。

```
SELECT SLEEP(2), StudentID, StudentName FROM student;
```

假设表中有 8 行记录，整个语句执行的时间为 2*8=16 秒。

在自定义函数中不允许有输出，可以采用如下 SQL 语句。

```
DECLARE delay INT DEFAULT 0;
SELECT SLEEP(3) INTO delay;
```

8.3.4　数据类型转换函数

数据类型转换函数用于各种数据类型直接的转换，例如，将字符串转成数值，将数值转换为字符串等。

1. CAST()函数

CAST()函数将任何类型的值转换为指定的数据类型，语法格式如下。

```
CAST(value AS datatype)
```

语法格式中的参数说明如下。

1）value：必选项，要转换的字段名或值。

2）datatype：必选项，要转换为的数据类型，可以是以下之一。

- CHAR[(size)]：转换 value 到 CHAR，一个固定长度字符串（可以包含字母、数字和特殊字符）。size 参数以字符为单位指定列长度，可以是 0～255，默认值为 1。
- VARCHAR(size)：转换 value 到 VARCHAR，可变长度的字符串（可以包含字母、数字和特殊字符）。size 参数指定字符的最大列长度，可以是 0～65535。
- FLOAT：转换 value 到 FLOAT（单精度浮点类型）。
- DOUBLE：转换 value 到 DOUBLE（双精度浮点类型）。
- DECIMAL(M,D)：转换 value 到 DECIMAL（定点数类型），其中 M 称为精度，表示总共的位数；D 表示小数的位数。
- DATE：转换 value 到 DATE，格式：“YYYY-MM-DD”。
- DATETIME：转换 value 到 DATETIME，格式：“YYYY-MM-DD HH:mm:ss”。
- TIME：转换 value 到 TIME，格式：“HH:mm:ss”。
- SIGNED：转换 value 到 SIGNED（签名的 64 位整数）。
- UNSIGNED：转换 value 到 UNSIGNED（无符号的 64 位整数）。
- BINARY：转换 value 到 BINARY（二进制字符串）。

【例 8-38】 把数值 120、23.58 转换为字符串，'25'、'12.893'转换为数值，把'2022-09-13'转换为日期。

SQL 语句和运行结果如下。

```
SELECT CAST(120 AS CHAR), CAST(23.58 AS CHAR(10)), CAST('25' AS FLOAT), CAST('12.893' AS DECIMAL(10,4)), CAST('2022-09-13' AS DATE);
```

信息　结果 1　剖析　状态

CAST(120 AS CHAR)	CAST(23.58 AS CHAR(10))	CAST('25' AS FLOAT)	CAST('12.893' AS DECIMAL(10,4))	CAST('2022-09-13' AS DATE
120	23.58	25	12.8930	2022-09-13

2. CONVERT()函数

CONVERT()函数将任何类型的值转换为指定的数据类型，语法格式如下。

```
CONVERT(value, type)
```

语法格式中的参数说明如下。

1）value：必选项，要转换的字段名或值。

2）type：必选项，要转换为的数据类型。与 CAST()函数相同。

【例 8-39】 把数值 21、23.58 转换为字符串，'12.893'转换为数值，把'2022-09-13' 转换为日期，把 13:32:56 转换为时间。

SQL 语句和运行结果如下。

```
SELECT CONVERT(21, CHAR), CONVERT(23.58, CHAR(10)), CONVERT('12.83', DECIMAL(10,3)), CONVERT('2022-09-13', DATE), CONVERT('13:32:56', TIME);
```

信息　结果 1　剖析　状态

CONVERT(21, CHAR)	CONVERT(23.58, CHAR(10))	CONVERT('12.83', DECIMAL(10,3))	CONVERT('2022-09-13', DATE)	CONVERT("13:32:56", TIME)
21	23.58	12.830	2022-09-13	13:32:56

8.3.5　系统信息函数

系统信息函数主要用于获取 MySQL 服务器的系统信息，包括 MySQL 版本号、登录服务器的用户名、主机地址、当前用户名和连接数、系统字符集等。常见的系统信息函数见表 8-8。

表 8-8　常见的系统信息函数

函　数	说　明
VERSION()	返回当前 MySQL 服务实例使用的 MySQL 版本号
DATABASE()	返回当前操作的数据库名，与 SCHEMA()函数等价
USER()，CURRENT_USER()，SYSTEM_USER()	返回登录 MySQL 服务器的主机名和用户名，这 3 个函数等价
CONNECTION_ID()	返回当前客户的连接 id
CHARSET(str)	返回字符串 str 的字符集
COLLATION(str)	返回字符串 str 的校对方式（字符排序方式）
LAST_INSERNT_ID()	返回当前会话中最后一个插入的 AUTO_INCREMENT 列的值

【例 8-40】 系统信息函数应用示例。

SQL 语句和运行结果如下。

```
SELECT VERSION(), @@VERSION, CURRENT_USER(), USER(), SYSTEM_USER(), DATABASE();
```

信息　结果 1　剖析　状态

VERSION()	@@VERSION	CURRENT_USER()	USER()	SYSTEM_USER()	DATABASE()
8.0.27	8.0.27	root@localhost	root@localhost	root@localhost	studentinfo

8.3.6　加密函数

MySQL 中加密函数用于对数据进行加密和解密的处理，以保证数据表中某些重要数据不被别人窃取，这些函数能保证数据库的安全。加密函数见表 8-9。

表 8-9　加密函数

函　数	说　明
AES_ENCRYPT(str,key)	返回用密钥 key 对字符串 str 利用高级加密标准算法加密后的结果，本函数返回结果是一个二讲制字符串，以 BLOL 类型存储
AES_DECRYPT(str,key)	返回用密钥 key 对字符串 str 利用高级加密标准算法解密后的结果
MD5(str)	计算字符串 str 的 MD5 校验和（128 位），返回的校验和是 16 进制的字符串
SHA(str)	计算字符串 str 的 SHA5 校验和（160 位），返回的校验和是 16 进制的字符串

【例 8-41】 加密函数应用示例。

SQL 语句和运行结果如下。

```
SELECT AES_ENCRYPT('123456','OK12'), AES_DECRYPT(AES_ENCRYPT('123456','OK12'),'OK12');
```

信息　结果 1　剖析　状态

AES_ENCRYPT('123456','OK12')	AES_DECRYPT(AES_ENCRYPT('123456','OK12'),'OK12')
[illegible]	123456

8.3.7　条件判断函数

条件判断函数也称流程控制函数，是根据条件表达式值的真或假，执行相应的流程。条件判断函数有 IF()、IFNULL()和 CASE，见表 8-10。

表 8-10　条件判断函数

函　数	说　明
IF(condition,v1,v2)	该函数中 condition 为条件表达式，当 condition 的值为 True（condition<>0 AND condition<>NULL）时，则该函数返回 v1 的值；否则返回 v2 的值
IFNULL(v1,v2)	如果 v1 的值为 NULL，则函数返回值为 v2 的值；如果 v1 的值不为 NULL，则该函数返回 v1 的值
CASE	具体用法请参考 CASE 语句

1. IF()函数

【例 8-42】 IF()函数示例。

SQL 语句和运行结果如下。

```
SET @score1=90; SET @score2=55;
SELECT IF(@score1>=60, '及格', '不及格'), IF(@score2>=60, '及格', '不及格');
```

信息　结果 1　剖析　状态

IF(@score1>=60, '及格', '不及格')	IF(@score2>=60, '及格', '不及格')
及格	不及格

【例 8-43】 从 selectcourse 表中查询 CourseID 前 3 位是 630 的课程成绩，当 Score≥60 时显示 Pass，否则显示 Not passed。

SQL 语句和运行结果如下。

```
SELECT StudentID, CourseID, Score, IF(Score>=60, 'Pass', 'Not passed')
   FROM selectcourse
   WHERE SUBSTR(CourseID,1,3)='630';
```

信息　结果 1　剖析　状态

StudentID	CourseID	Score	IF(Score>=60, 'Pass', 'Not passed')
202263050132	630572	81.0	Pass
202263050132	630575	90.0	Pass
202263050133	630572	39.0	Not passed
202263050133	630575	48.0	Not passed
202263050135	630572	73.0	Pass
202263050135	630575	89.0	Pass

2. IFNULL()函数

【例 8-44】 IFNULL()函数示例。

SQL 语句和运行结果如下。

```
SET @score3=60;
SELECT IFNULL(@score3, '没有成绩'), IFNULL(@score4, '没有成绩');
```

信息　结果 1　剖析　状态

IFNULL(@score3, '没有成绩')	IFNULL(@score4, '没有成绩')
60	没有成绩

上面代码中由于没有定义@score4，则该用户对话变量的值为 NULL。

3. CASE 函数

CASE 函数（虽然它不符合函数的形式）中使用条件表达式，可以在 SELECT 语句和过程中使用，其语法格式如下。

```
CASE
   WHEN search_condition1 THEN statement_list1;
   [WHEN search_condition2 THEN statement_list2;]
   …
   [ELSE statement_list3;]
END [CASE];
```

语法说明如下。

1）本语法格式中关键字 CASE 后面没有指定参数，search_condition 为条件表达式。

2）CASE 语句的执行流程为：按照指定顺序对每个 WHEN 后的条件表达式 search_condition 比较，若比较结果为 True，则执行 THEN 后面的 statement_list 语句块；如果所有 WHEN 后的条件表达式 search_condition 均为 False，且存在 ELSE，则执行 ELSE 后的语句块；如果所有 WHEN 后的条件表达式均为 False，也不存在 ELSE，则 CASE 语句返回 NULL。

【例 8-45】 查询成绩表 selectcourse，输出学号、课程编号、成绩和成绩等级。

SQL 语句如下。

```
SELECT StudentID AS 学号, CourseID AS 课程号,
    CASE
        WHEN Score>=90 THEN '优秀'
        WHEN Score>=80 THEN '良好'
        WHEN Score>=70 THEN '中等'
        WHEN Score>=60 THEN '及格'
        ELSE '不及格'
    END AS 成绩等级, Score AS 成绩
    FROM selectcourse;
```

运行结果如图 8-4 所示。

信息　结果 1　剖析　状态

学号	课程号	成绩等级	成绩
202210010108	100101	良好	88.0
202210010123	100101	及格	66.0
202240010215	400121	优秀	100.0
202260010306	600131	优秀	99.0
202260010307	600131	良好	87.0
202260010309	600131	及格	69.0

图 8-4　分段成绩

8.4　自定义函数

可以根据需要创建自定义函数，自定义函数也称存储函数。

8.4.1　自定义函数的概念

自定义函数是由 SQL 语句和过程式语句组成的完成特定功能的代码，并且可以被应用程序和其他 SQL 语句调用。自定义函数有以下特点。

1）自定义函数实现的功能比较单一。自定义函数不能用于执行一组修改全局数据库状态的操作。

2）自定义函数只能返回值或者表对象，函数只能返回一个值。

3）自定义函数的参数只有 IN 类型。

4）自定义函数不能拥有输出参数，这是因为自定义函数自身就是输出参数。

5）自定义函数声明时需要描述返回类型。

6）自定义函数中必须包含一条 RETURN 语句。

7）可以直接调用自定义函数。

8）SQL 语句中可以使用函数。函数可以作为查询语句或表达式的一个部分来调用，由于函数可以返回一个表对象，因此它可以在查询语句中位于 FROM 关键字的后面。

8.4.2　创建自定义函数

自定义函数必须创建到某个数据库中，所以先打开相应的数据库。创建自定义函数的基本语法格式如下。

```
CREATE FUNCTION func_name([parameter1 type1[ , parameter2 type2, …]])
RETURNS type
[characteristic …]
BEGIN
```

```
        function_body_statements;
        RETURN values;
    END;
```

语法说明如下。

1）func_name 是函数名。

2）parameter 是函数的形参列表名，type 指定参数类型，该类型可以是 MySQL 的任意数据类型。可以由多个形参组成，其中每个参数由参数名称和参数类型组成。形参用于定义该函数接收的参数，函数的参数都是输入参数。

3）RETURNS type 指定返回值的类型。

4）characteristic 是指定函数的特性参数，该参数的取值由以下一种或几种选项组合而成。

```
LANGUAGE SQL | [ NOT] DETERMINISTIC |
{CONTAINS SQL | NO SQL | READS SQL DATA | MODIFIES SQL DATA} |
SQL SECURITY {DEFINER | INVOKER} |
COMMENT 'string'
```

characteristic 参数的取值说明如下。

① LANGUAGE SQL：默认选项，指定编写这个函数的语言为 SQL 语言。目前，自定义函数不能用外部编程语言来编写。

② [NOT] DETERMINISTIC：默认为 NOT DETERMINISTIC，指定函数的运行结果是否确定。如果函数总是对同样的输入参数产生同样的结果，则被认为是“确定的”，否则就是“不确定”的。例如，函数返回系统当前的时间，返回值是不确定的。当函数返回不确定值时，该选项是为了防止结果的不一致。DETERMINISTIC 表示结果是确定的，每次执行函数时，相同的输入参数会得到相同的输出。NOT DETERMINISTIC 表示结果是不确定的，相同的输入参数可能得到不同的输出。

③ {CONTAINS SQL | NO SQL | READS SQL DATA | MODIFIES SQL DATA}：指定函数使用 SQL 语句的限制。CONTAINS SQL 表示函数体中包含 SQL 语句，但不包含读或写数据的语句（例如 SET 等）。NO SQL 表示函数体中不包含 SQL 语句。READS SQL DATA 表示函数体中包含读数据的语句（例如 SELECT 查询语句），但不包含更新语句。MODIFIES SQL DATA 表示函数体中包含更新语句。如果上述选项没有指定，则默认为 CONTAINS SQL。

④ SQL SECURITY {DEFINER | INVOKER}：指定谁有权限执行此函数，用于指定函数的执行许可。DEFINER 表示该函数只能由创建者调用执行；INVOKER 表示该函数可以被其他用户调用。默认为 DEFINER。

⑤ COMMENT 'string'：对函数添加描述，其中 string 为描述内容，COMMENT 为关键字。描述信息可以用 SHOW CREATE PROCEDURE 语句显示。

5）BECIN…END：函数体的开始和结束标记。function_body_statements 是函数功能的 SQL 语句，包括局部变量、SET 语句、流程控制语句和游标等。

6）函数体中必须包含带返回值的 RETURN values 语句，表示函数的返回值；函数体中该返回值的数据类型由之前的 RETURNS <数据类型>指定。

如果 values 是 SELECT 语句，则要把该 SELECT 语句用小括号包围起来，即 RETURN (SELECT…)。在 RETURN value 子句中包含 SELECT 语句时，SELECT 语句的返回结果只能是一行且只能有一列值，即一个数据项。

例 8-46

【例 8-46】 在 studentinfo 数据库中，创建计算长方形面积的函数，给定长、宽，返回面积。

SQL 语句如下。

```
CREATE FUNCTION fu_rectangle_area(length FLOAT, width FLOAT)
RETURNS FLOAT
DETERMINISTIC
BEGIN
   RETURN length*width;
END;
```

说明：RETURNS FLOAT 表示函数的返回值是 FLOAT 类型。DETERMINISTIC 表示函数的返回值是确定的，完全由输入参数的值决定，每次执行存储过程时，相同的输入会得到相同的输出，不能省略。RETURN length*width 返回一个值，其数据类型是 RETURNS FLOAT 指定的类型。

在 Navicat for MySQL 的“查询编辑器”窗格中输入上面的 SQL 语句，单击“运行”按钮，“信息”窗格中显示 OK，则表示创建函数成功，如图 8-5 所示。在“导航”窗格中，右击 studentinfo 数据库下的“函数”选项，从弹出的快捷菜单中选择“刷新”选项，就能看到新建的函数名。

图 8-5 创建自定义函数

【例 8-47】 在 studentinfo 数据库中，创建函数 fu_getStudentName()，给定学号，返回该学生的姓名。

SQL 语句如下。

```
CREATE FUNCTION fu_getStudentName(stuID CHAR(12))
RETURNS VARCHAR(20)
DETERMINISTIC
BEGIN
   RETURN (SELECT StudentName FROM student WHERE StudentID = stuID);
END;
```

说明：在定义函数的形参和返回值时，如果是字符串，其字符串的宽度不能少于表定义的宽度。例如，在 student 表中，StudentID 列的宽度是 CHAR(12)，则形参的宽度不能少于 CHAR(12)。RETURNS VARCHAR(20)中的返回值的字符串宽度不能少于 StudentName 列的宽度。

8.4.3 调用自定义函数

自定义函数保存在某个数据库中，所以在调用自定义函数前需要打开相应的数据库或指定数据库名称。自定义函数的调用与系统内部函数的调用方法相同，可以在表达式、SELECT 语句中对其调用，其语法格式如下。

```
func_name([parameter1[, parameter2,…]])
```

语法说明：func_name 是函数名。parameter 是函数的实参列表，实参列表是创建函数时要求传入的各个形参的值。

【例 8-48】 在 studentinfo 数据库中，分别调用 fu_rectangle_area()函数和 fu_getStudentName()函数。

1）计算长和宽分别为 20 和 30 的矩形面积，SQL 语句和运行结果如下。

```
SELECT fu_rectangle_area(20,30);
```

信息　结果 1　剖析　状态

fu_rectangle_area(20,30)
600

在 Navicat for MySQL 的“查询编辑器”窗格中输入上面的 SQL 语句并运行。

2）调用 fu_getStudentName()函数，查询学号为 202260010306 的学生姓名。SQL 语句和运行结果如下。

```
SELECT fu_getStudentName('202260010306');
```

信息　结果 1　剖析　状态

fu_getStudentName('202260010306')
张雅丽

或者，先把调用执行函数的值保存在变量中，再使用 SELECT 语句显示该变量中的值。SQL 语句如下。

```
SET @ID='202260010306';
SELECT fu_getStudentName(@ID);
```

8.4.4 管理自定义函数

自定义函数的管理包括函数的查看、自定义函数的修改、删除等内容。

1．查看函数

1）查看当前数据库中所有的函数信息（包括系统函数和自定义函数），语法格式如下。

```
SHOW FUNCTION STATUS;                              //自定义函数较少时用
SHOW FUNCTION STATUS LIKE '匹配模式字符串';         //自定义函数较多时使用
```

语法说明：“匹配模式字符串”有两种通配符“%”和“_”。

例如，在 studentinfo 数据库中，显示函数名开头是 fu 的函数名，SQL 语句如下。

```
SHOW FUNCTION STATUS LIKE 'fu%';
```

2）查看数据库中指定的函数名的详细信息，语法格式如下。

```
SHOW CREATE FUNCTION func_name;
```

其中，func_name 指定存储函数名。

例如，在 studentinfo 数据库中，查看 fu_rectangle_area()函数的详细信息，SQL 语句如下。

```
SHOW CREATE FUNCTION fu_rectangle_area;
```

在 Navicat for MySQL 的“导航”窗格中，展开操作数据库中的“函数”，将显示用户创建的自定义函数和存储过程名称，函数名前面的图标显示为 fx。

3）函数的信息都保存在 information_schema 数据库中的 routines 表中，使用 SELECT 语句检索 routines 表，可以查询函数的相关信息。SQL 语句如下。

```
SELECT * FROM information_schema.ROUTINES WHERE routine_name='函数名';
```

例如，查看 fu_rectangle_area()函数的信息，SQL 语句如下。

```
SELECT * FROM information_schema.ROUTINES WHERE routine_name='fu_rectangle_area';
```

2．修改自定义函数

只能修改自定义函数的特性，不能修改函数的参数列表和函数内部的 SQL 语句。所以，如果要修改形参、函数体时，可以先使用 DROP FUNCTION 语句删除自定义函数，再使用 CREATE FUNCTION 语句重新创建相同名字的函数。修改函数的语法格式如下。

```
ALTER FUNCTION function_name
[characteristic …]
```

语法说明如下。

1）function_name 表示存储函数的名称。

2）characteristic 指定存储函数的特性，与 CREATE FUNCTION 相同。只能修改函数的 characteristic。

3）使用 ALTER FUNCTION 语句是为了保持存储函数的权限。

【例 8-49】　修改存储函数 fu_getStudentName()的定义，将 DETERMINISTIC 改为 MODIFIES SQL DATA。

SQL 语句如下：

```
ALTER FUNCTION fu_getStudentName
MODIFIES SQL DATA;
```

3．删除自定义函数

删除自定义函数的语法格式如下。

```
DROP FUNCTION [IF EXISTS] func_name;
```

语法说明如下。

1）func_name 指定要删除的存储过程名。它后面没有参数列表，也没有括号。在删除之前，必须确认该存储过程没有任何依赖关系，否则会导致其他与之关联的存储过程无法运行。

2）IF EXISTS 这个关键字用于防止因删除不存在的存储过程而引发的错误。

【例 8-50】　查看 studentinfo 数据库中的函数，查看 fu_getStudentName()函数的具体信息，然后删除该函数。

SQL 语句如下。

```
SHOW FUNCTION STATUS;
SHOW CREATE FUNCTION fu_getStudentName;
DROP FUNCTION IF EXISTS fu_getStudentName;
```

4．使用 Navicat for MySQL 管理自定义函数

使用 Navicat for MySQL 管理自定义函数

创建和管理自定义函数还可以使用 Navicat for MySQL，在“导航”窗格中，打开要操作的数据库，在该数据库中的“函数”下显示自定义函数和存储过程的名称。

1）双击函数名，在右侧的“SQL 预览”窗格中显示函数的内容。

2）右击函数名，在弹出的快捷菜单中可以选择删除、运行、新建函数等操作命令，如图 8-6 所示。

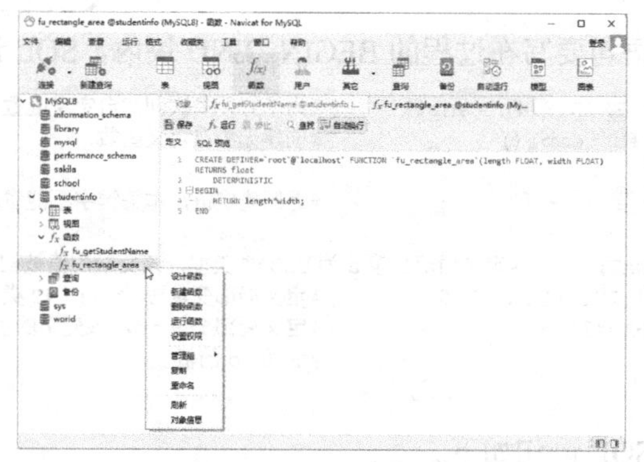

图 8-6　管理自定义函数

8.5 控制流程语句

在函数体中可以使用各种 SQL 语句和控制流程语句，实现数据库应用的编程。流程控制语句是指控制程序执行流程的语句，主要指条件分支语句、循环语句等。在函数体中，使用流程控制语句控制程序的执行流程，这些流程控制语句放在 BEGIN…END 语句块中。本节介绍用于函数体的常用语法元素和控制流程语句。

8.5.1 局部变量

在函数中定义的变量是局部变量，局部变量的作用范围在它声明的 BEGIN...END 块内有效。可以定义变量、给变量赋值和引用变量。

1．局部变量的定义

局部变量必须先定义再使用。使用 DECLARE 语句定义（声明）局部变量，同时定义该变量的数据类型。定义局部变量的语法格式如下。

```
DECLARE var_name1[, var_name2, …] type [DEFAULT value];
```

语法说明如下。

1）var_name 指定局部变量的名称，一次可以定义多个变量，变量名之间用逗号分隔。

2）type 声明局部变量的数据类型。如果定义了多个变量，则为这多个变量声明相同的数据类型。

3）DEFAULT 子句为局部变量指定一个默认值 value。如果没有 DEFAULT 子句，则初始值为 NULL。

4）局部变量只能在存储过程体的 BEGIN…END 语句块中定义。

5）局部变量必须在存储过程体的开头处定义。

6）局部变量的作用范围仅限于定义它的 BEGIN…END 语句块，其他语句块中的语句不可以使用它。

7）局部变量不同于用户会话变量，两者的区别是：定义局部变量时，变量的前缀不使用“@”符号，并且只能在定义它的 BEGIN…END 语句块中使用；而用户会话变量在定义时在其变量名前使用“@”符号，同时定义的用户会话变量可以在整个会话中使用。

例 8-51

【例 8-51】 在 studentinfo 数据库中，在自定义函数中定义局部变量。

1）定义局部变量的语句要写在过程的 BEGIN...END 块内，SQL 语句如下。

```
DROP FUNCTION IF EXISTS fu_temp1;        #为了方便多次创建自定义函数，在创建前先删掉
CREATE FUNCTION fu_temp1()               #创建无参自定义函数
RETURNS CHAR(12)
DETERMINISTIC                            #返回确定值，本关键字不能省略
BEGIN
    DECLARE a FLOAT;        #定义局部变量 a 为 FLOAT 类型，该变量的值被初始化为 NULL
    DECLARE i , j INT DEFAULT 0;         #定义局部变量 i、j 为 INT 类型，其值为 0
    DECLARE id CHAR(12);                 #定义局部变量 id，该变量的值被初始化为 NULL
    RETURN id;                           #返回 id 的值
END;
```

2）执行调用函数，SQL 语句如下。

```
SELECT fu_temp1();
```

在 Navicat for MySQL 的“查询编辑器”窗格中输入上面的 SQL 语句并运行，如图 8-7 所示。

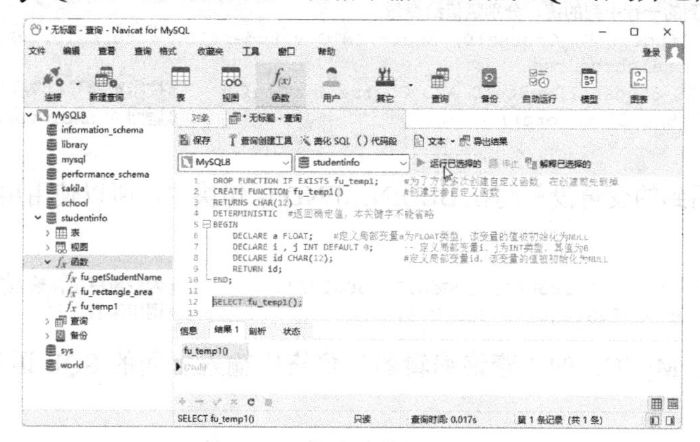

图 8-7　在过程中定义局部变量

2．局部变量的赋值

定义变量后，使用 SET 或 SELECT 语句把值赋值给变量，可以给多个变量赋值。

（1）使用 SET 语句

使用 SET 语句为局部变量赋值，其语法格式如下。

```
SET var_name1=expr1 [, var_name2=expr2, …];
```

语法说明如下。

1）var_name 为要赋值的变量名；expr 为赋值的表达式。

2）可以同时为多个变量赋值，各个变量的赋值语句之间用逗号分隔。

【例 8-52】 为上例定义的局部变量赋值。在自定义函数中使用如下 SQL 语句。

```
SET z=(x+y)*2, vStuNo='2022110131';
```

（2）使用 SELECT…INTO 语句

使用 SELECT…INTO 语句把指定列的值依次赋值到对应局部变量中，其语法格式如下。

```
SELECT col_name1 [, col_name2, ...] INTO var_name1 [, var_name2, ...]
    [FROM tb_name
    [WHERE condition]];
```

语法说明如下。

1）col_name 指定列名；var_name 指定要赋值的变量名；tb_name 为搜索的表或视图的名；condition 为查询条件。

2）函数体中的 SELECT...INTO 语句将查询的结果为变量赋值，但是查询的结果集只能为一行。这一行各列的值，要通过变量分别赋值。

例 8-53

【例 8-53】 在成绩表 selectcourse 中，查询指定学号和课程号的成绩。

1）创建自定义函数的 SQL 语句如下。

```
DROP FUNCTION IF EXISTS fu_temp2;
CREATE FUNCTION fu_temp2(vStuID CHAR(12), vCouID CHAR(6))
RETURNS INT
DETERMINISTIC                                    #返回确定值，本关键字不能省略
BEGIN
    # DECLARE 语句必须在过程体开头处集中定义
```

```
    DECLARE vStudentID CHAR(12);
    DECLARE vCourseID CHAR(6);
    DECLARE vScore FLOAT;
    #把查询到的一行中列的值，分别赋值给变量
    SELECT StudentID, CourseID, Score INTO vStudentID, vCourseID, vScore
       FROM selectcourse
       WHERE StudentID=vStuID AND CourseID=vCouID;     #按指定学号和课程号查询
    RETURN (SELECT vScore);                            #返回 SELECT vScore 查询到的一个值
END;
```

2）调用函数用到的变量没有写在 BEGIN...END 语句块中，所以使用用户会话变量，SQL 语句如下。

```
SET @vStuID='202260010306', @vCouID='600131';          #为变量赋值，输入参数通过传参实现
SELECT fu_temp2(@vStuID, @vCouID );                    #调用函数
```

在 Navicat for MySQL 的“查询编辑器”窗格中输入上面的 SQL 语句并运行，结果如图 8-8 所示。

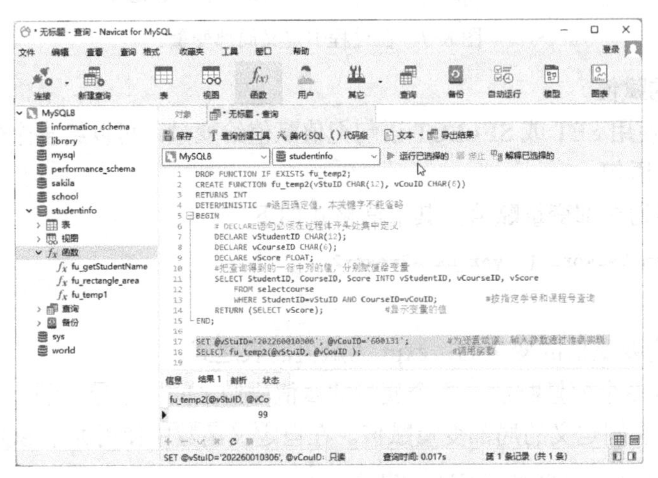

图 8-8　为局部变量赋值

本例题是为了说明利用 SELECT...INTO 语句查询的结果为变量赋值，其查询的结果只能是单行结果集，不能是多行结果集。要获得该行各列的值（数据项），依次列出列名和变量名，例如，SELECT StudentNo, CourseNo, Score INTO vStudentNo, vCourseNo, vScore ...。

对于本例由于只需得到 vScore 的值，所以可以把 SELECT 的 SQL 语句写成：

```
SELECT Score INTO vScore
   FROM selectcourse
   WHERE StudentID=vStuID AND CourseID=vCouID;
```

3. 局部变量的应用场合

DECLARE 语句定义局部变量及对应的数据类型。局部变量必须定义在存储程序中（函数、触发器、存储过程、事件），并且局部变量的作用范围仅仅局限于存储程序中，脱离存储程序，局部变量没有意义。局部变量主要用于下面 3 种场合。

1）场合一：局部变量定义在存储程序的 BEGIN...END 语句块之间。此时，局部变量必须首先使用 DECLARE 语句定义，并且必须指定其数据类型。只有定义局部变量后，才可以使用 SET 语句或者 SELECT 语句为其赋值。

2）场合二：局部变量作为存储过程或者函数的参数使用，此时虽然不需要使用 DECLARE 定义，但需要指定参数的数据类型。

3）场合三：局部变量也可以用在存储过程的 SQL 语句中。检索数据时，如果 SELECT 语句的结果集是单个值，则可以将 SELECT 语句的返回结果赋予局部变量。局部变量也可以直接嵌入到 SELECT、INSENT、UPDATE 和 DELETE 语句的条件表达式中。

4. 局部变量与用户会话变量的区别

局部变量与用户会话变量的区别有以下几点。

1）用户会话变量名以“@”开头，而局部变量名前面没有“@”符号。

2）局部变量使用 DECLARE 命令定义（存储过程参数、函数参数除外），定义时必须指定局部变量的数据类型。DECLARE 语句尽量写在 BEGIN…END 语句块的开头，尽量写在其他语句的前面。局部变量定义后，才可以使用 SET 语句或者 SELECT 语句为其赋值。

用户会话变量使用 SET 语句或者 SELECT 语句定义并赋值，定义用户会话变量时无须指定数据类型（用户会话变量是弱类型）。用户会话变量不能使用 DECLARE 语句定义。

3）用户会话变量的作用范围与生存周期大于局部变量。局部变量如果作为存储过程或者函数的参数使用，则在整个存储过程或函数内有效；如果定义在存储过程的 BEGIN…END 语句块中，则仅在当前的 BEGIN…END 语句块内有效。用户会话变量在本次会话期间一直有效，直至关闭服务器连接。

4）如果局部变量嵌入到 SQL 语句中，且局部变量名前没有“@”符号，这就要求局部变量名不能与表的列名同名，否则将出现无法预期的结果。

在 MySQL 数据库中，局部变量涉及 BEGIN…END 语句块、函数、存储过程等知识，其具体使用方法将结合这些知识稍后一起进行讲解。

8.5.2 条件控制语句

条件控制语句有两种：IF 语句和 CASE 语句。

1. IF 语句

IF 语句根据条件表达式值的真或假，确定执行不同的语句块。IF 语句的语法格式如下。

```
IF search_condition1 THEN
   statement_list1;
[ELSEIF search_condition2 THEN
   statement_list2;]
…
[ELSE
   statement_list3;]
END IF;
```

语法说明如下。

1）search_condition 是条件表达式；statement_list 是语句块。

2）IF 语句的执行流程为：如果 search_condition1 成立，则执行 THEN 子句后 statement_list1 中的代码；如果为假则继续判断 ELSEIF 子句后的 search_condition2 是否成立，如果成立，则执行 statement_list2 中的代码；依次类推；如果都不成立，则执行 ELSE 子句中的 statement_list3 中的代码。

ELSEIF 和 ELSE 子句都是可选的。在 ELSEIF 子句中，同时只能有一个条件表达式成立，或者所有条件表达式都不成立，各个条件表达式之间是互为排斥的关系。

【例 8-54】 在 studentinfo 数据库中，创建函数 fu_getmin，给定两个整数，输出较小的数。

1）创建 fu_getmin()函数的 SQL 语句如下。

```
DROP FUNCTION IF EXISTS fu_getmin;
CREATE FUNCTION fu_getmin(a INT, b INT) RETURNS INT
DETERMINISTIC
BEGIN
   DECLARE min INT;
   IF a<b THEN
      SET min=a;
   ELSE
      SET min=b;
   END IF;
   RETURN min;
END;
```

2）执行调用函数 fu_getmin()，SQL 语句和运行结果如下。

```
SELECT fu_getmin(3,8), fu_getmin(30,10), fu_getmin(7,7);
```

信息 结果 1 剖析 状态

fu_getmin(3,8)	fu_getmin(30,10)	fu_getmin(7,7)
3	10	7

【例 8-55】 在 studentinfo 数据库中，创建函数 fu_search()，要求该函数能根据给定的学号返回学生的性别，如果没有找到给定学号的学生，则返回“没有该学生”。

1）创建自定义函数的 SQL 语句如下。

```
DROP FUNCTION IF EXISTS fu_search;
CREATE FUNCTION fu_search(sid CHAR(12))
RETURNS CHAR(5)                                    #5 是返回的最大字符数'没有该学生'
DETERMINISTIC
BEGIN
DECLARE vSex CHAR(1);
SELECT Sex INTO vSex FROM student WHERE StudentID=sid;
IF vSex IS NULL THEN                               #如果在表中没有找到该学号，则返回 NULL
   RETURN (SELECT '没有该学生');
ELSE IF vSex='女' THEN
       RETURN (SELECT '女');
   ELSE
       RETURN (SELECT '男');
   END IF;
END IF;
END;
```

说明：当 RETURN value 语句中包含有 SELECT 语句时，SELECT 语句的返回结果只能是一行且只能有一列值，即只能是一个值。

2）执行调用函数，SQL 语句和运行结果如下。

```
SET @id1='202210010123', @id2='202260010309', @id3='1234567890';
SELECT fu_search(@id1), fu_search(@id2), fu_search(@id3);
```

信息 结果 1 剖析 状态

fu_search(@id1)	fu_search(@id2)	fu_search(@id3)
女	男	没有该学生

【例 8-56】 创建函数 fu_getscore，给定学号和课程号，查询该学生指定课程号的成绩，如果成绩合格，则返回 1；否则返回 0。

1）创建自定义函数的 SQL 语句如下。

```
DROP FUNCTION IF EXISTS fu_getscore;
CREATE FUNCTION fu_getscore(vStID CHAR(12),vCoID CHAR(6)) RETURNS INT
DETERMINISTIC
BEGIN
   DECLARE vScore, flag INT;
   SELECT Score INTO vScore
```

```
        FROM selectcourse
        WHERE StudentID=vStID AND CourseID=vCoID;
    IF vScore>=60 THEN
        SET flag=1;
    ELSE
        SET flag=0;
    END IF;
    RETURN flag;
END;
```

2）执行调用函数，SQL 语句和运行结果如下。

```
SET @StudentID='202240010215', @CourseID='400121', @Score=Null;
SELECT fu_getscore(@StudentID, @CourseID) INTO @state;
SELECT @StudentID AS 学号, @CourseID AS 课程号, @state;
```

信息　结果 1　剖析　状态

学号	课程号	@state
202240010215	400121	1

修改上述例题，改成如果成绩合格，则返回“通过”；否则返回“不通过”。

2. CASE 语句

CASE 语句为多分支语句结构，CASE 语句用于比 IF 语句更复杂的条件判断。CASE 语句的语法格式如下。

```
CASE case_value
    WHEN when_value1 THEN statement_list1;
    [WHEN when_value2 THEN statement_list2;]
…
    [ELSE statement_list3;]
END [CASE];
```

语法说明如下。

1）case_value 表示条件判断的表达式；when_value 表示条件表达式的取值；statement_list 表示不同条件的执行语句块。

2）CASE 语句的执行流程为：CASE 语句会从上到下依次检测 case_value 值与哪个值相等，如果相等就返回对应的值，不再继续向下比较；如果不成立则继续比较下面的条件。具体执行过程为：先计算 CASE 后的 case_value 值，然后将其值与 WHEN 后的表达式值 when_value 逐个匹配，若存在匹配，则执行 THEN 后的 statement_list 语句块；若所有 WHEN 后的 when_value 值与 case_value 值均不匹配，且存在 ELSE 分支，则执行 ELSE 后的语句块；若所有 WHEN 后的 when_value 与 case_value 值均不匹配，也无 ELSE 分支，那么 CASE 语句不执行任何分支，返回 NULL。

【例 8-57】 创建函数 fu_getgrade()，输入分数成绩，返回成绩的等级。

1）创建自定义函数的 SQL 语句如下。

```
CREATE FUNCTION fu_getgrade(score INT) RETURNS CHAR(3)
NO SQL
BEGIN
DECLARE scoreGrade CHAR(3);
SET score=FLOOR(score/10);                  #把输入的成绩除 10 取整，以判断分数范围
CASE score
    WHEN 10 THEN SET scoreGrade = '优秀';
    WHEN  9 THEN SET scoreGrade = '优秀';
    WHEN  8 THEN SET scoreGrade = '良好';
    WHEN  7 THEN SET scoreGrade = '中等';
    WHEN  6 THEN SET scoreGrade = '及格';
    ELSE  SET scoreGrade = '不及格';
END CASE;
RETURN scoreGrade;
```

```
END;
```

2）执行调用函数，SQL 语句和运行结果如下。

```
SELECT  fu_getgrade(50),fu_getgrade(60),fu_getgrade(70),fu_getgrade(80),fu_getgrade(90),
fu_getgrade(100);
```

信息　结果 1　剖析　状态

fu_getgrade(50)	fu_getgrade(60)	fu_getgrade(70)	fu_getgrade(80)	fu_getgrade(90)	fu_getgrade(100)
不及格	及格	中等	良好	优秀	优秀

【例 8-58】 创建依据给定日期，获得中文星期的函数。

1）创建自定义函数的 SQL 语句如下。

```
CREATE FUNCTION fu_getweek(weekno INT) RETURNS CHAR(20)
NO SQL
BEGIN
DECLARE week CHAR(4);                              #最长的字符串长度
CASE weekno
   WHEN 2 THEN SET week='星期一';
   WHEN 3 THEN SET week='星期二';
   WHEN 4 THEN SET week='星期三';
   WHEN 5 THEN SET week='星期四';
   WHEN 6 THEN SET week='星期五';
   ELSE SET week='今天休息';                       #最长的字符串长度是 4
END CASE;
RETURN week;
END;
```

2）执行调用函数，SQL 语句如下。

```
SELECT fu_getweek(DAYOFWEEK(NOW())),fu_getweek(DAYOFWEEK(STR_TO_DATE('2022-09-23', '%Y-%m-
%d')));
```

8.5.3 循环控制语句

MySQL 提供了 3 种循环语句，分别是 WHILE、REPEAT 和 LOOP 语句。还提供了 ITERATE 和 LEAVE 语句，用于循环的内部控制。

1. WHILE 语句

执行 WHILE 语句时要先判断条件，当满足条件时，执行循环体内的语句，其语法格式如下。

```
[label:] WHILE condition DO
   statement_list;
END WHILE [label];
```

语法说明如下。

1）WHILE 语句首先判断条件 condition 是否为真，若为真，则执行循环体中的语句 statement_list；然后返回 WHILE 语句再次判断条件 condition 是否为真，如若仍然为真则继续循环，直至条件判断不为真时结束循环。

2）label 是 WHILE 语句的标注，且必须使用相同的名字，并成对出现，而且都可以省略。

【例 8-59】 创建函数 fu_sum()，使用 WHILE 语句求 1+2+3+⋯+n。

分析：定义变量 i 控制循环的次数，定义变量 sum 保存前 n 项的和，当变量 i 的值小于或等于 n 时，使 sum 的值加 i，然后使 i 的值增 1，直到 i 大于 n 时退出循环，返回结果。

例 8-59

1）创建自定义函数的 SQL 语句如下。

```
CREATE FUNCTION fu_sum(n INT) RETURNS INT
```

```
NO SQL
BEGIN
   DECLARE i, sum INT DEFAULT 0;
   SET i=1;
   WHILE i<=n DO
      SET sum=sum+i;
      SET i=i+1;
   END WHILE;
   RETURN sum;
END;
```

2）执行调用函数，计算前 100 项的和，SQL 语句和运行结果如下。

```
SELECT fu_sum(100);
```

信息	结果 1	剖析	状态
fu_sum(100)			
5050			

【例 8-60】 创建 fu_sum2()函数，使该函数实现从 1～n 的偶数累加，其中 add_label 为循环标签。

分析：在循环中使用 IF 语句，如果 i 是偶数则累加到 sum 中；否则就跳转到指定的标注位置，继续循环。

1）创建自定义函数的 SQL 语句如下。

```
CREATE FUNCTION fu_sum2(n INT) RETURNS INT
NO SQL
BEGIN
DECLARE sum INT DEFAULT 0;
DECLARE i INT DEFAULT 0;
label: WHILE TRUE DO
   SET i = i + 1;
   IF (i % 2=0) THEN
      SET sum = sum + i;
   ELSE
      ITERATE label;                        #向前返回到循环开始
   END IF;
   IF (i=n) THEN
      LEAVE label;                          #向后退出循环
   END IF;
   END WHILE label;
RETURN sum;
END;
```

2）执行调用函数，计算前 100 项偶数的和，SQL 语句和运行结果如下。

```
SELECT fn_sum2(100);
```

信息	结果 1	剖析	状态
fu_sum2(100)			
2550			

2. REPEAT 语句

REPEAT 语句是先执行一次循环体，之后判断条件，其语法格式如下。

```
[label:] REPEAT
   statement_list;
   UNTIL condition
END REPEAT [label];
```

语法说明如下。

1）REPEAT 语句首先执行一次循环体中的语句 statement_list，然后判断条件 condition 是否真，若为真则结束循环，若不为真则继续循环。

2）REPEAT 也可以使用 label 标注，label 必须使用相同的名字，并成对出现，而且都可以省略。

3）REPEAT 语句和 WHILE 语句的区别在于：WHILE 语句是先判断，条件为真时才执行循环体；REPEAT 语句是先执行一次循环体，然后判断，若为假则继续循环。

【例 8-61】 使用 REPEAT 语句创建计算 1+2+…+n 的函数 fu_sum3()。

1）创建自定义函数的 SQL 语句如下。

```
CREATE FUNCTION fu_sum3(n INT) RETURNS INT
NO SQL
BEGIN
    DECLARE sum INT DEFAULT 0;
    DECLARE i INT DEFAULT 1;
    REPEAT
        SET sum=sum+i;
        SET i=i+1;
        UNTIL i>n
    END REPEAT;
    RETURN sum;
END;
```

2）执行调用函数，计算前 100 项的和，SQL 语句和运行结果如下。

```
SELECT fu_sum3(100);
```

信息　结果 1　剖析　状态

fu_sum3(100)
5050

3. LOOP 语句

LOOP 语句可以使某些特定的语句重复执行，实现一个简单的循环结构。但是 LOOP 语句本身没有内置的循环条件，必须配合 LEAVE 语句才能退出循环，否则是一个无限循环。LOOP 语句的语法格式如下。

```
[label:] LOOP
    statement_list;
    [LEAVE label;]
END LOOP [label];
```

语法说明如下。

1）statement_list 指定需要重复执行的语句块。

2）label 是 LOOP 语句的标注，且必须使用相同的名字，并成对出现，而且都可以省略。

3）使用 LOOP 循环比使用 WHILE、REPEAT 循环复杂，所以尽量不用 LOOP 循环。

4. LEAVE 语句

LEAVE 语句用于从循环体内跳出，即结束当前循环。LEAVE 语句可以结束 WHILE、REPEAT、LOOP 语句的执行。LEAVE 语句的语法格式如下。

```
LEAVE label;
```

语法说明如下。

1）在循环体 statement_list 中的语句会一直重复执行，直至循环执行到 LEAVE 语句退出。

2）这里的 label 是 WHILE、REPEAT、LOOP 语句中所标注的自定义名字，LEAVE 跳到 END WHILE、END REPEAT 或 END LOOP 语句后，结束循环，执行其后的语句。

【例 8-62】 使用 LOOP 和 LEAVE 语句创建计算 1+2+…+n 的函数 fu_sum4()。

1）创建自定义函数的 SQL 语句如下。

```
CREATE FUNCTION fu_sum4(n INT) RETURNS INT
NO SQL
```

```
BEGIN
    DECLARE i, sum INT;
    SET i=1, sum=0;
    loop_label: LOOP
        SET sum=sum+i;
        SET i=i+1;
        IF i>n THEN
            LEAVE loop_label;                              #向后跳到循环结束的语句
        END IF;
    END LOOP loop_label;
    RETURN sum;
END;
```

2）执行调用函数，计算前 100 项的和，SQL 语句和运行结果如下。

```
SELECT fu_sum4(100);
```

信息　结果 1　剖析　状态

fu_sum4(100)
5050

当循环次数确定时，通常使用 WHILE 循环语句；当循环次数不确定时，通常使用 REPEAT 语句或者 LOOP 语句。

5．ITERATE 语句

ITERATE 语句可用于跳过本次循环中尚未执行的语句，即 ITERATE 语句后面的任何语句都不再执行，重新开始新一轮的循环。但它只能出现在循环语句的 LOOP、REPEAT 和 WHILE 子句中，用于退出当前循环，且重新开始一个循环。ITERATE 语句的语法格式如下。

```
ITERATE label;
```

语法说明如下。

1）label 是语句中的标注。ITERATE 语句向前跳到 LOOP、REPEAT 或 WHILE 语句，然后继续执行循环。

2）ITERATE 语句与 LEAVE 语句的区别在于：LEAVE 语句是结束整个循环，而 ITERATE 语句只是退出当前循环，然后返回到循环开始的语句继续执行循环。

【例 8-63】 使用 WHILE 和 ITERATE 语句创建函数 fn_sum5()，计算 1+2+3+…+n，但不包括同时能被 3 和 7 整除的数。

1）创建自定义函数的 SQL 语句如下。

```
CREATE FUNCTION fu_sum5(n INT) RETURNS INT
NO SQL
BEGIN
    DECLARE i, sum INT;
    SET i=1, sum=0;
    label: WHILE i<=n DO
        IF i%3=0 && i%7=0 THEN
            SET i=i+1;
            ITERATE label;                          #向前跳到循环开始的语句 WHILE
        END IF;
        SET sum=sum+i;
        SET i=i+1;
    END WHILE label;
    RETURN sum;
END;
```

2）执行调用函数，计算前 100 项且满足条件的和，SQL 语句和运行结果如下。

```
SELECT fu_sum5(100);
```

信息　结果 1　剖析　状态

fu_sum5(100)
4840

在编写循环程序时，应该通过改变循环变量的值来改变循环语句的条件，以使循环能正常结束。

8.6 习题 8

一、选择题

1. SQL 语言又称（　　）。

A. 结构化定义语言　　B. 结构化控制语言
C. 结构化查询语言　　D. 结构化操纵语言

2. 在 MySQL 中会话变量前面的字符为（　　）。

A. *　　B. #
C. @@　　D. @

3. 下列选项中，用于创建一个带有条件判断的循环过程的语句是（　　）。

A. LOOP 语句　　B. ITERATE 语句
C. REPEAT 语句　　D. QUIT 语句

4. MySQL 存储过程的流程控制中，IF 必须与（　　）成对出现。

A. ELSE　　B. ITERATE
C. LEAVE　　D. END IF

5. 下面关于自定义函数的说法正确的是（　　）。

A. 自定义函数必须由两条以上的语句组成　　B. 在函数体中可以使用 SELECT 语句
C. 函数的返回值不能省略　　D. 自定义函数的名称区分大小写

6. 下列关于存储过程的描述错误的是（　　）。

A. 存储过程名称不区分大小写　　B. 存储过程名称区分大小写
C. 存储过程名称不能与内置函数重名　　D. 存储过程的参数名不能和字段名相同

7. 在 MySQL 语句中，可以匹配 0 个到多个字符的通配符是（　　）。

A. *　　B. %　　C. ?　　D. _

8. 创建自定义函数使用（　　）。

A. CREATE FUNCTION　　B. CREATE TRIGGER
C. CREATE PROCEDURE　　D. CREATE VIEW

9. 下列控制流程中，MySQL 不支持（　　）。

A. WHILE　　B. FOR
C. LOOP　　D. REPEAT

10. 以下不能在 MySQL 中实现循环操作的语句是（　　）。

A. CASE　　B. LOOP　　C. REPEAT　　D. WHILE

二、练习题

1. 在 library 数据库中，查询读者表，输出学号、姓名、性别和班级，要求把性别“男”替换为“M”，性别“女”替换为“F”。

2. 在 library 数据库中，创建自定义函数，给定读者姓名，返回该读者的读者号。

3. 在 library 数据库中，创建自定义函数，给定读者名，返回该读者未还的图书册数。

4. 在 library 数据库中，创建自定义函数，给定书号，返回库中剩余可借阅的册数。

第 9 章　存储过程、异常处理和游标

本章将介绍存储过程的创建、使用、查看、修改及删除等操作，还有异常处理，以及利用游标处理结果集。

9.1　存储过程

要实现一个完整的功能，往往需要多条语句处理多个表才能完成，自定义函数可以返回一个值，功能相对单一，而存储过程就可以有效地完成这个操作。

9.1.1　存储过程的概念

存储过程（Stored Procedure）是一组为了完成特定功能的 SQL 语句集，经编译后存储在 MySQL 服务器的数据库中，通过指定存储过程名并给定参数来调用执行它。

存储过程是在数据库中定义的 SQL 语句的集合，可以被程序、触发器或另外的存储过程调用。存储过程可以避免开发人员重复地编写相同的 SQL 语句，而且存储过程是在 MySQL 服务器中存储和执行的，可以减少客户端与服务器端的数据传输，同时具有执行速度快、提高系统性能、确保数据库安全等诸多优点。

存储过程由参数、编程语句和返回值组成，可以通过输入参数向存储过程中传递参数值，也可以通过输出参数向调用者传递多个输出值。

存储过程中的编程语句可以是声明式 SQL 语句（如 CREATE、UPDATE 和 SELECT 等语句）、过程式 SQL 语句（如 IF THEN ELSE 控制结构语句），也可以调用其他的存储过程。这组语句集经过编译后存储在数据库中。

当要执行存储过程时，只需指定存储过程名并给定参数，就可调用并执行它，而不必重新编译。因此这种通过定义一段程序并存放在数据库中的方式，可提高数据库执行语句的效率。

MySQL 的存储程序分为 4 类：自定义函数、存储过程、触发器和事件。

9.1.2　创建存储过程

创建存储过程使用 CREATE PROCEDURE 语句，其语法格式如下。

```
CREATE PROCEDURE sp_name([proc_parameter1, proc_parameter2, …])
[characteristic …]
routine_body;
```

语法格式中的参数说明如下。

1）sp_name：存储过程名，默认在当前数据库中创建。需要在指定数据库中创建存储过程时，要在名称前面加上数据库的名称，即 db_name.sp_name 的格式。存储过程名不能与内置函数名重名，否则会发生错误。

2）proc_parameter：存储过程的参数，称为形式参数（简称形参）。当有多个参数时，多

个参数用逗号分隔。存储过程也可以没有参数，但是小括号不可省略。

每个参数由 3 部分组成，分别是输入/输出类型、参数名和参数类型，其形式如下。

```
[IN | OUT | INOUT] param_name type
```

参数说明。

① IN 表示输入参数，用于指定数据传递给存储过程；OUT 表示输出参数，用于指定存储过程返回的操作结果；INOUT 表示既可以充当输入参数，也可以充当输出参数。

② param_name 是存储过程的参数名。需要注意的是，参数名不要与表的列名相同，否则尽管不会返回出错消息，但是存储过程中的 SQL 语句会将参数名当作列名，从而引发不可预知的结果。

③ type 指定存储过程的参数类型，该类型可以是任意数据类型。

3）characteristic：指定存储过程中使用 SQL 语句的特性。请参考创建自定义函数。

4）routine_body：存储过程体，包含在过程调用的执行语句中，过程体总是以 BEGIN 开始，以 END 结束。如若存储过程体中只有一条 SQL 语句时，可以省略 BEGIN…END。

例 9-1

【例 9-1】 在 studentinfo 数据库中，创建一个显示 student 表中所有记录的存储过程。

创建存储过程的 SQL 语句如下。

```
CREATE PROCEDURE proc_display_all_student()
READS SQL DATA
BEGIN
    SELECT * FROM student;
END;
```

说明：READS SQL DATA 表示过程体中包含读数据的语句（例如 SELECT 查询语句），但不包含更新语句。本存储过程没有参数，只需写一对小括号。

在 Navicat for MySQL 的“查询编辑器”窗格中输入上面的 SQL 语句，单击“运行”按钮，“信息”窗格中显示 OK，则表示创建过程成功，如图 9-1 所示。在“导航”窗格中，右击 studentinfo 下的“函数”选项，从弹出的快捷菜单中选择“刷新”命令，就能看到新建的过程名。

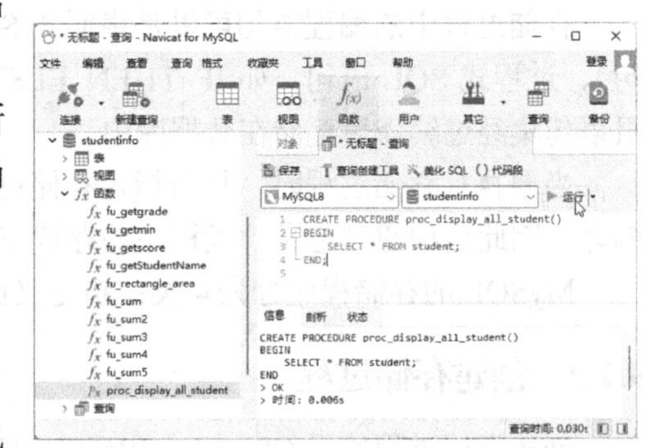

图 9-1　创建过程

9.1.3　执行存储过程

创建存储过程后，使用 CALL 语句执行它。执行存储过程也称调用存储过程，用 SQL 语句执行存储过程的语法格式如下。

```
CALL [db_name.]sp_name([parameter1, parameter2, …]);
```

语法说明如下。

1）sp_name 为存储过程名。存储过程是数据库对象，如果要执行其他数据库中的存储过程，需要打开相应的数据库，或在存储过程名的前面加上该数据库名 db_name。

2）parameter 为执行该存储过程所用的参数，也称实际参数（简称实参），执行语句中的实参个数必须等于存储过程的形参个数。

3）当执行没有参数的存储过程时，使用 CALL sp_name()语句与使用 CALL sp_name 语句相同。

4）执行存储过程需要拥有 execute 权限，有关权限的内容，后面章节介绍。

例 9-2

【例 9-2】 执行 proc_display_all_student 过程。

执行存储过程的 SQL 语句如下。

```
CALL proc_display_all_student();
```

在 Navicat for MySQL 的“查询编辑器”窗格中输入上面的 SQL 语句，然后选中该代码，单击“运行已选择的”按钮，则“结果 1”窗格中显示运行结果，如图 9-2 所示，表示调用执行该过程成功。

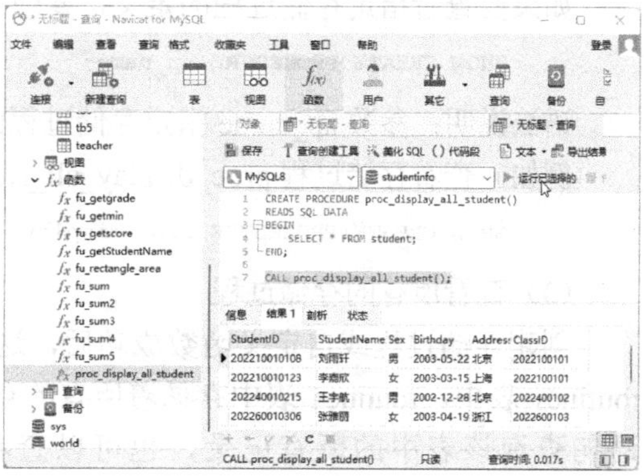

图 9-2　调用执行过程

9.1.4　创建存储过程的步骤

一般来说，创建存储过程可分为 3 个步骤，以具体例子说明具体操作步骤。

1．实现存储过程的功能

创建存储过程前，先在“查询编辑器”窗格中编写实现过程体中的主要功能代码。

例 9-3

【例 9-3】 在 studentinfo 数据库中，创建不带参数的存储过程 proc_selectcourse_avg，显示 selectcourse 表中的学号和每位学生的平均成绩。

SQL 语句如下。

```
SELECT studentID, avg(Score) 平均分 FROM selectcourse  GROUP BY StudentID;
```

2．创建存储过程

如果上面的主要功能符合要求，则按照存储过程的语法格式定义存储过程，SQL 语句如下。

```
CREATE PROCEDURE proc_selectcourse_avg()
READS SQL DATA
COMMENT '显示学号和每位学生的平均成绩'
BEGIN
   SELECT studentID, avg(Score) 平均分 FROM selectcourse
      GROUP BY StudentID;
END;
```

3．执行存储过程

调用存储过程，验证存储过程的正确性，SQL 语句如下。

```
CALL proc_selectcourse_avg();
```

9.1.5　存储过程的管理

1．查看存储过程的状态和定义

存储过程创建以后，可以查看存储过程的状态及定义。

（1）查看存储过程的状态

使用 SHOW STATUS 语句查看存储过程的状态，语法格式如下。

```
SHOW PROCEDURE STATUS [LIKE 'pattern'];
```

语法说明：LIKE 'pattern'用来匹配名称，如果不指定该参数，则会查看所有的存储过程。

例如，查看 pro 开头的存储过程，SQL 语句如下。

```
SHOW PROCEDURE STATUS LIKE 'pro%';
```

（2）查看存储过程的定义

如果要查看指定存储过程的定义，要使用 SHOW CREATE 语句，语法格式如下。

```
SHOW CREATE PROCEDURE sp_name;
```

语法说明：参数 sp_name 指定存储过程的名称。

例如，查看存储过程 proc_display_all_student 的定义，SQL 语句如下。

```
SHOW CREATE PROCEDURE proc_display_all_student;
```

（3）查看所有的存储过程

创建存储过程或自定义函数成功后，这些信息会存储在 information_schema 数据库下的 routines 表中，routines 表中存储着所有的存储过程和自定义函数的信息。可以执行 SELECT 语句查询该表中的所有记录，也可以查看单条记录的信息。查询单条记录的信息要用 routine_name 列名指定存储过程或自定义函数的名称，否则，将会查询出所有的存储过程和自定义函数的内容。语法格式如下。

```
SELECT * FROM information_schema.routines [WHERE routine_name='名称'];
```

例如，分别查询全部存储过程和自定义函数以及查询 proc_display_all_student。SQL 语句如下。

```
SELECT * FROM information_schema.routines;
SELECT * FROM information_schema.routines WHERE routine_name='proc_display_all_student';
```

2．修改存储过程

如果需要修改存储过程，有两种方法，一种方法是先删除该存储过程，再重建该存储过程；另一种方法是使用 ALTER PROCEDURE 语句修改。修改存储过程的语法格式如下。

```
ALTER PROCEDURE sp_name
    [characteristic …]
```

语法说明如下。

1）sp_name 表示存储函数的名称。

2）characteristic 指定存储过程的特性，与 CREATE PROCEDURE 相同。

3）不能修改存储过程的参数。

4）使用 ALTER PROCEDURE 语句是为了保持存储过程的权限，因为如果删除该储存过程，该存储过程的权限需要重新授权。

【例 9-4】 修改存储过程 proc_display_all_student 的定义，将特性改为 MODIFIES SQL DATA，并指明权限调用者可以执行。

SQL 语句如下。

```
ALTER PROCEDURE proc_display_all_student MODIFIES SQL DATA SQL SECURITY INVOKER;
```

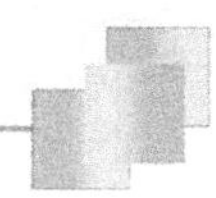

3．删除存储过程

使用 DROP PROCEDURE 语句删除保存在 MySQL 服务器上的存储过程，其语法格式如下。

```
DROP PROCEDURE [IF EXISTS] sp_name;
```

语法说明如下。

1）sp_name 指定要删除的存储过程名。它后面没有参数列表，也没有括号。在删除之前，必须确认该存储过程没有任何依赖关系，否则会导致其他与之关联的存储过程无法运行。

2）IF EXISTS 子句用于防止因删除不存在的存储过程而引发的错误。

【例 9-5】 删除存储过程 proc_display_all_student。

SQL 语句如下。

```
DROP PROCEDURE IF EXISTS proc_display_all_student;
```

4．使用 Navicat 管理存储过程

在 Navicat for MySQL 的“导航”窗格中，展开某个数据库中的“函数”，将显示创建的所有存储过程和自定义函数，其中函数名前的图标为 f_x，存储过程名前的图标为 P_x。

1）双击存储过程名，右侧“SQL 预览”窗格中将显示该存储过程的定义。

2）右击存储过程名，可从打开的快捷菜单中选择“删除函数”“运行函数”“重命名”等操作命令。

9.1.6　存储过程的各种参数应用

1．不带参数的存储过程

创建不带参数的存储过程的简化语法格式如下。

```
CREATE PROCEDURE sp_name()
[characteristic …]
routine_body;
```

对于不带参数的存储过程，可能需要从数据库中读取数据，所以特征值为 READS SQL DATA；可以用 COMMENT 'string'给存储过程添加说明。

执行不带参数的存储过程的语法格式如下。

```
CALL sp_name();
```

【例 9-6】 在 studentinfo 数据库中，创建不带参数的存储过程 proc_student_age，查询学生表 student 中的全体学生，显示姓名、性别和年龄。

例 9-6

1）创建存储过程 proc_student_age 的 SQL 语句如下。

```
CREATE PROCEDURE proc_student_age()
READS SQL DATA
COMMENT '查询学生表 student 中的全体学生，显示姓名、性别和年龄'
BEGIN
    SELECT StudentName AS 姓名, Sex AS 性别, YEAR(NOW())-YEAR(Birthday) AS 年龄
        FROM student;
END;
```

2）执行存储过程 proc_student_age 的 SQL 语句如下。

```
CALL proc_student_age();
```

在 Navicat for MySQL 的“查询编辑器”窗格中输入上面的 SQL 语句并运行。

2. 带 IN 参数的存储过程

输入参数是指调用程序向存储过程传递的形参，这类参数在创建存储过程语句中定义为输入参数。创建带 IN 参数的存储过程的语法格式如下。

```
CREATE PROCEDURE sp_name (IN param_name1 type1[, IN param_name2 type2, …])
[characteristic …]
routine_body;
```

在执行调用存储过程时，实参要给出具体的值。执行带 IN 参数的存储过程的语法格式如下。

```
CALL sp_name(parameter1[, parameter2, …]);
```

parameter 为执行该存储过程时传递给过程的实参，实参个数必须等于存储过程的形参个数。对于输入参数，parameter 可以为常量、变量或表达式，传递给过程的是值（常量、变量或表达式的值）。

【例 9-7】 创建带有输入参数的存储过程 proc_student_class，给定班级编号，查询出该班级的所有学生记录。

1）创建存储过程的 SQL 语句如下。

```
CREATE PROCEDURE proc_student_class(IN vClassID CHAR(10))
READS SQL DATA
BEGIN
   SELECT * FROM student WHERE ClassID=vClassID;
END;
```

形参名不要与列名相同，vClassID 的数据类型与宽度要与 ClassID 列相同。

2）执行存储过程 proc_student_class 的 SQL 语句如下。

```
CALL proc_student_class('2022600103');
```

或

```
SET @ClassID='2022600103';
CALL proc_student_class(@ClassID);
```

3. 带 OUT 参数的存储过程

从存储过程中返回的一个或多个值，是通过在创建存储过程的语句中定义输出参数来实现的。创建带 OUT 参数的存储过程的语法格式如下。

```
CREATE PROCEDURE sp_name (IN param_name1 type1[, …], OUT param_name2 type2[, …])
[characteristic …]
routine_body
```

为了接收存储过程的返回值，在调用存储过程的程序中，必须声明作为输出的传递参数变量@variable_name，这个输出传递参数的变量声明为局部变量，用来存放返回参数的值。执行带 OUT 参数的存储过程的语法格式如下。

```
SET @variable_name=表达式;
CALL sp_name(parameter1[, …], @variable_name[, …]);
```

parameter 为执行该存储过程时传递给过程的实参，实参个数必须等于存储过程的形参个数。@variable_name 为接收存储过程输出的变量，不能是常量或表达式。

也可以不用 SET 语句提前定义@variable_name，因为在 CALL 语句的实参表中会自动定义@variable_name。

【例 9-8】 创建带有输入参数和输出参数的存储过程 proc_selectcourse，给定学号，查询出该学生选修课程的数量和平均分，并通过输出参数返回。

1）创建存储过程的 SQL 语句如下。

```
        CREATE PROCEDURE proc_selectcourse(IN vStudentID CHAR(12), OUT vCountCourse INT, OUT
vAvgScore FLOAT)
        READS SQL DATA
        BEGIN
           SELECT COUNT(CourseID) INTO vCountCourse FROM selectcourse
              WHERE StudentID=vStudentID;
           SELECT AVG(Score) INTO vAvgScore FROM selectcourse
               WHERE StudentID=vStudentID;
        END;
```

2）执行存储过程 proc_selectcourse 时，通过用户会话局部变量@CountCourse、@AvgScore 接收存储过程传递回来的值（实参表中的变量会自动定义），SQL 语句如下。

```
        CALL proc_selectcourse('202263050132', @CountCourse, @AvgScore);
```

也可以提前定义用户会话变量，SQL 语句如下。

```
        SET @StudentID='202263050132', @CountCourse=NULL, @AvgScore=NULL;
        CALL proc_selectcourse(@StudentID, @CountCourse, @AvgScore);
```

显示用户对话局部变量@CountCourse、@AvgScore 的 SQL 语句如下。

```
        SELECT @CountCourse, @AvgScore;
```

在 Navicat for Navicat 的“查询编辑器”窗格中输入上面的 SQL 语句并运行，如图 9-3 所示。

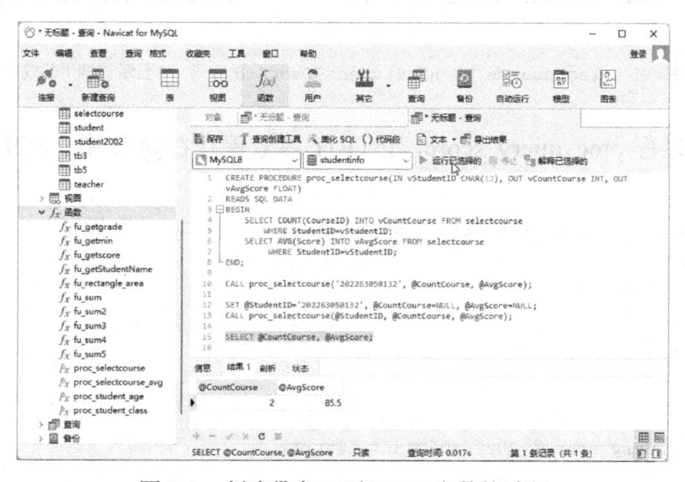

图 9-3　创建带有 IN 和 OUT 参数的过程

【例 9-9】 创建带有输入参数和输出参数的存储过程 proc_getscores，给定学号，统计该学生的考试课程数和合格的课程数，并通过输出参数返回。

1）输入参数为学号 vStudentID，输出参数为考试课程数 vCountCourse 和合格的课程数 vCountCoursePass。创建存储过程的 SQL 语句如下。

```
        CREATE PROCEDURE proc_getscores(IN vStudentID CHAR(12), OUT vCountCourse INT, OUT
vCountCoursePass INT)
        READS SQL DATA
        BEGIN
           SELECT COUNT(CourseID) INTO vCountCourse FROM selectcourse
```

```
        WHERE StudentID=vStudentID;
    SELECT COUNT(CourseID) INTO vCountCoursePass FROM selectcourse
        WHERE StudentID=vStudentID AND Score>=60;
END;
```

2）执行存储过程 proc_getscores 前可以先定义 3 个用户会话变量，用 CALL 调用该存储过程，OUT 得到的数据保存在@CountCourse、@CountCoursePass 中。SQL 语句如下。

```
SET @StudentID='202263050132', @CountCourse=NULL, @CountCoursePass=NULL;
CALL proc_getscores(@StudentID, @CountCourse, @CountCoursePass);
```

最后显示用户对话局部变量@CountCourse、@CountCoursePass 的值，SQL 语句如下。

```
SELECT @CountCourse AS 考试课程数, @CountCoursePass AS 合格的课程数;
```

【例 9-10】 创建存储过程 proc_query_score，传入学号，显示该学号学生的成绩，如果全部成绩>=60，则返回“All passes”；否则返回通过的课程门数和不通过的课程门数。

例 9-10

1）创建存储过程的 SQL 语句如下。

```
CREATE PROCEDURE proc_query_score(IN st_id CHAR(12), OUT str CHAR(30))
BEGIN
DECLARE pass, notpass TINYINT DEFAULT 0;
SELECT COUNT(*) INTO pass FROM selectcourse WHERE StudentID=st_id AND Score>=60;
SELECT COUNT(*) INTO notpass FROM selectcourse WHERE StudentID=st_id AND Score<60;
IF notpass=0 THEN
  BEGIN
    SET str='All passes';
  END;
ELSE
  BEGIN
    SET str=CONCAT('Pass:',CONVERT(pass,CHAR(2)),' Not pass:',CONVERT(notpass,CHAR(2)));
  END;
END IF;
SELECT * FROM selectcourse WHERE StudentID=st_id;      #显示该学生的成绩
END;
```

2）调用存储过程 proc_query_score，INOUT 参数保存在@str 中。SQL 语句和运行结果如下。

```
CALL proc_query_score('202263050132', @str);
```

信息 结果 1 剖析 状态

StudentID	CourseID	Score	SelectCourseDate
202263050132	630572	81.0	(Null)
202263050132	630575	90.0	(Null)

```
SELECT @str;
```

信息 结果 1 剖析 状态

@str
All passes

```
CALL proc_query_score('202263050133', @str);
```

信息 结果 1 剖析 状态

StudentID	CourseID	Score	SelectCourseDate
202263050133	630572	39.0	(Null)
202263050133	630575	48.0	(Null)

```
SELECT @str;
```

信息 结果 1 剖析 状态

@str
Pass: 0 Not pass: 2

4．带 INOUT 参数的存储过程

如果存储过程的参数既可以是输入参数，又可以是输出参数，则可以把该参数定义为输入/输出参数。创建带 INOUT 参数的存储过程的语法格式如下。

```
CREATE PROCEDURE sp_name (INOUT param_name type[, …])
```

```
[characteristic …]
routine_body;
```

为了接收存储过程的返回值，在调用存储过程的程序中必须提前声明作为输入/输出的局部变量，作为保存参数的值，然后使用这个变量作为输入/输出的传递参数。执行带 INOUT 参数的存储过程的语法格式如下。

```
SET @variable_name=表达式;
CALL sp_name(@variable_name[, …]);
```

对于 INOUT 参数，由于要接收返回值，只能是变量@variable_name，不能是常量或表达式。

【例 9-11】 创建带有 INOUT 参数的存储过程 proc_ispass，给定学号、课程号，查询得到对应的成绩如果大于或等于 60，则为 1，否则为 0，通过 INOUT 参数返回该值。

1）创建存储过程的 SQL 语句如下。

```
CREATE PROCEDURE proc_ispass(IN vStudentID CHAR(12), IN vCourseID CHAR(10), INOUT pass INT)
READS SQL DATA
BEGIN
    DECLARE vScore FLOAT;
    SELECT Score INTO vScore  FROM selectcourse
        WHERE StudentID=vStudentID AND CourseID=vCourseID;
    IF vScore>=60 THEN
        SET pass=1;
    ELSE
        SET pass=0;
    END IF;
END;
```

2）调用存储过程 proc_ispass，INOUT 参数保存在@pass 中。SQL 语句如下。

```
SET @pass=0;
CALL proc_ispass('202263050132', '630575', @pass);
SELECT @pass;
```

9.1.7　存储过程与自定义函数的比较

1．存储过程与自定义函数之间的共同特点

1）重复使用。存储过程与自定义函数都可以重复调用，从而减少开发人员的工作量。

2）提高性能。存储过程与自定义函数在创建时进行了编译，将来在使用时不再重新编译。一般的 SQL 语句每执行一次就需要编译一次，所以使用存储过程提高了效率。

3）减少网络流量。存储过程与自定义函数位于服务器上，调用的时候只需要传递存储过程的名称以及参数就可以了，因此降低了网络传输的数据量。

4）安全性。存储过程与自定义函数都可以增强数据的安全访问控制，通过设置只有某些数据库用户才具有某些存储过程或者函数的执行权，从而实现安全访问控制。后面章节将介绍。

2．存储过程与函数之间的不同之处

1）存储过程功能强大，限制比较少，基本上所有的 SQL 语句或 MySQL 命令都可以在存储过程中使用。函数中的函数体限制比较多，例如，函数体内不能使用以显式或隐式方式打开、开始或结束事务的语句，如 START TRANSACTION、COMMIT、ROLLBACK 或 SET AUTOCOMMIT=0 等语句；不能在函数体内使用预处理 SQL 语句。

2）函数只有一个返回值，且必须指定返回值为字符串、数值两种数据类型。存储过程可以没有返回值，可以有一个或多个返回值，也可返回记录集。

3）存储过程的返回值不能被直接引用，需要单独调用，并不能嵌入到 SQL 语句中使用，调用时需要使用 CALL 关键字。也就是说，存储过程是一系列功能的集合。函数可以直接嵌入到 SQL 语句或 MySQL 表达式中，函数的返回值可以被直接引用，也就是说，函数就是为了返回值而创建的。

4）存储过程要用 CALL 语句执行，如果希望获取存储过程的返回值，必须给存储过程的 OUT、INOUT 参数传递会话变量，才能通过该会话变量获取存储过程的返回值。函数通常嵌入到 SQL 语句中调用，例如可以在查询语句中调用。

5）函数体内可以使用 SELECT…INTO 语句为某个变量赋值，但不能使用 SELECT 语句返回结果集。存储过程没有这方面的限制，存储过程甚至可以返回多个结果集。

9.2 异常处理

异常处理机制是编程语言中为了提高程序的安全性而设置的。默认情况下，存储程序在运行过程中发生错误时，将自动终止程序的执行。为了增强程序处理问题的能力，避免程序异常停止，可以使用 MySQL 提供的异常处理机制。

MySQL 的异常处理需要定义异常名称和发生异常后的异常处理程序。定义异常名称和异常处理程序就是事先定义程序执行过程中可能遇到的问题，并且在处理程序中定义解决这些问题的处理程序。这种方式可以提前预测可能出现的问题，并提出解决办法，避免程序异常停止。异常处理可以在触发器、函数以及存储过程中使用。

9.2.1 自定义异常名称语句

可以把一个异常条件值用一个自定义的名称来代替，自定义异常名称语句的语法格式如下。

```
DECLARE condition_name CONDITION FOR condition_value;
```

语法说明如下。

1）condition_name 是自己起的名字，定义异常错误的名称。

2）condition_value 表示异常条件的值，具体语法如下。

```
SQLSTATE sqlstate_value | mysql_error_code;
```

参数说明：

① 可以是 SQLSTATE sqlstate_value，或者是 mysql_error_value。

② sqlstate_value 是长度为 5 的字符串异常值；mysql_error_code 为数值型错误代码。

例如，在错误代码“1062(23000)”中，sqlstate_value 的值为字符串“23000”，mysql_error_code 为 1062。具体的对应方式可以查看 MySQL 的异常错误代码。

3）此语句指定错误条件值与一个名字联系起来。这个名字是错误名，可以在随后定义的处理程序 DECLARE HANDLER 语句中应用。

注意：DECLARE 只能在过程体的 BEGIN…END 语句块中定义。

例 9-12

【例 9-12】 用名字定义“1062(23000)”这个错误，名称为 error_insert。可以用两种不同的方法定义。

方法一：使用 sqlstate_value，SQL 语句如下。

```
DECLARE error_insert CONDITION FOR SQLSTATE '23000';
```

方法二：使用 mysql_error_code，SQL 语句如下。

```
DECLARE error_insert CONDITION FOR 1062;
```

9.2.2 自定义异常处理程序

当异常发生时将触发执行一个处理程序，其基本语法格式如下。

```
DECLARE handler_type HANDLER FOR condition_value  sp_statement;
```

语法说明如下。

1）handler_type：指定错误处理的类型，该参数有 3 个取值，分别如下。

```
CONTINUE | EXIT | UNDO
```

参数说明：

① CONTINUE：遇到错误不进行处理，跳过错误继续执行之后的语句。

② EXIT：表示遇到错误后马上退出，不再执行之后的语句。

③ UNDO：表示遇到错误后撤回之前的操作，目前暂时不支持这种处理方式。

通常情况下，执行过程中遇到错误应该立刻停止执行下面的语句，并且撤回前面的操作。但是 MySQL 现在不支持 UNDO 操作。因此，遇到错误时最好执行 EXIT 操作。如果事先能够预测错误类型，并且进行相应的处理，那么可以执行 CONTINUE 操作。

2）condition_value：错误名称，表示满足什么条件时，自定义错误处理程序开始运行，错误触发条件定义了自定义错误处理程序运行的时机。该参数有 6 个取值，分别如下。

```
condition_name | mysql_error_code |SQLSTATE sqlstate_value | SQLWARNING | NOT FOUND
| SQLEXCEPTION
```

参数说明。

① condition_name：用 DECLARE…CONDITION…语句定义的异常错误名称。

② mysql_error_code：数值型的错误代码。

③ SQLSTATE sqlstate_value：长度为 5 的字符串类型错误代码。

sqlstate_value 和 mysql_error_code 与用 DECLARE…CONDITION…语句定义的意思相同。

④ SQLWARNING：匹配所有以 01 开头的 sqlstate_value 错误代码。

⑤ NOT FOUND：匹配所有以 02 开头的 sqlstate_value 错误代码。

⑥ SQLEXCEPTION：匹配其他没有被 SQLWARNING 和 NOT FOUND 捕获的 sqlstate_value 错误代码。

3）sp_statement：自定义错误处理程序，即遇到定义的错误时立即执行的 SQL 语句，也可以是一个 BEGIN…END 语句，或者是存储过程或自定义函数。

9.2.3 异常处理实例

例 9-13

【例 9-13】 在 studentinfo 数据库中创建一个表 users，该表的 u_id 列为主键，当插入相同的主键值时触发异常。

1）创建一个表 users，该表有一个整型主键列，SQL 语句如下。

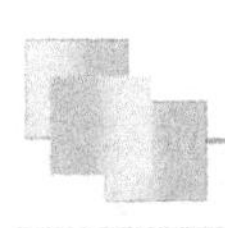


```
USE studentinfo;
DROP TABLE IF EXISTS users;    #因为在练习本题时需要多次创建该表，所以在创建表前先删除
CREATE TABLE users( u_id INT PRIMARY KEY, u_name CHAR(10) );
```

2）创建一个没有异常处理的存储过程，其功能是通过参数传入学号和姓名，在存储过程中插入传入参数的一条记录，传出插入完成的字符串。SQL 语句如下。

```
DROP PROCEDURE IF EXISTS proc_insert_user;  #练习时要多次创建本过程，重新创建前先删除
CREATE PROCEDURE proc_insert_user(IN uid INT, IN uname CHAR(10), OUT info CHAR(20))
MODIFIES SQL DATA
BEGIN
    INSERT INTO users(u_id, u_name) VALUES(uid, uname);
    SET info='Insert complete';              #插入记录完成后若向下执行，则执行本语句
END;
```

MODIFIES SQL DATA 表示函数体中包含更新语句，例如 INSERT INTO 等。

3）调用存储过程 proc_insert_user。

① 第 1 次调用存储过程 proc_insert_user，插入学号为 123，名字为 Jack。SQL 语句和运行结果如下。

```
CALL proc_insert_user(123, 'Jack', @info);
信息   剖析   状态
CALL proc_insert_user(123,'Jack', @info)
> OK
> 时间: 0.01s
SELECT * FROM users;
信息   结果 1   剖析   状态
u_id   u_name
▶ 123 Jack
```

查看 users 表中的记录，已经插入了该条记录。

② 再次调用存储过程 proc_insert_user，插入学号仍然为 123，名字为 Lily。SQL 语句和运行结果如下。

```
CALL proc_insert_user(123, 'Lily', @info);
信息   状态
CALL proc_insert_user(123, 'Lily', @info)
> 1062 - Duplicate entry '123' for key 'users.PRIMARY'
> 时间: 0s
```

由于插入记录时，u_id 的值 123 在表中已经存在，引发 1062 错误。其中的 1062 就是 mysql_error_code，对应的 sqlstate_value 是“23000”。有关 mysql_error_code 与 sqlstate_value 的对应方式可以查看对应的表。

```
SELECT @info;
信息   结果 1   剖析   状态
@info
▶ Insert complete
```

返回@info 的值，说明虽然在存储过程中发生了 1062 错误，但是存储过程仍然继续执行到结束。

4）创建存储过程 proc_insert_user1，其中加入异常处理，存储过程的传入和传出参数不变。SQL 语句如下。

```
DROP PROCEDURE IF EXISTS proc_insert_user1;
CREATE PROCEDURE proc_insert_user1(IN uid INT, IN uname CHAR(10), OUT info CHAR(20))
MODIFIES SQL DATA
BEGIN
    #方式 1：先自定义异常名，再使用异常处理，handler_type 使用 EXIT
    DECLARE error1 CONDITION FOR 1062;                 #把 1062 错误定义为 error1 名称
    DECLARE EXIT HANDLER FOR error1 SET info='Can not insert';     #FOR 后用 error1 名称
    #方式 2：直接异常处理，handler_type 使用 EXIT
    #DECLARE EXIT HANDLER FOR 1062 SET info='Can not insert';      #FOR 后用 1062
```

```
    INSERT INTO users(u_id, u_name) VALUES(uid, uname);
    SET info='Insert complete';
END;
```

5）调用存储过程 proc_insert_user1。

① 第 1 次调用存储过程 proc_insert_user1，插入学号为 301，名字为 Lily。SQL 语句和运行结果如下。

```
CALL proc_insert_user1(301, 'Lily', @info);
```

```
信息  剖析  状态
CALL proc_insert_user1(301, 'Lily', @info)
> OK
> 时间: 0.007s
```

```
SELECT * FROM users;
```

u_id	u_name
123	Jack
301	Lily

查看 users 表中的记录，已经插入了该条记录。

② 再次调用存储过程 proc_insert_user1，插入学号仍然为 301，名字为 Alex。SQL 语句和运行结果如下。

```
CALL proc_insert_user1(301, 'Alex', @info);
```

```
信息  剖析  状态
CALL proc_insert_user1(301, 'Alex', @info)
> OK
> 时间: 0s
```

没有显示出错信息。当出现异常时，会执行异常处理语句，并且按设置的 handler_type 执行过程，本例是 EXIT，所以执行 SET info='Can not insert'后，退出存储过程。

```
SELECT @info;
```

@info
Can not insert

说明执行了异常处理程序，因为 EXIT，所以没有执行 SET info='Insert complete'。

```
SELECT * FROM users;
```

u_id	u_name
123	Jack
301	Lily

查看 users 表中的记录，这条记录没有被插入，仍然是原来的两条记录。

请读者在存储过程 proc_insert_user1 中，把异常处理语句中的 handler_type 改为 CONTINUE，重新创建该过程，并调用该过程，看是否可以执行 SET info='Insert complete'。

9.3　使用游标处理结果集

SELECT 语句执行的结果称为结果集，一般包含多行记录，结果集中的记录无法一行一行地处理。如果要访问 SELECT 结果集中的具体行，并对结果集中的每条记录进行处理，就需要使用游标（Cursor）。

9.3.1　游标的概念

在数据库中，游标（Cursor）是一个十分重要的概念。因为关系数据库管理系统是面向集合的，在 MySQL 中并没有一种描述表中单一记录的表达形式，除非使用 WHERE 子句来限制只有一条记录被选中。因此必须借助游标来处理单条记录。游标允许应用程序对 SELECT 查询语句返回的行结果集中每一行进行相同或不同的操作，而不是一次对整个结果集进行同一种操作。正是游标把作为面向集合的数据库管理系统和面向行的程序语言两者联系起来，使两种数据处理方式能够沟通。游标很像其他程序语言中的顺序文件，文件打开后，该文件句柄就代表该文件。游标能够实现与其他程序语言类似的处理文件的方式来处理结果集。

游标是一种能从多条记录的结果集中每次提取一条记录的机制。游标总是与一条 SELECT 查询语句相关联，并存放 SELECT 语句的运行结果。游标由结果集（可以是零条、一条或多条记录）和结果集中指向特定记录的游标指针组成。游标的功能就是可逐行访问由 SELECT 返回的结果集，然后用 SQL 语句逐行从游标中获取记录，并赋给变量。使用游标的一个主要的原因就是把多行记录的集合转换成单个记录，再逐行地访问这些记录，然后按照需要显示和处理这些记录。可以把游标理解为一个指针，用来指示当前记录的位置。

若要使用游标，需要注意以下几点。

1）游标只能用于存储过程或自定义函数中，不能单独在查询操作中使用。

2）在存储过程或自定义函数中可以定义多个游标，但是在一个 BEGIN...END 语句块中每一个游标的名字必须是唯一的。

3）游标不是一条 SELECT 语句，是被 SELECT 语句检索出来的结果集。

9.3.2 定义游标

在使用游标之前，必须先定义（声明）它。定义游标时并没有检索数据，只是定义要使用的 SELECT 语句，其语法格式如下。

```
DECLARE cursor_name CURSOR FOR select_statement;
```

语法说明如下。

1）cursor_name 指定要定义的游标的名称，其命名规则与表名相同。

2）select_statement 指定一条 SELECT 语句，其 SELECT 语句将来执行会返回一行或多行的记录。

注意：这里的 SELECT 语句不能有 INTO 子句。

使用 DECLARE 语句定义游标后，此时与该游标对应的 SELECT 语句并没有执行。

一个定义游标语句声明一个游标，也可以在存储过程中定义多个游标，但是一个块中的每一个游标必须有唯一的名字。

【例 9-14】 在 studentinfo 数据库中，创建一个游标，从 student 表中查询出学号、姓名和出生日期列的记录。

例 9-14 

游标的名称为 cur_student，定义该游标的 SQL 语句如下。

```
DECLARE cur_student CURSOR FOR SELECT StudentID, StudentName, Birthday FROM student;
```

其中，游标指向的结果集对应的查询语句如下。

```
SELECT StudentID, StudentName, Birthday FROM student;
```

注意：定义游标的语句只能放在存储过程和自定义函数中。所以，本例不能直接执行。

9.3.3 打开游标

使用游标之前必须先打开游标，这个过程是将游标连接到由 SELECT 语句返回的结果集

中。打开游标的语法格式如下。

```
OPEN cursor_name;
```

语法说明如下。

1）cursor_name 指定要打开的游标。

2）使用 OPEN 语句打开游标后，与该游标对应的 SELECT 语句将被执行，MySQL 服务器内存中将存放与 SELECT 语句对应的结果集。

3）在应用中，一个游标可以被多次打开。

4）对于声明过的游标，则不需要再次声明，可直接使用 OPEN 语句打开。

5）由于其他用户或应用程序可能随时更新表，因此每次打开游标的结果集可能会不同。

例如，打开前面例题创建的 cur_student 游标，SQL 语句如下。

```
OPEN cur_student;
```

9.3.4　使用游标

在打开游标后，就可以从游标中提取数据。从游标中提取数据使用 FETCH 语句，FETCH 语句的功能是获取游标指针指向的一行记录，并赋值给指定的变量列表。其语法格式如下。

```
FETCH cursor_name INTO var_name1 [, var_name2, …];
```

语法说明如下。

1）cursor_name 指定已打开的游标。

2）var_name 指定存放数据的变量名，表示将游标中的 SELECT 语句查询出来的数据存入该变量中，变量必须在声明游标之前就定义好。变量名的个数必须等于声明游标时 SELECT 子句中选择列的个数。FETCH…INTO 语句与 SELECT...INTO 语句具有相同的意义。

3）游标相当于一个指针，第 1 次执行 FETCH 语句时，FETCH 语句从结果集中获取游标当前指向的数据行，并赋值给指定的变量列表，然后将指针指向下一行；再次执行 FETCH 语句时，FETCH 语句从结果集中提取第 2 条记录；以此类推。

注意：游标是向前只读的，即只能顺序地从开始往后读取结果集。不能从后往前，也不能直接跳到中间的记录。

4）FETCH 语句每次从结果集中仅提取一条记录，如果需要获得多行记录，则需要配合循环语句去执行 FETCH 语句，使得指针指向下一行记录，才能实现整个结果集的遍历。

5）当游标已经指向最后一行时，继续执行会造成游标溢出。造成游标溢出时会引发预定义的 NOT FOUND 错误，所以使用下面代码指定当引发 NOT FOUND 错误时定义一个 CONTINUE 的事件，指定这个事件发生时修改 done 变量的值，即定义游标的异常处理，设置一个终止标记 done。

```
DECLARE done BOOLEAN DEFAULT 0;                        #定义循环结束标志变量，写法 1、2
-- DECLARE done INT DEFAULT FALSE;                     #定义循环结束标志变量，写法 3
DECLARE cur CURSOR FOR SELECT …;                       #定义游标
-- 指定游标循环结束时的返回值
DECLARE CONTINUE HANDLER FOR NOT FOUND SET done=1;                     #写法 1
-- DECLARE CONTINUE HANDLER FOR SQLSTATE '02000' SET done=1;          #写法 2
-- DECLARE CONTINUE HANDLER FOR NOT FOUND SET done = TRUE;            #写法 3
```

常用下面两种循环方式遍历游标的查询结果集。

第 1 种使用 WHILE 循环。

```
OPEN cur;
FETCH cur INTO …;
WHILE (done != 1) DO                                    #WHILE (NOT done) DO
   # 处理语句;
   FETCH cur INTO …;
END WHILE;
CLOSE cur;                                              #关闭游标
```

第 2 种使用 REPEAT 循环。

```
OPEN cur;
REPEAT
   FETCH cur INTO …;
   IF done != 1 THEN                                    #IF (NOT done) THEN
      # 处理语句;
   END IF;
UNTIL done END REPEAT;
CLOSE cur;                                              #关闭游标
```

6）当使用 FETCH 语句从游标中获取最后一条记录后，再次执行 FETCH 语句时，将产生“ERROR 1329（02000）: No data to fetch”错误信息，程序员可以针对错误代码 1329，自定义错误处理程序以便结束结果集的遍历。

7）游标错误处理程序应该放在声明游标语句之后。游标通常结合错误处理程序一起使用，用于结束结果集的访问。

9.3.5 关闭游标

游标使用结束后，要及时关闭。关闭游标的语法格式如下。

```
CLOSE cursor_name;
```

语法说明如下。

1）cursor_name 指定游标的名称。

2）关闭游标的目的在于释放游标打开时产生的结果集，所以每个游标不再需要时都应该被关闭，以通知服务器释放游标所占用的资源，节省 MySQL 服务器的内存空间。

3）游标如果没有被明确地关闭，将在它被声明的 BEGIN…END 语句块到达 END 语句时自动关闭。

4）在一个游标被关闭后，如果没有重新被打开，则不能被使用。

5）关闭游标后再打开游标会回到结果集第一条记录。

9.3.6 游标的应用

例 9-15

【例 9-15】 在 studentinfo 数据库中，创建存储过程 up_cur_student，用游标获取 student 表中北京籍学生的学号、姓名和出生日期。

1）创建存储过程 up_cur_student，SQL 语句如下。

```
DROP PROCEDURE IF EXISTS proc_cur_student;
CREATE PROCEDURE proc_cur_student()
READS SQL DATA
BEGIN
#定义接收游标数据的变量
DECLARE vID CHAR(12);
DECLARE vName VARCHAR(20);
DECLARE vBirthday DATE;
DECLARE done BOOLEAN DEFAULT 0;                         #定义结束循环的标志变量
#定义游标
```

```
DECLARE cur_st CURSOR
   FOR SELECT StudentID, StudentName, Birthday FROM student WHERE Address='北京';
DECLARE CONTINUE HANDLER FOR NOT FOUND SET done=1;    #定义游标循环结束时的返回值
OPEN cur_st;                                          #打开游标
#开始循环游标中的记录
REPEAT
   FETCH cur_st INTO vID, vName, vBirthday;           #游标指针指向一条记录
   IF done != 1 THEN                                  #判断游标的循环是否结束
      SELECT vID, vName, vBirthday;
   END IF;
UNTIL done END REPEAT;
CLOSE cur_st;                                         #关闭游标
END;
```

说明：游标必须与异常处理配合使用，即定义游标的异常处理，当游标找不到行时，会引发预定义的 NOT FOUND（等价 sqlstate '02000'）错误。所以使用下面代码指定当引发 NOT FOUND 错误时定义一个 CONTINUE 的事件，SQL 语句如下。

```
DECLARE CONTINUE HANDLER FOR NOT FOUND SET done=1;
```

如果找不到行，将引发异常处理，执行最后的 SQL 语句“SET done=1”，其中 done 是设置的终止循环标记。

done 的初值为 0，如果 done!=1 则读取行；如果 done=1，则表示触发了异常处理，已经到达结果集的最后，没有了行，所以退出循环。

2）执行存储过程 proc_cur_student，SQL 语句如下。

```
CALL proc_cur_student();
```

在 Navicat for MySQL 的“查询编辑器”窗格中输入上面的 SQL 语句并运行，结果如图 9-4 所示，在“结果”窗格中显示了获得的数据，可以分别单击“结果 1”“结果 2”等选项卡查看查询结果集中的每一行。

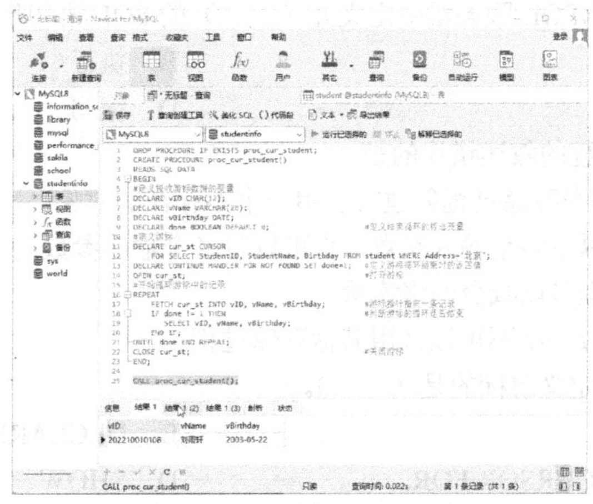

图 9-4　用游标获取记录中的数据

【例 9-16】 用游标计算 student 表中的男生数（不使用 COUNT()函数）。

1）创建存储过程 proc_cur_count，SQL 语句如下。

```
CREATE PROCEDURE proc_cur_count(OUT count INT)
BEGIN
DECLARE vSex CHAR(20);                                #定义接收游标数据的变量
DECLARE done INT DEFAULT 0;                           #定义结束循环的标志变量
DECLARE cur CURSOR FOR SELECT Sex FROM student WHERE Sex='男';      #定义游标
#指定游标循环结束时的返回值，捕获抛出的NOT FOUND错误，如果捕获到，将done设置为1
```

```
DECLARE CONTINUE HANDLER FOR SQLSTATE '02000' SET done = 1;
SET count=0;                                    #计算人数的初始值
OPEN cur;                                       #打开游标
ww: LOOP
   FETCH cur INTO vSex;                         #使用游标，游标指针指向第 1 条记录
   #如果发生异常
   IF done=1 THEN
      LEAVE ww;
   END IF;
   SET count=count+1;                           #人数计数
END LOOP;
CLOSE cur;                                      #关闭游标
END;
```

2）执行存储过程 CALL proc_cur_count，SQL 语句如下。

```
CALL proc_cur_count(@n);
SELECT @n  AS  男生数;
```

男生数
7

9.4 习题 9

一、选择题

1．创建存储过程的关键字是（　　）。

A．CREATE PROC　　B．CREATE DATABASE

C．CREATE FUNCTION　　D．CREATE PROCEDURE

2．存储过程是在 MySQL 服务器中定义并（　　）的 SQL 语句集合。

A．保存　　B．执行

C．解释　　D．编写

3．下面有关存储过程的叙述错误的是（　　）。

A．MySQL 允许在存储过程创建时引用一个不存在的对象

B．存储过程可以带多个输入参数，也可以带多个输出参数

C．使用存储过程可以减少网络流量

D．在一个存储过程中不可以调用其他存储过程

4．下列语句可用来定义游标的是（　　）。

A．CREATE　　B．DECLARE

C．DECLARE...CURSOR FOR...　　D．SHOW

二、练习题

1．在 library 数据库中，创建存储过程，给定读者号，查询其借阅的所有图书。

2．在 library 数据库中，创建存储过程，统计男、女读者的比例。

3．在 library 数据库中，创建存储过程，显示借阅次数最多的前 3 种书。

4．在 library 数据库中，创建存储过程，显示借阅时间超过 1 个月没有还的图书，同时显示该读者的姓名、电话。

第 10 章　触发器和事件

本章主要讲述触发器的概念、创建、使用和管理，事件的概念、创建、使用和管理。

10.1　触发器

触发器（Trigger）是一种特殊的存储过程，主要通过事件（在向表中插入、修改或删除记录时）触发而自动执行。

10.1.1　触发器的基本概念

1．触发器概念

触发器是定义在数据表上的由事件驱动的特殊存储过程，在满足定义条件时触发，并执行触发器中定义的语句集合。触发器基于一个表创建，但可以针对多个表进行操作。

对表定义触发器后，当对该表执行 INSERT、UPDATE 或 DELETE 语句时，就会自动执行触发器中定义的程序语句，以维护数据完整性或进行其他一些特殊的任务，所以触发器可以用来对表实施复杂的完整性约束。

2．触发器的分类

触发器分为 INSERT、UPDATE 和 DELETE 三类，每一类根据执行的先后顺序又分成 BEFORE 和 AFTER 触发器。

具体而言，触发器就是响应 INSERT、UPDATE 和 DELETE 语句而自动执行的 MySQL 语句（或位于 BEGIN 和 END 语句之间的一组 MySQL 语句）。

触发器的执行不由程序调用，也不是手工启动，而是通过事件触发被执行的，即当有操作影响到触发器所保护的数据时，触发器就会自动执行。

3．触发器的特点

触发器是与表有关的数据库对象，当表上出现特定事件时，将激活该对象。触发器主要有以下特点。

1）在添加一条记录前，检查数据是否合理，例如，检查邮件格式是否正确。触发器经常用于加强数据的完整性约束，实现非标准的数据完整性检查和约束。触发器可产生比规则更为复杂的限制。

2）删除数据后，将这条数据进行一个备份（类似于回收站）。触发器可以对数据库中相关的表进行连环更新，在修改或删除时级联修改或删除其他表中与之匹配的行。

3）实时更改表中的数据，例如，商品卖出后实时修改库存表中的数量。触发器可以自动计算数据值，如果数据的值达到了一定的要求，则进行特定的处理。

4）记录数据库操作日志（操作前后）。触发器可以同步实时地复制表中的数据。

5）触发器能够拒绝或回退那些破坏相关完整性的变化，取消试图进行数据更新的事务。当插入一个与其主键不匹配的外部键时，这时触发器会起作用。

上面的触发器用途都是在表变化时让程序自己去完成一些功能。

触发器是针对每一行记录的操作，因此对增、删、改非常频繁的表尽量少用或不用触发器，原因是它非常消耗资源，执行效率很低。

10.1.2 创建触发器

触发器是一种特殊的存储过程，所以触发器的创建与存储过程的创建方式有很多相似之处。创建触发器的语法格式如下。

```
CREATE TRIGGER trigger_name {BEFORE | AFTER} {INSERT | UPDATE | DELETE}
    ON table_name FOR EACH ROW
    [trigger_order]
    trigger_body;
```

语法格式中的参数说明如下。

1）trigger_name：触发器的名称，触发器在当前数据库中必须具有唯一的名称。如果要在某个特定数据库中创建，名称前面应该加上数据库的名称。

2）table_name：与触发器相关联的表名，必须引用永久表，不能将触发器与 temporary 临时表或视图关联起来。

3）BEFORE | AFTER：触发器被触发的时机，可以是 BEFORE 或 AFTER，以指定触发程序是在激活它的语句之前或者之后触发。如果希望验证新数据是否满足使用的限制，则使用 BEFORE 选项；如果希望在激活触发器的语句执行之后完成几个或更多的改变，通常使用 AFTER 选项。

4）INSERT | UPDATE | DELETE：触发器触发的事件，指定激活触发器程序的语句的类型。不支持在同一个表内同时存在两个有相同激活触发程序的类型。

- INSERT：INSERT 型触发器，将新行插入表时激活触发器，可以通过 INSERT、LOAD DATA、REPLACE 语句触发。
- UPDATE：UPDATE 型触发器，更改表中某一行时激活触发器，可以通过 UPDATE 语句触发。
- DELETE：DELETE 型触发器，从表中删除某一行时激活触发器，可以通过 DELETE、REPLACE 语句触发。

5）FOR EACH ROW：指定对于受触发事件影响的每一行都要激活触发器的动作。目前 MySQL 仅支持行级触发器，不支持表级的触发器（例如 CREATE TABLE 等语句）。FOR EACH ROW 表示更新（INSERT、UPDATE 或者 DELETE）操作影响的每一条记录都会执行一次触发程序。例如，使用一条 INSERT 语句向一个表中插入多行数据时，触发器会对每一行记录的插入都触发一次，执行相应的触发器动作。

6）trigger_order：是 MySQL 5.7 后增加的功能，用于定义多个触发器，使用 FOLLOWS（尾随）或 PRECEDES（在…之先）来选择触发器执行的先后顺序。

7）trigger_body：触发器的过程体，是当触发器激活时执行的语句。如果要执行多个语句，则使用 BEGIN...END 语句结构，这样，就能使用存储过程中允许的其他语法，如条件和循环等。但是，触发器过程体中不能返回任何结果给客户端，即不允许使用 SELECT 等语句显示数据。

8）使用触发器时，触发器执行的顺序是 BEFORE 触发器、表数据修改操作、AFTER 触发器。其中，BEFORE 表示在触发事件发生之前执行触发程序，AFTER 表示在触发事件发生之后执行触发器。因此严格意义上讲一个数据库表最多可以设置 6 种类型的触发器。

注意： 同一张表、同一触发事件、同一触发时机只能创建一个触发器。例如，对于一张表，不能同时有两个 BEFORE UPDATE 触发器，但可以有一个 BEFORE UPDATE 触发器和一个 BEFORE INSERT 触发器，或一个 BEFORE UPDATE 触发器和一个 AFTER UPDATE 触发器。一个触发器不能与多个事件或多个表关联，例如，需要一个对 INSERT 和 UPDATE 操作执行的触发器，则应该定义两个触发器。

例 10-1

【例 10-1】 在 studentinfo 数据库中，创建一个触发器 tr_student_insert_sex，当向 student 表中插入记录时，检查性别是否为“男”或“女”，如果不是，则设置为“男”。

1）创建触发器。在 Navicat for MySQL 的“查询编辑器”窗格中输入创建触发器的 SQL 语句并运行，SQL 语句如下。

```
#DROP TRIGGER IF EXISTS tr_student_insert_sex;              #删除指定的触发器
CREATE TRIGGER tr_student_insert_sex BEFORE INSERT
   ON student FOR EACH ROW
BEGIN
   IF NEW.Sex != '男' && NEW.Sex != '女' THEN
      SET NEW.Sex = '男';
   END IF;
END;
```

在 Navicat for MySQL 中的运行结果如图 10-1 所示。

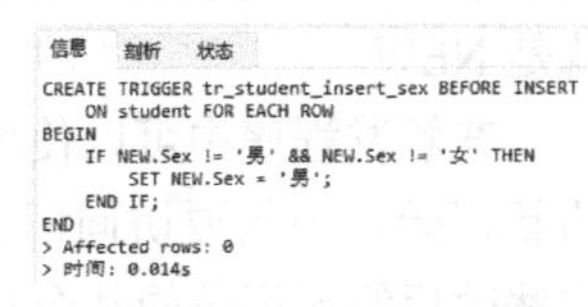

```
信息　剖析　状态
CREATE TRIGGER tr_student_insert_sex BEFORE INSERT
   ON student FOR EACH ROW
BEGIN
   IF NEW.Sex != '男' && NEW.Sex != '女' THEN
      SET NEW.Sex = '男';
   END IF;
END
> Affected rows: 0
> 时间: 0.014s
```

图 10-1　创建触发器

说明：本例中 INSERT 是触发事件，BEFORE 是触发器被触发的时机，ON student 是与触发器相关联的表，BEGIN...END 语句是当触发器激活时执行的触发器的过程体。在触发器的过程体中，NEW.Sex 表示新插入记录的 Sex 值。

2）测试触发器。

① 向 student 表中插入一行记录，SQL 语句如下。

```
INSERT INTO student(StudentID, StudentName, Sex, Birthday, Address, ClassID)
   VALUES('202270010121', '吴琪妙', 'F', '2003-04-11', '陕西', '2022700101');
```

```
信息　剖析　状态
INSERT INTO student(StudentID, StudentName, Sex, Birthday, Address, ClassID)
   VALUES('202270010121', '吴琪妙', 'F', '2003-04-11', '陕西', '2022700101')
> Affected rows: 1
> 时间: 0.009s
```

② 查询触发器运行结果，SQL 语句和运行结果如下。

```
SELECT * FROM student WHERE StudentID='202270010121';
```

StudentID	StudentName	Sex	Birthday	Address	ClassID
202270010121	吴琪妙	男	2003-04-11	陕西	2022700101

在向学生表 student 中插入学生记录时，触发器 tr_student_insert_sex 被触发，由于性别为“F”，不是“男”或“女”，则把性别设置为“男”后再插入学生表 student 中。

10.1.3　触发程序中的 NEW 和 OLD

触发程序中可以使用 OLD 关键字与 NEW 关键字（OLD 和 NEW 不区分大小写），其功能是在触发器事件发生时，针对要修改数据的表，创建与本表结构完全一样的两个临时表，OLD 表示在数据修改过程中原来记录的表，NEW 表示在数据修改过程中更新记录的表。

1．OLD 关键字与 NEW 关键字的方式

（1）INSERT 型触发器

在 INSERT 型触发器中，NEW 用来表示将要（BEFORE）或已经（AFTER）插入的新记录。即，当使用 INSERT 语句向表中插入新记录时，插入的那一条记录相对于插入记录后的表就是 NEW。

在触发程序中可以利用 NEW 关键字访问新记录，当需要访问新记录的某个列值时，可以使用“NEW.列名”的方式访问。

注意：在 INSERT 型触发器中没有 OLD。

（2）DELETE 型触发器

在 DELETE 型触发器中，OLD 用来表示将要或已经被删除的原记录。即，当使用 DELETE 语句从表中删除旧记录时，删除的那一条记录相对于删除记录后的表来说就是 OLD。

在触发程序中可以利用 OLD 关键字访问旧记录，当需要访问旧记录的某个字段值时，可以使用“OLD.列名”的方式访问。

注意：在 DELETE 型触发器中没有 NEW。

（3）UPDATE 型触发器

在 UPDATE 型触发器中，OLD 用来表示将要或已经被修改的原记录，NEW 用来表示将要或已经被修改的新记录。即，当使用 UPDATE 语句修改表的某条记录时，修改前的那一条记录相对于修改记录后的表来说就是 OLD；修改后的那一条记录相对于修改记录前的表来说就是 NEW。

在触发程序中可以使用 OLD 关键字访问修改前的旧记录，使用 NEW 关键字访问修改后的新记录。当需要访问旧记录的某个列值时，可以使用“OLD.列名”的方式访问；当需要访问修改后的新记录的某个列值时，可以使用“NEW.列名”的方式访问。

2．访问触发器 NEW 和 OLD 表的语法

访问触发器 NEW 和 OLD 表的语法格式如下。

```
OLD.column_name
NEW.column_name
```

column_name 为相应数据表中的某一列名。

OLD 记录是只读的，只能引用，不能更改。而 NEW 则可以在 BEFORE 触发程序中使用“SET NEW.COL_NAME=VALUE”语句更改 NEW 记录的值。

对于 INSERT 语句，只有 NEW 是合法的。对于 DELETE 语句，只有 OLD 合法。而 UPDATE 语句可以与 NEW 或 OLD 同时使用。

另外，在触发器 BEFORE 中可以对 NEW 赋值和取值；而在 AFTER 中只能对 NEW 取值，不能赋值。

【例 10-2】 在 studentinfo 数据库中，创建一个触发器 tr_student_insert_classnum，当向 student 表中插入记录时，自动更新 class 表中的班级人数。

例 10-2

1）创建触发器。在 Navicat for MySQL 的“查询编辑器”中输入创建触发器的 SQL 语句并运行。

```
#DROP TRIGGER IF EXISTS tr_student_insert_classnum    #删除指定的触发器
CREATE TRIGGER tr_student_insert_classnum AFTER INSERT
   ON student FOR EACH ROW
BEGIN
   DECLARE n INT DEFAULT 0;                              #保存插入记录前的班级人数
   #取出班级表中保存的班级人数
```

```
    SET n=(SELECT ClassNum FROM class WHERE ClassID=NEW.ClassID);
    UPDATE class SET ClassNum=n+1 WHERE ClassID=NEW.ClassID;     #修改班级人数
END;
```

说明：本例中 INSERT 是触发事件，AFTER 是触发器被触发的时机，ON student 是与触发器相关联的表，BEGIN...END 语句是当触发器激活时执行的触发器的过程体。在触发器的过程体中，NEW.ClassID 表示新插入记录的 ClassID 值。

2）测试触发器。

① 查看 class 表在插入 2022700101 班的学生记录前的人数，SQL 语句和运行结果如下。

```
UPDATE class SET ClassNum=30 WHERE ClassID='2022700101';     #给该班人数设置一个初始值
SELECT * FROM class WHERE ClassID='2022700101';
```

信息　结果 1　剖析　状态

ClassID	ClassName	ClassNum	Grade
2022700101	物理2022-1班	30	2022

② 向 student 表中插入一行学生记录，SQL 语句和运行结果如下。

```
INSERT INTO student(StudentID, StudentName, Sex, Birthday, Address, ClassID)
   VALUES('202270010166', '张蕊', '女', '2003-05-08', '河北', '2022700101');
```

信息　剖析　状态

```
INSERT INTO student(StudentID, StudentName, Sex, Birthday, Address, ClassID)
   VALUES('202270010166', '张蕊', '女', '2003-05-08', '河北', '2022700101')
> Affected rows: 1
> 时间: 0.008s
```

③ 查询触发器运行结果，SQL 语句和运行结果如下。

```
SELECT * FROM class WHERE ClassID='2022700101';
```

信息　结果 1　剖析　状态

ClassID	ClassName	ClassNum	Grade
2022700101	物理2022-1班	31	2022

从运行结果看到，人数已经增加。

10.1.4　查看触发器

查看触发器是指查看数据库中已存在的触发器的定义、状态等信息。

1．使用 SHOW TRIGGERS 语句查看触发器信息

查看数据库中已有的触发器的状态等信息，语法格式如下。

```
SHOW TRIGGERS [{FROM | IN} db_name];
```

该语句列出指定数据库中所有触发器的信息，但是不能查看某个指定触发器的信息。

【例 10-3】 查看数据库 studentinfo 中已有的触发器的状态等信息。

SQL 语句和运行结果如下。

```
USE studentinfo;
SHOW TRIGGERS;
```

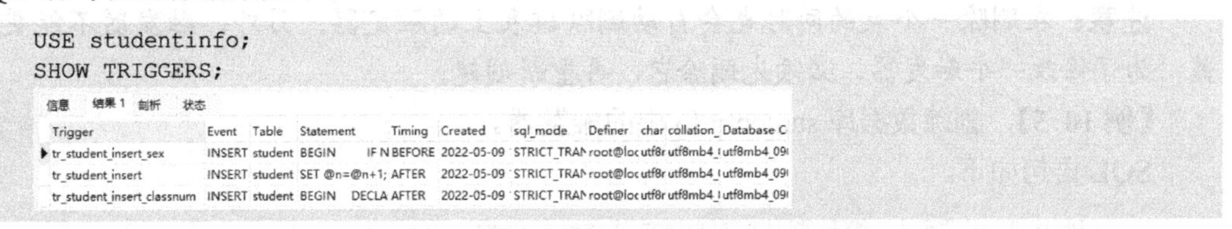

信息　结果 1　剖析　状态

Trigger	Event	Table	Statement	Timing	Created	sql_mode	Definer	char	collation_	Database C
tr_student_insert_sex	INSERT	student	BEGIN　IF N	BEFORE	2022-05-09	STRICT_TRAN	root@loc	utf8r	utf8mb4_	utf8mb4_09
tr_student_insert	INSERT	student	SET @n=@n+1;	AFTER	2022-05-09	STRICT_TRAN	root@loc	utf8r	utf8mb4_	utf8mb4_09
tr_student_insert_classnum	INSERT	student	BEGIN　DECLA	AFTER	2022-05-09	STRICT_TRAN	root@loc	utf8r	utf8mb4_	utf8mb4_09

Trigger 列显示创建的触发器名称，Event 列显示触发器的类型，Table 列显示与触发器相关联的表名，Statement 列显示详细的过程体，Timing 列显示出发时机。

2．在 triggers 表中查看触发器详细信息

在 MySQL 中，所有触发器的定义都保存在 information_schema 数据库下的 triggers 表中，在 triggers 表中可以查看数据库中所有触发器的详细信息。查询语句如下。

```
SELECT * FROM information_schema.triggers
```

```
[WHERE TRIGGER_NAME='trigger_name'];
```

语法说明：trigger_name 是指定的要查看的触发器名。也可以不指定触发器名称，查看所有的触发器。

提示：不能修改已经创建好的触发器。

【例 10-4】 使用 SELECT 语句查询 triggers 表中的信息。

1）查询所有触发器的信息，SQL 语句如下。

```
SELECT * FROM information_schema.triggers;
```

运行结果如图 10-2 所示。

信息 结果 1 剖析 状态

TRIGG	TRIGGER_SCI	TRIGGER_NAME	EVENT_M	EVEN	EVENT_OBJ	EVENT_OB	ACT	ACTION_	ACTION_STATEMENT	ACTION_(	ACTION_TIM	ACTION	ACTION_R	ACTION_	ACTION	CREATED	SQL_MODE	DEFINE
def	sys	sys_config_insert_set_	INSERT	def	sys	sys_config	1	(Null)	BEGIN IF @sys.ignore_	ROW	BEFORE	(Null)	(Null)	OLD	NEW	2022-01-03	ONLY_FULL_	mysql.
def	sys	sys_config_update_set	UPDATE	def	sys	sys_config	1	(Null)	BEGIN IF @sys.ignore_	ROW	BEFORE	(Null)	(Null)	OLD	NEW	2022-01-03	ONLY_FULL_	mysql.
def	sakila	ins_film	INSERT	def	sakila	film	1	(Null)	BEGIN INSERT INTO fil	ROW	AFTER	(Null)	(Null)	OLD	NEW	2022-01-03	STRICT_TRAN	root@l
def	sakila	upd_film	UPDATE	def	sakila	film	1	(Null)	BEGIN IF (old.title != ne	ROW	AFTER	(Null)	(Null)	OLD	NEW	2022-01-03	STRICT_TRAN	root@l
def	sakila	del_film	DELETE	def	sakila	film	1	(Null)	BEGIN DELETE FROM f	ROW	AFTER	(Null)	(Null)	OLD	NEW	2022-01-03	STRICT_TRAN	root@l
def	sakila	customer_create_date	INSERT	def	sakila	customer	1	(Null)	SET NEW.create_date = N	ROW	BEFORE	(Null)	(Null)	OLD	NEW	2022-01-03	STRICT_TRAN	root@l
def	sakila	payment_date	INSERT	def	sakila	payment	1	(Null)	SET NEW.payment_date =	ROW	BEFORE	(Null)	(Null)	OLD	NEW	2022-01-03	STRICT_TRAN	root@l
def	sakila	rental_date	INSERT	def	sakila	rental	1	(Null)	SET NEW.rental_date = N	ROW	BEFORE	(Null)	(Null)	OLD	NEW	2022-01-03	STRICT_TRAN	root@l
def	studentinfo	tr_student_insert	INSERT	def	studentinfo	student	1	(Null)	SET @n=@n+1	ROW	AFTER	(Null)	(Null)	OLD	NEW	2022-05-03	STRICT_TRAN	root@l
def	studentinfo	tr_student_insert_sex	INSERT	def	studentinfo	student	1	(Null)	BEGIN IF NEW.Sex !=	ROW	BEFORE	(Null)	(Null)	OLD	NEW	2022-05-03	STRICT_TRAN	root@l
def	studentinfo	tri_update_courseid	UPDATE	def	studentinfo	course	1	(Null)	BEGIN UPDATE selectc	ROW	AFTER	(Null)	(Null)	OLD	NEW	2022-05-04	STRICT_TRAN	root@l

图 10-2 使用 SELECT 语句查询 triggers 表中的信息

2）查询 tr_student_insert 的详细信息，SQL 语句和运行结果如下。

```
SELECT * FROM information_schema.triggers
   WHERE TRIGGER_NAME='tr_student_insert';
```

信息 结果 1 剖析 状态

TRIGG	TRIGGER_SCI	TRIGGER_NAME	EVENT_M	EVEN	EVENT_OBJ	EVENT_OB	ACT	ACTION_	ACTION_STATEMENT	ACTION_(	ACTION_TIM	ACTION	ACTION_R	ACTION_	ACTION	CREATED	SQL_MODE	DEFI
def	studentinfo	tr_student_insert	INSERT	def	studentinfo	student	1	(Null)	SET @n=@n+1	ROW	AFTER	(Null)	(Null)	OLD	NEW	2022-05-03	STRICT_TRAN	root(

10.1.5 删除触发器

如果要修改触发器，只能先删除触发器，再重新创建。与其他数据库对象一样，可以使用 DROP 语句将触发器从数据库中删除，其语法格式如下。

```
DROP TRIGGER [IF EXISTS] [schema_name.]trigger_name;
```

语法说明如下。

1）IF EXISTS：可选项，用于避免在没有触发器的情况下删除触发器。

2）schema_name：可选项，指定触发器所在的数据库的名称。若没有指定，则为当前默认数据库。

3）trigger_name：要删除的触发器名称。

4）DROP TRIGGER 语句需要 SUPER 权限。

注意：在删除一个表的同时也会自动删除该表上的触发器。另外，触发器不能更新或覆盖，为了修改一个触发器，必须先删除它，再重新创建。

【例 10-5】 删除数据库 studentinfo 中的触发器。

SQL 语句如下。

```
DROP TRIGGER IF EXISTS tr_student_insert_sex;
DROP TRIGGER IF EXISTS tr_student_insert_classnum;
DROP TRIGGER IF EXISTS studentinfo.tr_student_insert;
```

10.1.6 触发器的类型和执行顺序

1. 触发器的类型

触发器触发的事件类型有 INSERT、DELETE 和 UPDATE 三种。

（1）INSERT 触发器

INSERT 触发器可在 INSERT 语句执行之前或之后执行。使用该触发器时，需要注意以下几点。

1）在 INSERT 触发器程序内可引用一个名为 NEW 的表来访问被插入的行。

2）在 INSERT 触发器中，仅能使用 NEW.column_name，没有旧行。

3）在 BEFORE INSERT 触发器中，NEW 中的值也可以被更新，即允许更改被插入的值（只要具有对应的操作权限）。

4）对于 AUTO_INCREMENT 列，NEW 在 INSERT 执行之前包含的是 0 值，不是实际插入的值，插入新记录时将自动生成值。在 INSERT 执行之后将包含新的自动生成值。

5）在 INSERT 触发器中，除了 INSERT 语句外，还可以使用 LOAD DATA 和 REPLACE 语句，这两种语句也能引起 INSERT 触发器的触发。

（2）DELETE 触发器

DELETE 触发器可在 DELETE 语句执行之前或之后执行。使用该触发器时，需要注意以下几点。

1）在 DELETE 触发器代码内可以引用一个名为 OLD 的虚拟表来访问被删除的行。

2）在 DELETE 触发器中，仅能使用 OLD.col_name，没有新行。

3）OLD 中的值全部是只读的，不能被更新。

（3）UPDATE 触发器

UPDATE 触发器在 UPDATE 语句执行之前或之后执行。使用该触发器时，需要注意以下几点。

1）在 UPDATE 触发器代码内可以引用一个名为 OLD 的虚拟表访问以前（UPDATE 语句执行前）的值，也可以引用一个名为 NEW 的虚拟表访问新更新的值。

2）在 UPDATE 触发器中，可以使用 OLD.col_name 来引用更新前的某一行的列，也能使用 NEW.col_name 来引用更新后的行中的列。

3）在 BEFORE UPDATE 触发器中，NEW 中的值可能也被更新，即允许更改将要用于 UPDATE 语句中的值（只要具有对应的操作权限）。可使用 SET NEW.col_name=value 更改它的值。这意味着，可以使用触发器来更改将要插入到新行中的值，或用于更新行的值。

4）用 OLD 命名的列全部是只读的，不能被更新，但可以引用它。

5）对于用 NEW 命名的列，如果具有 SELECT 权限，可引用它。

6）当触发器涉及对表自身的更新操作时，只能使用 BEFORE UPDATE 触发器，而 AFTER UPDATE 触发器将不被允许。

2．触发器的 6 种形式

触发器触发的事件类型有 3 种，即 INSERT、UPDATE 和 DELETE 触发事件类型。每一种触发事件类型有 BEFORE 和 AFTER 两种触发器被触发的时机，组合起来共有 6 种形式。

1）BEFORE INSERT：在插入记录前触发事件。可用于检测插入记录是否符合业务逻辑，如不符合返回错误信息。

2）AFTER INSERT：在插入记录后触发事件。可用于在表 A 中插入新记录后，将插入成功的信息自动写入表 B 中。

3）BEFORE DELETE：在删除记录前触发事件。可用于在删除记录前检查是否有关联数据，如有，则停止删除操作。

4）AFTER DELETE：在删除记录后触发事件。可用于在删除表 A 中的记录后，自动删除表 B 中与表 A 相关联的数据。

5）BEFORE UPDATE：在更新记录前触发事件。可用于在更新记录前，检测更新数据是否符合业务逻辑，如不符合返回错误信息。

6）AFTER INSERT：在更新记录后触发事件。可用于在更新数据后，将操作行为记录在日志表中。

3. 触发器的执行顺序

触发器是由 INSERT、UPDATE 和 DELETE 等事件来触发某种操作，当满足触发器的触发条件时，就会执行触发器中定义的程序语句，这样做可以保证某些操作之间的一致性。

触发器的应用非常广泛，常见的有实现数据完整性的复杂约束、数据管理过程中的冗余数据处理，以及外键约束的级联操作等，都可以利用触发器实现应用系统的自动维护。

触发器执行的顺序是：BEFORE 触发器、表操作（INSERT、UPDATE、DELETE）和 AFTER 触发器。

【例 10-6】 在 T_reader 表上分别创建 BEFORE INSERT 和 AFTER INSERT 触发器，当向 T_reader 表中插入记录时，通过两个触发器向 T_borrow 表中分别插入一行记录，观察这两个触发器的触发顺序。

例 10-6 

1）创建 T_reader 表，SQL 语句如下。

```
USE studentinfo;
DROP TABLE IF EXISTS T_reader;
CREATE TABLE T_reader( ReaderID CHAR(6),  ReaderName VARCHAR(10) );
```

2）创建 T_borrow 表，SQL 语句如下。

```
DROP TABLE IF EXISTS T_borrow;
CREATE TABLE T_borrow( ReaderID CHAR(6), BookID CHAR(10),
                       TriggerTime TIMESTAMP NOT NULL DEFAULT NOW() );
```

3）创建 T_reader 表上的触发器 tr_before_insert，SQL 语句如下。

```
DROP TRIGGER IF EXISTS tr_before_insert;
CREATE TRIGGER tr_before_insert BEFORE INSERT ON T_reader FOR EACH ROW
BEGIN
   INSERT INTO T_borrow SET ReaderID='111111', BookID='AAAAAAAAAA';
END;
```

4）创建 T_reader 表上的 tr_after_insert 触发器，SQL 语句如下。

```
DROP TRIGGER IF EXISTS tr_after_insert;
CREATE TRIGGER tr_after_insert AFTER INSERT ON T_reader FOR EACH ROW
BEGIN
   INSERT INTO T_borrow SET ReaderID='222222', BookID='BBBBBBBBBB';
END;
```

5）测试触发器，向 T_reader 表中插入一条记录，SQL 语句如下。

```
INSERT INTO T_reader(ReaderID, ReaderName) VALUES('666666', '孟琳');
```

6）查看 T_borrow 表中插入记录的顺序和时间，SQL 语句和运行结果如下。

```
SELECT * FROM T_borrow;
```

信息　结果 1　剖析　状态

ReaderID	BookID	TriggerTime
111111	AAAAAAAAAA	2022-05-10 09:42:09
222222	BBBBBBBBBB	2022-05-10 09:42:09

说明：本例程序由于语句较少，运行速度快，记录的时间都在 1 秒之内完成，但记录的插入顺序可以说明 BEFORE 触发器的执行早于 AFTER 触发器。

4．触发器发生错误时的处理方式

在触发器的执行过程中，会按照下面的方式处理错误。

1）如果 BEFORE 触发程序失败，则将不执行相应行上的操作。

2）仅当 BEFORE 触发程序和行操作均已被成功执行，才会执行 AFTER 触发程序（如果有的话）。

3）如果在 BEFORE 或 AFTER 触发程序的执行过程中出现错误，将导致调用触发程序的整个语句的失败。

10.1.7　触发器的使用实例

1．BEFORE INSERT 触发器使用方法

作为严谨的管理系统，对任何保存到表中的数据都应该提前检测，以防止错误的信息被写进去。在写入（INSERT）前（BEFORE）检测数据这个功能，使用 BEFORE INSERT 触发器来实现，如不符合则返回错误信息。

【例 10-7】 创建触发器 tr_student_insert，在向 student 表插入学生记录前先检查待插入学生记录的学号，如果该学号在 student 表中不存在则插入，否则返回错误信息。

例 10-7

1）创建触发器。本例触发器用于监测即将插入 student 表中的学生记录的 StudentID 值，应该使用 BEFORE INSERT（在执行 INSERT 前执行触发器）。SQL 语句如下。

```
DROP TRIGGER IF EXISTS tr_student_insert;
CREATE TRIGGER tr_student_insert BEFORE INSERT
   ON student FOR EACH ROW
BEGIN
   DECLARE message_text CHAR(10) DEFAULT "";
   DECLARE id CHAR(12) DEFAULT NULL;
   SET id=(SELECT StudentID FROM student WHERE StudentID=NEW.StudentID);
   IF(id IS NOT NULL) THEN
      SIGNAL SQLSTATE '45000' SET message_text='该学号已存在';        #返回错误信息
   END IF;
END;
```

说明：在过程体中用 SIGNAL 处理意外事件，并在需要时（本例条件是 id IS NOT NULL）从过程中正常退出，一般用于向处理程序提供错误信息。

2）测试触发器。

① 首先测试插入一个已有学号 202263050133 的记录，查看该记录，SQL 语句和运行结果如下。

```
SELECT * FROM student WHERE StudentID='202263050133';
```

信息　结果 1　剖析　状态

StudentID	StudentName	Sex	Birthday	Addres	ClassID
202263050133	范慧	女	2003-08-08	秦州	2022630501

② 向 student 表中插入已有学号的学生记录，SQL 语句和运行结果如下。

```
INSERT INTO student (StudentID, StudentName, Sex, Birthday, Address, ClassID)
   VALUES ('202263050133', '陈一杰', '男', '2003-06-01', '浙江', '2022630501');
```

```
信息  状态
INSERT INTO student(StudentID, StudentName, Sex, Birthday, Address, ClassID)
   VALUES('202263050133', '陈一杰', '男', '2003-06-01', '浙江', '2022630501')
> 1644 - 该学号已存在
> 时间: 0.001s
```

执行插入已有学号的记录，会返回“1644-该学号已存在”的错误信息。

查看该学号记录，SQL 语句和运行结果如下。

```
SELECT * FROM student WHERE StudentID='202263050133';
```

信息 结果 1 剖析 状态

StudentID	StudentName	Sex	Birthday	Address	ClassID
202263050133	范慧	女	2003-08-08	贵州	2022630501

仍然是原来的记录。

③ 测试插入一个新学号的记录，SQL 语句和运行结果如下。

```
INSERT INTO student (StudentID, StudentName, Sex, Birthday, Address, ClassID)
   VALUES('202263050188', '陈一杰', '男', '2003-06-01', '浙江', '2022630501');
```

```
信息  剖析  状态
INSERT INTO student(StudentID, StudentName, Sex, Birthday, Address, ClassID)
   VALUES('202263050188', '陈一杰', '男', '2003-06-01', '浙江', '2022630501')
> Affected rows: 1
> 时间: 0.006s
```

显示插入一条记录。查看该学号记录，SQL 语句和运行结果如下。

```
SELECT * FROM student WHERE StudentID='202263050188';
```

信息 结果 1 剖析 状态

StudentID	StudentName	Sex	Birthday	Address	ClassID
202263050188	陈一杰	男	2003-06-01	浙江	2022630501

新记录已经被插入到表中。

2. AFTER INSERT 触发器使用方法

AFTER INSERT 触发器在监测到成功执行了 INSERT 语句后（AFTER），再执行触发器中设置好的程序。AFTER INSERT 触发器特别适合状态变更的关联写入操作，例如，在表 A 插入记录后，将插入记录成功的信息自动写入表 B 中。

【例 10-8】 在 student 表中插入新学生记录后，将插入记录成功的信息写入 student_status 表中。

1）创建一个 student_status 表，用于保存 student 表中学生的备注信息。SQL 语句如下。

```
DROP TABLE IF EXISTS student_status;
CREATE TABLE student_status( StudentID CHAR(12) PRIMARY KEY, StatusNotes VARCHAR(10)
                         ) ENGINE=INNODB;
```

2）创建触发器。用于监测插入 student 表中的学生记录后执行程序，应该使用 AFTER INSERT。触发器程序的功能是在向 student 表中 INSERT 新学生记录后，再向 student_status 表中写入成功信息。SQL 语句如下。

```
DROP TRIGGER IF EXISTS tr_student_status_insert;
CREATE TRIGGER tr_student_status_insert AFTER INSERT
   ON student FOR EACH ROW
BEGIN
INSERT INTO student_status (StudentID, StatusNotes) VALUES (NEW.StudentID, '学生记录插入成功');
END;
```

3）测试触发器。

① 插入一条新学生的记录，SQL 语句如下。

```
INSERT INTO student (StudentID, StudentName, Sex, Birthday, Address, ClassID)
   VALUES ('202263050199', '高琳', '女', '2003-07-01', '天津', '20226305');
```

② 学生记录插入成功后，检查 student_status 表中是否写入了对应的成功记录。SQL 语句和运行结果如下。

```
SELECT * FROM student_status;
```

信息　结果 1　剖析　状态

StudentID	StatusNotes
202263050199	学生记录插入成功

可以看到已向 student 表中插入了一条新记录。随后，触发器执行过程体中的程序向 student_ status 表中也插入了一条成功信息。

3．BEFORE UPDATE 触发器使用方法

BEFORE UPDATE 触发器与 BEFORE INSERT 触发器相似，可以用 BEFORE UPDATE 触发器在更新数据之前，先做一次业务逻辑检测，避免发生误操作，如不符合则返回错误信息。

可以使用 OLD 获取执行 UPDATE 语句前的列值，使用 NEW 获取执行 UPDATE 语句后的列值。使用 IF...THEN...END IF 语句对列值进行是否符合规则的判断。

【例 10-9】 在 selectcourse 表上创建一个用于检查修改成绩的触发器 tr_selectcourse_cheek，使得成绩位于 0～100 的范围内，如果分数大于 100 则为 100；如果分数小于 0 则为 0。

1）创建触发器。因为要在 UPDATE 成绩之前对其检查，所以必须是 BEFORE 触发器，SQL 语句如下。

```
CREATE TRIGGER ttr_selectcourse_cheek BEFORE UPDATE
   ON selectcourse FOR EACH ROW
BEGIN
   IF NEW.Score < 0 THEN
      SET NEW.Score = 0;
   ELSEIF NEW.Score > 100 THEN
      SET NEW.Score = 100;
   END IF;
END;
```

2）测试触发器。

① 先查看将要修改成绩的记录，SQL 语句和运行结果如下。

```
SELECT * FROM selectcourse WHERE StudentID='202263050133';
```

信息　结果 1　剖析　状态

StudentID	CourseID	Score	SelectCourseDate
202263050133	630572	39.0	(Null)
202263050133	630575	48.0	(Null)

② 修改指定学号的成绩，SQL 语句如下。

```
UPDATE selectcourse SET Score= 120 WHERE StudentID='202263050133' AND CourseID='630575';
UPDATE selectcourse SET Score= -10 WHERE StudentID='202263050133' AND CourseID='630572';
```

③ 查看修改后的记录，SQL 语句和运行结果代码如下。

```
SELECT * FROM selectcourse WHERE StudentID='202263050133';
```

信息　结果 1　剖析　状态

StudentID	CourseID	Score	SelectCourseDate
202263050133	630572	0.0	(Null)
202263050133	630575	100.0	(Null)

4．AFTER UPDATE 触发器使用方法

AFTER UPDATE 多用于关联操作，关联操作可以同时操作多个表，即当对表 A 中的一条记录进行 UPDATE 操作时，触发器会在 UPDATE 操作之后，对表 B 进行操作。

AFTER UPDATE 多用于日志记录 log，保存 log 记录，以便在出问题时查看对表的操作。

【例 10-10】 创建一个触发器 tri_update_courseid，当修改课程表 course 中某门课的课程号时，同时修改成绩表 selectcourse 中相同的全部课程号。

1）创建触发器。因为要在 course 表中的记录修改之后再修改 selectcourse 中的记录，所以必须是 AFTER 触发器。SQL 语句如下。

```
CREATE TRIGGER tri_update_courseid AFTER UPDATE ON course FOR EACH ROW
BEGIN
   UPDATE selectcourse SET CourseID=NEW.CourseID WHERE CourseID=OLD.CourseID;
END;
```

2）删除 selectcourse 表的外键约束。对于创建外键约束的 selectcourse 表，不能更改参考表 course 的记录，所以必须先删除 selectcourse 表的外键约束。SQL 语句如下。

```
ALTER TABLE selectcourse DROP FOREIGN KEY FK_selectcourse_course;
```

有关查看表的外键和删除外键的方法，请参考第 3 章。

3）测试触发器。

① 先查看待修改的记录，分别查看 course 表、selectcourse 表中的记录。SQL 语句和运行结果如下。

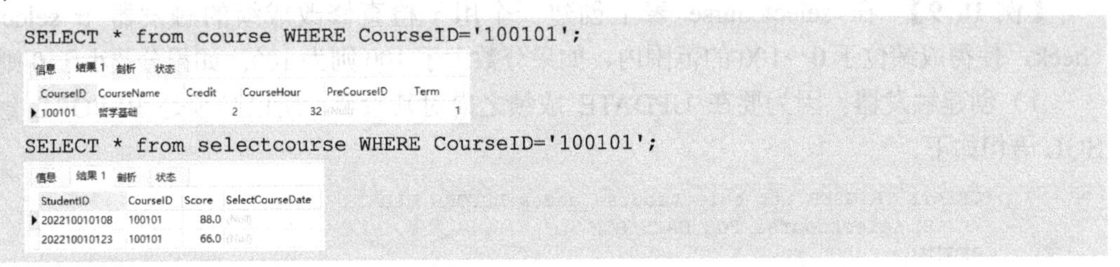

```
SELECT * from course WHERE CourseID='100101';
```

信息 结果 1 剖析 状态

CourseID	CourseName	Credit	CourseHour	PreCourseID	Term
100101	哲学基础	2	32	(Null)	1

```
SELECT * from selectcourse WHERE CourseID='100101';
```

信息 结果 1 剖析 状态

StudentID	CourseID	Score	SelectCourseDate
202210010108	100101	88.0	(Null)
202210010123	100101	66.0	(Null)

② 修改指定的课程号，再查看修改后的记录。SQL 代码和运行结果如下。

```
UPDATE course SET CourseID='100111' WHERE CourseID='100101';
```

信息 剖析 状态

```
UPDATE course SET CourseID='100111' WHERE CourseID='100101'
> Affected rows: 1
> 时间: 0.008s
```

```
SELECT * from course WHERE CourseID='100111';
```

信息 结果 1 剖析 状态

CourseID	CourseName	Credit	CourseHour	PreCourseID	Term
100111	哲学基础	2	32	(Null)	1

```
SELECT * from selectcourse WHERE CourseID='100111';
```

信息 结果 1 剖析 状态

StudentID	CourseID	Score	SelectCourseDate
202210010108	100111	88.0	(Null)
202210010123	100111	66.0	(Null)

使用 SELECT 语句查看 course 表和 selectcourse 表中的记录，所有原'100101'课程编号的记录已更新为'100111'。

请读者把 CourseID 为'100111'改回'100101'。

说明：在触发器中的 SQL 语句可以关联表中的任意列，但不能直接使用列的名称标识，那会使系统混淆。在本例中，NEW 和 OLD 同时使用，当在 course 表更新 CourseID 时，原来的 CourseID 变为 OLD.CourseID，同时 selectcourse 表 OLD.CourseID 的记录也更新为 NEW.CourseID。

【例 10-11】 在 selectcourse 表上创建一个触发器，当在成绩表 selectcourse 中修改了某一学生的某一课程的成绩后，则把修改时间、学号、课程编号、修改前成绩和修改后成绩保存到 log_trigger 日志表中。

1）先创建 log_trigger 表，SQL 语句如下。

```
CREATE TABLE log_trigger( ExecTime DATETIME, StudentID CHAR(12), CourseID CHAR(6),
                          ScoreOld DECIMAL(4,1), ScoreNew DECIMAL(4,1) );
```

2）创建触发器 tr_selectcourse_update。因为是在 UPDATE 成绩后添加记录到 log_trigger 表中，所以是 AFTER 触发器。SQL 语句如下。

```
CREATE TRIGGER tr_selectcourse_update AFTER UPDATE
ON selectcourse FOR EACH ROW
BEGIN
    INSERT INTO log_trigger (ExecTime, StudentID, CourseID, ScoreOld, ScoreNew)
        VALUES (NOW(), NEW.StudentID, NEW.CourseID, OLD.Score, NEW.Score);
END;
```

3）测试触发器。先显示修改成绩前的记录，然后修改指定学号和课程号的成绩，最后查看修改后的记录和日志记录。SQL 代码和运行结果如下。

```
SELECT * FROM selectcourse
    WHERE StudentID='202263050132' AND CourseID='630572';
```

信息　结果 1　剖析　状态

StudentID	CourseID	Score	SelectCourseDate
202263050132	630572	81.0	(Null)

```
UPDATE selectcourse SET Score= 99
    WHERE StudentID='202263050132' AND CourseID='630572';
```

信息　剖析　状态

```
UPDATE selectcourse SET Score= 99 WHERE StudentID='202263050132' AND CourseID='630572'
> Affected rows: 1
> 时间: 0.016s
```

```
SELECT * FROM selectcourse WHERE StudentID='202263050132' AND CourseID='630572';
```

信息　结果 1　剖析　状态

StudentID	CourseID	Score	SelectCourseDate
202263050132	630572	99.0	(Null)

```
SELECT * FROM log_trigger;
```

信息　结果 1　剖析　状态

ExecTime	StudentID	CourseID	ScoreOld	ScoreNew
2022-05-08 20:05:33	202263050132	630572	81.0	99.0

说明：在修改 selectcourse 表中某一学生的某一课程成绩时，触发器 tr_selectcourse_update 被触发，通过 OLD.Score 获取修改前的课程成绩，通过 NEW.Score 获取修改后的课程成绩。

在 Navicat for MySQL 交互方式下修改成绩记录，仍然会触发该触发器，请读者试一试。

5. BEFORE DELETE 触发器使用方法

BEFORE DELETE 触发器会在 DELETE 语句执行之前调用，通常用于在不同的相关表上强制执行参照完整性。例如，需要删除主表的记录前，先删除与之相关联的其他表中的记录。

【例 10-12】 在 student 表上，创建一个触发器，在 student 表中删除一行记录之前，先在 selectcourse 表中删除该学生的成绩记录。

1）创建触发器。创建 student 表上的触发器 tr_student_delete_score，因为是在 DELETE 学生记录之前触发，所以是 BEFORE DELETE 触发器。SQL 语句如下。

```
DROP TRIGGER IF EXISTS tr_student_delete_score;
CREATE TRIGGER tr_student_delete_score BEFORE DELETE
ON student FOR EACH ROW
BEGIN
    #先在成绩表 selectcourse 中删除该学生的成绩记录
    DELETE FROM selectcourse
        WHERE StudentID=OLD.StudentID;
END;
```

2）测试触发器。删除 student 表中指定学号的记录。

① 删除该记录前先查看该学生的记录和成绩记录，SQL 代码和运行结果如下。

```
SELECT * FROM student WHERE StudentID='202263050133';
```

信息　结果 1　剖析　状态

StudentID	StudentName	Sex	Birthday	Address	ClassID
202263050133	范慧	女	2003-08-08	贵州	2022630501

```
SELECT * FROM selectcourse WHERE StudentID='202263050133';
```

信息　结果 1　剖析　状态

StudentID	CourseID	Score	SelectCourseDate
202263050133	630572	0.0	(Null)
202263050133	630575	100.0	(Null)

② 执行删除语句，SQL 语句和运行结果如下。

```
DELETE FROM student WHERE StudentID='202263050133';
```

信息　剖析　状态

```
DELETE FROM student WHERE StudentID='202263050133'
> Affected rows: 1
> 时间: 0.007s
```

③ 再次查看该学生的记录和成绩记录，记录都已经被删掉，SQL 代码和运行结果如下。

```
SELECT * FROM student WHERE StudentID='202263050133';
```

信息　结果 1　剖析　状态

StudentID	StudentName	Sex	Birthday	Address	ClassID
(N/A)	(N/A)	(N/A)	(N/A)	(N/A)	(N/A)

```
SELECT * FROM selectcourse WHERE StudentID='202263050133';
```

信息　结果 1　剖析　状态

StudentID	CourseID	Score	SelectCourseDate
(N/A)	(N/A)	(N/A)	(N/A)

6. AFTER DELETE 触发器使用方法

AFTER DELETE 触发器是记录被成功删除后，这个触发器就会被激活。AFTER DELETE 触发器的一个用途是在删除主表中的记录后，与这个主表关联的表中的记录一起自动删除。

【例 10-13】 在例 10-12 的基础上，在 student 表中再创建一个触发器，每次在 student 表中删除学生记录后，都把被删除记录的学号列 StudentID 的值赋值给用户变量@old_stuID，@count 记录删除记录的个数。

1）创建触发器。创建 AFTER DELETE 触发器 tr_student_delete，SQL 语句如下。

```
SET @old_StuID="", @count=0;                                    #记录被删除学生的学号和个数
DROP TRIGGER IF EXISTS tr_student_delete;
CREATE TRIGGER tr_student_delete AFTER DELETE
ON student FOR EACH ROW
BEGIN
    SET @old_StuID=CONCAT_WS(', ', @old_StuID, OLD.StudentID); #拼接字符串函数
    SET @count =@count+1;
END;
```

2）测试触发器。删除 student 表中指定学号的记录。

① 删除该记录前先查看该学生的记录和成绩记录，SQL 代码和运行结果如下。

```
SELECT * FROM student WHERE StudentID='202263050135';
```

信息　结果 1　剖析　状态

StudentID	StudentName	Sex	Birthday	Address	ClassID
202263050135	邓健辉	男	2003-06-11	河南	2022630501

```
SELECT * FROM selectcourse WHERE StudentID='202263050135';
```

信息　结果 1　剖析　状态

StudentID	CourseID	Score	SelectCourseDate
202263050135	630572	73.0	(Null)
202263050135	630575	89.0	(Null)

② 执行删除语句，SQL 语句和运行结果如下。

```
DELETE FROM student WHERE StudentID='202263050135';
```

信息　剖析　状态

```
DELETE FROM student WHERE StudentID='202263050132'
> Affected rows: 1
> 时间: 0.008s
```

③ 记录被删除学生的学号和个数，SQL 语句和运行结果如下。

```
SELECT @old_StuID, @count;
```

信息　结果 1　剖析　状态

@old_StuID	@count
,202263050135	1

④ 再删除一条记录，执行下面的 SQL 语句。

```
SELECT * FROM student WHERE StudentID='202260010306';
SELECT * FROM selectcourse WHERE StudentID='202260010306';
DELETE FROM student WHERE StudentID='202260010306';
SELECT @old_StuID, @count;
```

信息　结果 1　剖析　状态

@old_StuID	@count
,202263050135, 202260010306	2

说明：从运行结果看到，在删除 student 表中某一记录时，触发器 tr_student_delete_score 被触发，首先在 selectcourse 表中删除该学生的成绩记录，然后在 student 表中删除该学生的记录；删除记录后，tr_student_delete 被触发，保存被删除学生的学号和个数。

【例 10-14】 在 studentinfo 数据库中，创建回收站触发器，当删除员工表 employee 中的记录时，把删除的记录保存到回收站表 trash 中。

1）准备相应的表。创建员工表并添加记录，创建回收站表。

① 创建员工表，SQL 语句如下。

```
CREATE TABLE employee ( id BIGINT(20) NOT NULL AUTO_INCREMENT,
  name VARCHAR(20) DEFAULT NULL, age INT(11) DEFAULT NULL, PRIMARY KEY (id)
) ENGINE=InnoDB DEFAULT CHARSET=utf8;
```

② 向员工表中添加记录，SQL 语句如下。

```
INSERT INTO employee (name,age) VALUES ('张三',19),('李四',18),('王五',20),('赵六',21),('
陈七',19),('钱八',20);
```

③ 创建回收站表，SQL 语句如下。

```
CREATE TABLE trash( id BIGINT(20) NOT NULL AUTO_INCREMENT,
   data VARCHAR(255) DEFAULT NULL, PRIMARY KEY (id)
) ENGINE=InnoDB DEFAULT CHARSET=utf8;
```

2）创建触发器。创建删除后（AFTER DELETE）把员工表中被删除的记录添加到回收站表中，SQL 语句如下。

```
-- DROP TRIGGER IF EXISTS trigger_del_employee;
CREATE TRIGGER trigger_del_employee AFTER DELETE
    ON employee FOR EACH ROW
    INSERT INTO trash (data) VALUES (CONCAT('employee 删除：', OLD.id, '|', OLD.name,
'|', OLD.age));
```

上面代码中的 OLD 指的是当前要删除的表，OLD.age 指要删除表中那一行的数据的 age 列的值。

3）测试触发器。

① 删除 employee 表中的一条记录，SQL 语句如下。

```
DELETE FROM employee WHERE id = 3;
```

② 查看回收站表 trash 中的记录，被删除的数据已经保存到回收站表中，SQL 语句和运行结果如下。

```
SELECT * FROM trash;
```

信息　结果 1　剖析　状态

id	data
1	employee删除：3|王五|20

10.2 事件

触发器与事件都是通过特定事件的触发而自动执行某些特定任务，区别是触发的事件不同。触发器是基于某个表所产生的增、删、改记录时触发事件，而事件是通过时钟的定时触发事件而执行某些特定任务。

10.2.1 事件的概念

事件（Event）是一种在指定的时刻执行某些特定任务的定时任务机制，这些特定任务通常是一些确定的 SQL 语句，事件又称事件调度器（Event Scheduler）。MySQL 的事件调度器可以精确到每秒钟执行一个任务。对于一些对数据实时性要求比较高的应用，如股票交易、抢票等就非常适合。一些对数据管理的定时性操作（例如定时备份记录、汇总等）不再依赖外部程序，直接使用事件功能即可实现。

MySQL 的事件调度器是其数据库服务器的一部分，负责调用事件，并不断地监视一个事件是否需要调用。在使用事件前，必须首先打开事件调度器。MySQL 默认开启事件调度器。

1．查看事件调度器

要查看当前是否已开启事件调度器，使用的 SQL 语句和运行结果如下。

```
SHOW VARIABLES LIKE 'event_scheduler';
```

信息 结果 1 剖析 状态

Variable_name	Value
event_scheduler	ON

ON 表示已经开启事件调度器。

或者，查看系统变量，使用的 SQL 语句和运行结果如下。

```
SELECT @@event_scheduler;
```

信息 结果 1 剖析 状态

@@event_scheduler
ON

2．开启事件调度器

要使用事件，必须开启调度器。如果没有被开启事件，使用下面的 SQL 语句开启。

```
SET GLOBAL event_scheduler=ON;
```

或使用系统变量@@event_scheduler 来打开事件调度器。

```
SET @@GLOBAL.event_scheduler=ON;
```

或者，在 MySQL 的配置文件 my.ini 中加上下面的语句来开启事件。

```
SET GLOBAL event_scheduler=ON
```

ON 或 1 或 TRUE 为打开，OFF 或 FALSE 或 0 为关闭。

10.2.2 创建事件

通过创建事件语句创建在某一时刻发生的事件、指定区间周期性发生的事件，以及在事件中调用存储过程或自定义函数。创建事件的语法格式如下。

```
CREATE EVENT [IF NOT EXISTS] event_name
    ON SCHEDULE schedule
    [ON COMPLETION [NOT] PRESERVE]
    [{ENABLE | DISABLE | DISABLE ON SLAVE}]
```

```
        [COMMENT 'comment']
        DO event_body;
```

语法格式中的参数说明如下。

1）event_name：指定事件名，事件名的最大长度为 64 字节。event_name 必须是当前数据库中唯一的，同一个数据库不能有同名的事件名。

2）IF NOT EXISTS：用于判断要创建的事件是否存在。使用本关键字子句时，只有在 event_name 不存在时才创建，否则忽略。建议不要使用这个参数，以保证事件新建或重新创建成功。

3）ON SCHEDULE schedule：必选，指定事件何时发生或者每隔多久发生一次。schedule 参数分别对应下面两种子句。

① AT 子句。设置事件在某个时刻发生，用来设置单次的事件。AT 子句的语法格式如下。

```
    AT timestamp [+ INTERVAL interval] ...
```

参数说明。

timestamp：表示一个具体的时间点，后面可以加上一个时间间隔，表示在这个时间间隔后事件发生。

interval：表示这个时间间隔，由一个数值和单位构成。quantity 是间隔时间的数值。

interval 参数值的语法格式如下。

```
    quantity {YEAR | QUARTER | MONTH | DAY | HOUR | MINUTE |WEEK | SECOND |
    YEAR_MONTH | DAY_HOUR | DAY_MINUTE | DAY_SECOND | HOUR_MINUTE |
    HOUR_SECOND | MINUTE_SECOND}
```

例如，使用“4 WEEK”表示 4 周；使用“1:10 HOUR_MINUTE”表示 1 小时 10 分钟。间隔的距离用 DATE_ADD()函数来支配。

② EVERY 子句。设置事件在指定时间区间内每隔多长时间发生一次，用来设置周期事件。EVERY 子句的语法格式如下。

```
    EVERY interval
        [STARTS timestamp [+ INTERVAL interval] ...]
        [ENDS timestamp [+ INTERVAL interval] ...]
```

其中，“STARTS timestamp”子句指定开始时间时刻，“ENDS timestamp”子句指定结束时间时刻。timestamp（时间戳）可以是任意的 TIMESTAMP 和 DATETIME 数据类型，时间戳需要大于当前时间。

在重复的计划任务中，时间（单位）的数值可以是任意非空（Not Null）的整数形式，时间单位是关键词 YEAR、MOMTH、DAY、HOUR、MINUTE 或者 SECOND。不建议使用这些不标准的时间单位 QUARTER、WEEK、YEAR_MONTH、DAY_HOUR、DAY_MINUTE、DAY_SECOND、HOUR_MINUTE、HOUR_SECOND、MINUTE_SECOND。

4）ENABLE | DISABLE | DISABLE ON SLAVE：为可选项，用于设定事件的一种状态。其中，ENABLE 表示该事件是活动的，执行这个事件；DISABLE 设置不执行这个事件，即只保存这个事件的定义，但是不会触发这个事件；关键字 DISABLE ON SLAVE 表示事件在从机中是关闭的。如果不指定这 3 个选项中的任何一个，则在一个事件创建之后，它立即变为活动的，即事件总是自动执行。

5）ON COMPLETION [NOT] PRESERVE：可选，用于定义事件是一次执行还是永久执行，默认为一次执行，即 NOT PRESERVE（一个事件最后一次被调用后，将被自动删除）。

6）COMMENT 'comment'：注释文字，它存储在 information_schema 表的 COMMENT 列，最大长度为 64 字节。建议使用注释以表达更全面的信息。

7）DO event_body：DO 子句中的 event_body 部分指定事件启动时要求执行的 SQL 语句或存储过程。这里的 SQL 语句可以是复合语句，如果包含多条语句，可以使用 BEGIN...END 复合结构。event_body 过程体中不能返回任何结果给客户端，即不能用 SELECT 等语句显示数据。

10.2.3 事件的使用实例

1. 创建某个时刻发生的事件

【例 10-15】 在 studentinfo 数据库中，创建一个现在立即执行的事件 ev_create_user，事件执行创建一个表 t_user。

1）创建事件。在 Navicat for MySQL 的“查询编辑器”窗格中输入如下创建事件的 SQL 语句并运行。

```
USE studentinfo;
DROP EVENT IF EXISTS ev_create_user;                    #若存在则删除该事件
CREATE EVENT ev_create_user
  ON SCHEDULE AT NOW()
    DO
    BEGIN
    DROP TABLE IF EXISTS t_user;                        #若存在则删除该表
    CREATE TABLE t_user(
        T_Id INT PRIMARY KEY AUTO_INCREMENT COMMENT '用户编号',
        T_Name CHAR(10) COMMENT '用户名',
        T_CreateTime TIMESTAMP COMMENT '创建时间' ) COMMENT = '用户表' ;
    END;
```

2）查看事件结果。查看创建 t_user 表，SQL 语句和运行结果如下。

```
SELECT * FROM t_user;
```

信息　结果 1　剖析　状态

T_Id	T_Name	T_CreateTime
(N/A)	(N/A)	(N/A)

【例 10-16】 创建一个事件 ev_insert_user30，30 秒后启动事件，向 t_user 表中插入一行记录。

1）创建事件。SQL 语句如下。

```
CREATE EVENT ev_insert_user30
  ON SCHEDULE AT CURRENT_TIMESTAMP+INTERVAL 30 SECOND
  DO
    INSERT INTO t_user(T_Name, T_CreateTime) VALUES('AAA', NOW());
```

2）查看事件结果。如果是第 1 次运行创建 ev_insert_user30 事件的语句，马上查看 t_user 表中的记录，将显示没有记录，SQL 语句和运行结果如下。

```
SELECT * FROM t_user;
```

信息　结果 1　剖析　状态

T_Id	T_Name	T_CreateTime
(N/A)	(N/A)	(N/A)

等待 30 秒后再次显示 t_user 表中的记录，将显示 1 行记录，SQL 语句和运行结果如下。

```
SELECT * FROM t_user;
```

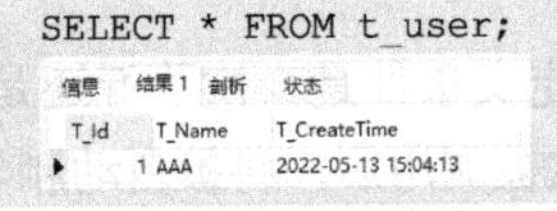

信息　结果 1　剖析　状态

T_Id	T_Name	T_CreateTime
1	AAA	2022-05-13 15:04:13

```
SHOW EVENTS;                                          #查看所有事件
```

信息 结果 1 剖析 状态

Db	Name	Definer	Time zone	Type	Execute at	Interval value	Interval field	Starts	Ends
(N/A)	(N/A)	(N/A)	(N/A)	(N/A)	(N/A)	(N/A)	(N/A)	(N/A)	(N/A)

由于 ev_insert_test30 事件只执行一次，执行一次后将被自动删除。

2. 创建在指定区间周期性发生的事件

（1）常用的时间间隔

一些常用的时间间隔设置如下。

1）每隔 5 秒钟执行，schedule 子句如下。

```
ON SCHEDULE EVERY 5 SECOND
```

2）每隔 1 分钟执行，schedule 子句如下。

```
ON SCHEDULE EVERY 1 MINUTE
```

3）每天凌晨 1 点执行，schedule 子句如下。

```
ON SCHEDULE EVERY 1 DAY
   STARTS DATE_ADD(DATE_ADD(CURDATE(), INTERVAL 1 DAY), INTERVAL 1 HOUR)
```

4）每个月的第一天凌晨 1 点执行，schedule 子句如下。

```
ON SCHEDULE EVERY 1 MONTH
   STARTS  DATE_ADD(DATE_ADD(DATE_SUB(CURDATE(),INTERVAL  DAY(CURDATE())-1  DAY),  INTERVAL  1
MONTH),INTERVAL 1 HOUR)
```

5）每 3 个月，从现在起一周后开始，schedule 子句如下。

```
ON SCHEDULE EVERY 3 MONTH
   STARTS CURRENT_TIMESTAMP + 1 WEEK
```

6）每 12 个小时，从现在起 30 分钟后开始，并于现在起 4 个星期后结束，schedule 子句如下。

```
ON SCHEDULE EVERY 12 HOUR
   STARTS CURRENT_TIMESTAMP + INTERVAL 30 MINUTE
   ENDS CURRENT_TIMESTAMP + INTERVAL 4 WEEK
```

（2）应用实例

【例 10-17】 创建事件 ev_insert_user5，每 5 秒向 t_user 表中插入一条记录，该事件开始于 30 秒后，并且在指定日期（例如，2025-11-30 15:18:00）结束。

例 10-17

1）创建事件。SQL 语句如下。

```
DROP EVENT IF EXISTS ev_insert_user5;
CREATE EVENT ev_insert_user5
   ON SCHEDULE
   EVERY 5 SECOND
   STARTS CURDATE() + INTERVAL 30 SECOND
   ENDS  '2025-11-30 15:18:00'
   DO
   BEGIN
   IF CURDATE() < '2025-11-30 15:18:00' THEN
      INSERT INTO t_user(T_Name, T_CreateTime) VALUES('BBB', NOW());
   END IF;
   END;
```

2）查看事件结果。每过 5 秒运行一次，多条记录已经插入 t_user 表中，查看该表中记录的 SQL 语句和运行结果如下。

```
SELECT * FROM t_user;
```

信息 结果 1 剖析 状态

T_Id	T_Name	T_CreateTime
1	AAA	2022-05-13 15:04:13
2	BBB	2022-05-13 15:06:20
3	BBB	2022-05-13 15:06:25
4	BBB	2022-05-13 15:06:30
5	BBB	2022-05-13 15:06:35
6	BBB	2022-05-13 15:06:40

```
SHOW EVENTS;                                    #查看所有事件
```

信息 结果 1 剖析 状态

Db	Name	Definer	Time zone	Type	Execut	Interval	Interval fie	Starts	Ends	Status
studentinfo	ev_insert_user5	root@l	SYSTEM	RECURRING	(Null)	5	SECOND	2022-05-13 00:00:30	2022-11-30 15:18:00	ENABLED

在事件运行周期内可以查看到该事件，一旦超出事件周期，该事件将被删除。

3. 在事件中调用存储过程或自定义函数

【例 10-18】 创建一个事件，实现每个月的第一天凌晨 3 点统计一次 t_user 表中的用户人数，并插入统计表中。

例 10-18

1）创建统计表 t_total，SQL 语句如下。

```
CREATE TABLE t_total(
    UserCount INT COMMENT '用户人数',
    CreateTime TIMESTAMP COMMENT '创建时间'
) COMMENT='统计表';
```

2）创建名称为 proc_total 的存储过程，用于统计 t_user 表中已经注册的用户人数，并插入统计表 t_total 中。

```
CREATE PROCEDURE proc_total()
BEGIN
    DECLARE n_total INT default 0;
    SELECT COUNT(*) INTO n_total FROM t_user;
    INSERT INTO t_total (UserCount, CreateTime) VALUES (n_total, NOW());
END;
```

3）创建名称为 ev_auto_total 的事件，用于在每个月的第一天凌晨 3 点调用存储过程。

```
CREATE EVENT ev_auto_total
    ON SCHEDULE
    EVERY 1 MONTH
    STARTS DATE_ADD(DATE_ADD(DATE_SUB(CURDATE(),
    INTERVAL DAY(CURDATE())-1 DAY), INTERVAL 1 MONTH), INTERVAL 3 HOUR)
    ON COMPLETION PRESERVE ENABLE
    DO CALL proc_total();
```

为了便于查看事件结果，把上面事件发生的时间改为立即开始，每 3 秒执行一次存储过程 proc_total，结束于当前 30 分钟。SQL 语句如下。

```
DROP EVENT IF EXISTS ev_auto_total;
CREATE EVENT ev_auto_total
    ON SCHEDULE
    EVERY 3 SECOND
    STARTS CURRENT_TIMESTAMP
    ENDS CURRENT_TIMESTAMP + INTERVAL 30 MINUTE
    DO CALL proc_total();
```

4）查看事件结果。显示 t_total 表中的记录，SQL 语句和运行结果如下。

```
SELECT * FROM t_total;
```

信息 结果 1 剖析 状态

UserCount	CreateTime
93	2022-05-13 15:26:45
93	2022-05-13 15:26:48
93	2022-05-13 15:26:51
93	2022-05-13 15:26:54
93	2022-05-13 15:26:57
93	2022-05-13 15:27:00

```
SHOW EVENTS;
```

信息　结果 1　剖析　状态

Db	Name	Definer	Time zone	Type	Execut	Interval	Interval fie	Starts	Ends	Status	Ori
studentinfo	ev_auto_total	root@l	SYSTEM	RECURRING	(Null)	3	SECOND	2022-05-13 15:45:57	2022-05-13 16:15:57	ENABLED	
studentinfo	ev_insert_user5	root@l	SYSTEM	RECURRING	(Null)	5	SECOND	2022-05-13 00:00:30	2022-11-30 15:18:00	ENABLED	

10.2.4　查看事件

1．查看所有事件

查看当前数据库中创建的所有事件，语法格式如下。

```
SHOW EVENTS;
```

也可以通过查询 information_schema.events 表查看已创建的事件，SQL 语句和运行结果如下。

```
SELECT * FROM information_schema.events;
```

信息　结果 1　剖析　状态

EVENT_CATALOG	EVENT_SCHEMA	EVENT_NAME	DEFINE	TIME_ZONE	EVENT_B	EVENT_DEFINITION	EVENT_TYPE	EXECUTE_AT	INTERVAL_V
def	studentinfo	ev_insert_user5	root@l	SYSTEM	SQL	BEGIN IF CURDATI	RECURRING	(Null)	5
def	studentinfo	ev_auto_total	root@l	SYSTEM	SQL	CALL proc_total()	RECURRING	(Null)	3

2．查看事件创建信息

查看事件创建信息的语法格式如下。

```
SHOW CREATE EVENT event_name;
```

【例 10-19】　查看事件 ev_auto_total 的创建信息。

为了更方便地看到创建信息，建议在 Navicat for MySQL 的“命令列界面”窗格或 MySQL Command Line Client 下执行下面的 SQL 语句。

```
SHOW CREATE EVENT ev_auto_total;
```

在 Navicat for MySQL 的“命令列界面”窗格中的运行结果如图 10-3 所示。

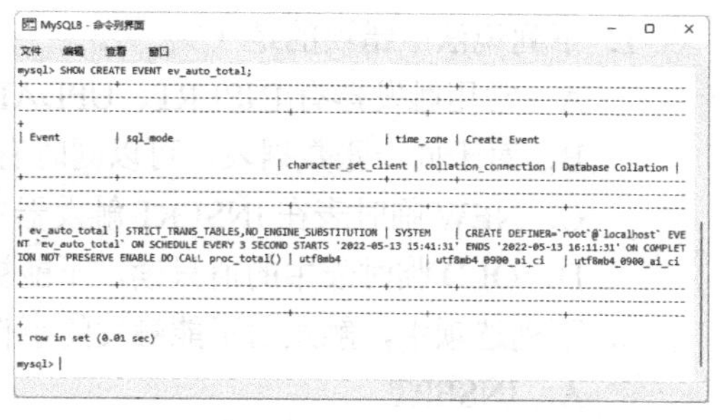

图 10-3　查看事件 ev_insert_user5 的创建信息

10.2.5　修改事件

事件被创建之后，使用 ALTER EVENT 语句修改其定义和相关属性，语法格式如下。

```
ALTER EVENT event_name
    ON SCHEDULE schedule
    [ON COMPLETION [NOT] PRESERVE]
    [{ENABLE | DISABLE | DISABLE ON SLAVE}]
      [COMMENT 'comment']
    DO event_body;
```

ALTER EVENT 语句与 CREATE EVENT 语句使用的语法基本相同，这里不再重复解释其语法。

另外，可以使用一条 ALTER EVENT 语句让一个事件关闭或再次让其活动。

需要注意，一个事件最后一次被调用后，它是无法被修改的，因为此时它已不存在了。

【例 10-20】　临时关闭 ev_auto_total 事件。SQL 语句如下。

```
ALTER EVENT ev_insert_user5 DISABLE;
```

执行下面的查询语句，看到不再执行插入记录，表示该事件不再执行。

```
SELECT COUNT(*) FROM t_user;
```

【例 10-21】 开启临时关闭的事件 ev_student2。SQL 语句如下。

```
ALTER EVENT ev_insert_user5 ENABLE;
```

然后执行查询语句，看到又开始插入记录了，表示该事件被开启。

```
SELECT COUNT(*) FROM t_user;
```

10.2.6 删除事件

使用 DROP EVENT 语句删除已创建的事件，其语法格式如下。

```
DROP EVENT [IF EXISTS] event_ name;
```

【例 10-22】 删除事件名为 ev_auto_total、ev_insert_user5 的事件。

SQL 语句如下。

```
DROP EVENT IF EXISTS ev_auto_total;
DROP EVENT IF EXISTS ev_insert_user5;
```

10.3 习题 10

一、选择题

1. 下列说法中错误的是（　　）。
   A. 常用触发器有 INSERT、UPDATE、DELETE 三种
   B. 对于同一张数据表，可以同时有两个 BEFORE UPDATE 触发器
   C. NEW 临时表在 INSERT 触发器中用来访问被插入的行
   D. OLD 临时表中的值只读，不能被更新
2. 下列选项中，触发器不能触发的事件是（　　）。
   A. INSERT　　B. UPDATE
   C. DELETE　　D. SELECT
3. MySQL 所支持的触发器不包括（　　）。
   A. INSERT 触发器　　B. DELETE 触发器
   C. CHECK 触发器　　D. UPDATE 触发器
4. 关于 CREATE TRIGGER 作用描述正确的是（　　）。
   A. 创建触发器　　B. 查看触发器
   C. 应用触发器　　D. 删除触发器
5. 删除触发器的语句是（　　）。
   A. CREATE TRICGER 触发器名称;　　B. DROP DATABASE 触发器名称;
   C. DROP TRICGERS 触发器名称;　　D. SHOW TRIGGERS 触发器名称;

二、练习题

1. 在 library 数据库中，在 reader 表上定义一个触发器 tr_reader_delete，当一个读者的信息被删除时，把该读者的信息添加到被删除记录的表 de_reader 中。当每次删除 reader 表中一行记录时，将用户变量 str 的值设置为“读者记录已删除!”。

2．在 library 数据库中，继续完善 reader 表上定义的触发器 tr_reader_delete，当一个读者的信息被删除后，把该读者的信息添加到被删除的表 de_reader 中，同时删除该读者借阅记录表 borrow 中的借阅记录。

3．在 de_reader 表上分别创建 BEFORE INSERT 和 AFTER INSERT 触发器。在向该表中插入记录时，观察这两个触发器的触发顺序。

4．删除 library 数据库中的触发器 tr_reader_delete。

5．创建事件 e_test，每天 2 时定时清空 test 表，5 天后停止执行。test 表结构自己定义。

第11章 事务和锁

本章主要介绍事务的概念、事务的基本操作、锁的种类、事务与锁等内容。

11.1 事务

事务（Transaction）是数据管理的基本操作单元。如果一个事务执行成功，则全部更新提交；如果一个事务执行失败，则已做过的更新被恢复原状，好像整个事务从未有过这些更新，它可以保证在同一个事务中的操作处于一致性状态。

11.1.1 事务的概念

1. 事务的基本概念

事务是指数据库中的一组操作序列，是数据库应用程序的基本逻辑操作单元，它由一条或多条 SQL 语句组成，而且这些单元作为一个整体不可分割且相互依赖。只有当单元中的所有 SQL 语句都被成功执行后，整个单元的操作才会被更新到数据库；如果单元中有其中一条语句执行失败，则整个单元的操作都将被撤销（回滚），所有影响到的数据将返回到事务开始以前的状态。因而，只有事务中的所有语句都成功地执行才能说这个事务被成功地执行。也就是说，事务的执行要么成功，要么就返回到事务开始前的状态，这就保证了同一事务操作的同步性和数据的完整性。

对于银行交易、股票交易和网上购物等业务，交易都分为转入和转出两个部分，只有这两个部分都完成才认为交易成功，都需要利用事务来控制数据的完整性。例如，将账户 A 的 100 元转账给账户 B，就是把 A 的金额减去 100，B 的金额加上 100。如果在 A 中扣除成功，但在 B 中添加失败，或者相反，都会导致两个账户的金额不同步。为了防止上述情况的发生就引入了事务。

在 MySQL 中，并不是所有的存储引擎都支持事务，InnoDB 和 BDB 存储引擎支持事务，而 MyISAM 和 MEMORY 存储引擎不支持事务，本章使用 InnoDB 存储引擎创建表。

2. 事务的基本特性

事务通常包含一系列更新语句（UPDATE、INSERT 和 DELETE 等操作语句），这一系列更新语句是一个不可分割的逻辑工作单元。如果单元中某个更新语句执行失败，那么事务中的全部数据都被撤销，返回到事务开始以前的状态。因此，只有事务中的所有语句都执行成功，这个事务才被成功地执行，才能将执行结果提交到数据库文件中，成为数据库永久的组成部分。也就是说，事务中的更新操作要么都执行，要么都不执行。

事务是构成多用户使用数据库的基础，为了能够保证数据的一致性，要求事务本身必须满足 ACID 这 4 个特性，即原子性（A）、一致性（C）、隔离性（I）和持久性（D）。

（1）原子性（Atomicity）

原子性是指每一个事务是一个不可分割的整体，只有所有的操作单元执行成功，整个事务

才成功；否则此次事务就失败，所有执行成功的操作单元必须撤销，数据库回到此次事务之前的状态。例如，金融系统执行数据输入或更新，必须保证不出现数据丢失或错误，以保证数据的安全性。

（2）一致性（Consistency）

一致性是指在处理事务时，无论执行成功还是中途失败，都要保证数据库系统处于一致的状态，保证数据库系统不会返回到一个未处理的事务中。例如，A 与 B 转账结束，他们的资金总额不能改变。MySQL 中的一致性主要由日志机制实现，通过日志记录数据库的所有变化，为事务恢复提供了跟踪记录。

（3）隔离性（Isolation）

隔离性是指当多个用户并发访问数据库时，数据库系统为每一个用户开启事务，每个事务在其自己的会话空间发生，多个并发事务之间相互隔离，一个事务所做的修改与其他事务所做的修改相隔离，不会受到其他事务的影响，并且直到事务完成为止，才能看到事务的执行结果。即一个事务内部的操作及使用的数据对并发的其他事务是隔离的，并发执行的各个事务之间不能互相干扰。获得绝对隔离性的唯一方法是保证在任意时刻只能有一个用户访问数据库。在并发环境中，隔离性相关的技术有并发控制、可串行化、锁等。例如，一个事务查看的数据必须是其他并发事务修改之前或修改完毕的数据，不能是修改过程中的数据。

（4）持久性（Durability）

持久性是指事务一旦提交，对数据的修改就是永久保存的，无论发生何种机器和系统故障，都不应该对其有任何影响。MySQL 通过保存记录事务过程中系统变化的二进制事务日志文件来实现持久性。如果遇到硬件破坏或者突然的系统关机，在系统重启时，通过使用最后的备份和日志就可以恢复丢失的数据。在默认情况下，InnoDB 表是 100%持久的，即所有在崩溃前系统所进行的事务在恢复过程中都可以可靠地恢复。MyISAM 表提供部分持久性，所有在最后一个 FLUSH TABLES 语句前进行的变化都被保证保存在外存上。例如，自动柜员机（ATM）在向客户支付一笔钱时，只要操作提交，就不用担心丢失客户的取款记录。

3. 事务的分类

按照事务定义的方式可以将事务分为两类：系统定义事务和用户定义事务。对应这两类事务，MySQL 支持 4 种事务模式，分别是自动提交事务、显式事务、隐式事务和适合多服务器系统的分布式事务。其中显式事务和隐式事务属于用户定义的事务。

（1）自动提交事务

默认情况下，MySQL 采用 autocommit 模式运行。当执行一个用于修改表数据的语句之后，会立刻将结果保存到外存中。如果没有用户定义事务，MySQL 会自己定义事务，称为自动提交事务。每条单独的语句都是一个事务。例如，InnoDB 中的 CREATE TABLE 语句被作为一个单一事务进行处理，即用户执行 ROLLBACK 语句不会回滚用户在事务处理过程中创建的 CREATE TABLE 语句。

每个 SQL 语句在完成时，都被提交或回滚。如果一个语句成功地完成，则提交该语句。如果遇到错误，则回滚该语句的操作。只要没有显式事务或隐式事务覆盖自动提交模式，与数据库引擎实例的连接就以此默认模式操作。

（2）显式事务

显式事务是指显式定义了启动（START TRANSACTION 或 BEGIN WORK）和结束（COMMIT 或 ROLLBACK WORK）的事务。在实际应用中，大多数的事务是由用户来定义

的。事务结束分为提交（COMMIT）和回滚（ROLLBACK）两种状态。事务以提交状态结束，全部事务操作完成后，将操作结果提交到数据库中。事务以回滚的状态结束，则将事务的操作全部取消，事务操作失败。

（3）隐式事务

隐式事务不需要定义启动和结束等操作，而是由一些 MySQL 语句隐式地执行相关操作。

（4）分布式事务

分布式事务是指允许多个独立的事务资源（Transactional Resources）参与一个全局的事务。全局事务要求在其中所有参与的事务要么全部提交，要么全部回滚，这对于事务原有的 ACID 要求又有了提高。

一个比较复杂的环境，可能有多台服务器，那么要保证在多服务器环境中事务的完整性和一致性，就必须定义一个分布式事务。在分布式事务中，所有的操作都可以涉及对多个服务器的操作，当这些操作都成功时，那么所有这些操作都提交到相应服务器的数据库中，如果这些操作中有一条操作失败，那么这个分布式事务中的全部操作都被取消。

4. 事务的必要性

例如，银行系统的转账业务是最基本且最常用的业务，在银行存贷业务中有一条记账原则，即“有借有贷，借贷相等”。为了保证这条原则，就得确保“借”和“贷”的登记要么同时成功，要么同时失败。如果出现了只记录“借”，或者只记录“贷”的情况，就违反了记账原则，通常称为“记错账”。在转账业务中，一组数据操作语句被封装成含有事务的存储过程，调用该存储过程后即可实现两个银行账户间数据的可靠性和完整性转账。

银行应用是解释事务必要性的一个经典例子，下面以转账的例子说明通过数据库事务保证数据的完整性和一致性。

【例 11-1】 假设一个银行的数据库中，有一张账户表，保存着两张借记卡账户 A 和账户 B，并且要求这两张借记卡账户都不能透支，即两个账户的余额不能小于零。

A 账户和 B 账户的余额都是 1000 元，A 向 B 转账 200 元，则需要 6 个步骤。

1）从账户 A 中读取余额为 1000，即 A=1000。

2）账户 A 的余额减去 200，即 A=A-200。

3）账户 A 的余额写入为 800。

4）从账户 B 中读取余额为 l000，即 B=1000。

5）账户 B 的余额加上 200，即 B=B+200。

6）账户 B 的余额写入为 1200。

对应以上 6 个步骤来解释事务的 4 个属性，具体如下。

1）原子性：步骤 1）～6）是一个不可分割的整体，保证都执行或都不执行。一旦在执行某一步骤的过程中出现问题，就需要执行回滚操作。例如，执行到第 5）步时，账户 B 突然不可用（如网络中断），那么之前的所有操作都应该回滚到执行事务之前的状态。

2）一致性：在转账之前，账户 A 和账户 B 中共有 1000+1000=2000 元。在转账之后，账户 A 和账户 B 中共有 800+1200=2000 元。也就是说，在执行该事务操作之后，数据从一个状态改变为另外一个状态，但是余额总数不变。

3）隔离性：在账户 A 向账户 B 转账的整个过程中，只要事务还没有提交，查询账户 A 和账户 B 时，两个账户中金额的数量都不会有变化。如果在账户 A 给账号 B 转账的同时有另外一个事务执行了账户 C 给账户 B 转账的操作，那么当两个事务都结束时，账户 B 中的金额

应该是账户 A 转给账户 B 的金额加上账户 C 转给账户 B 的金额，再加上账户 B 原有的金额，即两个事务互相隔离。

4）持久性：一旦提交事务，则转账成功，会将数据写入数据库做持久化保存。

另外，事务的原子性与一致性是密切相关的，原子性的破坏可能导致数据库的不一致，但数据的一致性问题并不都和原子性有关。例如，在转账的例子中，在第 5）步时为账户 B 只加了 50 元，该过程是符合原子性的，但数据的一致性出现了问题。因此，事务的原子性与一致性缺一不可。

11.1.2　事务的基本操作

事务的基本操作包括开始事务、保存事务、提交事务或回滚事务等。

1．设置事物的自动提交模式

MySQL 默认开启事务自动提交模式，即除非显式地开启事务（START TRANSACTION），否则每条 SQL 语句都会被当作一个单独的事务自动执行。但有些情况下需要关闭事务自动提交来保证数据的一致性。

（1）查看系统变量@@autocommit 的值

用 SHOW VARIABLES 语句查看系统变量@@autocommit 的值，语句和运行结果如下。

```
SHOW VARIABLES LIKE 'autocommit';
```

信息　结果 1　剖析　状态

Variable_name	Value
autocommit	ON

当@@autocommit 值为 ON 时，每执行一条 SQL 语句后，该语句对数据库的修改就立即被提交，成为持久性修改保存到外存上，一个事务也就结束了。

（2）设置事务的自动提交模式语句

使用 SET AUTOCOMMIT 语句设置事务的自动提交模式，语法格式如下。

```
SET AUTOCOMMIT = 0 | 1 | ON | OFF;
```

取值说明如下。

1）值为 0 或 OFF 则关闭事务自动提交。如果关闭自动提交，将会一直处于某个事务中，只有提交或回滚后才会结束当前事务，重新开始一个新事务。如果不提交事务，而终止 MySQL 会话，数据库将会自动执行回滚操作。

2）值为 1 或 ON 则开启事务自动提交。如果开启自动提交，则每执行一条 SQL 语句，事务都会提交一次。

2．开启事务

如果要将一组 SQL 语句作为一个事务，则需要先显式地开启一个事务。执行开启事务语句后，每一条 SQL 语句不再自动提交。开启一个事务的语法格式如下。

```
START TRANSACTION | BEGIN WORK;
```

语法说明：START TRANSACTION 语句与 BEGIN WORK 语句的功能相同，但是 START TRANSACTION 语句更常用些。

使用 START TRANSACTION 开启一个事务之后，自动提交将保持禁用状态，直到使用 COMMIT 或 ROLLBACK 结束事务。之后，自动提交模式会恢复到之前的状态，即如果 BEGIN TRANSACTION 前 AUTOCOMMIT=1，则完成本次事务后 AUTOCOMMIT 还是 1；如果 BEGIN TRANSACTION 前 AUTOCOMMIT=0，则完成本次事务后 AUTOCOMMIT 还是 0。

3. 提交（结束）事务

开启事务后，需要执行手动提交或结束事务语句后，从事务开始以来所执行的所有数据修改才会成为数据库的持久数据，也标志一个事务的结束。提交事务的语法格式如下。

```
COMMIT;
```

注意： MySQL 使用的是平面事务模型，因此不允许事物的嵌套。在第一个事务里使用 START TRANSACTION 命令后，当第二个事务开始时，则自动提交第一个事务。同样，下面这些 MySQL 语句运行时都会隐式地执行一个 COMMIT 语句。

```
DROP DATABASE、DROP TABLE、CREATE INDEX、DROP INDEX、ALTER TABLE、RENAME TABLE、LOCK TABLES、UNLOCK TABLES、SET AUTOCOMMIT=1。
```

例 11-2

【例 11-2】 在 studentinfo 数据库中新建一个银行表 bank，表列的定义包括账户编号 id（INT，主键）、账户名 name（VARCHAR(20)）和账户余额 money（DECIMAL(10,2)）。

1）定义 bank 表的 SQL 语句如下。

```
USE studentinfo;
CREATE TABLE bank(
    id INT PRIMARY KEY, name VARCHAR(20), money DECIMAL(10, 2)
);
```

2）向 bank 表中添加 3 条账户记录，SQL 语句如下。

```
INSERT INTO bank (id, name, money) VALUES (101, '张三', 1000), (102, '李四', 1000), (103,'王五',1000);
```

3）查看 bank 表中的记录，SQL 语句和运行结果如下。

```
SELECT * FROM bank;
```

信息　结果 1　剖析　状态

id	name	money
101	张三	1000.00
102	李四	1000.00
103	王五	1000.00

例 11-3

【例 11-3】 在 bank 表中，通过事务把张三的 300 元转给李四，模拟自动回滚事务。

1）开启事务，SQL 语句如下。

```
START TRANSACTION;
```

2）将张三的余额减少 300 元，SQL 语句如下。

```
UPDATE bank SET money=money-300 WHERE name='张三';
```

3）将李四的余额增加 300 元，SQL 语句如下。

```
UPDATE bank SET money=money+300 WHERE name='李四';
```

4）查看转账后的表记录，SQL 语句和运行结果如下。

```
SELECT * FROM bank;
```

信息　结果 1　剖析　状态

id	name	money
101	张三	700.00
102	李四	1300.00
103	王五	1000.00

从查询结果可以看到，已实现了从张三向李四转账 300 元。

5）为了查看没有提交事务的结果，请直接关闭 Navicat for MySQL。

6）重新打开 Navicat for MySQL，查询 bank 表的记录，SQL 语句如下。

```
SELECT * FROM bank;
```

id	name	money
101	张三	1000.00
102	李四	1000.00
103	王五	1000.00

从查看记录的结果看到，张三和李四的记录都恢复到了执行 UPDATE 前的数据。这是因为没有提交事务而自动回滚造成的，为了保证数据的一致性，对于没有提交事务的数据操作都被自动撤销。

【例 11-4】 在 bank 表中，通过事务把张三的 300 元转给李四，完成提交事务。

1）执行例 11-3 第 1）～4）步的 SQL 语句。

2）执行提交事务语句，SQL 语句如下。

```
COMMIT;
```

3）查看提交事物后的表记录，SQL 语句和运行结果如下。

```
SELECT * FROM bank;
```

id	name	money
101	张三	700.00
102	李四	1300.00
103	王五	1000.00

4）此时关闭 Navicat for MySQL。重新查看该表中的记录，发现数据已经保存。至此，通过事务实现了转账。

4．回滚（撤销）事务

在操作一个事务时，对于没有提交的事务，除可以自动撤销外，还可以手动回滚或撤销事务所做的修改，并结束当前这个事务。回滚事务的语法格式如下。

```
ROLLBACK;
```

执行完回滚语句后，当前事务所做的修改将被回滚。

【例 11-5】 在 bank 表中，通过事务把王五的 200 元转给李四，然后回滚所有事物。

1）开启事务，SQL 语句如下。

```
START TRANSACTION;
```

2）将王五的余额减少 200 元，SQL 语句如下。

```
UPDATE bank SET money=money-200 WHERE name='王五';
```

3）将李四的余额增加 200 元，SQL 语句如下。

```
UPDATE bank SET money=money+200 WHERE name='李四';
```

4）查看转账后的表记录，SQL 语句和运行结果如下。

```
SELECT * FROM bank;
```

id	name	money
101	张三	700.00
102	李四	1500.00
103	王五	800.00

从查询结果看到，王五减少了 200 元，李四增加了 200 元，转账操作完成。但是，此时没有提交事务。

5）回滚事务。SQL 语句如下。

```
ROLLBACK;
```

显示回滚事务成功。

6）查看表中的记录，SQL 语句和运行结果如下。

```
SELECT * FROM bank;
```

信息 结果 1 剖析 状态

id	name	money
101	张三	700.00
102	李四	1300.00
103	王五	1000.00

从查询结果看到，王五和李四的余额回到了转账前的数据，说明回滚事务成功。

11.1.3 设置事务的保存点

在回滚事务操作时，默认该事务内所有的操作都将撤销。但是，如果希望只撤销一部分操作，保留另一部分操作，就需要设置事务的保存点来实现。

1．设置事务保存点

使用 SAVEPOINT 语句设置一个保存点，其语法格式如下。

```
SAVEPOINT identifier;
```

语法说明如下。

1）identifier 为保存点的名称。一个事务可以创建多个保存点。

2）在回滚到某个保存点后，在该保存点之后创建过的保存点会自动删除。

3）在提交事务后，事务中的所有保存点就会被自动删除。

2．回滚到一个事务保存点

如果设置事务保存点后，当前事务对数据进行了更改，则可以回滚到指定的事务保存点，其语法格式如下。

```
ROLLBACK TO SAVEPOINT identifier;
```

当事务回滚到某个保存点后，在该保存点之后设置的保存点将被删除。

3．删除已命名的保存点

如果不再需要一个保存点，可以从当前事务的一组保存点中删除指定的保存点，语法格式如下。

```
RELEASE SAVEPOINT identifier;
```

【例 11-6】 在 bank 表中，设置事务的保存点。

例 11-6

1）开启事务，SQL 语句如下。

```
START TRANSACTION;
```

2）将张三的余额减少 500 元，然后查看 bank 表的记录，SQL 语句和运行结果如下。

```
UPDATE bank SET money=money-500 WHERE name='张三';
SELECT * FROM bank;
```

信息 结果 1 剖析 状态

id	name	money
101	张三	200.00
102	李四	1300.00
103	王五	1000.00

3）创建保存点 s1，SQL 语句如下。

```
SAVEPOINT s1;
```

4）将张三的余额再减少 100 元，然后查看记录，SQL 语句和运行结果如下。

```
UPDATE bank SET money=money-100 WHERE name='张三';
```

```
SELECT * FROM bank;
```

信息　结果 1　剖析　状态

id	name	money
101	张三	100.00
102	李四	1300.00
103	王五	1000.00

5）将事务回滚到保存点 s1，然后查询表记录，SQL 语句如下。

```
ROLLBACK TO SAVEPOINT s1;
SELECT * FROM bank;
```

信息　结果 1　剖析　状态

id	name	money
101	张三	200.00
102	李四	1300.00
103	王五	1000.00

从显示结果看到，与步骤 2）相同，说明当前恢复到了保存点 s1 时的数据状态。

6）再次回滚，然后查询表记录，SQL 语句和运行结果如下。

```
ROLLBACK;
SELECT * FROM bank;
```

信息　结果 1　剖析　状态

id	name	money
101	张三	700.00
102	李四	1300.00
103	王五	1000.00

上述显示金额与事务开始时相同，说明该事务内所有的操作都回滚成功。

7）最后提交事务，SQL 语句如下。

```
COMMIT;
```

11.1.4　事务的隔离级别

每一个事务都有一个所谓的隔离级别，它定义了用户彼此之间隔离和交互的程度。在单用户的环境中，这个属性无关紧要，因为在任意时刻只有一个会话处于活动状态。但是在多用户环境中，数据库是多线程并发访问的，其明显的特征是资源可以被多个用户共享，当相同的数据库资源被多个用户（多个事务）同时访问时，如果没有采取必要的隔离措施，就会导致各种并发问题，破坏数据的完整性，这就需要为事务设置隔离级别。

1．MySQL 的 4 种隔离级别

MySQL 中的事务有 4 种隔离级别，从低到高的顺序依次是 READ UNCOMMITTED、READ COMMITTED、REPEATABLE READ 和 SERIALIZABLE。

1）READ UNCOMMITTED（读未提交）是事务中最低的隔离级别，所有事务都可以读取到其他未提交事务的数据，如果另外一个事务撤销事务，则读到的数据是错误的，因此，在这种情况下读取数据的方式称为脏读（Dirty Read），即脏读是指一个事务读取了另外一个事务未提交的数据。一般情况下是不允许读取未提交事务的数据的，所以很少用到实际应用中。

2）READ COMMITTED（读已提交）是大多数数据库管理系统（如 SQL Server、Oracle 等）的默认隔离级别，它满足了隔离的简单定义，即一个事务只能看见已经提交事务所做的改变，该隔离级别可以避免脏读，但不能避免不可重复读和幻读的情况。不可重复读就是在事务内重复读取了其他线程已经提交的数据，但两次读取的结果不一致，原因是在查询的过程中其他事务做了修改数据的操作。幻读是指在一个事务内的两次查询中数据条数不一致，这是因为在查询过程中其他事务做了插入或删除操作。

3）REPEATABLE READ（可重复读）是 MySQL 的默认事务隔离级别，它确保同一事务的多个实例在并发读取数据时看到同样的数据，可以避免脏读、不可重复读和幻读的问题。

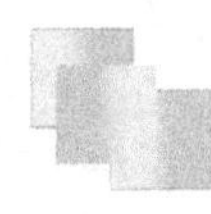

4）SERIALIZABLE（可串行化）是事务中最高的隔离级别，它通过强制事务排序使之不可能相互冲突，从而解决幻读问题，实际上它是在每个读的数据行上加了共享锁。在这个隔离级别，在某个事务提交前，其他事务都必须等待，可能导致大量的超时现象和锁竞争，所以很少用于实际应用。

数据库事务的 4 个隔离级别会产生不同的问题，如脏读、不可重复读、幻读和超时等。

2．查看隔离级

从隔离级别的作用范围分类，隔离级别分为：全局隔离级别、当前会话中的隔离级别、下一个事务的隔离级别。全局隔离级别对所有连接的 MySQL 用户起作用，当前会话中的隔离级别只对当前正在登录的用户起作用，下一个事务的隔离级别只对当前正在登录的用户的下一个事务起作用。查看这 3 种作用范围的隔离级别，采用以下几种不同的方式。

（1）查看全局隔离级别

查看全局隔离级别的 SQL 语句和运行结果如下。

```
SELECT @@global.transaction_isolation;
信息  结果 1  剖析  状态
 @@global.transaction_isolation
▸REPEATABLE-READ
```

（2）查看当前会话中的隔离级别

查看当前会话中的隔离级别的 SQL 语句和运行结果如下。

```
SELECT @@session.transaction_isolation;
信息  结果 1  剖析  状态
 @@session.transaction_isolation
▸REPEATABLE-READ
```

（3）查看下一个事务的隔离级别

查看下一个事务的隔离级别的 SQL 语句和运行结果如下。

```
SELECT @@transaction_isolation;
信息  结果 1  剖析  状态
 @@transaction_isolation
▸REPEATABLE-READ
```

在默认情况下，上述 3 种方式返回的结果都是 REPEATABLE-READ，表示隔离级别为可重复读，表示事务可以执行读取（查询）或者写入（更改、插入、删除）操作。

3．设置隔离级别

可以根据需要设置事务的隔离级别，只有支持事务的存储引擎（如 InnoDB）才可以定义（或修改）一个隔离级别，MySQL 默认为 REPEATABIE-READ 隔离级别。事务的隔离级别通过 SET 语句设置，语法格式如下。

```
SET [{SESSION | GLOBAL}] TRANSACTION ISOLATION LEVEL 参数值;
```

语法说明如下。

1）SET 后的 SESSION 表示设置的是当前会话的隔离级别；GLOBAL 表示设置全局会话的隔离级别，那么定义的隔离级将适用于所有的 SQL 用户。

2）若省略表示设置下一个事务的隔离级别。

3）TRANSACTION 表示事务，ISOLATION 表示隔离。

4）LEVEL 后面的参数可选 4 个隔离级别之一，参数值可以是 READ UNCOMMITTED、READ COMMITTED、REPEATABLE READ 或 SERIALIZABLE 中的一种。

【例 11-7】 将当前会话事务的隔离级别修改为 READ UNCOMMITTED，然后将当前会话

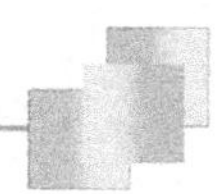

的事务隔离级别修改为默认的 REPEATABLE READ。

1）修改当前会话的事务隔离级别为 READ UNCOMMITTED，SQL 语句和运行结果如下。

```
SET SESSION TRANSACTION ISOLATION LEVEL READ UNCOMMITTED;
SELECT @@session.transaction_isolation;
信息  结果 1  剖析  状态
@@session.transaction_isolation
▸READ-UNCOMMITTED
```

从上述结果可以看到，当前事务的隔离级别已经修改为 READ UNCOMMITTED。

2）修改当前会话的事务隔离级别为 REPEATABLE READ，SQL 语句和运行结果如下。

```
SET SESSION TRANSACTION ISOLATION LEVEL REPEATABLE READ;
SELECT @@session.transaction_isolation;
信息  结果 1  剖析  状态
@@session.transaction_isolation
▸REPEATABLE-READ
```

4．定义事务的访问模式

默认情况下，事务的访问模式为 READ WRITE（读、写模式），表示事务可以执行读（查询）和写（更改、插入、删除等）操作。若有开发需要，可以将事务访问模式设置为 READ ONLY（只读模式），禁止对表更改。

（1）设置只读事务

设置只读事务的 SQL 语句如下。

```
SET [{SESSION | GLOBAL}] TRANSACTION READ ONLY;
```

（2）恢复成读写事务

恢复成读写事务的 SQL 语句如下。

```
SET [{SESSION | GLOBAL}] TRANSACTION READ WRITE;
```

5．事务的隔离级别示例

（1）读取未提交（READ UNCOMMITTED）——“脏读”问题

当事务的隔离级别为 READ UNCOMMITTED 时可能出现脏读的问题，即一个事务读取了另一个事务未提交的数据。也就是说，一个事务正在对一条记录修改，在这个事务未提交前，这条记录的数据就处于不一致状态；这时，另一个事务读取同一条记录，并据此做进一步的处理，就会产生未提交的数据依赖关系，这种现象被称为“脏读”。

【例 11-8】 脏读问题演示示例。王五转账给李四 100 元货款，李四看到货款到账后给王五发货，王五撤销了转账。

例 11-8

下面通过 SQL 语句演示脏读的过程。分别打开两个 MySQL 客户端程序，李四登录客户端 A，王五登录客户端 B。

1）为了使李四能实现脏读，设置李四登录的客户端 A 的隔离级别为读未提交 READ UNCOMMITTED，SQL 语句如下。

```
#客户端 A，李四所在的客户端
SET SESSION TRANSACTION ISOLATION LEVEL READ UNCOMMITTED;
```

2）在客户端 A 中，李四查看交易前自己账户的余额，SQL 语句如下。

```
USE studentinfo;
SELECT * FROM bank WHERE name='李四';
```

在客户端 A 中的运行结果如图 11-1 所示。

3）在客户端 B 中进行事务操作，开启事务后，王五向李四转账 100 元，但不提交事务，SQL 语句如下。

```
#客户端 B，王五所在的客户端
USE studentinfo;
START TRANSACTION;
SAVEPOINT s1;                                          #创建转账前的事务保存点
UPDATE bank SET money=money-100 WHERE name='王五';
UPDATE bank SET money=money+100 WHERE name='李四';
#为了读者看到数据的全貌，同时显示两者的记录
SELECT * FROM bank WHERE name='李四' OR name='王五';
```

在客户端 B 中的运行结果如图 11-2 所示。

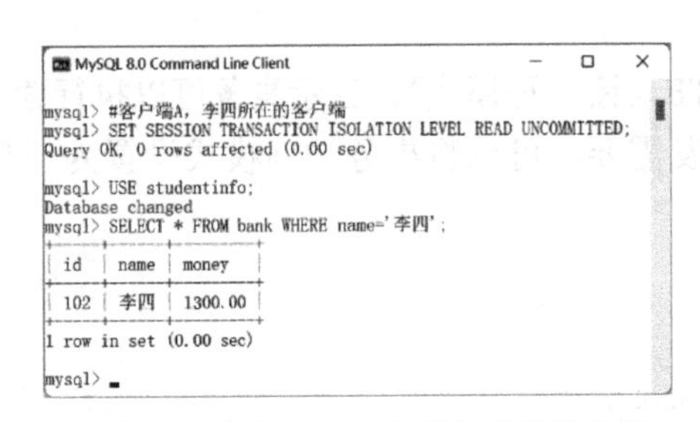

图 11-1　客户端 A—查看交易前的余额

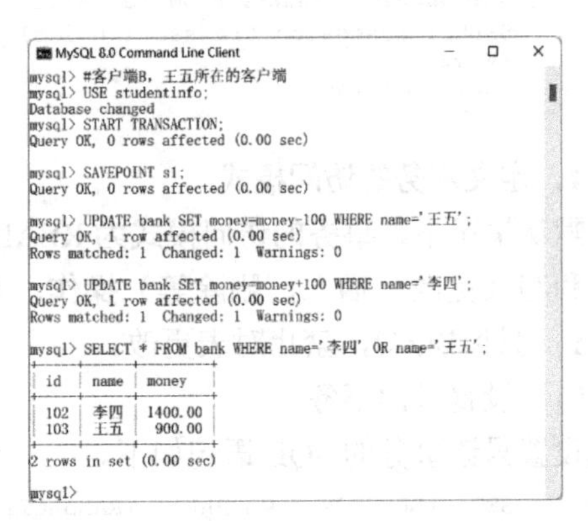

图 11-2　客户端 B—查看转账后的余额

4）在客户端 A 中，李四查看余额，SQL 语句如下。

```
#为了读者看到数据的全貌，同时显示两者的记录。
SELECT * FROM bank WHERE name='李四' OR name='王五';
```

在客户端 A 中，查看转账后的余额，如图 11-3 所示。

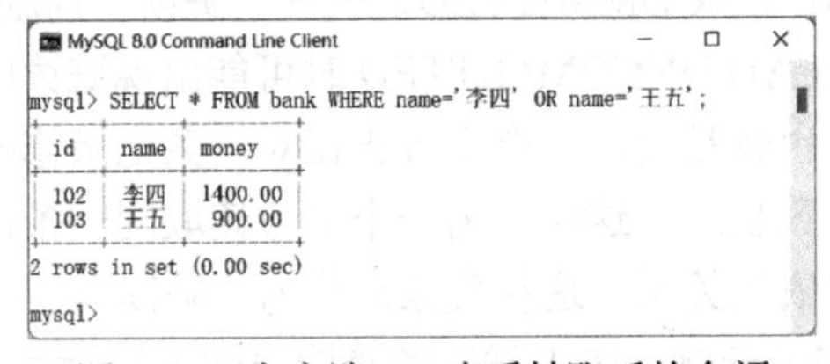

图 11-3　客户端 A—查看转账后的余额

李四看到余额增加了 100 元，随后给王五发货。

从上述结果看到，在客户端 A 中与在客户端 B 中看到的记录一样，但此时客户端 B 中的事务并没有提交，客户端 A 读取到了客户端 B 中还未提交事务的数据，这就是脏读的问题。一旦客户端 B 回滚事件，刚才客户端 A 读取到的数据就是错误数据。

5）王五收到货后撤销了给李四的转账，将客户端 B 的事务回滚，并提交事务，SQL 语句如下。

```
ROLLBACK TO SAVEPOINT s1;
COMMIT;
SELECT * FROM bank WHERE name='李四' OR name='王五';          #同时显示两者的记录
```

在客户端 B 中，回滚和提交事务，然后查看余额，如图 11-4 所示。

6）在客户端 A 查询回滚后的记录，SQL 语句如下。

```
SELECT * FROM bank WHERE name='李四' OR name='王五';          #同时显示两者的记录
```

在客户端 A 中，查看回滚和提交事务后的余额，如图 11-5 所示。

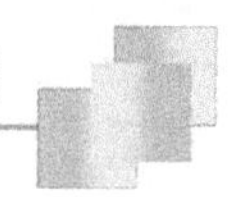

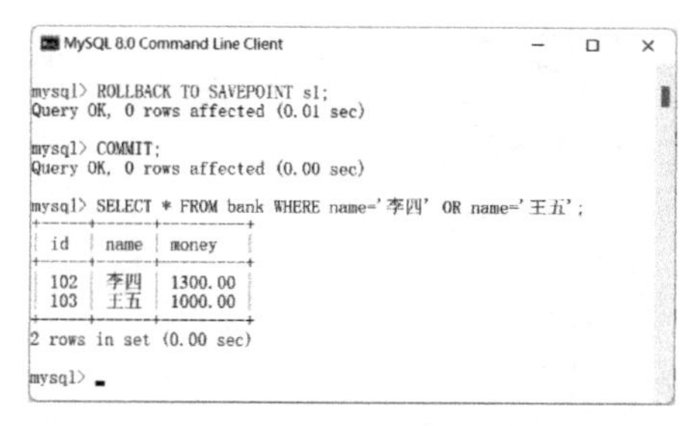

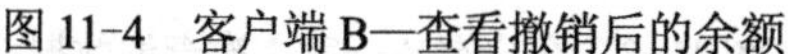
图 11-4　客户端 B—查看撤销后的余额

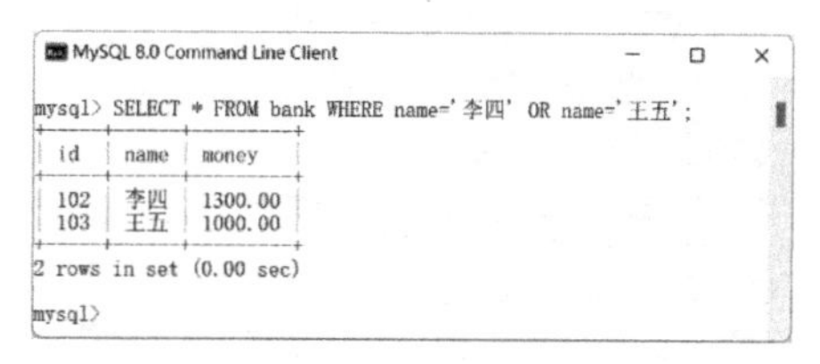

图 11-5　客户端 A—查看撤销后的余额

从查询结果看到，客户端 A 查询到了客户端 B 事务回滚后的记录，李四发现少了 100 元。

如果李四的隔离级别为读取未提交，就可能出现脏读的问题，将李四的隔离级别提高至读已提交，就可以避免脏读的问题。

（2）读已提交（READ COMMITTED）——不可重复读问题、幻读问题

当事务的隔离级别为 READ COMMITTED 时，可能出现不可重复读（Unrepeatable Read）问题，即事务中两次查询的结果不一致，这是因为在查询过程中其他事务做了更新操作。也就是说，当一个事务多次访问同一行而且每次读取不同的数据时，会发生不可重复读问题。不可重复读与脏读有相似之处，因为该事务也是正在读取其他事务正在更改的数据。当一个事务访问数据时，另外的事务也访问该数据并对其进行修改，因此就发生了由于第二个事务对数据的修改而导致第一个事务两次读到的数据不一样的情况，这就是不可重复读。

【例 11-9】 不可重复读问题演示示例。王五取出资金 500 元，资金管理者在同一个事务的两个时刻读出了不同的数据。

1）在客户端 A 中登录资金管理者，隔离级设置为 READ COMMITTED，SQL 语句如下。

例 11-9

```
#客户端A，资金管理者
SET SESSION TRANSACTION ISOLATION LEVEL READ COMMITTED;
```

2）在客户端 A 中开启一个事务，第 1 次查询 bank 表中的数据，SQL 语句如下。

```
USE studentinfo;
START TRANSACTION;
SELECT * FROM bank;
SELECT SUM(money) FROM bank;
```

在客户端 A 中的运行结果如图 11-6 所示。

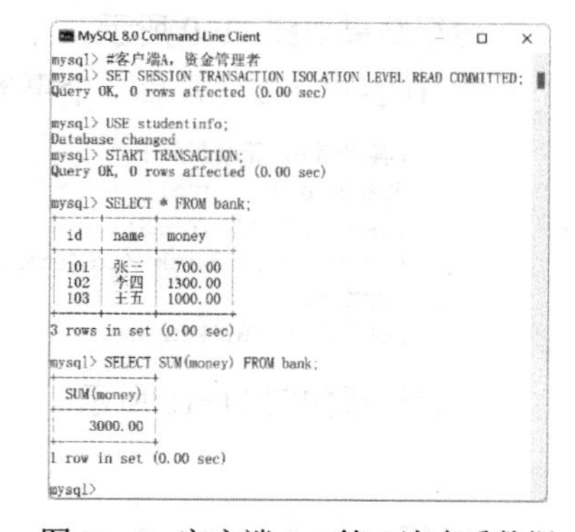

图 11-6　客户端 A—第 1 次查看数据

3）在客户端 B 中进行事务操作，开启一个事务，王五取款 500 元，并提交事务。SQL 语句如下。

```
#客户端B，王五所在的客户端
USE studentinfo;
START TRANSACTION;
UPDATE bank SET money=money-500 WHERE name='王五';
COMMIT;
```

王五在客户端 B 中完成事务操作，完成王五取款 500 元，如图 11-7 所示。

4）在客户端 A 中，第 2 次查询 bank 表中的数据，SQL 语句如下。

```
SELECT * FROM bank;
SELECT SUM(money) FROM bank;
```

第 2 次查询 bank 表中的数据如图 11-8 所示。

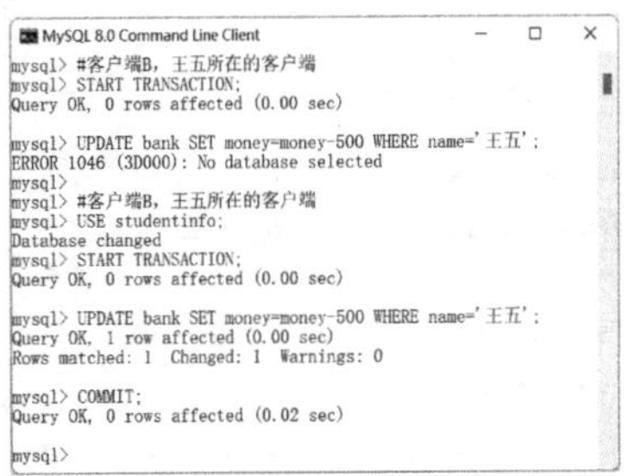

图 11-7　客户端 B—完成取款事务

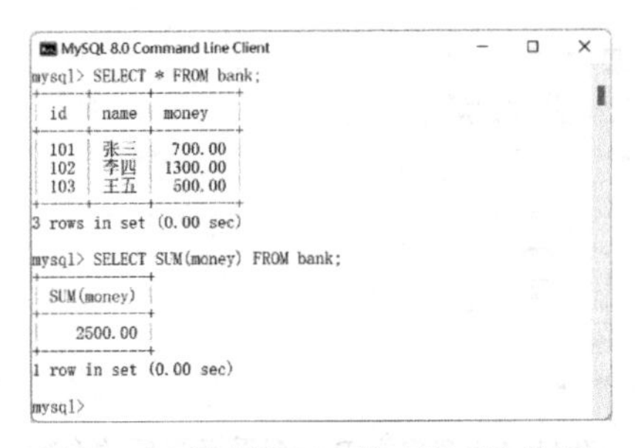

图 11-8　客户端 A—第 2 次查询数据

从以上结果可以看出，客户端 A 在同一个事务中查询同一个表，两次查询的结果不一致，这就是不可重复读的问题。

对于读已提交隔离级别还可能出现幻读（Phantom Read）的问题，幻读是指在一个事务内两次查询中记录条数不同。与不可重复读的问题类似，这都是因为在查询过程中其他事务做了更新操作。也就是说，当一个事务对某行执行插入或删除操作，而该行属于某个事务正在读取的行的范围时，会发生幻读问题。事务第 1 次读的行范围显示出其中一行已不存在于第 2 次读或后续读中，因为该行已被其他事务删除。同样，由于其他事务的插入操作，事务的第 2 次读或后续读显示有一行不存在于第 1 次的读中。

【例 11-10】 幻读问题演示示例。在客户端 A 中登录资金管理者。在客户端 B 中操作新增账户丁一，存款 3000 元。

例 11-10 

1）将客户端 A 作为资金管理者，隔离级别设置为 READ COMMITTED，SQL 语句如下。

```
#客户端 A，资金管理者
SET SESSION TRANSACTION ISOLATION LEVEL READ COMMITTED;
```

2）在客户端 A，资金管理者第 1 次查询账户数和总余额，SQL 语句如下。

```
USE studentinfo;
SELECT COUNT(*) AS 账户数, SUM(money) AS 余额总数 FROM bank;
```

运行结果如图 11-9 所示。

3）在客户端 B，开启一个事务，增加新账户丁一，存款 3000 元，SQL 语句如下。

```
#客户端 B，新增账户丁一
USE studentinfo;
START TRANSACTION;
INSERT INTO bank (id, name, money) VALUES (105, '丁一', 3000);
COMMIT;
SELECT * FROM bank;
```

运行结果如图 11-10 所示。

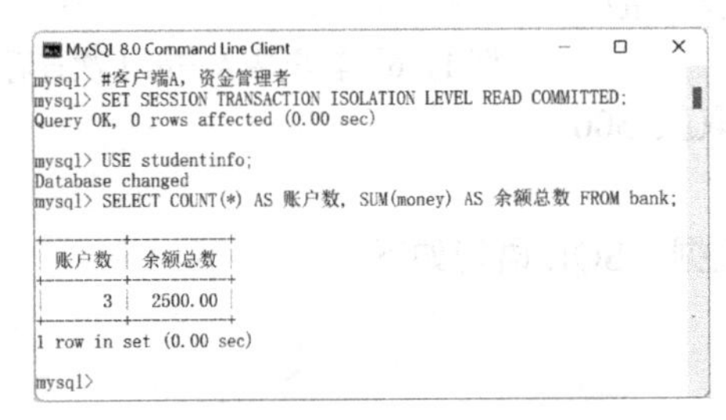

图 11-9　客户端 A—第 1 次查询数据

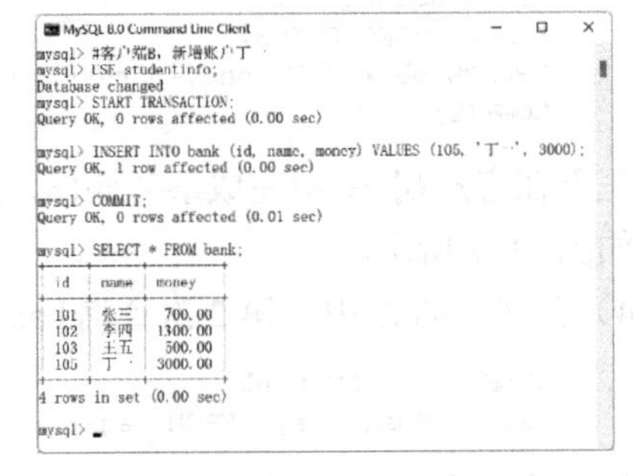

图 11-10　客户端 B—添加用户

4）在客户端 A，资金管理者第 2 次查询账户数和总余额，SQL 语句如下。

```
SELECT COUNT(*) AS 账户数, SUM(money) AS 余额总数 FROM bank;
```

运行结果如图 11-11 所示。

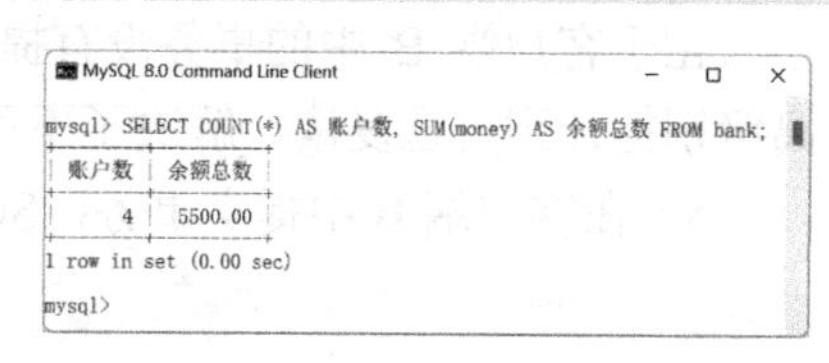

```
mysql> SELECT COUNT(*) AS 账户数, SUM(money) AS 余额总数 FROM bank;
+--------+----------+
| 账户数 | 余额总数 |
+--------+----------+
|      4 |  5500.00 |
+--------+----------+
1 row in set (0.00 sec)

mysql>
```

图 11-11　客户端 A—第 2 次查询数据

从本例题的运行结果看到，由于在客户端 B 中添加了一条记录，而该行属于某事务正在读取的行的范围时，在客户端 A 两次读取的结果不同，发生了幻读问题。

如何解决不可重复问题和幻读问题，使资金管理者在一次事务中连续统计资金的结果一致呢？这就需要提升事务的隔离级别，将隔离级别提升至可重复读。

（3）可重复读（REPEATABLE READ）

可重复读是 MySQL 默认的事务隔离级别，解决了不可重复读和幻读的问题，确保了同一事务的多个实例在并发读取数据时结果一致。

【例 11-11】 在可重复读隔离级别下演示可重复读的示例。在客户端 A 登录资金管理者，在客户端 B 中操作账户李四，李四取款 1000 元。

1）在客户端 A 中登录资金管理者，将隔离级别设置为可重复读，SQL 语句如下。

```
#客户端A，资金管理者
SET SESSION TRANSACTION ISOLATION LEVEL REPEATABLE READ;
```

2）在客户端 A，资金管理者第 1 次查询账户数和总余额，SQL 语句如下。

```
USE studentinfo;
SELECT COUNT(*) AS 账户数, SUM(money) AS 余额总数 FROM bank;
SELECT * FROM bank;
```

运行结果如图 11-12 所示。

3）在客户端 B，开启一个事务，李四取款 1000 元，SQL 语句如下。

```
#客户端B，李四取款1000元
USE studentinfo;
START TRANSACTION;
UPDATE bank SET money=money-1000 WHERE name='李四';
SELECT * FROM bank;
```

未提交事务前显示如图 11-13 所示。

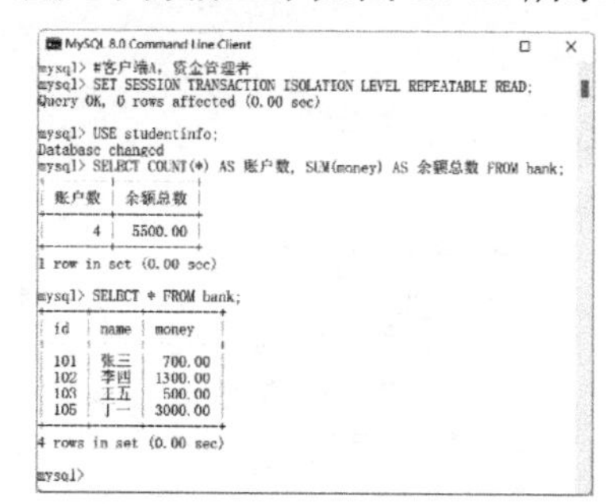

```
mysql> #客户端A，资金管理者
mysql> SET SESSION TRANSACTION ISOLATION LEVEL REPEATABLE READ;
Query OK, 0 rows affected (0.00 sec)

mysql> USE studentinfo;
Database changed
mysql> SELECT COUNT(*) AS 账户数, SUM(money) AS 余额总数 FROM bank;
+--------+----------+
| 账户数 | 余额总数 |
+--------+----------+
|      4 |  5500.00 |
+--------+----------+
1 row in set (0.00 sec)

mysql> SELECT * FROM bank;
+-----+------+---------+
| id  | name | money   |
+-----+------+---------+
| 101 | 张三 |  700.00 |
| 102 | 李四 | 1300.00 |
| 103 | 王五 |  500.00 |
| 105 | 丁一 | 3000.00 |
+-----+------+---------+
4 rows in set (0.00 sec)

mysql>
```

图 11-12　客户端 A—第 1 次查询数据

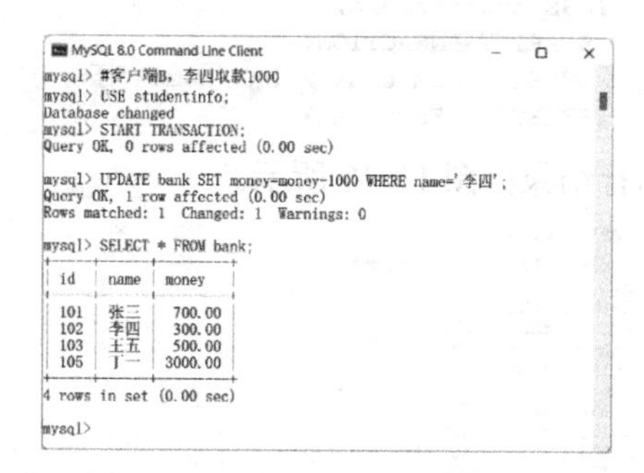

```
mysql> #客户端B，李四取款1000
mysql> USE studentinfo;
Database changed
mysql> START TRANSACTION;
Query OK, 0 rows affected (0.00 sec)

mysql> UPDATE bank SET money=money-1000 WHERE name='李四';
Query OK, 1 row affected (0.00 sec)
Rows matched: 1  Changed: 1  Warnings: 0

mysql> SELECT * FROM bank;
+-----+------+---------+
| id  | name | money   |
+-----+------+---------+
| 101 | 张三 |  700.00 |
| 102 | 李四 |  300.00 |
| 103 | 王五 |  500.00 |
| 105 | 丁一 | 3000.00 |
+-----+------+---------+
4 rows in set (0.00 sec)

mysql>
```

图 11-13　客户端 B—李四余额已经减少

4）在客户端 A，资金管理者第 2 次查询账户数和总余额，SQL 语句如下。

```
SELECT COUNT(*) AS 账户数, SUM(money) AS 余额总数 FROM bank;
```

```
SELECT * FROM bank;
```

运行结果如图 11-14 所示。

由于客户端 B 中的事务没有提交，在客户端 A 中读取到的数据不变。从本例看到，将隔离级别提升到可重复读，解决了不可重复读取的问题。

5）在客户端 B 中提交事务，SQL 语句如下。

```
COMMIT;
```

6）在客户端 A，资金管理者第 3 次查询，SQL 语句如下。

```
SELECT COUNT(*) AS 账户数, SUM(money) AS 余额总数 FROM bank;
SELECT * FROM bank;
```

运行结果如图 11-15 所示。

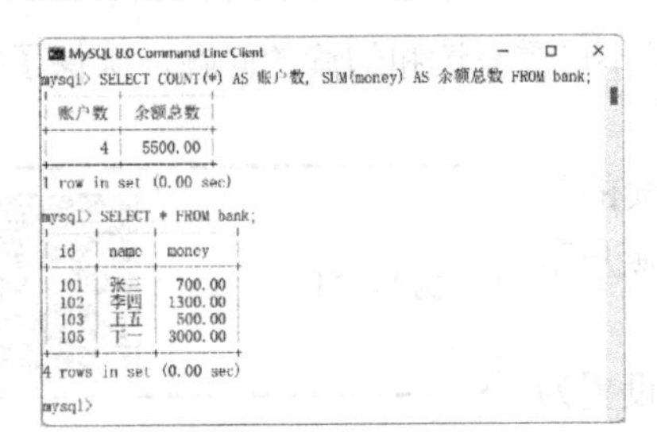

图 11-14　客户端 A—第 2 次查询数据

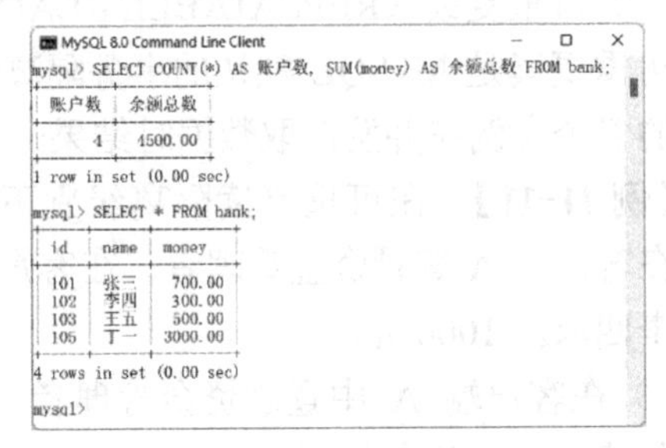

图 11-15　客户端 A—第 3 次查询数据

在客户端 A，资金管理者第 3 次查询看到的数据是提交后的，所以数据改变了。

【例 11-12】 在可重复读隔离级别下演示幻读问题的示例。在客户端 A 中登录资金管理者，在客户端 B 中操作删除账户丁一。

1）在客户端 A 中登录资金管理者，将隔离级别设置为可重复读，SQL 语句如下。

```
#客户端A，登录资金管理者
SET SESSION TRANSACTION ISOLATION LEVEL REPEATABLE READ;
```

2）在客户端 A 中第 1 次查看数据，SQL 语句如下。

```
USE studentinfo;
SELECT * FROM bank;
```

例 11-12

运行结果如图 11-16 所示。

3）在客户端 B，开启一个事务，删除账户丁一，SQL 语句如下。

```
#客户端B，删除丁一
USE studentinfo;
START TRANSACTION;
DELETE FROM bank WHERE name='丁一';
SELECT * FROM bank;
```

运行结果如图 11-17 所示。

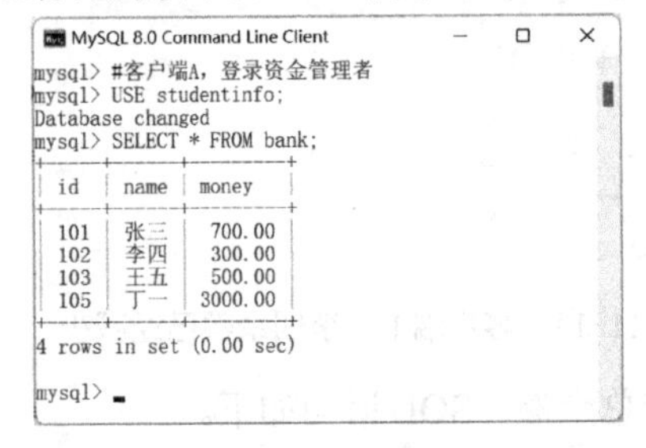

图 11-16　客户端 A—第 1 次查询数据

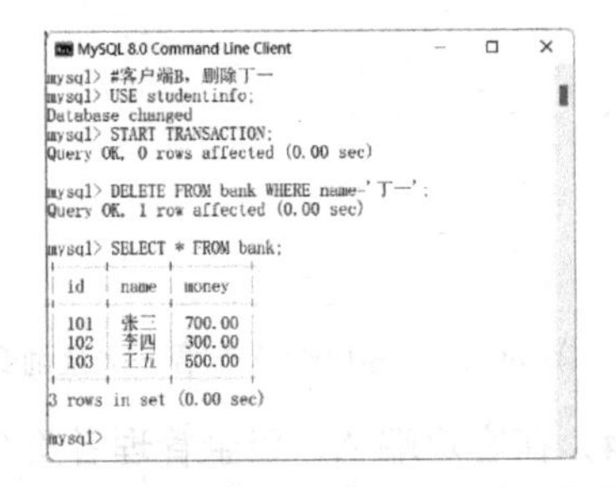

图 11-17　客户端 B—删除丁一后查询数据

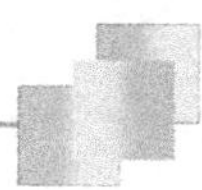

4）在客户端 A 中资金管理者第 2 次查询数据，SQL 语句如下。

```
SELECT * FROM bank;
```

运行结果如图 11-18 所示，由于客户端 B 没有提交，在客户端 A 中看到的数据仍然是删除丁一记录前的数据。

5）在客户端 B 中提交事务，SQL 语句如下。

```
COMMIT;
```

6）在客户端 A，资金管理者第 3 次查询，SQL 语句如下。

```
SELECT * FROM bank;
```

运行结果如图 11-19 所示。

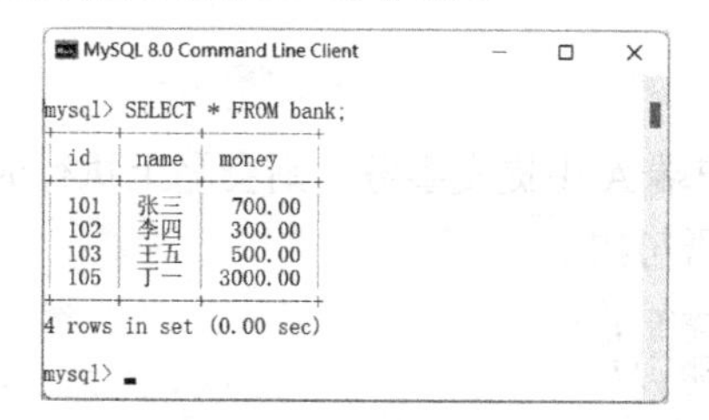

图 11-18　客户端 A—第 2 次查看到的数据

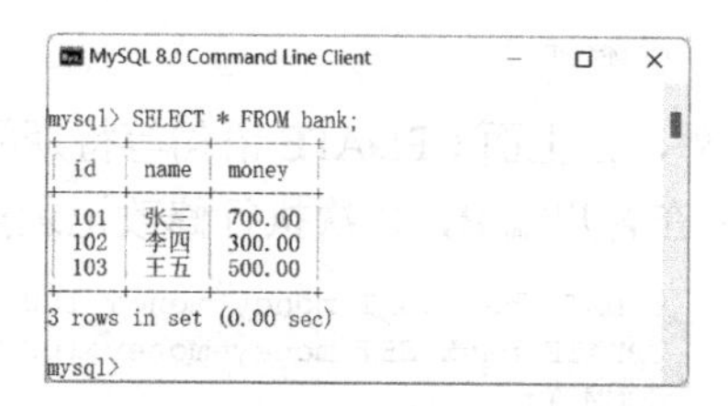

图 11-19　客户端 A—第 3 次查询数据

在客户端 A 中查询看到的数据是提交后的，所以数据改变了。

通过本例可以看到，将隔离级别提升至可重复读解决了幻读的问题。

（4）SERIALIZABLE（可串行化）-可串行化问题

当事务的隔离级别为 SERIALIZABLE（可串行化）时事务的隔离级别最高，在每一行读取的数据上都会加锁，在这个事务提交之前，其他会话都必须等待，不会出现相互冲突，但这样会导致资源占用过多，如果等待时间超时（TIMEOUT），就会报错（ERROR），称为可串行化（Serializable）问题。

【例 11-13】 在可串行化隔离级别下数据库运行过程的示例。在客户端 A 登录张三，设置为可串行化，查询张三记录；在客户端 B 登录李四，李四给张三转账 100 元。

1）在客户端 A 中登录张三，将隔离级别设置为可串行化，SQL 语句如下。

```
#客户端 A，登录张三
SET SESSION TRANSACTION ISOLATION LEVEL SERIALIZABLE;
```

2）在客户端 A 中查询第 1 次查看数据，SQL 语句如下。

```
USE studentinfo;
START TRANSACTION;
SELECT * FROM bank WHERE name='张三';
```

运行结果如图 11-20 所示。

3）在客户端 B，开启一个事务，李四向张三转账 100 元，SQL 语句如下。

```
#客户端 B
USE studentinfo;
START TRANSACTION;
UPDATE bank SET money=money-100 WHERE name='李四';
```

在等待 50 秒后出现错误提示“ERROR 1205 (HY000): Lock wait timeout exceeded; try restarting transaction”。

执行下面的 SQL 语句。

```
UPDATE bank SET money=money+100 WHERE name='张三';
```

在等待 50 秒后仍然出现错误提示，如图 11-21 所示。

```
MySQL 8.0 Command Line Client
mysql> #客户端A，登录张三
mysql> SET SESSION TRANSACTION ISOLATION LEVEL SERIALIZABLE;
Query OK, 0 rows affected (0.00 sec)

mysql> USE studentinfo;
Database changed
mysql> START TRANSACTION;
Query OK, 0 rows affected (0.00 sec)

mysql> SELECT * FROM bank WHERE name='张三';
+-----+------+--------+
| id  | name | money  |
+-----+------+--------+
| 101 | 张   | 700.00 |
+-----+------+--------+
1 row in set (0.00 sec)

mysql>
```

图 11-20　客户端 A—第 1 次查询数据

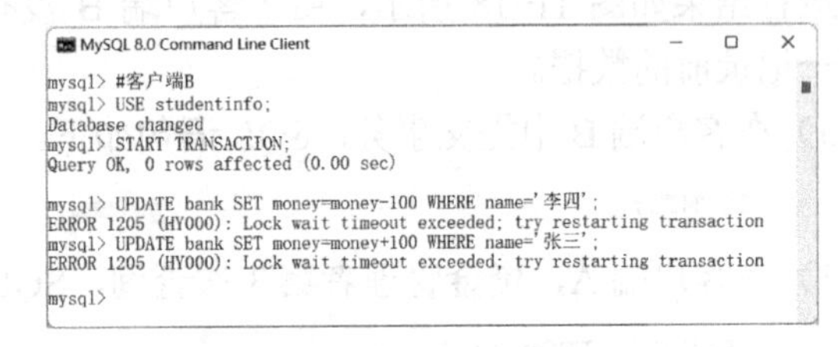

图 11-21　客户端 B—超时错误

4）在客户端 A 中提交事务，SQL 语句如下。

```
COMMIT;
```

另外，在上面 UPDATE 语句等待期间，如果客户端 A 中提交事务，则会马上执行成功。

5）在客户端 B，再次执行修改记录操作，SQL 语句如下。

```
UPDATE bank SET money=money-100 WHERE name='李四';
UPDATE bank SET money=money+100 WHERE name='张三';
COMMIT;
```

执行成功，如图 11-22 所示。

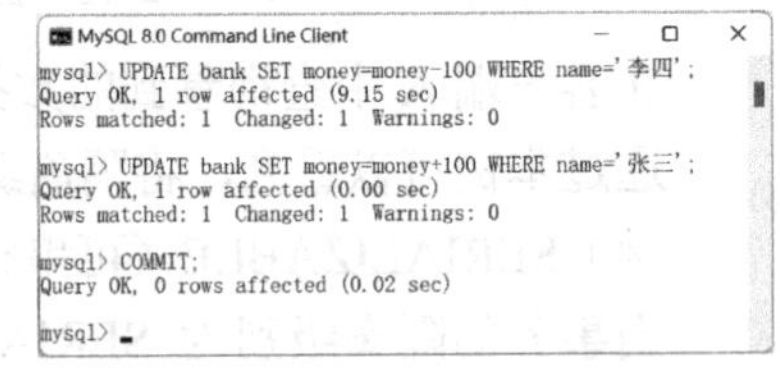

图 11-22　客户端 B—执行成功

通过本示例可看到，客户端 A 设置了可串行化隔离级别，开启事务，在查询记录后，提交事务前，该表处于锁定状态。客户端 B 试图改变记录没有成功，最终因为超时而报错。

由此可见，在可串行化隔离级别下，如果不及时提交，相关操作会因为等待时间过长而报错。这种隔离级别虽然是最安全的级别，但是会影响数据库的并发性能，因此，在一般情况下不会使用可串行化隔离级别。

11.2　锁

并发是指在同一时刻，多个操作并行执行。MySQL 对并发的处理主要应用了两种机制，分别是“锁”和“多版本控制”。

当有多个查询在同一时刻修改数据时，就会引发并发控制的问题，这个问题的解决方法就是并发控制。在 MySQL 中也是利用锁机制来实现并发控制的。

在多用户并发访问数据时，事务是保证数据一致性的重要机制。但是，只通过事务不能完全保证数据的一致性，还需要通过锁机制。锁是计算机协调多个进程或线程并发访问某一资源的机制。在 MySQL 中，锁是一种用来防止多个客户端同时访问数据而产生问题的机制，是防止其他事务访问指定资源的重要手段，是多用户同时操作同一数据而不发生数据冲突的重要保障。锁机制是 MySQL 在服务器层和存储引擎层的并发控制方式。锁冲突也是影响数据库并发访问性能的一个重要因素。

事务的可串行化隔离级别实质上就是在读的表上或行上添加锁，在该事务提交之前一直锁住相关的数据，致使另一客户端无法对锁住的数据进行更改。

11.2.1　锁的种类

锁有多种分类方法。

1．按锁的属性分类

按锁的属性的不同，将锁分为读锁（read lock）和写锁（write lock）。处理并发的读或写时，主要通过读锁和写锁实现并发控制。读写锁可以做到读读并行，但是无法做到写读、写写并行。

（1）读锁

读锁也叫共享锁（share lock），其他事务可以读，但不能写。因为多个用户在同一时刻可以同时读取一个资源，而互不干扰，不会破坏数据，多个读请求可以同时共享一把锁来读取数据，而不会造成阻塞。

（2）写锁

写锁也叫排他锁（exclusive lock），其他事务不能读，也不能写，因此写锁又被称为独占锁，这样就能确保在任何时刻只有一个用户写入。当某个用户在修改某一部分数据时，会通过锁定以防止其他用户读取同一数据。写锁会排斥其他所有获取锁的请求，一直阻塞，直到完成写入并释放锁。

2．基于锁的粒度分类

尽量只锁定需要修改的部分，而不是所有的资源，这样会带来更好的资源并发性。在给定的资源上，锁定的数据量越少，则系统的并发程度越高。加锁同样需要消耗资源，进而影响系统的性能。每种 MySQL 存储引擎都可以实现自己的锁策略和锁粒度，所谓锁策略就是在锁的开销和数据安全性之间的平衡策略。将锁粒度控制在某个级别，可以为某些特定场景提供更好的性能，但是也会失去对其他场景的支持。

按锁的粒度不同，也就是按锁的作用范围，将锁分为表锁和行锁。MySQL 不同的存储引擎支持不同的锁机制。锁的粒度越小，越有利于对数据库操作的并发执行。但是管理锁消耗的资源也会更多。MyISAM 和 MEMORY 存储引擎采用的是表锁；InnoDB 存储引擎既支持行锁，也支持表锁，但在默认情况下是采用行锁。

（1）表锁（table lock）

表锁是锁中粒度最大，也是锁定范围最大的锁。表锁会锁定整张表，这样维护锁的开销最小，但是会降低表的读写效率。如果一个用户通过表锁来实现对表的写操作（插入、删除、更新），那么需要先获得锁定该表的写锁。在这种情况下，其他用户对该表的读写都会被阻塞。一般情况下 ALTER TABLE 之类的语句才会使用表锁。没有写锁时其他用户才能获得读锁，读锁之间不会进行阻塞。其特点是速度快，消耗资源少，有效避免死锁的发生，锁定力度大；但是，发生锁冲突的概率最高，并发度最低。

（2）行锁（row lock）

行锁是锁中粒度最小，也就是锁定范围最小的锁，在锁定过程中行锁比表锁提供了更精细的控制。只有线程使用的行是被锁定的，表中其他行对于其他线程都是可用的。在多用户的环境中，行级锁降低了线程间的冲突，可以使多个用户同时从一个相同表读数据甚至写数据。其特点是加锁和解锁消耗的资源会较多，发生死锁的可能性比表锁高；发生锁冲突的概率最低，并发度也最高。

从上述特点可见，不存在哪种锁好和不好，只能就具体应用的特点来说哪种锁更合适。仅

从锁的角度来说，表锁更适合于以查询为主、只有少量按索引条件更新数据的应用，如 Web 应用；而行锁则更适合于有大量按索引条件并发更新少量不同的数据，同时又有并发查询的应用，如一些在线事务处理系统。

MySQL 利用不同的存储引擎处理不同环境的数据，这就导致锁机制在不同存储引擎中的作用不完全相同。例如，MyISAM 和 MEMORY 存储引擎只支持表锁，InnoDB 存储引擎既支持表锁又支持行锁，但是 MyISAM 和 MEMORY 存储引擎的表锁和 InnoDB 存储引擎的表锁并不完全一致。

3．按锁的层次分类

按锁的层次分类，将锁分为服务器级锁（SERVER-LEVEL LOCKING）和存储引擎级锁（STORAGE- ENGINE-LEVEL LOCKING）。

4．按是否自动加锁分类

将锁分为隐式锁和显示锁。隐式锁是指 MySQL 服务器对数据资源的并发操作进行管理，完全由服务器自动执行的锁。显示锁是用户根据实际情况，对数据人为加锁，解锁也需要用户人为完成。

11.2.2 事务与锁

在 MySQL 中并不只是用锁来维护并发控制，也可以将事务看成是并发中的一部分——事务包含了一组操作，事务和事务之间可以并行执行。事务和事务之间的并发也和普通的并发操作一样会共享相同的资源，这样并发执行的事务之间就会相互影响。根据事务之间影响程度的不同，提出了事务的隔离级别这个概念，分别是 READ UNCOMMITTED、READ COMMITTED、REPEATABLE READ、SERIALIZABLE。

READ UNCOMMITTED 就是一个事务对共享数据的修改马上就能够被另一个事务感知到，其实也就是没有对修改操作做任何特殊处理。

SERIALIZABLE 是通过加锁的方式强制事务串行执行，这样可以避免幻读。但这种方式会带来大量锁争用问题。

READ COMMITTED 和 REPEATABLE READ 是基于 MVCC（Multi-Version Concurrency Control，多版本并发控制）的方式实现的。

11.2.3 死锁

死锁是指两个以上的事务在同一资源上相互占用，并且请求锁定对方占用的资源，从而导致的恶性循环现象。死锁可能会因为数据的冲突而产生，也会由存储引擎的实现方式导致。

为了解决这类问题，数据库系统实现了各种死锁检测和死锁超时机制，例如，InnoDB 存储引擎能够检测到死锁的循环依赖，并且返回一个错误。InnoDB 处理死锁使用了较为简单的算法：将持有最少行级排他锁的事物回滚。

11.2.4 多版本并发控制

MySQL 对于事务之间并发控制的实现并不是简单地使用行级锁。MySQL 在读操作时并不加锁，只有在写操作时才会对修改的资源加锁。

MVCC 在 MySQL 的大多数事务引擎（如 InnoDB）中，都不只是简单地实现了行级锁，否则会出现这样的情况：“数据 A 被某个用户更新期间（获取行级写锁），其他用户读取该条

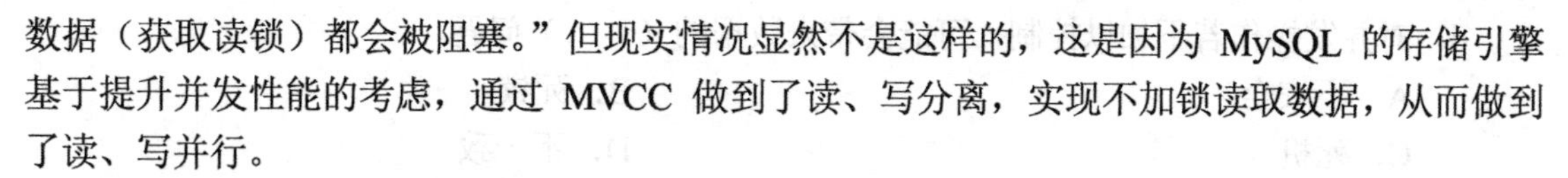

数据（获取读锁）都会被阻塞。”但现实情况显然不是这样的，这是因为 MySQL 的存储引擎基于提升并发性能的考虑，通过 MVCC 做到了读、写分离，实现不加锁读取数据，从而做到了读、写并行。

MVCC 保存了数据资源在不同时间点上的多个快照。根据事务开始的时间不同，每个事务看到的数据快照版本是不一样的。

以 InnoDB 存储引擎的 MVCC 实现为例，实现过程如下。

InnoDB 的 MVCC 是通过在每行记录后面保存两个隐藏的列来实现的。这两个列，一个列保存了行的创建时间，另一个列保存了行的过期时间。当然它们存储的并不是实际的时间值，而是系统版本号。每开启一个新的事务，系统版本号都会自动递增；事务开始时刻的系统版本号会作为事务的版本号，用来和查询到的每行记录的版本号比较。在 REPEATABLE READ 隔离级别下，MVCC 的具体操作如下。

INSERT：存储引擎为新插入的每一行保存当前的系统版本号作为这一行的开始版本号。

UPDATE：存储引擎会新插入一行记录，当前的系统版本号就是新记录行的开始版本号。同时会将原来行的过期版本号设为当前的系统版本号。

DELETE：存储引擎将删除的记录行的过期版本号设置为当前的系统版本号。

SELECT：当读取记录时，存储引擎会选取满足下面两个条件的行作为读取结果。

- 读取记录行的开始版本号必须早于当前事务的版本号。也就是说，在当前事务开始之前，这条记录已经存在。在事务开始之后才插入的行，事务不会看到。
- 读取记录行的过期版本号必须晚于当前事务的版本号。也就是说，当前事务开始时，这条记录还没有过期。在事务开始之前就已经过期的数据行，该事务也不会看到。

通过上面的描述，可以看到在存储引擎中，同一时刻存储了一个数据行的多个版本。每个事务会根据自己的版本号和每个数据行的开始及过期版本号选择读取合适的数据行。

MVCC 只在 READ COMMITTED 和 REPEATABLE READ 这两个级别下工作。

11.3　习题 11

一、选择题

1．事务的（　　）要求事务必须被视为一个不可分割的最小工作单元。

A．原子性　　B．一致性

C．隔离性　　D．持久性

2．事务是数据库进行的基本工作单位。如果一个事务执行成功，则全部更新提交；如果一个事务执行失败，则已做过的更新被恢复原状，好像整个事务从未有过这些更新，这样保持了数据库处于（　　）状态。

A．安全性　　B．一致性

C．完整性　　D．可靠性

3．下列关于 MySQL 中事务的说法，错误的是（　　）。

A．事务就是针对数据库的一组操作

B．事务中的语句要么都执行，要么都不执行

C．事务提交后其中的操作才会生效

D．提交事务的语句为 SUBMIT

4．对并发操作若不加以控制，可能会带来数据的（　　）问题。

A．不安全　　B．死锁

C．死机　　D．不一致

5．事务中能实现回滚的语句是（　　）。

A．TRANSACTION　　B．COMMIT

C．ROLLBACK　　D．SAVEPOINT

6．MySQL 的事务不具有的特征是（　　）。

A．原子性　　B．隔离性

C．一致性　　D．共享性

7．MySQL 默认隔离级别为（　　）。

A．READ UNCOMMITTED　　B．READ COMMITTED

C．REPEATABLE READ　　D．SERIALIZABLE

8．一个事务读取了另外一个事务未提交的数据，称为（　　）。

A．幻读　　B．脏读

C．不可重复读　　D．可串行化

二、练习题

1．在数据库 library 中，创建存储过程 up_borrow_update，实现在 borrow 表上执行 update 语句的事务，并执行存储过程。

2．开启一个事务，向 book 表中添加一条记录，并设置保存点。然后删除该记录，并回滚到事务的保存点，提交事务。

3．开启一个事务，在 reader 表上进行查询、插入和更新操作，并提交该事务。

4．在 studentinfo 数据库中，设计一个存储过程，在 bank 表中，从汇款账户中减去指定金额，并将该金额添加到收款账号中，完成银行转账业务。

第 12 章　用户和权限管理

本章将学习 MySQL 的权限表、账户管理和权限管理。

12.1　权限管理概述

数据库服务器包含有重要的数据，为了确保这些数据的安全和完整，MySQL 提供了访问控制，以此确保 MySQL 服务器的安全访问，即用户对服务器的访问具有适当的访问权，既不能多，也不能少。

数据库的权限管理是指为了保证数据库的安全性，数据库管理员（DBA）需要为每个用户赋予不同的权限，以满足不同用户的需求。例如，只允许某用户执行 SELECT 操作，那么就不能执行 INSERT、UPDATE、DELETE 等操作；只允许某用户从一台特定的计算机上连接 MySQL 服务器，那么就不能从这台计算机以外的其他计算机上连接 MySQL。

用户和权限管理是 MySQL 中数据访问的安全控制机制。数据库控制语言（Data Control Language，DCL）是用来授予或回收访问数据库的用户或角色权限、数据库操纵事务发生的时间及效果，对数据库实行监视等，包括 GRANT、DENY、REVOKE、COMMIT，ROLLBACK 等语句。

12.1.1　MySQL 用户和权限的实现

为了确保数据库的安全性与完整性，数据库系统不允许每个用户都能执行所有的数据库操作，数据库系统通过权限控制用户对数据库的访问。

MySQL 服务器的实例启动后，当客户端连接 MySQL 服务器时，首先验证连接；连接验证通过后，当用户进行操作时，再验证该用户的权限，做相应的权限控制。MySQL 的访问控制分为下面两个阶段。

1．第一阶段，验证连接阶段

MySQL 通过主机名（或 IP 地址）和用户名进行身份认证。用户登录 MySQL 服务器时，在客户端连接请求中提供用户名、主机地址和密码。MySQL 服务器先从 user 表中的 Host、User 和 password 这 3 个列中，判断连接的主机名（或 IP 地址）、用户名和密码是否在 user 表中有匹配的记录，如果存在，则 MySQL 服务器通过身份认证，接受连接，否则拒绝连接。

例如，MySQL 安装后默认创建的用户 root@localhost，表示用户 root 从本地（localhost）进行连接时才能通过认证。此用户从其他任何主机对数据库进行连接时都将被拒绝。也就是说，用户名相同，主机名（或 IP 地址）不同，MySQL 则将其视为不同的用户。

2．第二阶段，请求核实阶段

建立连接许可后，进入请求核实阶段，在第二阶段，MySQL 服务器对当前用户的每个操作都检查权限，以判断该用户是否有足够的权限来执行它。用户的权限保存在 user、db、tables_priv、columns_priv 或 procs_priv 权限表中。用户按照以下权限表的顺序得到数据库权限：user→db→tables_priv→columns_priv→procs_priv。在 MySQL 权限表的结构中，user 表在最顶层，是全局级的。下面是 db 表，它们是数据库层级的。然后是 tables_priv 表和 columns_priv 表，它们是表级和列级的。最后才是 procs_priv。在这几个权限表中，权限范围依次递减，全局权限覆盖局部权限，低等级的表只能从高等级的表得到必要的范围或权限。图 12-1 所示是请求核实阶段的验证流程。

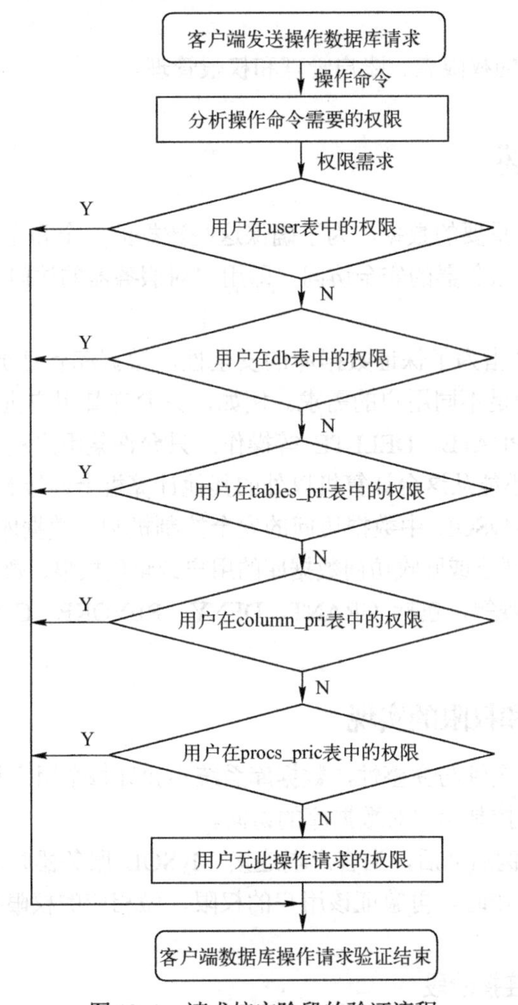

图 12-1　请求核实阶段的验证流程

提示：上面提到 MySQL 通过向下层级的顺序检查权限表，但并不意味着所有的权限都要执行该过程。例如，一个用户登录到 MySQL 服务器之后只执行对 MySQL 的管理操作，此时只涉及管理权限，因此 MySQL 只检查 user 表。

12.1.2　MySQL 的用户和权限表

在安装 MySQL 时，会安装多个系统数据库，MySQL 权限表存储在名为 mysql 的数据库中，mysql 数据库中用到的权限表有 user、db、tables_priv、columns_priv 和 procs_priv。

1. user 表

user 表是 MySQL 中最重要的一个权限表，MySQL 用户的信息都存储在 user 表中。user 表存储连接服务器的用户名和密码，并且存储它们有哪种全局（超级用户）权限。在 user 表

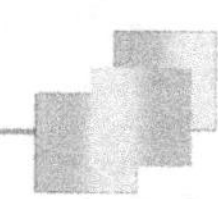

中启用的任何权限均是全局权限，并适用于所有数据库。MySQL 8.0 的 user 表有 51 个列，这些字段共分为 4 类，分别是用户列、权限列、安全列和资源控制列。用得比较多的是用户列和权限列，其中权限又分为普通权限和管理权限：普通权限主要用于对数据库的操作；而管理权限主要是对数据库进行管理的操作。添加、删除或修改用户信息，其实就是对 user 表的操作。

可以使用 DESC 语句查看 user 表的结构，SQL 语句如下。

```
USE mysql;
DESC user;
```

在 Navicat for MySQL 的“命令列界面”窗格中执行以上 SQL 语句，结果如图 12-2 所示。

```
mysql> USE mysql;
Database changed

mysql> DESC user;
+------------------------+-----------------------------------------+------+-----+-----------------------+-------+
| Field                  | Type                                    | Null | Key | Default               | Extra |
+------------------------+-----------------------------------------+------+-----+-----------------------+-------+
| Host                   | char(255)                               | NO   | PRI |                       |       |
| User                   | char(32)                                | NO   | PRI |                       |       |
| Select_priv            | enum('N','Y')                           | NO   |     | N                     |       |
| Insert_priv            | enum('N','Y')                           | NO   |     | N                     |       |
| Update_priv            | enum('N','Y')                           | NO   |     | N                     |       |
| Delete_priv            | enum('N','Y')                           | NO   |     | N                     |       |
| Create_priv            | enum('N','Y')                           | NO   |     | N                     |       |
| Drop_priv              | enum('N','Y')                           | NO   |     | N                     |       |
| Reload_priv            | enum('N','Y')                           | NO   |     | N                     |       |
| Shutdown_priv          | enum('N','Y')                           | NO   |     | N                     |       |
| Process_priv           | enum('N','Y')                           | NO   |     | N                     |       |
| File_priv              | enum('N','Y')                           | NO   |     | N                     |       |
| Grant_priv             | enum('N','Y')                           | NO   |     | N                     |       |
| References_priv        | enum('N','Y')                           | NO   |     | N                     |       |
| Index_priv             | enum('N','Y')                           | NO   |     | N                     |       |
| Alter_priv             | enum('N','Y')                           | NO   |     | N                     |       |
| Show_db_priv           | enum('N','Y')                           | NO   |     | N                     |       |
| Super_priv             | enum('N','Y')                           | NO   |     | N                     |       |
| Create_tmp_table_priv  | enum('N','Y')                           | NO   |     | N                     |       |
| Lock_tables_priv       | enum('N','Y')                           | NO   |     | N                     |       |
| Execute_priv           | enum('N','Y')                           | NO   |     | N                     |       |
| Repl_slave_priv        | enum('N','Y')                           | NO   |     | N                     |       |
| Repl_client_priv       | enum('N','Y')                           | NO   |     | N                     |       |
| Create_view_priv       | enum('N','Y')                           | NO   |     | N                     |       |
| Show_view_priv         | enum('N','Y')                           | NO   |     | N                     |       |
| Create_routine_priv    | enum('N','Y')                           | NO   |     | N                     |       |
| Alter_routine_priv     | enum('N','Y')                           | NO   |     | N                     |       |
| Create_user_priv       | enum('N','Y')                           | NO   |     | N                     |       |
| Event_priv             | enum('N','Y')                           | NO   |     | N                     |       |
| Trigger_priv           | enum('N','Y')                           | NO   |     | N                     |       |
| Create_tablespace_priv | enum('N','Y')                           | NO   |     | N                     |       |
| ssl_type               | enum('','ANY','X509','SPECIFIED')       | NO   |     |                       |       |
| ssl_cipher             | blob                                    | NO   |     | NULL                  |       |
| x509_issuer            | blob                                    | NO   |     | NULL                  |       |
| x509_subject           | blob                                    | NO   |     | NULL                  |       |
| max_questions          | int unsigned                            | NO   |     | 0                     |       |
| max_updates            | int unsigned                            | NO   |     | 0                     |       |
| max_connections        | int unsigned                            | NO   |     | 0                     |       |
| max_user_connections   | int unsigned                            | NO   |     | 0                     |       |
| plugin                 | char(64)                                | NO   |     | caching_sha2_password |       |
| authentication_string  | text                                    | YES  |     | NULL                  |       |
| password_expired       | enum('N','Y')                           | NO   |     | N                     |       |
| password_last_changed  | timestamp                               | YES  |     | NULL                  |       |
| password_lifetime      | smallint unsigned                       | YES  |     | NULL                  |       |
| account_locked         | enum('N','Y')                           | NO   |     | N                     |       |
```

图 12-2　user 表结构

从图 12-2 中可以看到用户的常见权限列定义。其他权限表也可以采用同样的方式来查看。

（1）用户列

user 表中的 Host 和 User 列都属于用户列。

例 12-1

【例 12-1】 查询 user 表的用户列，即查看 MySQL 有哪些用户。

SQL 语句和运行结果如下。

```
SELECT Host, User FROM user;
mysql> SELECT Host, User FROM user;
+-----------+------------------+
| Host      | User             |
+-----------+------------------+
| localhost | mysql.infoschema |
| localhost | mysql.session    |
| localhost | mysql.sys        |
| localhost | root             |
+-----------+------------------+
4 rows in set (0.07 sec)
```

从运行结果看到，有 4 个用户，都是安装 MySQL 系统时的默认用户，Host 列下的主机名都是 localhost。这 4 个用户的功能分别如下。

1）root 是默认的超级用户，具有所有权限。由 root 创建用户和赋予其他用户权限。

2）mysql.infoschema 用户是 MySQL 数据库的系统用户，用来管理和访问系统自带的实例

information_schema。

3）mysql.session 用户用于用户身份验证。

4）mysql.sys 用户用于系统模式对象的定义，防止数据库管理员（DBA）重命名或删除 root 用户时发生错误。

（2）权限列

user 表中包含几十个与权限有关的以 priv 结尾的列，这些权限列决定了用户的权限，这些权限不仅包括基本权限（如修改和添加权限等），还包含关闭服务器权限、超级权限和加载权限等。不同用户所拥有的权限可能会有所不同。这些列的值只有 Y 或 N，表示有权限和无权限，默认是 N，如图 12-1 所示。可以使用 grant 语句为用户赋予一些权限。

【例 12-2】 查看 localhost 主机下用户的 SELECT、INSERT、UPDATE 权限。

SQL 语句和运行结果如下。

```
    SELECT Select_priv, Insert_priv, Update_priv, Create_priv, User, Host FROM user WHERE Host='localhost';
+-------------+-------------+-------------+-------------+------------------+-----------+
| Select_priv | Insert_priv | Update_priv | Create_priv | User             | Host      |
+-------------+-------------+-------------+-------------+------------------+-----------+
| Y           | N           | N           | N           | mysql.infoschema | localhost |
| N           | N           | N           | N           | mysql.session    | localhost |
| N           | N           | N           | N           | mysql.sys        | localhost |
| Y           | Y           | Y           | Y           | root             | localhost |
+-------------+-------------+-------------+-------------+------------------+-----------+
4 rows in set (0.07 sec)
```

其中，root 用户所有权限都是 Y，表示 root 是超级用户。

（3）安全列

user 表中的安全列只有 5 列，其中两个是与 ssl 相关的，用于加密；两个是与 x509 标准相关的，用于标识用户；plugin 列标识用于验证用户身份的插件，如果该列为空，服务器使用内建授权验证机制验证用户身份。authentication_string 列保存用户登录密码，本列是依据 plugin 列指定的插件算法对账号明文密码进行加密后的字符串。

使用 SQL 语句查询 user 表 root 用户的 plugin、authentication_string 列，SQL 语句和运行结果如下。

```
SELECT User, plugin, authentication_string FROM mysql.user WHERE User='root';
```

信息　结果 1　剖析　状态

User	plugin	authentication_string
root	caching_sha2_password	A005$[□9□j □;□='Z]tfv-\□42Wvy1m/O8uB.sNxtjfFBrFUREITUZpnBTBRzCXSrF4

password_expired 列保存密码是否过期，password_last_changed 列保存最后一次修改密码的时间，password_lifetime 列保存密码的有效期。

使用 SQL 语句查询 user 表 root 用户的 password_expired、password_last_changed 和 password_lifetime 列，SQL 语句和运行结果如下。

```
SELECT User, password_expired,password_last_changed,password_lifetime
   FROM mysql.user WHERE User='root';
```

信息　结果 1　剖析　状态

User	password_expired	password_last_changed	password_lifetime
root	N	2022-05-25 19:57:03	(Null)

2. db 表

db 表中存储了用户对某个数据库的操作权限，决定用户能从哪个主机存取哪个数据库。这个权限表不受 grant 和 revoke 语句的影响。db 表的列大致分为两类，分别是用户列和权限列。

可以使用 DESC 语句查看 db 表的结构，SQL 语句如下。

```
DESC mysql.db;
```

在 Navicat for MySQL 中的运行结果如图 12-3 所示。

db 表中的列包括用户列类和权限列类。

（1）用户列

db 表的用户列有 3 个，分别是 Host、Db 和 User，这 3 个列分别表示主机名、数据库名和用户名。这 3 个列的组合构成了 db 表的主键，标识从某个主机连接某个用户对某个数据库的操作权限。

（2）权限列

db 表中的权限列和 user 表中的权限列基本相同，但 user 表中的权限是针对所有数据库的，而 db 表中的权限只针对指定的数据库。

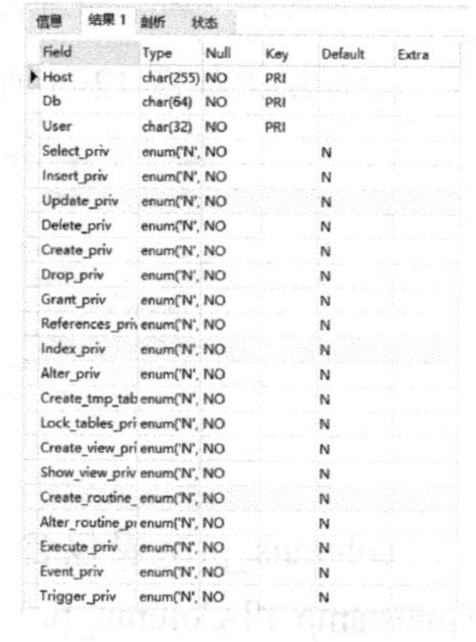

信息 结果 1 剖析 状态

Field	Type	Null	Key	Default	Extra
Host	char(255)	NO	PRI		
Db	char(64)	NO	PRI		
User	char(32)	NO	PRI		
Select_priv	enum('N',	NO		N	
Insert_priv	enum('N',	NO		N	
Update_priv	enum('N',	NO		N	
Delete_priv	enum('N',	NO		N	
Create_priv	enum('N',	NO		N	
Drop_priv	enum('N',	NO		N	
Grant_priv	enum('N',	NO		N	
References_priv	enum('N',	NO		N	
Index_priv	enum('N',	NO		N	
Alter_priv	enum('N',	NO		N	
Create_tmp_tab	enum('N',	NO		N	
Lock_tables_pri	enum('N',	NO		N	
Create_view_pri	enum('N',	NO		N	
Show_view_priv	enum('N',	NO		N	
Create_routine_	enum('N',	NO		N	
Alter_routine_pi	enum('N',	NO		N	
Execute_priv	enum('N',	NO		N	
Event_priv	enum('N',	NO		N	
Trigger_priv	enum('N',	NO		N	

图 12-3 db 表的结构

如果希望用户只对某个数据库有操作权限，可以先将 user 表中对应的权限设置为 N，然后在 db 表中设置对应数据库的操作权限。

db 表中 Create_routine_priv 和 Alter_routine_priv 这两个列表示用户是否有创建和修改存储过程的权限。

3．tables_priv 表

tables_priv 表对单个表设置权限，指定表级权限，这里指定的权限适用于一个表的所有列。

可以用 DESC 语句查看 tables_priv 表的结构，SQL 语句如下。

```
DESC mysql.tables_priv;
```

在 Navicat for MySQL 中的运行结果如图 12-4 所示。

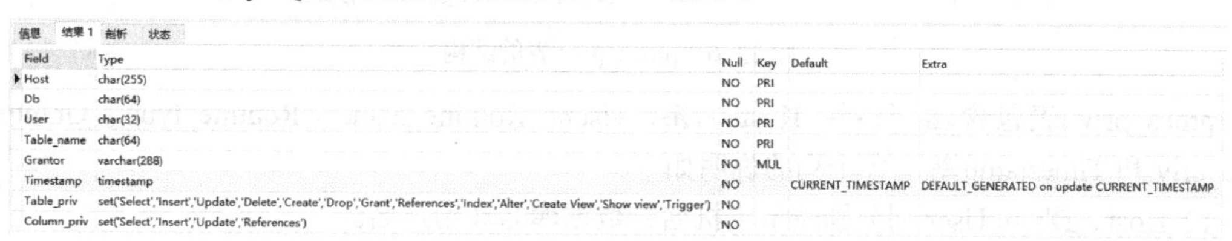

信息 结果 1 剖析 状态

Field	Type	Null	Key	Default	Extra
Host	char(255)	NO	PRI		
Db	char(64)	NO	PRI		
User	char(32)	NO	PRI		
Table_name	char(64)	NO	PRI		
Grantor	varchar(288)	NO	MUL		
Timestamp	timestamp	NO		CURRENT_TIMESTAMP	DEFAULT_GENERATED on update CURRENT_TIMESTAMP
Table_priv	set('Select','Insert','Update','Delete','Create','Drop','Grant','References','Index','Alter','Create View','Show view','Trigger')	NO			
Column_priv	set('Select','Insert','Update','References')	NO			

图 12-4 tables_priv 表的结构

tables_priv 表有 8 个列，分别是 Host、Db、User、Table_name、Grantor、Timestamp、Table_priv 和 Column_priv。各个列说明如下。

1）Host、Db、User 和 Table_name 四个列分别表示主机名、数据库名、用户名和表名。

2）Grantor 列表示修改该记录的用户。

3）Timestamp 列表示修改该记录的时间。

4）Table_priv 列表示对表进行操作的权限，这些权限包括 SELECT、INSERT、UPDATE、DELETE、CREATE、DROP、GRANT、REFERENCES、INDEX 和 ALTER。

5）Column_priv 列表示对表中的列进行操作的权限，这些权限包括 SELECT、INSERT、UPDATE 和 REFERENCES。

4．columns_priv 表

columns_priv 表对表中的某一列设置权限，这些权限包括 SELECT、INSERT、UPDATE 和 REFERENCES。

可以用 DESC 语句查看 columns_priv 表的结构，SQL 语句如下。

```
DESC mysql.columns_priv;
```

运行结果如图 12-5 所示。

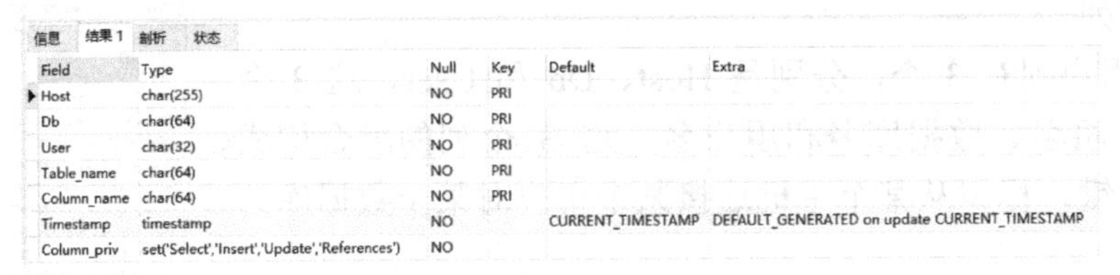

信息 结果 1 剖析 状态

Field	Type	Null	Key	Default	Extra
Host	char(255)	NO	PRI		
Db	char(64)	NO	PRI		
User	char(32)	NO	PRI		
Table_name	char(64)	NO	PRI		
Column_name	char(64)	NO	PRI		
Timestamp	timestamp	NO		CURRENT_TIMESTAMP	DEFAULT_GENERATED on update CURRENT_TIMESTAMP
Column_priv	set('Select','Insert','Update','References')	NO			

图 12-5　columns_priv 表的结构

columns_priv 表包含 7 个列，分别是 Host、Db、User、Table_name、Column_name、Timestamp 和 Column_priv。其中，Column_name 指定对哪些数据列具有操作权限。

5．procs_priv 表

procs_priv 表对存储过程和存储函数设置权限。

可以用 DESC 语句查看 procs_priv 表的结构，SQL 语句如下。

```
DESC mysql.procs_priv;
```

运行结果如图 12-6 所示。

信息 结果 1 剖析 状态

Field	Type	Null	Key	Default	Extra
Host	char(255)	NO	PRI		
Db	char(64)	NO	PRI		
User	char(32)	NO	PRI		
Routine_name	char(64)	NO	PRI		
Routine_type	enum('FUNCTION','PROCEDURE')	NO	PRI	(Null)	
Grantor	varchar(288)	NO	MUL		
Proc_priv	set('Execute','Alter Routine','Grant')	NO			
Timestamp	timestamp	NO		CURRENT_TIMESTAMP	DEFAULT_GENERATED on update CURRENT_TIMESTAMP

图 12-6　procs_priv 表的结构

procs_priv 表包含 8 个列：Host、Db、User、Routine_name、Routine_type、Grantor、Proc_priv 和 Timestamp 等。各个列的说明如下。

1）Host、Db 和 User 列分别表示主机名、数据库名和用户名。

2）Routine_name 列表示存储过程或存储函数的名称。

3）Routine_type 列表示存储过程或存储函数的类型。该字段有两个值，分别是 function 和 procedure，其中 function 表示一个存储函数，procedure 表示一个存储过程。

4）Grantor 列存储插入或修改该记录的用户。

5）Proc_priv 列表示拥有的权限，包括 execute、alter routine、grant 三种。

6）Timestamp 列存储记录更新的时间。

特别提醒：在执行数据库操作时，需要通过 root 的用户账号登录 MySQL，再对整个 MySQL 服务器执行操作。

12.2　用户管理

用户管理包括创建用户、删除用户、密码管理和权限管理等内容。MySQL 用户账号和信息存储在 mysql 数据库中，该数据库中的 user 表中包含了所有的用户账号，在该表的 user 列存储用户的登录名。

MySQL 中的用户分为 root 用户和普通用户，这两种用户的类型不同，权限是不一样的。root 用户是超级管理员，拥有所有的权限，root 用户的权限包括创建用户、删除用户、修改普通用户的密码、赋予用户权限等管理权限。而普通用户只拥有创建该用户时赋予它的权限，本节主要介绍普通用户的管理。

12.2.1　使用 SQL 语句管理用户

对于新安装的 MySQL 数据库管理系统，只有一个名为 root 的用户。这个用户是在安装 MySQL 服务器后，由系统创建的，并且被赋予了操作和管理 MySQL 的所有权限。因此，root 用户对整个 MySQL 服务器具有完全控制的权限。

在对 MySQL 的日常管理和实际操作中，为了避免恶意用户冒名使用 root 账号操控数据库，通常需要创建一系列具备适当权限的账号，而尽可能地不用或少用 root 账号登录系统，以此来确保数据的安全访问。一般来说，在日常的 MySQL 操作中，不应该使用 root 账号登录 MySQL 服务器和使用 root 操作。因此需要创建普通用户和对普通用户进行管理。

1. 使用 CREATE USER 语句创建新普通用户账号

使用 CREATE USER 语句创建新普通用户账号的语法格式如下。

```
CREATE USER [IF NOT EXISTS] user_name1 [IDENTIFIED BY 'password']
   [, user_name2 [IDENTIFIED BY 'password'] [, …]];
```

语法说明如下。

1）要使用 CREATE USER 语句，必须拥有 MySQL 数据库的全局 CREATE USER 权限，或拥有 INSERT 权限。

2）user_name 指定用户账号，其格式为'username'@'hostname'，username 是连接 MySQL 服务器使用的用户名；hostname 是连接 MySQL 的客户机名或地址，可以是 IP 地址，也可以是客户机名称，如果是本机，则使用 localhost。如果只给出账户中的用户名，而没指定主机名，则主机名默认为“%”，表示一组主机。如果两个用户具有相同的用户名和不同的主机名，会将它们视为不同的用户，并允许为这两个用户分配不同的权限集合。

3）IDENTIFIED BY 指定用户账号对应的密码（口令），若该用户账号无密码，则可省略此子句，可以不使用密码登录 MySQL，然而从安全的角度考虑，不推荐这种做法。

4）password 为用户指定密码字符串，这里的密码是明文。密码是以单引号括起来的字符串（最多 255 个字符），密码区分大小写，应该由 ASCII 字符组成；不能以空格、单引号或双引号开头，不能以空格结尾，不能含有分号。

5）可以同时创建多个用户，用户名之间用逗号分隔。

6）使用 CREATE USER 语句创建新用户账号后，会在系统 mysql 数据库的 user 表中添加新记录。当没有 IF NOT EXISTS 子句时，如果创建的账户已经存在，则语句执行会出现错误。

7）新创建的用户账号没有访问权限，只能登录 MySQL 服务器，不能执行任何数据库操作，因而无法访问表。

作为练习，本章一般用 root 用户登录 MySQL 服务器，用 root 用户创建新用户。

【例 12-3】 创建两个新用户，test1 的密码为 abc123，test2 的密码为 654321，只能在本机登录。创建一个新用户 test3，无密码，可以在任意客户机上连接 MySQL 服务器。

SQL 语句如下。

```
CREATE USER 'test1'@'localhost' IDENTIFIED BY 'abc123',
            'test2'@'localhost' IDENTIFIED BY '654321',
            test3;
```

使用 CREATE USER 语句不用打开任何数据库，在连接 MySQL 服务器后就可以执行。在 Navicat for MySQL 的“查询编辑器”窗格中的运行结果如图 12-7 所示。

新用户账号创建成功后，使用新用户登录 MySQL 客户端程序。在“命令提示符”窗口中，使用 test1 用户登录 MySQL 服务器，命令如下。

```
C:\Users\Administrator>mysql -u test1 -p"abc123"
```

输入上面的命令（带有下画线的字符是用户输入的内容），按〈Enter〉键，显示如图 12-8 所示。

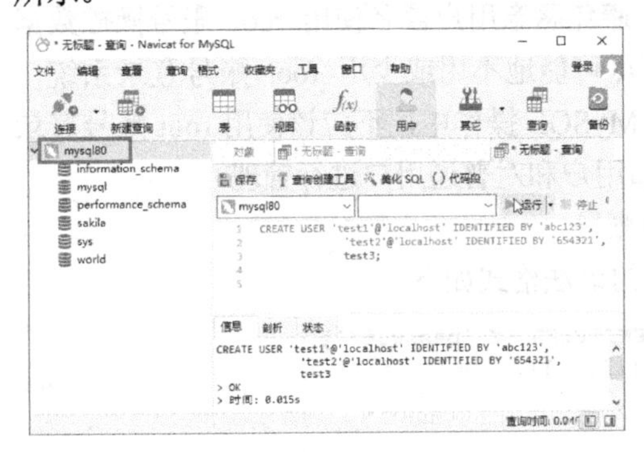

图 12-7　创建两个新用户

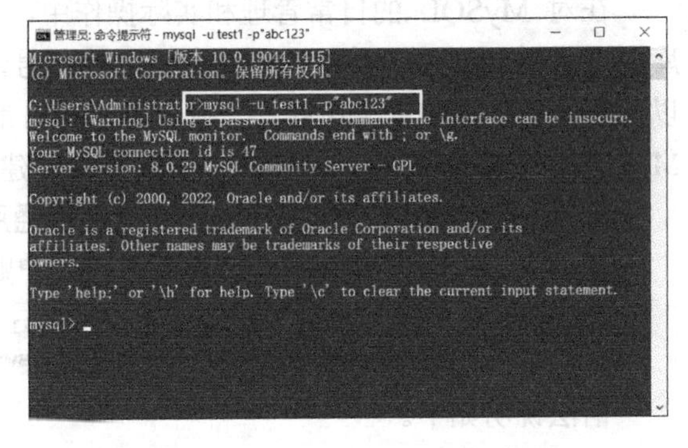

图 12-8　在命令提示符窗口登录

2. 使用 SELECT 查看用户

创建的用户保存在 user 表中，可以查看 user 表中的记录。使用 SELECT 查看用户的语法格式如下。

```
SELECT * FROM mysql.user
  WHERE User = 'username' AND Host = 'hostname';
```

语法说明如下。

1）MySQL 用户的信息都存储在 mysql 数据库的 user 表中。

2）“*”代表 MySQL 数据库中 user 表的所有列，也可以指定特定的列。常用的列名有 Host、User、authentication_string、Select_priv、Insert_priv、Update_priv、Delete_priv、Create_priv、Drop_priv、Grant_priv、References_priv 和 Index_priv 等。

3）WHERE 语句可有可无，视情况而定，这里列举的条件是 Host 和 User 两列。

4）username 是用户名，hostname 是客户机名或地址，本机则是 localhost。

例 12-4

【例 12-4】 查看主机上的所有用户名。

SQL 语句如下。

```
SELECT Host, User, authentication_string FROM mysql.user;
```

运行结果如图 12-9 所示。

从运行结果看到，用户 test1、test2、test3 存在 user 表中，test3 对应的 host 值是“%”，表示该用户可以在任意主机上连接 MySQL 服务器。

authentication_string 列的值是密码加密后的编码，虽然在创建用户时设置的密码是明文，在 user 表中则以默认的 caching_sha2_password 算法将其加密为密文密码。

3．使用 RENAME USER 修改用户名

使用 RENAME USER 语句修改一个或多个已经存在的用户名，其语法格式如下。

```
RENAME USER old_user1 TO new_user1 [, old_user2 TO new_user2, …]
```

语法说明如下。

1）old_user 是已有用户账号，用户账号的格式为'用户名'@'主机名'。

2）new_user 是新的用户账号，可以修改用户名和主机名。

3）要使用 RENAME USER 语句，必须拥有 UPDATE 权限或全局 CREATE USER 权限。

4）倘若旧账户不存在或者新账户已存在，则语句执行会出现错误。

【例 12-5】 把本地用户 test1 的用户名改为 Alex，主机名改为“%”；把 root 用户名改为 admin。SQL 语句如下。

```
RENAME USER 'test1'@'localhost' TO 'Alex'@'%', 'root'@'localhost' TO 'admin'@'%';
```

修改用户名后，使用 SELECT 语句查看用户。SQL 语句如下。

```
SELECT Host, User, authentication_string FROM mysql.user;
```

运行结果如图 12-10 所示。

信息　结果 1　剖析　状态

<table>
<tr><th>Host</th><th>User</th><th>authentication_string</th></tr>
<tr><td>%</td><td>test3</td><td></td></tr>
<tr><td>localhost</td><td>mysql.infoschema</td><td>A005$THISISACOMBINATIONOFINVALIDSALTANDPASSWORDTHATMUSTNEVERBRBEUSED</td></tr>
<tr><td>localhost</td><td>mysql.session</td><td>A005$THISISACOMBINATIONOFINVALIDSALTANDPASSWORDTHATMUSTNEVERBRBEUSED</td></tr>
<tr><td>localhost</td><td>mysql.sys</td><td>A005$THISISACOMBINATIONOFINVALIDSALTANDPASSWORDTHATMUSTNEVERBRBEUSED</td></tr>
<tr><td>localhost</td><td>root</td><td>A005$(□9□j □;□='Z]tfv-\□42Wvy1m/O8uB.sNxtjfFBrFUREITUZpnBTBRzCXSrF4</td></tr>
<tr><td>localhost</td><td>test1</td><td>A005$smhw□kW□\,@□□□E<□T/qzUVkCZd6RURPDOppXdwPvbh5hx7Thw03bt.XRgx75</td></tr>
<tr><td>localhost</td><td>test2</td><td>A005$(D!□KK!□3lA<r□9:|I\ Zrzac9m89lH3bijCcGkFX9dTma4YHT8ct4.3/CvbPK4</td></tr>
</table>

图 12-9　查看所有用户

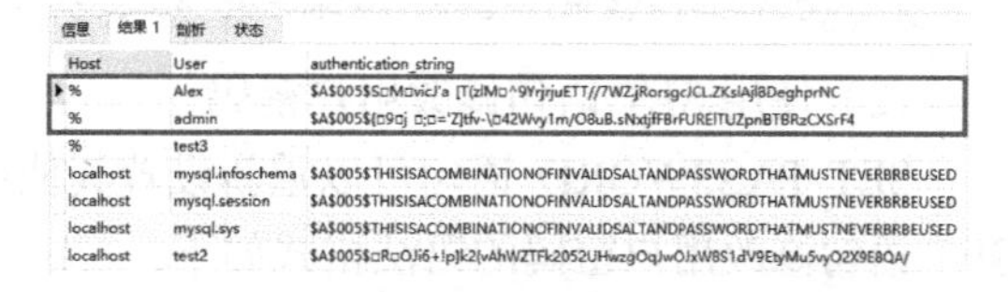

信息　结果 1　剖析　状态

Host	User	authentication_string
%	Alex	A005$S□M□vicJ'a [T(zlM□^9YrjrjuETT//7WZ.jRorsgcJCL.ZKslAjl8DeghprNC
%	admin	A005$(□9□j □;□='Z]tfv-\□42Wvy1m/O8uB.sNxtjfFBrFUREITUZpnBTBRzCXSrF4
%	test3	
localhost	mysql.infoschema	A005$THISISACOMBINATIONOFINVALIDSALTANDPASSWORDTHATMUSTNEVERBRBEUSED
localhost	mysql.session	A005$THISISACOMBINATIONOFINVALIDSALTANDPASSWORDTHATMUSTNEVERBRBEUSED
localhost	mysql.sys	A005$THISISACOMBINATIONOFINVALIDSALTANDPASSWORDTHATMUSTNEVERBRBEUSED
localhost	test2	A005$□R□OJi6+!p]k2(vAhWZTFk2052UHwzgOqJwOJxW8S1dV9EtyMu5vyO2X9E8QA/

图 12-10　查看用户

注意：*要把 admin 用户名改回 MySQL 默认的用户名 root。SQL 语句如下。*

```
RENAME USER 'admin'@'%' TO 'root'@'localhost';
```

4．修改用户密码

在创建用户时可以设置密码，也可以为没有密码的用户或密码过期的用户设置密码，或修改某个用户的密码。修改 root 和普通用户登录密码的方法有很多，可以使用 ALTER USER 语句、SET PASSWORD 语句、mysqladmin 命令等来实现。

（1）使用 ALTER USER 语句修改用户密码（优先使用）

使用 ALTER USER 语句修改用户密码的语法格式如下。

```
ALTER USER user_name IDENTIFIED BY 'newpassword';
```

语法说明如下。

1）user_name 是已有用户账号，用户账号的格式为'用户名'@'主机名'。如果当前登录的用户是非匿名用户，则可以使用 USER()函数作为当前登录的用户。

2）newpassword 是新的密码，密码字符串是明文。

3）使用 ALTER USER 语句修改用户时，必须拥有 ALTER USER 权限。

【例 12-6】 把'Alex'@'%'用户的密码更改为“12345678”。

SQL 语句如下。

```
ALTER USER 'Alex'@'%' IDENTIFIED BY '12345678';
```

【例 12-7】 把 root 超级用户的密码更改为“abc123”。

root 用户登录 MySQL 服务器后，修改 root 自己的密码，SQL 语句如下。

```
ALTER USER 'root'@'localhost' IDENTIFIED BY 'abc123';
```

可以使用 USER()函数代替当前登录的用户名，SQL 语句如下。

```
ALTER USER USER() IDENTIFIED BY 'abc123';
```

在 Navicat for MySQL 的“查询编辑器”窗格中的运行上面的 SQL 语句。为了验证 root 新的登录密码，必须退出当前 root 的登录。关闭 Navicat for MySQL，再重新运行 Navicat for MySQL，在“导航”窗格中双击连接名 mysql80，将显示访问失败对话框，如图 12-11 所示。

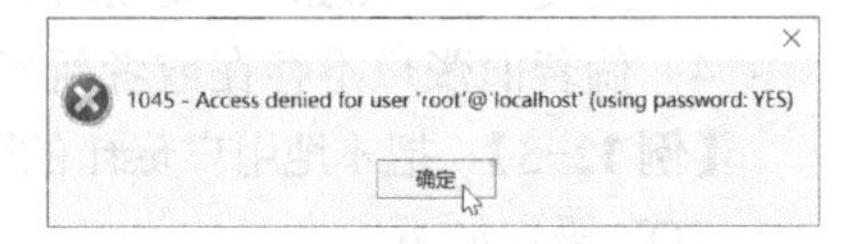

图 12-11　访问失败对话框

此时右击 mysql80，从弹出的快捷菜单中选择“编辑连接”命令。打开“编辑连接”对话框，在“密码”文本框中输入新的密码，然后单击“确定”按钮。

也可以在“命令提示符”窗口中，使用新密码登录 MySQL 服务器，登录命令如下。

```
C:\Users\Administrator>mysql -u root -p"abc123"
```

（2）使用 SET 语句修改用户密码

SET PASSWORD 语句可以重新设置其他用户的登录密码或者自己使用账户的密码。使用 SET 语句修改用户密码的语法格式如下。

```
SET PASSWORD [FOR user_name] = 'newpassword';
```

语法说明如下。

1）省略 FOR user_name 子句，则修改当前登录用户的密码。使用 FOR user_name 子句则修改指定 user_name 的用户的密码。

2）user_name 是已有用户账号，用户账号的格式为'用户名'@'主机名'。

3）newpassword 是新的密码，密码字符串是明文。

【例 12-8】 当前使用 root 登录 MySQL 服务器，把用户 Alex 的密码更改为“123456”。

SQL 语句如下。

```
SET PASSWORD FOR 'Alex'@'%' = '123456';
```

如果要修改当前登录用户 root 的密码，仍然为“abc123”，SQL 语句如下。

```
SET PASSWORD = 'abc123';
```

（3）使用 mysqladmin.exe 程序修改用户密码

mysqladmin.exe 程序保存在 MySQL 的安装文件夹中的 bin 文件夹下，该程序可以设置用户的密码，其语法格式如下。

```
mysqladmin -u username -p"userpassword" password "newpassword"
```

语法说明如下。

1）username 是登录 MySQL 服务器使用的用户名，与其前的-u 之间空一格。

2）"userpassword"指定连接数据库服务器使用的密码，密码可以用双引号括起来，也可以省略双引号，直接在-p 后输入密码，但-p 和其后的密码之间不要有空格。也可以省略-p 后面

的密码，以对话的形式输入密码。

3）"newpassword"是指定的新密码，密码可以用双引号括起来，也可以省略双引号，与 password 之间空一格。password 是关键字。

【例 12-9】 修改 root 用户的密码，登录密码为“abc123”，把密码更改为“123456”。

1）在“命令提示符”窗口中，输入修改密码命令，命令中同时输入登录密码和新密码。

```
C:\Users\Administrator>mysqladmin -u root -pabc123 password 123456
```

结果如图 12-12 所示。执行该命令后出现两个 Warning（警告），第一个 Warning 的意思是命令行界面下使用密码是不安全的，第二个 Warning 的意思是会以纯文本的格式将密码发送到服务器，请使用 ssl 连接以确保密码安全。

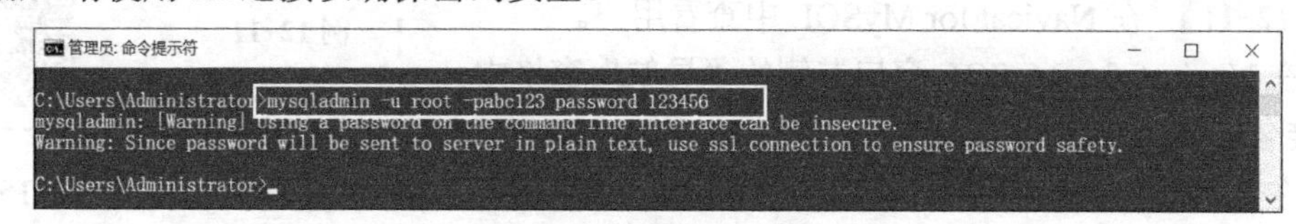

图 12-12　在命令提示符窗口修改密码

2）如果在命令中省略登录密码，只输入新密码，在“命令提示符”窗口中，输入命令如下。

```
C:\Users\Administrator>mysqladmin -u root -p password 123456
```

登录密码需要以对话方式输入，如图 12-13 所示。

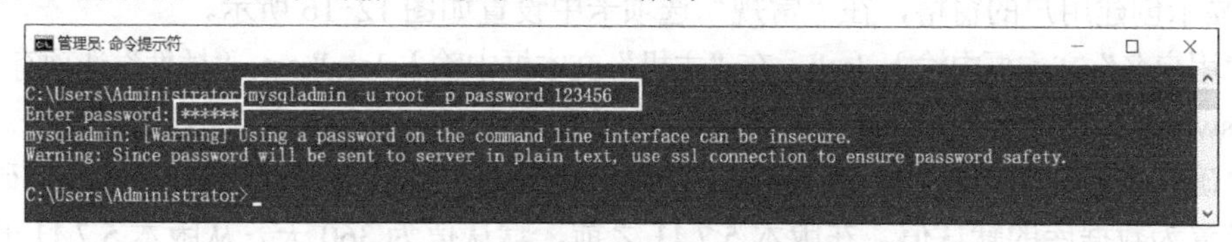

图 12-13　以对话方式输入登录密码

3）如果在命令中同时省略登录密码和新密码，输入命令如下。

```
C:\Users\Administrator>mysqladmin -u root -p password
```

需要先以对话方式输入登录密码，然后输入两次新密码，如图 12-14 所示。

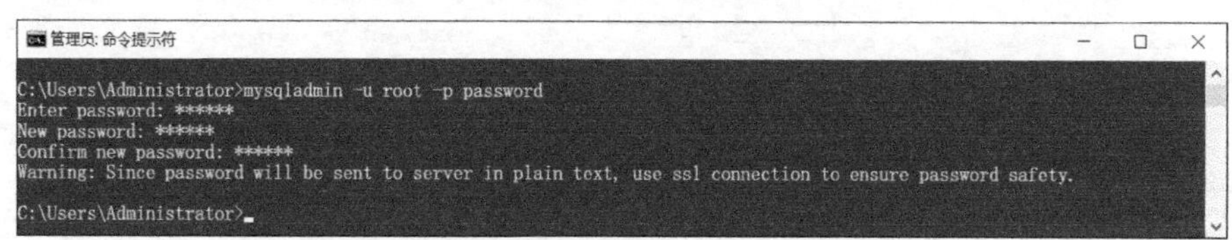

图 12-14　以对话方式输入登录密码和新密码

5．使用 DROP USER 语句删除普通用户

使用 DROP USER 语句删除普通用户的语法格式如下。

```
DROP USER user_name1[ , user_name2 …];
```

语法说明如下。

1）user_name 是需要删除的用户，由'用户名'@'主机名'组成。

2）DROP USER 语句可以同时删除多个用户，各个用户用逗号隔开。

3）必须有 DROP USER 权限。

注意： 不要删掉 root 用户，否则 MySQL 系统将不能使用。

【例 12-10】 删除名为 test2 的用户，其 host 值为 localhost；删除用户 test3，其 host 值为%。

SQL 代码如下。

```
SELECT Host, User FROM mysql.user;
DROP USER 'test2'@'localhost', 'test3'@'%';
```

12.2.2 使用 Navicat for MySQL 管理用户账号

使用 Navicat for MySQL 可以很简单、方便地管理用户账户。

1. 查看用户

例 12-11

【例 12-11】 在 Navicat for MySQL 中查看用户。

1）在 Navicat for MySQL 窗口左侧的“导航”窗格中，双击连接名连接到 MySQL 服务器。

2）在工具栏上单击“用户”按钮，在“对象”窗格中可以看到用户列表，如图 12-15 所示。

2. 创建用户

【例 12-12】 在 Navicat for MySQL 中创建用户 Jack。

1）在工具栏上单击“用户”按钮，在“对象”窗格工具栏上单击“新建用户”按钮，如图 12-15 所示。

2）显示创建用户的窗格，在“常规”选项卡中设置如图 12-16 所示。

在“用户名”文本框中输入 Jack，在“主机”文本框中输入 localhost。“插件”选项有 caching_sha2_password（默认值）、mysql_native_password 和 sha256_password；一般选默认值。在“密码”和“确认密码”文本框中输入密码。“密码过期策略”选项有：DEFAULT（将密码过期时间长度设置为数据库的默认值。在版本 5.7.11 之前，默认值为 360 天。从版本 5.7.11 开始，默认值为 0 天，这能有效地禁用自动密码过期），IMMEDIATE（使用户密码过期，从而强制用户更新它），INTERVAL（指定当前密码过期的天数）或 NEVER（允许当前密码无限期保持有效状态，对脚本和其他自动化过程很有用）；一般选用默认值。

单击“保存”按钮，完成新用户的创建。

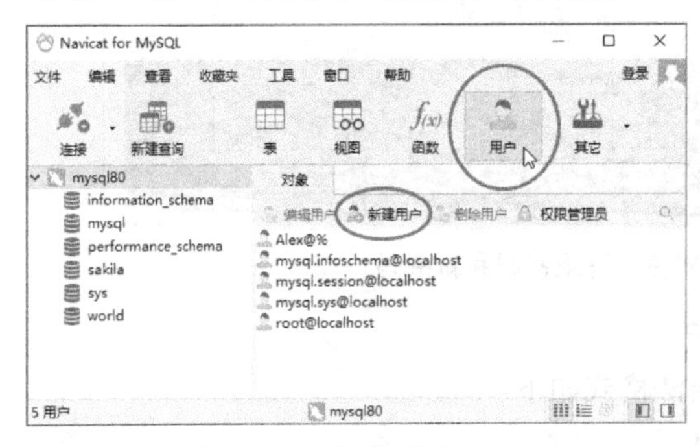

图 12-15 用户列表

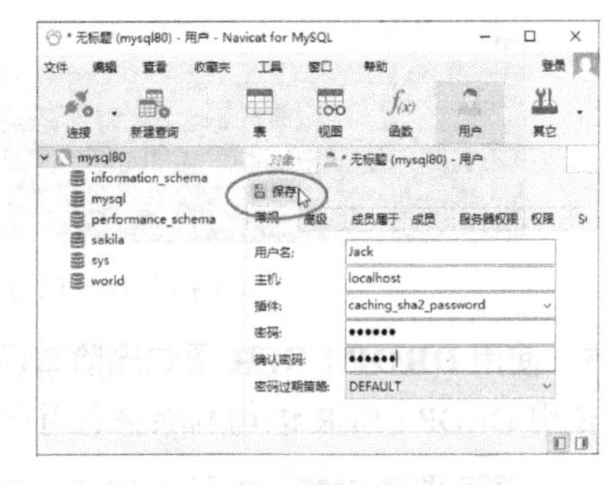

图 12-16 新建用户选项卡

3）最后关闭新建用户选项卡。

新用户创建好以后，可以新建一个连接，通过“新建连接”对话框中的“测试连接”按钮，测试该新用户是否连接成功。

3. 修改用户

【例 12-13】 在 Navicat for MySQL 中修改用户 Jack。

1）以 root 用户登录后，在 Navicat for MySQL 窗口中，单击“用户”按钮，在用户列表中的选中要修改的用户名 Jack@localhost，单击“编辑用户”按钮；或者右击要修改的用户名，从弹出的快捷菜单中选择“编辑用户”命令，如图 12-17 所示。

2）打开该用户的“常规”选项卡，如图 12-16 所示，可以修改所有选项。修改完成后，单击“保存”按钮。

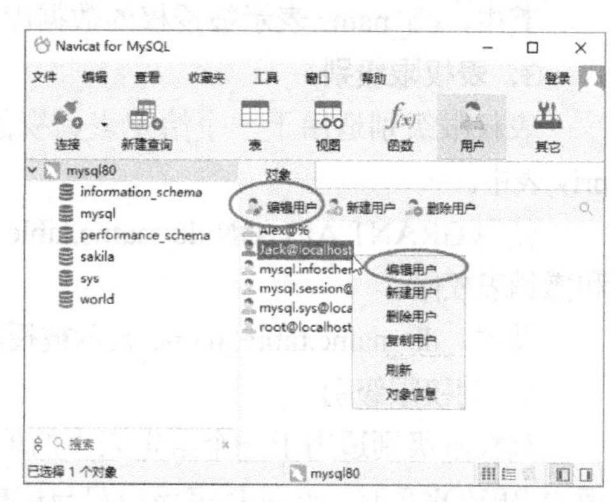

图 12-17　编辑用户

4．删除用户

【例 12-14】 在 Navicat for MySQL 中删除用户 Jack。

1）在 Navicat for MySQL 窗口的“对象”窗格中，选中用户列表中的“Jack@localhost”，单击工具栏上的“删除用户”按钮（或者从右键快捷菜单中选择“删除用户”命令）。

2）在弹出的“确认删除”提示对话框中，单击“删除”按钮即可完成对该用户的删除。

12.3　账户权限管理

权限管理主要是对登录到 MySQL 服务器的用户进行权限验证。为了保证数据的安全，数据库管理员为不同的操作人员分配不同的操作权限。管理员根据不同的情况增加用户权限或撤销用户权限。所有用户的权限都存储在 MySQL 的权限表中，见表 12-1。

表 12-1　与权限相关的数据表

数据表	描　述
user	保存用户被授予的全局权限
db	保存用户被授予的数据库权限
tables_priv	保存用户被授予的表权限
columns_priv	保存用户被授予的列权限
procs_priv	保存用户被授予的存储过程权限
proxies_priv	保存用户被授予的代理权限

12.3.1　MySQL 的权限级别

权限级别是指权限可以在哪些数据库的内容中应用。MySQL 提供了多个层次的权限类型，可授予用户不同的权限。

1．全局权限级别

全局权限级别用于管理数据库服务器，这些权限是全局的，作用于整个 MySQL 服务器中的所有数据库，不单独针对特定的数据库。这些权限存储在 mysql.user 表中。

使用 GRANT ALL ON *.*和 REVOKE ALL ON *.*授予和撤销全局权限。

2．数据库权限级别

数据库权限级别作用于某个指定数据库或者所有数据库及其内的所有对象。这些权限存储在 mysql.db 表中。

使用 GRANT ALL ON db_name.*和 REVOKE ALL ON db_name.*授予和撤销数据库权限。

其中，db_name 表示被授权的数据库。

3. 表权限级别

表权限级别适用于一个给定表、视图、索引中的所有列，这些权限存储在 mysql.tables_priv 表中。

使用 GRANT ALL ON db_name.table_name 和 REVOKE ALL ON db_name.table_name 授予和撤销表权限。

其中，db_name.table_name 表示被授权的 db_name 数据库中的 table_name 表。

4. 列权限级别

列权限级别适用于一个给定表中的单一列，这些权限存储在 mysql.columns_piv 表中，当使用 REVOKE 时，必须指定该用户与被授权列相同的列。

采用 SELECT (col1, col2...)、INSERT (col1, col2....)和 UPDATE (col1, col2....)的格式。

5. 子程序权限级别

子程序权限级别即存储过程和存储函数权限级别，这些权限可以被授予为全局层级和数据库层级。CREATE ROUTINE、ALTERROUTINE、EXECUTE 和 GRANT 等权限适用于已存储的子程序。而且，除了 CREATE ROUTINE 外，这些权限可以被授予为子程序层级，并存储在 mysql.procs_priv 表中。

12.3.2 权限类型

权限类型包括数据权限、结构权限和管理权限，具体又包括很多权限，常用的权限如增、删、改、查，即 INSERT、DELETE、UPDATE、SELECT，还有很多其他的权限，MySQL 的权限类型见表 12-2。

表 12-2 MySQL 的权限类型

分类	权限	权限级别	说明
数据权限	SELECT	全局、数据库、表、列	允许查询记录
	UPDATE	全局、数据库、表、列	允许修改记录
	DELETE	全局、数据库、表	允许删除记录
	INSERT	全局、数据库、表、列	允许插入记录
	SHOW DATABASES	全局	允许显示数据库名称列表
	SHOW VIEW	全局、数据库、表	允许定义视图
	PROCESS	全局	允许显示进程列表
结构权限	DROP	全局、数据库、表	允许删除数据库、表和视图
	CREATE	全局、数据库、表	创建数据库、表
	CREATE ROUTINE	全局、数据库	创建存储过程
	CREATE TABLESPACE	全局	允许创建、修改或删除表空间和日志文件组
	CREATE TEMPORARY TABLES	全局、数据库	允许创建内存表
	CREATE VIEW	全局、数据库、表	允许创建或修改视图
	ALTER	全局、数据库、表	ALTER TABLE
	ALTER ROUTINE	全局、数据库、存储过程	允许删除或修改存储过程
	INDEX	全局、数据库、表	允许创建或删除索引

（续）

分类	权限	权限级别	说明
结构权限	TRIGGER	全局、数据库、表	允许触发器的所有操作
	REFERENCES	全局、数据库、表、列	允许创建外键
管理权限	SUPER	全局	允许使用其他管理操作，如 CHANGE MASTER TO 等
	CREATE USER	全局	允许 CREATE USER、DROP USER、RENAME USER 和 REVOKEALL PRIVILEGES
	GRANT OPTION	全局、数据库、表、存储过程、代理	允许授予或删除用户权限
	RELOAD	全局	允许 FLUSH 操作
	PROXY		与代理的用户权限相同
	REPLICATION CLIENT	全局	允许用户访问主服务器或从服务器
	REPLICATION SLAVE	全局	允许复制从服务器读取的主服务器二进制日志事件
	SHUTDOWN	全局	允许使用 mysqladmin shutdown
	LOCK TABLES	全局、数据库	允许在有 SELECT 表权限上使用 LOCK TABLES

12.3.3　授予用户权限

授权就是为某个用户授予权限。新创建的用户没有任何权限，不能访问任何数据库，不能做任何事情。针对不同用户对数据库的实际操作要求，分别授予用户对特定表的特定列、特定表和数据库的特定权限。

1．使用 GRANT 语句给用户授权

使用 GRANT 语句为用户授予权限，必须拥有 GRANT 权限的用户才可以执行 GRANT 语句。GRANT 语句的基本语法格式如下。

```
GRANT priv_type[(column_list)] [, priv_type[(column_list)] [, …]]
    ON [object_type] priv_level
    TO user_name [IDENTIFIED BY 'password'] [, …]
    [WITH GRANT OPTION];
```

语法说明如下。

1）priv_type：指定权限名，见表 12-2。如果是多个权限，用逗号隔开；如果是全部权限，使用 ALL 或 ALL PRIVILEGES。

2）column_list：指定权限要授予该表中哪些具体的列，如果有多个列用逗号隔开，如果省略则作用于该表的所有列。

3）ON 子句：指定权限授予的对象 object_type 和级别 priv_level。

① object_type 指定权限授予的对象类型，包括表（默认）、函数和存储过程，object_type 的格式如下。

```
TABLE | FUNCTION | PROCEDURE
```

② priv_level 指定权限的级别，包括全局权限、数据库权限或表权限。priv_level 的格式如下。

```
* | *.* | db_name.* | db_name.table_name | table_name | db_name.routine_name
```

priv_level 指定权限级别的值有如下几类格式。

*：表示当前数据库中的所有表。

.：表示所有数据库中的所有表。

db_name.*：表示某个数据库中的所有表，db_name 指定数据库名。

db.name.table_name：表示某个数据库中的某个表或视图，db_name 指定数据库名，table_name 指定表名或视图名。

table_name：表示某个表或视图，table_name 指定表名或视图名。

db_name.routine_name：表示某个数据库中的某个存储过程或函数，routine_name 指定存储过程名或函数名。

4）TO 子句：指定被授予权限的用户账户 user_name，其格式为'username'@'hostname'。IDENTIFIED BY 'password'设置该用户密码，password 是明文字符串密码。可以同时给多个用户授权。如果指定的用户名不存在，则出现错误。

5）WITH GRANT OPTION：被授权的用户可以将这些权限赋予别的用户，为可选项。

GRANT 语句要求至少提供要授予的权限、被授予访问权限的数据库或表、用户名。

为用户授权全局权限的语法格式如下。

```
GRANT 权限列表 ON *.* TO 账户名 [WITH GRANT OPTION];
```

为用户授权数据库级权限的语法格式如下。

```
GRANT 权限列表 ON 数据库名.*  TO 账户名 [WITH GRANT OPTION];
```

为用户授权表级权限的语法格式如下。

```
GRANT 权限列表 ON 数据库名.表名 TO 账户名 [WITH GRANT OPTION];
```

为用户授权列级权限的语法格式如下。

```
GRANT 权限类型 (字段列表) [,…] ON 数据库名.表名  TO 账户名 [WITH GRANT OPTION];
```

为用户授权存储过程权限的语法格式如下。

```
GRANT EXECUTE|ALTER ROUTINE|CREATE ROUTINE ON {[*.*|数据库名.* ]|PROCEDURE 数据库名.存储过程} TO 账户名 [WITH GRANT OPTION];
```

为用户授权代理权限的语法格式如下。

```
GRANT PROXY ON 账户名 TO 账户名1 [, 账户名2] ... [WITH GRANT OPTION]
```

如果是在 MySQL 的命令行客户端下，则使用拥有 GRANT 权限的用户登录，这里用 root 登录 MySQL 服务器；如果使用 Navicat for MySQL，则在“导航”窗格中双击连接名，启动连接即可。

【例 12-15】 授予已存在用户 Alex 在数据库 studentinfo 中对 student 表执行 SELECT 的权限；对 selectcourse 表执行 SELECT，对 selectcourse 表的 Score、SelectCourseDate 列执行 UPDATE 操作的权限。

1）以 root 用户登录到 Navicat for MySQL（默认登录方式），在“查询编辑器”窗格中运行以下 SQL 语句。

```
GRANT SELECT ON studentinfo.student TO 'Alex'@'%';
GRANT SELECT, UPDATE (Score, SelectCourseDate) ON studentinfo.SelectCourse TO 'Alex'@'%';
```

2）在 mysql.tables_priv 表中查询用户 Alex 的表权限，SQL 语句如下。

```
SELECT db, table_name, table_priv, column_priv FROM mysql.tables_priv WHERE user='Alex';
```

信息　结果 1　剖析　状态

db	table_name	table_priv	column_priv
studentinfo	selectcourse	Select	Update
studentinfo	student	Select	

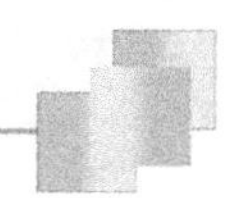

3）在 mysql.columns_priv 表中查询用户 Alex 的列权限，SQL 语句和运行结果如下。

```
SELECT db, table_name, column_name, column_priv FROM mysql.columns_priv WHERE user='Alex';
```

信息　结果 1　剖析　状态

db	table_name	column_name	column_priv
studentinfo	selectcourse	Score	Update
studentinfo	selectcourse	SelectCourseDate	Update

【例 12-16】 创建两个新用户 Jack 和 Merry，并设置登录口令；授予在数据库 studentinfo 中的所有表上拥有 SELECT 和 UPDATE 的权限。

以 root 用户登录到 Navicat for MySQL，在“查看”窗格中运行以下 SQL 语句。

```
CREATE USER 'Jack'@'localhost' IDENTIFIED BY '123', 'Merry'@'localhost' IDENTIFIED BY '321';
GRANT SELECT, UPDATE ON studentinfo.* TO 'Jack'@'localhost', 'Merry'@'localhost';
```

成功执行后，可分别使用 Jack 和 Merry 的账户登录 MySQL 服务器，验证这两个用户是否具有了对表 studentinfo 执行 SELECT 和 UPDATA 操作的权限。

2．权限的转移

将 WITH 子句指定为 WTTH GRANT OPTION，则表示 TO 子句中指定的所有用户都具有把自己所拥有的权限授予其他用户的权利，而不管那些其他用户是否拥有该权限。

【例 12-17】 授予当前系统中的 Jack 用户在数据库 studentinfo 的 student 表上拥有 SELECT、UPDATE 和 DELTET 的权限，并允许将自身的这个权限授予其他用户。

例 12-17

1）以 root 用户登录到 Navicat for MySQL，在“查询编辑器”窗格中运行 SQL 以下语句。

```
CREATE USER 'Lisa'@'localhost' IDENTIFIED BY 'abc';
GRANT SELECT, UPDATE, DELETE ON studentinfo.student TO 'Jack'@'localhost'
   WITH GRANT OPTION;
```

上面的语句中，root 用户先创建一个新用户 Lisa，然后 root 用户为 Jack 用户授权。在 Navicat for MySQL 中的运行结果如图 12-18 所示。

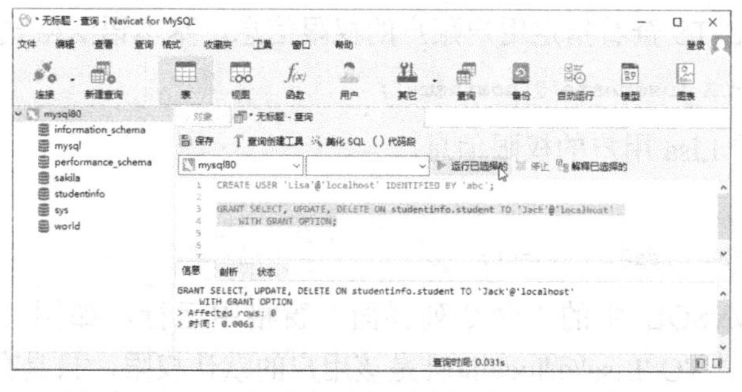

图 12-18　root 用户创建新用户并为 Jack 用户授权

2）打开一个“命令提示符”窗口，以 Jack 账户登录 MySQL 服务器，登录命令如下。

```
C:\Users\Administrator>mysql -uJack -p123
```

在 MySQL 客户端中，Jack 将自身的权限授予 Lisa 用户，SQL 语句如下。

```
GRANT SELECT, UPDATE, DELETE ON studentinfo.student TO 'Lisa'@'localhost';
```

在“命令提示符”窗口的 MySQL 客户端程序中运行上面的语句，如图 12-19 所示。

3）再打开一个“命令提示符”窗口，以 Lisa 账户登录 MySQL 服务器，登录命令如下。

```
C:\Users\Administrator>mysql -uLisa -pabc
```

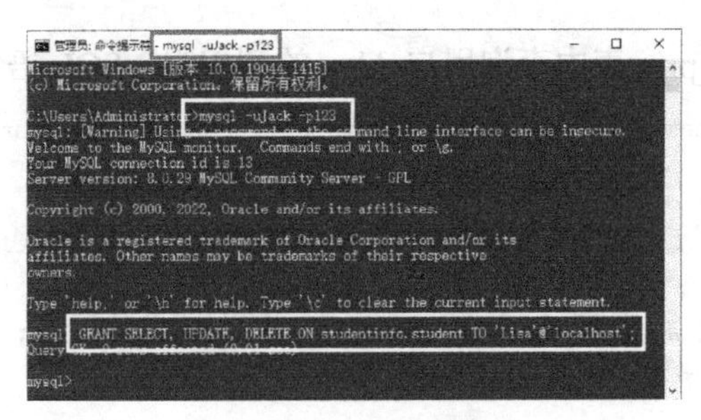

图 12-19　权限转移

在 MySQL 客户端中，Lisa 用户执行以下被授权的 SQL 语句。

```
USE studentinfo;
SELECT * FROM student WHERE Address='上海';
SELECT * FROM class;
```

由于没有授权查询 class 表，所以查询 class 表时出现错误提示，如图 12-20 所示。

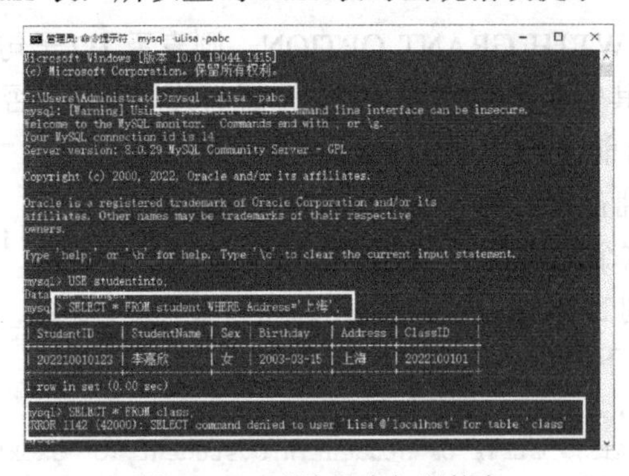

图 12-20　查询没有权限的表

12.3.4　查看权限

使用 SHOW GRANTS 查看指定用户账户的权限信息，基本语法格式如下。

```
SHOW GRANTS FOR 'username'@'hostname';
```

【例 12-18】 查看 Lisa 用户的权限信息。

SQL 语句如下。

```
SHOW GRANTS FOR Lisa@localhost;
```

在 Navicat for MySQL 中的“命令列界面”窗格中运行，如图 12-21 所示，第 1 行 GRANT USAGE ON *.* TO 'Lisa'@'localhost'是该用户的默认权限，只具有登录客户端的权限，默认权限不可撤销；第 2 行显示授予该用户的权限信息。

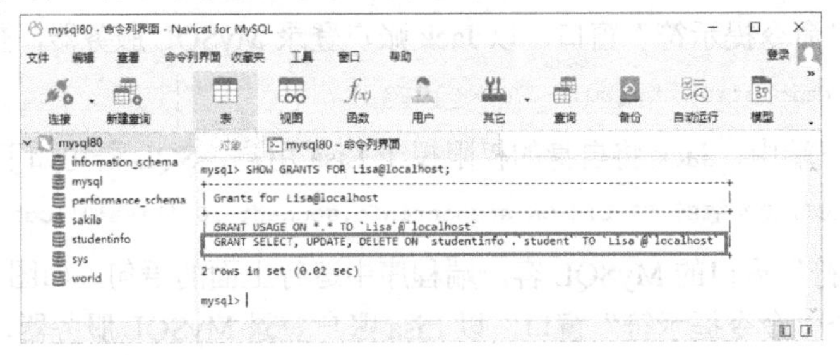

图 12-21　在“命令列界面”窗格中运行

12.3.5　权限的撤销

撤销一个用户的权限也称收回权限，就是取消已经赋予用户的某些权限。撤销权限后，该用户账户的记录将从 db、host、tables_priv 和 columns_priv 表中删除，但是该用户账户仍然存在，记录仍然在 user 表中保存。使用 REVOKE 语句撤销权限，其语法格式有两种，一种是收回用户指定的权限，另一种是收回用户的所有权限。要使用 REVOKE 语句，必须拥有数据库的全局 CREATE 或 UPDATE 权限。

1．撤销指定权限

撤销用户指定权限的基本语法如下。

```
REVOKE priv_type[(column_list)] [, priv_type[(column_list)]] …
   ON [object_type] priv_level
   FROM user_name [, user_name] …
```

语法说明如下。

1）user_name 是被撤销权限的用户，其格式为'username'@'hostname'。

2）其他语法说明与授予用户权限相同。

【例 12-19】 撤销 Lisa 用户对 studentinfo 数据库中 student 表的 UPDATE、DELETE 权限。

1）以 root 用户登录到 Navicat for MySQL，在"查询编辑器"窗格中运行 SQL 以下语句。

```
REVOKE UPDATE, DELETE ON studentinfo.student FROM Lisa@localhost;
```

2）查看 Lisa 用户的权限，在"命令列界面"窗格中运行下面的 SQL 语句。

```
SHOW GRANTS FOR Lisa@localhost;
```

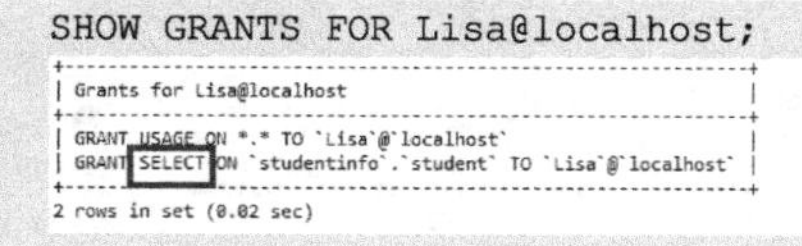

```
+-----------------------------------------------------------------+
| Grants for Lisa@localhost                                       |
+-----------------------------------------------------------------+
| GRANT USAGE ON *.* TO `Lisa`@`localhost`                        |
| GRANT SELECT ON `studentinfo`.`student` TO `Lisa`@`localhost`   |
+-----------------------------------------------------------------+
2 rows in set (0.02 sec)
```

查看 Lisa 用户撤销后的权限，只剩下 SELECT 权限了。

2．收回所有权限

收回用户所有权限的基本语法如下。

```
REVOKE ALL PRIVILEGES,GRANT OPTION
   FROM 'username'@'hostname'[,'username'@'hostname']…;
```

【例 12-20】 撤销 Lisa 用户的所有权限，包括 GRANT 权限。

1）以 root 用户登录到 Navicat for MySQL，在"查询编辑器"窗格中运行以下 SQL 语句。

```
REVOKE ALL PRIVILEGES, GRANT OPTION FROM Lisa@localhost;
```

2）查看 Lisa 用户的权限，在"命令列界面"窗格中运行下面的 SQL 语句。

```
SHOW GRANTS FOR Lisa@localhost;
```

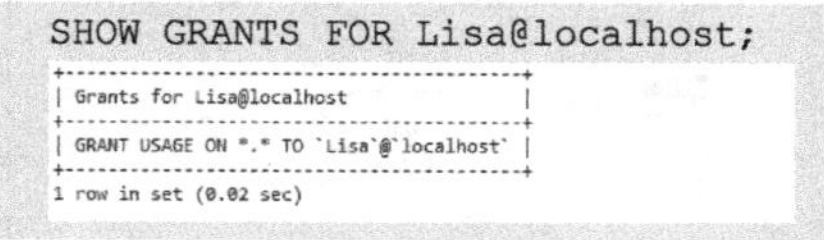

```
+-------------------------------------------+
| Grants for Lisa@localhost                 |
+-------------------------------------------+
| GRANT USAGE ON *.* TO `Lisa`@`localhost`  |
+-------------------------------------------+
1 row in set (0.02 sec)
```

查看 Lisa 用户撤销后的权限，只剩下默认的权限了。

12.3.6 使用 Navicat for MySQL 管理用户权限

使用 Navicat for MySQL 可以很简单、方便地管理用户权限。

【例 12-21】 在 Navicat for MySQL 中编辑用户的权限。

1）在工具栏上单击“用户”按钮，在“对象”窗格的用户列表中，单击用户名 Jack@localhost，选中该用户，然后单击“编辑用户”按钮，如图 12-22 所示。

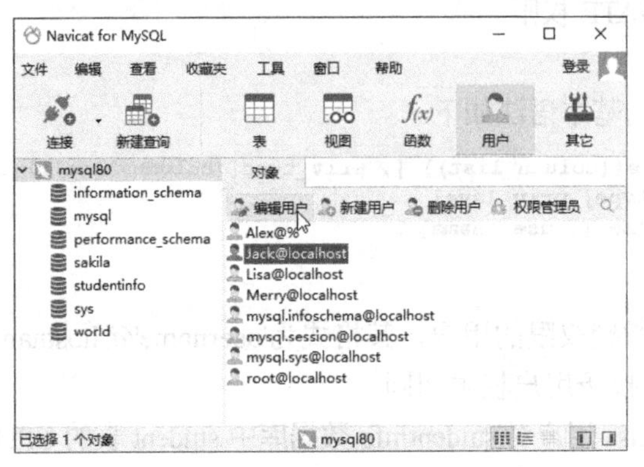

图 12-22 用户列表

2）单击“权限”选项卡，显示“权限”选项卡，如图 12-23 所示。

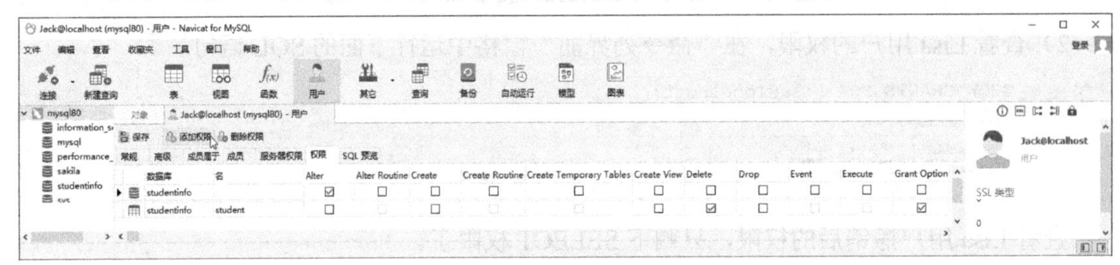

图 12-23 “权限”选项卡

3）单击“添加权限”按钮，打开“添加权限”对话框，如图 12-24 所示。

4）展开 studentinfo 数据库，进一步展开“表”，选中 class 表，在“权限”后选中 Delete、Drop、Insert 等，如图 12-25 所示。

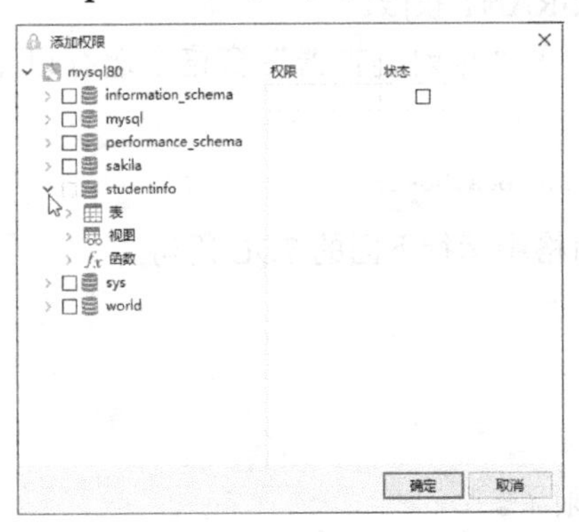

图 12-24 “添加权限”对话框

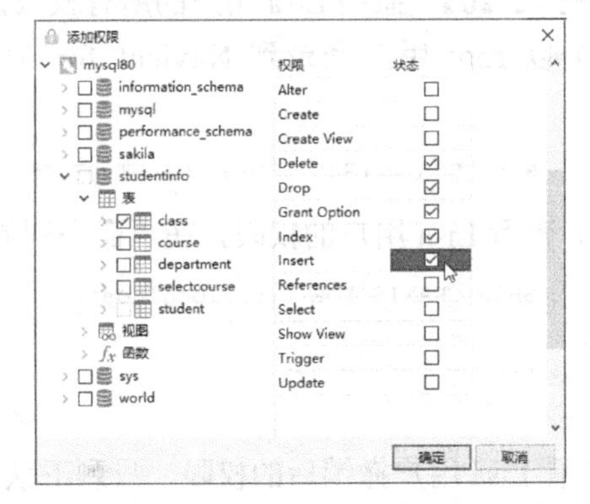

图 12-25 选中表的权限

5）进一步展开 class 表，选中列名，然后选中 Insert、Select 等权限，如图 12-26 所示。

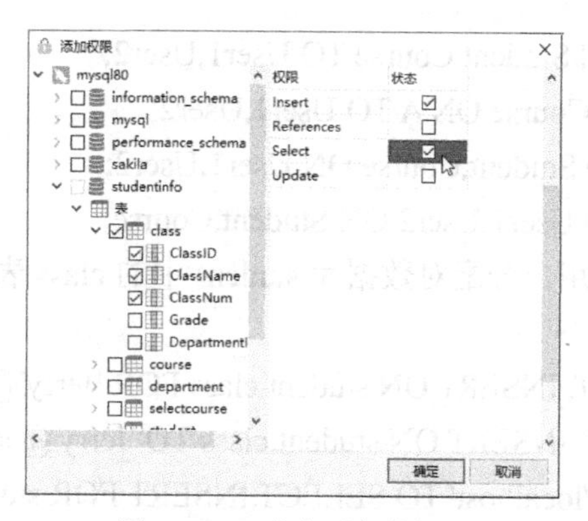

图 12-26 选中列名的权限

6）单击“确定”按钮，返回“权限”选项卡，如图 12-27 所示，可以选中需要的权限。

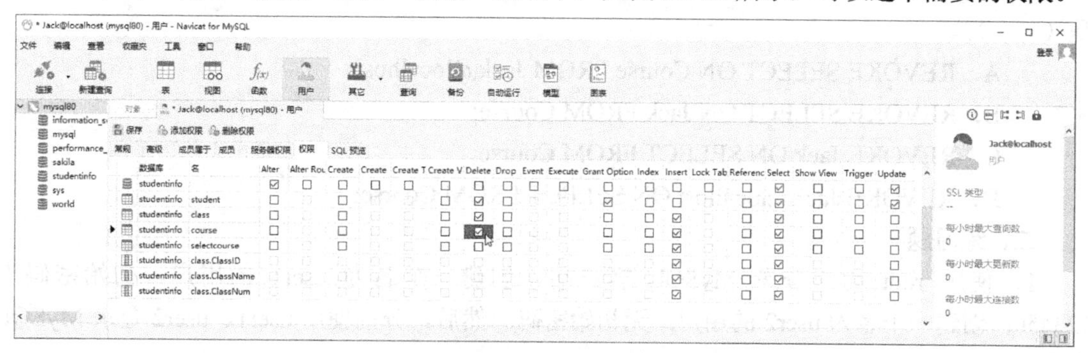

图 12-27 授予权限之后的“权限”选项卡

7）单击“保存”按钮，即完成对 Jack@localhost 用户的授权。

12.4 习题 12

一、选择题

1. 下列选项中，哪个是 MySQL 默认提供的用户（　　）。

A. admin　　B. test

C. root　　D. user

2. MySQL 的权限信息存储在数据库（　　）中。

A. mysql　　B. test

C. performance_schema　　D. information_schema

3. 新建用户的信息是保存在（　　）表中。

A. tables_priv　　B. user

C. columns_priv　　D. db

4. 在 DROP USER 语句的使用中，若没有明确指定账户的主机名，则该账户的主机名默认为是（　　）。

A. %　　B. localhost

C. root　　D. super

5. 把对 Student 表和 Course 表的全部操作权授予用户 User1 和 User2 的语句是（　　）。

A．GRANT ALL ON Student,Course TO User1,User2;

B．GRANT Student,Course ON A TO User1,User2;

C．GRANT ALL TO Student,Course ON User1,User2;

D．GRANT ALL TO User1,User2 ON Student,Course;

6．给用户名是 Jerry 的用户分配对数据库 student 中的 class 表的查询和插入数据权限的语句是（　　）。

A．GRANT SELECT, INSERT ON student.class FOR 'Jerry'@'localhost';

B．GRANT SELECT,INSERT ON student.class TO 'Jerry'@'localhost';

C．GRANT 'Jerry'@'localhost' TO SELECT,INSERT FOR student.class;

D．GRANT 'Jerry'@'localhost' TO student.class ON SELECT, INSERT;

7．欲回收系统中已存在用户 Jack 在 Course 表上的 SELECT 权限，以下正确的 SQL 语句是（　　）。

A．REVOKE SELECT ON Course FROM Jack@localhost;

B．REVOKE SELECT ON Jack FROM Course;

C．REVOKE Jack ON SELECT FROM Course;

D．REVOKE Jack@locallost ON SELECT FROM Course;

二、练习题

1．使用 root 用户登录 MySQL 客户端，创建一个名为 user1 的用户，初始密码为 123456；创建一个名为 user2 的用户，无初始密码。然后，分别使用 user1、user2 登录 MySQL 客户端。

2．使用 root 用户登录，将 user2 用户的密码修改为 abcabc。

3．使用 root 用户登录，授予 user1 用户对 library 数据库中所有数据表的查询、插入、修改和删除权限，要求加上 WITHGRANT OPTION 子句。然后使用 user1 登录，测试对 library 数据库中表记录的增、删、改、查操作。

4．使用 user1 用户登录，授予 user2 用户对 library 数据库中 book 表的查询、插入、修改和删除权限。然后使用 user2 登录，测试对 library 数据库中 book 表的增、删、改、查的操作。

5．使用 root 用户登录，撤销 user2 用户对 library 数据库中的 book 表的插入、修改和删除权限。然后使用 user2 登录，测试对 library 数据库中 book 表的增、删、改、查的操作。

6．使用 root 用户登录，查看 user2 用户的权限。

7．使用 root 用户登录，撤销 user1 用户的所有权限。

8．删除 user1、user2 用户。

第 13 章　备份和恢复

本章主要讲述备份数据库、恢复数据库、数据库迁移、导入表与导出表的内容。数据库的备份与恢复是本章的重点内容。

13.1　备份与恢复概述

数据库的安全性和完整性是使用数据库的前提条件。数据库的备份与恢复是保证数据库安全性和完整性的重要技术手段。备份与恢复的目的就是在系统发生故障后能够恢复全部或部分数据。数据库备份是指备份数据库的结构和数据，为数据恢复做好准备工作。数据恢复是指利用备份的数据恢复到数据库中。

数据库管理员（Database Administrator，DBA）是从事管理和维护数据库管理系统（DBMS）人员的统称，属于运维工程师的一个分支。DBA 的核心目标是保证 DBMS 的稳定性、安全性、完整性和高性能。DBA 主要做两件事：一是保证公司的数据不丢失不损坏，二是提高 DBMS 的性能。数据备份是 DBA 最常用的操作。系统意外崩溃或者硬件的损坏都可能导致数据库的丢失，因此 DBA 应该定期对数据库进行备份，使得在意外情况发生时，尽可能减少损失。

13.1.1　数据备份的原因

对数据库来说，数据的安全性和完整性至关重要，不允许出现数据丢失、数据破坏的情况。数据库系统在运行过程中可能出现的故障包括硬件故障、软件故障、人为误操作、人为破坏、介质故障、计算机病毒、自然灾害等均可导致数据的丢失和破坏。

在数据库系统生命周期中可能发生的灾难主要分为 4 类。

1．系统故障

系统故障一般是指硬件故障或软件错误。

计算机硬件故障是指计算机硬件由于质量原因、使用不当，或者使用寿命等出现故障。例如，突然断电、硬盘损坏等。

软件故障是指由于设计不当、使用不当，或者操作数据库的软件可能会误操作数据，造成数据破坏。

2．事务故障

事务故障是指事务运行过程中，没有正常提交，不慎删除一些数据，而造成数据破坏。

3．介质故障

由于物理介质发生读写错误，就会产生介质故障。

4．其他灾害

其他灾害包括病毒、盗窃、自然灾害等。计算机病毒有可能破坏数据库服务器的软件或者数据。数据可能会遭到窃取。

鉴于以上原因，数据库必须备份，在数据遭到破坏时能够及时地恢复数据。

13.1.2 数据库备份的分类

1．按备份时服务器是否在线划分

按备份时服务器是否在线可以将数据库备份分为热备份、温备份和冷备份。

（1）热备份

热备份是指数据库在线时，在服务正常运行的情况下进行数据备份。

（2）温备份

温备份是指数据库备份时，在数据库服务正常运行下进行数据备份，但数据只能读不能写。

（3）冷备份

冷备份是指在数据库已经正常关闭的情况下进行的数据备份，当正常关闭时会提供一个完整的数据库。

注意：MyISAM 存储引擎不支持热备份；InnoDB 存储引擎支持热备份，但是需要专门的工具。

2．按备份的内容划分

按备份的内容可以将数据库备份分为逻辑备份和物理备份。

（1）逻辑备份

逻辑备份是指使用软件技术从数据库中导出数据并写入一个输出文件，该文件格式一般与原数据库的文件格式不同，只是原数据库中数据内容的一个映像。逻辑备份支持跨平台，备份的是 SQL 语句（DDL 和 INSERT 语句），以文本形式存储。在恢复的时候执行备份的 SQL 语句实现数据库数据的重现。

（2）物理备份

物理备份是指直接复制数据库文件进行的备份，与逻辑备份相比，其速度较快，但占用空间比较大。

3．按备份涉及的数据范围划分

按备份涉及的数据范围分为完整备份、增量备份和差异备份。

（1）完整备份

完整备份是指备份整个数据库，这是任何备份策略中都要求完成的第一种备份类型，因为其他所有备份类型都依赖于完整备份。换句话说，如果没有执行完整备份，就无法执行差异备份和增量备份。

（2）增量备份

增量备份是指数据库从上一次完整备份或者最近一次的增量备份以来改变内容的备份。

（3）差异备份

差异备份是指将从最近一次完整数据库备份以后发生改变的数据进行备份。差异备份仅捕获自该次完整备份后发生更改的数据。

13.1.3 备份的周期和频率

数据库备份需要消耗很多时间和计算机资源，因此不能频繁操作。应当依据数据库数据的重要程度和使用情况选择一个适当的备份周期和频率。

备份数据库的周期或频率，则取决于能承受数据损失的时间周期。例如：

1）能承受 1 天的数据损失，则每天备份；能承受 1 小时的数据损失，则每小时备份。

2）不定期很少改动的数据，可以在改动后备份。

应当定期地备份数据库，可以从下列几方面考虑备份的周期和频率，建议在以下操作之后备份数据库。

1）创建数据库或为数据库添加了数据以后，应该备份数据库。

2）创建索引后，应该备份数据库。

3）清理事务日志后，应该备份数据库。

4）执行了无日志操作后，应该备份数据库。

13.1.4　数据恢复的方法

数据恢复就是当数据库出现故障时，将备份的数据库加载到系统，把数据库从错误状态恢复到某个正确状态，或者从一个服务器移到另一个服务器。

数据库恢复是以备份为基础的，它是与备份相对应的系统维护和管理操作。系统进行恢复操作时，先执行一些系统安全性的检查，包括检查所要恢复的数据库是否存在、数据库是否变化及数据库文件是否兼容等，然后根据所采用的数据库备份类型采取相应的恢复措施。

数据库恢复时要避免不仅没有恢复成功，还进一步破坏了数据的情况。用户要为各种可能性做准备，考虑可能发生的各种问题，例如，关闭数据库会造成什么后果，数据库恢复的时间是否可以接受等。

MySQL 恢复数据的方法有 3 种。

1）通过导出数据或者表文件的备份来恢复数据。

2）通过保存更新数据所有语句的二进制日志文件来恢复数据。

3）通过数据库复制来恢复数据。建立两个或两个以上服务器，其中一个作为主服务器，其他的服务器作为从服务器，当其中一个服务器的数据遭到破坏时，通过其他服务器上的数据恢复。

13.2　使用 mysqldump 命令备份数据

数据库备份是指通过导出数据库、表结构和数据的方式来制作数据库的副本。

mysqldump 命令是 MySQL 提供的客户端数据库备份程序，可以将数据库中的对象备份成一个脚本文件。mysqldump.exe 程序保存在 MySQL 安装文件夹下的 bin 子文件夹中，即 C:/Program Files/MySQL/MySQL Server 8.0/bin。

执行 mysqldump 命令时，先查出需要备份的表的结构，然后在导出的文本文件中生成一个 CREATE 语句，再将该表中的所有记录转换成一条 INSERT 语句。mysqldump 默认导出文件的扩展名是.sql，文件中包含多个 CREATE 和 INSERT 语句，是数据库中所有数据表的结构和记录的语句。

在恢复数据时，就用其中的 CREATE 语句来创建表结构，使用其中的 INSERT 语句来还原记录。

13.2.1　备份数据库或表

使用 mysqldump 命令可以备份一个数据库中的部分或全部表。mysqldump 的基本语法格式如下。

```
mysqldump [-h [hostname]] -u username -p[password] db_name [ tb_name1 tb_name 2 ...] >
filename.sql
```

语法说明如下。

1）使用 mysqldump 命令备份数据时，需要使用一个用户账号连接到 MySQL 服务器，其中，-h 选项后面是主机名，如果是本地服务器可以省略；-u 选项后面是用户名；-p 选项后是用户密码，-p 与密码之间不能有空格，如果省略密码则在运行时回答。

2）db_name 指定要备份的表所属的数据库名。

3）tb_name 指定数据库中需要备份的表，多个表之间用空格分隔，如果不指定表，则备份数据库中的所有表。

4）filename.sql 指定备份产生的脚本文件名，默认存储在 bin 文件夹中，如果需要存储在指定的文件夹中，则需要指定包含完整路径的文件名。

注意：使用本方法备份数据库，产生的脚本文件中不包含创建数据库的语句，所以在使用该.sql 文件恢复数据时，在服务器中必须已经存在需要恢复的数据库，如果不存在，需要先创建同名数据库。

【例 13-1】 使用 mysqldump 命令备份 studentinfo 数据库中的所有表，备份文件 studentinfo.sql 存储在 d:/db 文件夹中。

例 13-1

操作步骤如下。

1）务必先创建 d:/db 文件夹。

2）在“命令提示符”窗口中，以 root 用户登录 MySQL 服务器，备份数据库的命令如下。

```
C:\Users\Administrator>mysqldump -u root -p studentinfo > d:/db/studentinfo.sql
```

在“命令提示符”窗口中输入上面备份数据库的命令（带有下画线的字符是用户输入的内容），按〈Enter〉键，显示如下。

```
Enter password:
```

输入密码并按〈Enter〉键后，MySQL 便对数据库进行了备份，如图 13-1 所示。在指定的文件夹中可以看到备份的 studentinfo.sql 文件。

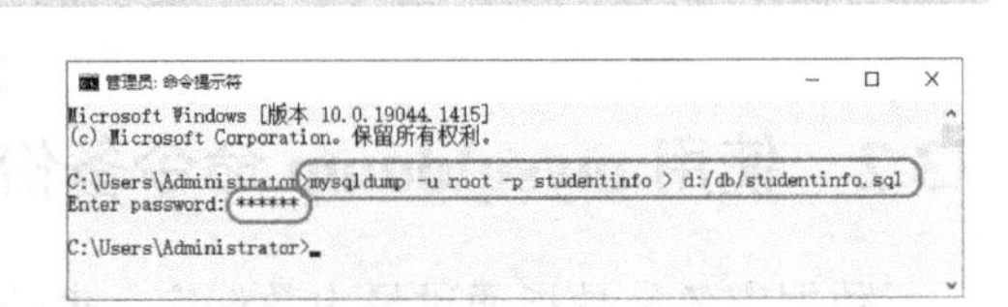

图 13-1　在“命令提示符”窗口中执行备份命令

【例 13-2】 使用 mysqldump 命令备份 studentinfo 数据库中的 class、student 表，备份文件 studentinfo_class_student.sql 存储在 D:/db 文件夹中。

在“命令提示符”窗口中输入下面的 mysqldump 命令。

```
C:\Users\Administrator>mysqldump -u root -p123456 studentinfo class student > d:/db/
studentinfo_class_student.sql
```

运行上面命令后，系统提示如下。

```
mysqldump: [Warning] Using a password on the command line interface can be insecure.
```

意思是“在命令行界面上使用密码可能是不安全的”，MySQL 建议不要把密码写在 mysqldump 命令中，而应该在运行命令时再输入密码。

命令成功运行后，在指定文件夹 D:/db 中创建了指定的脚本文件。

13.2.2　查看备份文件

mysqldump 命令生成的脚本文件中包括创建表、插入记录，以及存储过程、存储函数、触

发器、事件等对象的创建数据库对象的语句。

用记事本打开 studentinfo.sql 文件，文件内容如图 13-2 所示。

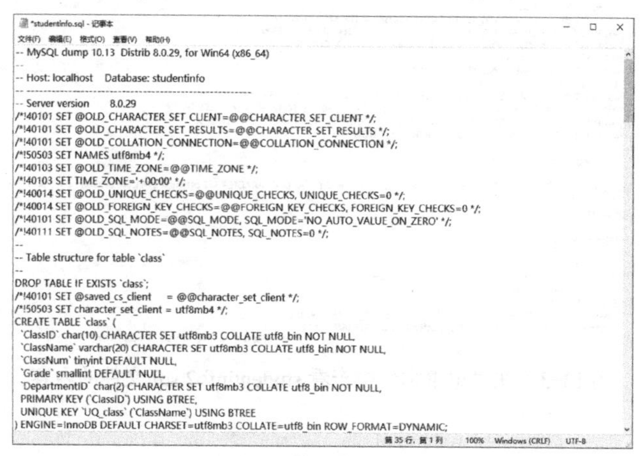

图 13-2　在“记事本”中查看 studentinfo.sql 文件的内容

13.2.3　使用 mysqldump 命令备份多个数据库

使用 mysqldump 命令可以备份一个数据库，也可以同时备份多个数据库。其基本语法格式如下。

```
mysqldump -u username -p[password] --databases db_name1 [db_name2 ...] > filename.sql
```

语法说明如下。

1）--databases 关键字后至少需要指定一个数据库名，多个数据库名之间使用空格分隔。

2）其他参数同上。

注意：*使用本方法备份数据库，备份脚本文件中包含创建数据库的语句 CREATE DATABASE，所以在使用该方法备份的文件恢复数据库时，在服务器中可以没有需要恢复的数据库，如果数据库已经存在，则会覆盖原来的数据库。*

【例 13-3】 使用 mysqldump 命令备份数据库 studentinfo。

例 13-3

在“命令提示符”窗口中输入下面备份指定数据库的命令。

```
C:\Users\Administrator>mysqldump -u root -p --databases studentinfo > d:/db/ student-info2.sql
```

输入上面备份数据库的命令，按〈Enter〉键，显示：

```
Enter password: ******
```

输入密码后，MySQL 便对数据库进行了备份。

用记事本打开 d:/db/studentinfo2.sql 文件，文件内容如图 13-3 所示，可以看到文件中包含创建数据库的 CREATE DATABASE 语句。

13.2.4　使用 mysqldump 命令备份服务器上的所有数据库

使用 mysqldump 命令可以一次性备份 MySQL 服务器上的所有数据库，基本语法格式如下。

```
mysqldump -u username -p --all-databases > filename.sql
```

图 13-3 在“记事本”中查看 studentinfo2.sql 文件的内容

语法说明如下。

1）加上--all-databases 关键字表示备份服务器上的所有数据库。

2）其他参数同上。

注意：使用本方法备份数据库，备份脚本文件中包含创建数据库的语句。

【例 13-4】 使用 mysqldump 命令备份 MySQL 服务器上的所有数据库。

在“命令提示符”窗口中输入下面备份服务器上全部数据库的命令。

```
C:\Users\Administrator>mysqldump -u root -p --all-databases > d:/db/all_mysql.sql
Enter password: ******
```

输入密码后，MySQL 便对数据库进行了备份。

用记事本打开 all_mysql.sql 文件，可以看到文件中包含 CREATE DATABASE 语句。

13.3 数据的恢复

数据的恢复（还原）是指在数据库遭到破坏或因需求改变时，根据备份文件把数据库回到备份时的状态，并加载到 MySQL 数据库服务器中。

13.3.1 使用 mysql 命令恢复数据

1. 使用 mysql 命令恢复表

使用 mysql 命令可以把用 mysqldump 命令备份的脚本文件中全部的 SQL 语句恢复到 MySQL 服务器中。mysql.exe 程序保存在 MySQL 安装文件夹下的 bin 子文件夹中。

使用 mysql 命令可以恢复单个数据库中的部分或者全部表，其基本语法格式如下。

```
mysql -u username -p db_name < filename.sql
```

语法说明如下。

1）-u 后面的 username 是用户名称。

2）db_name 指定要恢复的数据库名。如果在脚本中包含创建数据库的语句，则可以省略；如果不包含创建数据库的语句，则需要指定一个已存在的数据库作为恢复的数据库。

3）filename.sql 指定存储 SQL 语句的脚本文件名，如果没有存储在默认文件夹中，需要指定带有完整路径的文件名。

【例 13-5】 使用 mysql 命令恢复 studentinfo 数据库中的 class、student 表，备份文件是例 13-2 中使用 mysqldump 命令备份的脚本文件 studentinfo_class_student.sql，存储在 D:/db 文件夹中。

例 13-5

具体操作步骤如下。

1）为了演示恢复操作，需要先把 MySQL 服务器中的 studentinfo 数据库删掉。先在 Navicat for MySQL 的“导航”窗格中删除 studentinfo 数据库。

2）在 Navicat for MySQL 的“导航”窗格中创建 studentinfo 数据库。

3）在“命令提示符”窗口中输入下面恢复数据库的命令。

```
C:\Users\Administrator>mysql -u root -p studentinfo < d:/db/studentinfo_class_student.sql
Enter password: ******
```

执行恢复命令后，备份脚本文件中的语句就会在指定的数据库中恢复以前的表。

4）在 Navicat for MySQL 的“导航”窗格中，展开 studentinfo，右击“表”选项，从快捷菜单中选择“刷新”命令；展开“表”，可以看到 class、student 表；分别双击 class、student 表，显示该表的记录。

2．使用 mysql 命令还原数据库

使用 mysql 命令可以还原单个数据库，也可以同时还原多个数据库，还可以一次性还原服务器中的全部数据库，其基本语法格式如下。

```
mysql -u username -p < filename.sql
```

语法说明：各参数与还原数据表语法中的参数一致。

【例 13-6】 使用 mysql 命令还原 studentinfo 数据库，备份文件是例 13-3 中使用 mysqldump 命令备份的脚本文件 studentinfo2.sql，存储在 D:/db 文件夹中。

例 13-6

具体操作步骤如下。

1）在“命令提示符”窗口中，以 root 用户登录 MySQL 服务器，登录命令如下。

```
C:\Users\Administrator>mysql -u root -p
Enter password: ******
```

登录到 MySQL 客户端。

2）模拟数据丢失，删除 studentinfo 数据库，SQL 语句如下。

```
mysql> DROP DATABASE studentinfo;
```

3）退出 MySQL，SQL 语句如下。

```
mysql> QUIT
```

回到“命令提示符”窗口。

4）在“命令提示符”窗口中，使用 mysql 命令恢复 studentinfo 数据库，命令如下。

```
C:\Users\Administrator>mysql -u root -p < d:/db/studentinfo2.sql
Enter password: ******
```

5）再次登录 MySQL，登录命令如下。

```
C:\Users\Administrator>mysql -u root -p
Enter password: ******
```

登录到 MySQL 客户端。

6）查看数据库，SQL 语句如下。

```
mysql> SHOW DATABASES;
```

7）打开 studentinfo 数据库，查看该数据库中的表，SQL 语句如下。

```
mysql> USE studentinfo;
mysql> SHOW TABLES;
```

8）查询 student 表中的记录，SQL 语句如下。

```
mysql> SELECT * FROM student;
```

说明：在使用 mysql 命令恢复多个或者全部数据库时，由于在脚本文件中已包含创建数据库的语句，因此在执行恢复命令前不需要在服务器中创建数据库，如果数据库已经存在，也不会影响数据库的恢复。

13.3.2 使用 source 命令恢复数据

除了使用 mysql 命令恢复数据外，还可以在 MySQL 中使用 source 命令恢复数据。

在 MySQL 的命令行客户端窗口中，首先打开需要恢复的数据表所在的数据库，然后使用 source 命令将备份的脚本文件.sql 恢复到指定的数据库中。source 命令的语法格式如下。

```
source filename.sql;
```

语法说明如下。

1）filename.sql 为已备份好的.sql 脚本文件，filename.sql 需要指定路径。

2）source 命令必须在 MySQL 客户端程序中运行。

3）使用 source 命令必须先用 USE 语句打开需要恢复的数据表所在的数据库。如果该数据库已经被删除，由于没办法进入数据库，需要先创建一个同名的空数据库，然后用 USE 语句使用该数据库，再用 source 命令恢复。

由于.sql 文件中有创建表的语句，因此不需要提前创建要恢复的表。如果指定数据库中存在要恢复的表，也不受影响。

1. 恢复指定数据库中的表

例 13-7

【例 13-7】 在 studentinfo 数据库中，删除 student 表中的所有记录。用 source 命令恢复该数据库中 student 表中被删除的记录。

操作步骤如下。

1）首先备份 studentinfo 数据库中的 student 表。在“命令提示符”窗口中输入下面 mysqldump 命令，备份脚本文件存储在 d:/db/studentinfo_student.sql。

```
C:\Users\Administrator>mysqldump -u root -p studentinfo student >d:/db/studentinfo_student.sql
Enter password: ******
```

2）在“命令提示符”窗口中登录到 MySQL 客户端，登录命令如下。

```
C:\Users\Administrator>mysql -u root -p
Enter password: ******
```

3）打开 studentinfo 数据库，查询 student 表中的记录，SQL 语句如下。

```
mysql> USE studentinfo;
Database changed
mysql> SELECT * FROM student;
```

4）模拟数据丢失，删除 student 表中的所有记录，SQL 语句如下。

```
mysql> DELETE FROM student;
Query OK, 11 rows affected (0.01 sec)
mysql> SELECT * FROM student;
Empty set (0.00 sec)
```

或者删掉 student 表，SQL 语句如下。

```
mysql> DROP TABLE student;
Query OK, 0 rows affected (0.03 sec)
mysql> SHOW TABLES;
```

5）使用 source 命令，把保存在 d:/db/studentinfo_student.sql 路径下的 student 表的备份文件恢复到 studentinfo 数据库中。SQL 语句如下。

```
mysql> source d:/db/studentinfo_student.sql;
```

将显示多行下面的提示。

```
Query OK, 0 rows affected (0.00 sec)
…
Query OK, 0 rows affected (0.00 sec)
Query OK, 11 rows affected (0.01 sec)
Records: 11  Duplicates: 0  Warnings: 0
…
Query OK, 0 rows affected (0.00 sec)
```

6）查询 student 表中的记录，SQL 语句如下。

```
mysql> SELECT * FROM student;
```

可以看到 student 表中的记录已经恢复。

2．恢复指定数据库中的所有表

【例 13-8】 用 source 命令将例 13-1 中生成的备份文件 studentinfo.sql 恢复到 studentinfo 数据库中。

操作步骤如下。

1）在“命令提示符”窗口中登录到 MySQL 客户端，登录命令如下。

```
C:\Users\Administrator>mysql -u root -p
Enter password: ******
```

2）模拟数据丢失，删除 studentinfo 数据库，SQL 语句如下。

```
mysql> DROP DATABASE studentinfo;
Query OK, 5 rows affected (0.07 sec)
```

3）由于例 13-1 中生成的备份文件 studentinfo.sql 中不含创建 studentinfo 数据库的语句，所以要提前创建该数据库，然后打开使用该数据库。SQL 语句如下。

```
mysql> CREATE DATABASE studentinfo;
Query OK, 1 row affected (0.01 sec)
mysql> USE studentinfo;
Database changed
```

如果使用例 13-3 中生成的备份文件 studentinfo2.sql，因为该脚本文件中含有创建 studentinfo 数据库的语句，所以不用提前创建该数据库，在恢复时会自动创建该数据库。

4）使用 source 命令，把备份脚本恢复到 MySQL 中。SQL 语句如下。

```
mysql> source d:/db/studentinfo.sql;
```

5）查看恢复后的数据库中的表，例如，查询 student 表中的记录，SQL 语句如下。

```
mysql> USE studentinfo;
Database changed
mysql> SELECT * FROM student;
```

可以看到表中的记录已经恢复。

13.4 使用 Navicat for MySQL 菜单方式备份与恢复数据

本节介绍如何使用 Navicat for MySQL 菜单方式和通过复制数据库目录来备份和恢复数据。

1. 备份数据库

例 13-9

【例 13-9】 备份 studentinfo 数据库。

1）在 Navicat for MySQL 窗口左侧的“导航”窗格中，双击打开连接 MYSQL80，展开数据库列表。

2）在“导航”窗格中，双击要备份的数据库 studentinfo，展开该数据库的列表，选择“备份”命令，然后在“对象”窗格的工具栏上单击“新建备份”按钮，如图 13-4 所示；或者在“备份”选项上右击，从弹出的快捷菜单中选择“新建备份”命令。

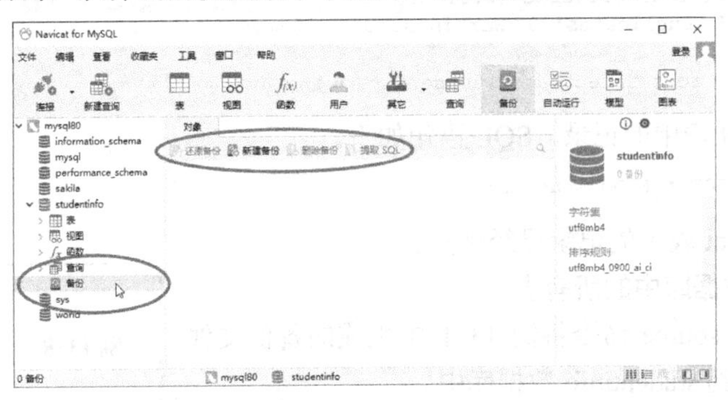

图 13-4 “备份”工具栏

3）打开“新建备份”对话框的“常规”选项卡，如图 13-5 所示，选择“对象选择”选项卡。

4）打开“对象选择”选项卡，可以选择该数据库中的表、视图、函数、事件等对象，系统默认选中运行期间的全部表、视图、函数和事件，如图 13-6 所示。

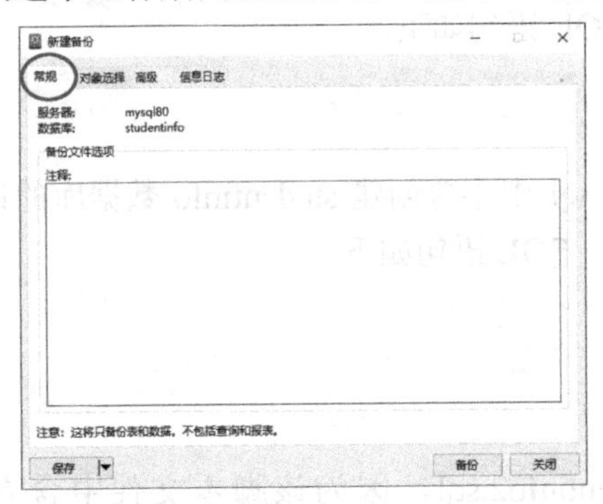

图 13-5 “新建备份”对话框的“常规”选项卡

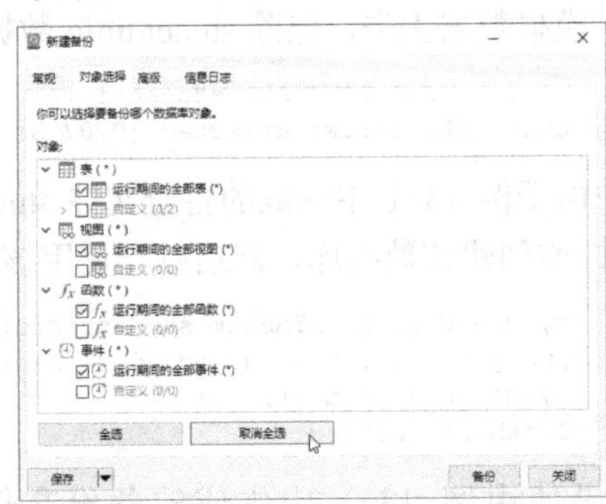

图 13-6 选中“对象选择”选项卡中的全部选项

如果要备份部分表、视图等对象，则先单击“取消全选”按钮，然后展开对应对象的“自

定义”选项，从列表中选中要备份的对象，如图 13-7 所示。

5）单击“备份”按钮，对该数据库开始备份，显示备份过程，备份成功后显示“信息日志”选项卡，如图 13-8 所示。单击“关闭”按钮。

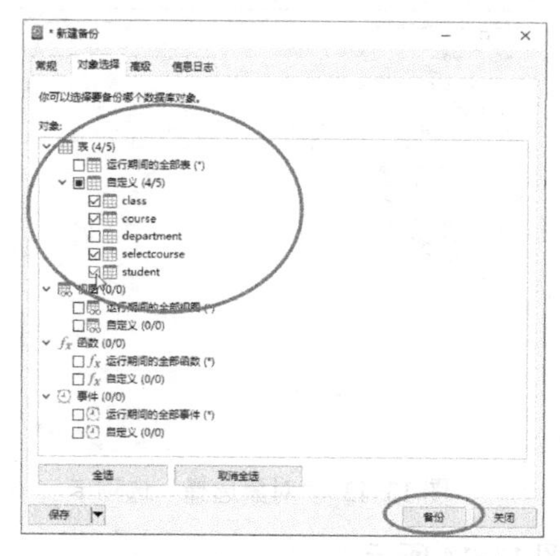

图 13-7　自定义选中对象

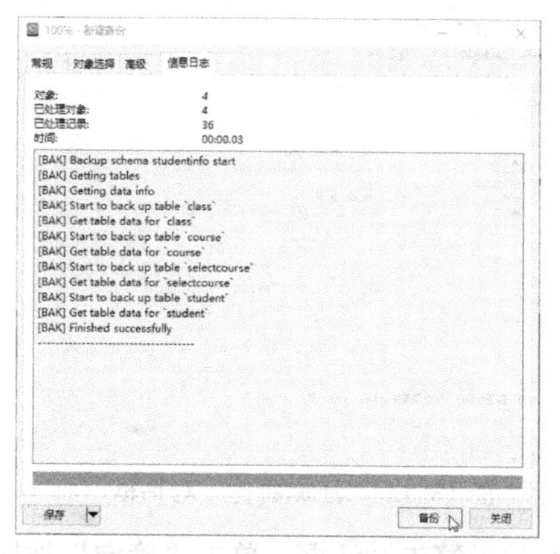

图 13-8　“信息日志”选项卡

6）打开“确认”对话框，如图 13-9 所示，可以选“保存”或“不保存”按钮。

7）返回“对象”窗格，如图 13-10 所示。至此完成备份。

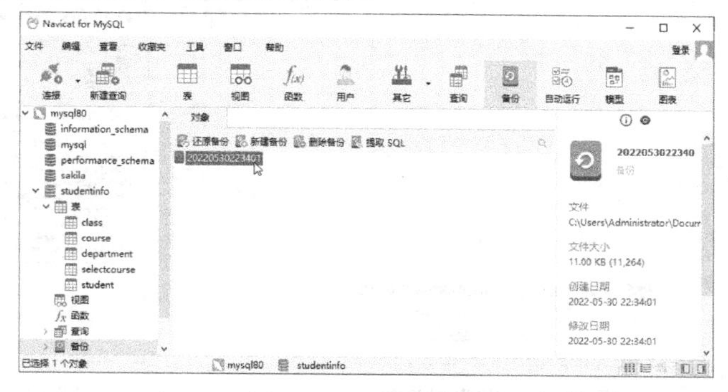

确认

你要保存你的更改到这个配置文件吗?

保存　不保存　取消

图 13-9　“确认”对话框

图 13-10　“对象”窗格

2. 恢复数据库

【例 13-10】　恢复 studentinfo 数据库。

1）模拟数据丢失，在 Navicat for MySQL 窗口中，在 studentinfo 数据库中删除 student、class 表。

2）在图 13-10 所示的“对象”窗格中，先选中备份列表，然后单击工具栏上的“还原备份”按钮，如图 13-11 所示。

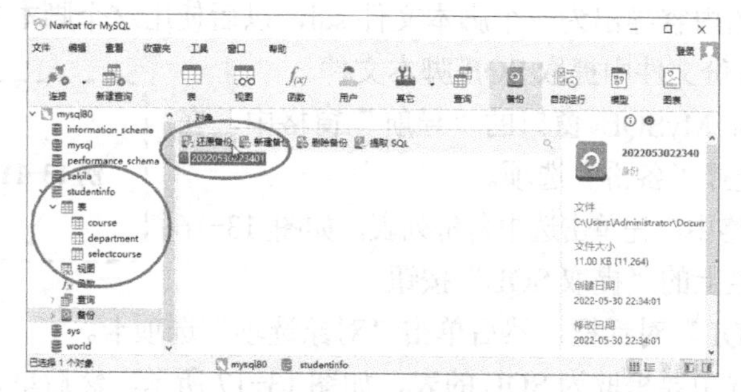

图 13-11　还原列表

3）打开“还原备份”对话框，如图 13-12 所示，再选择“对象选择”选项卡。

4）打开“还原备份”对话框的“对象选择”选项卡，展开表，单击“取消全选”按钮，然后选中要恢复的表 class、student，如图 13-13 所示，单击“还原”按钮。

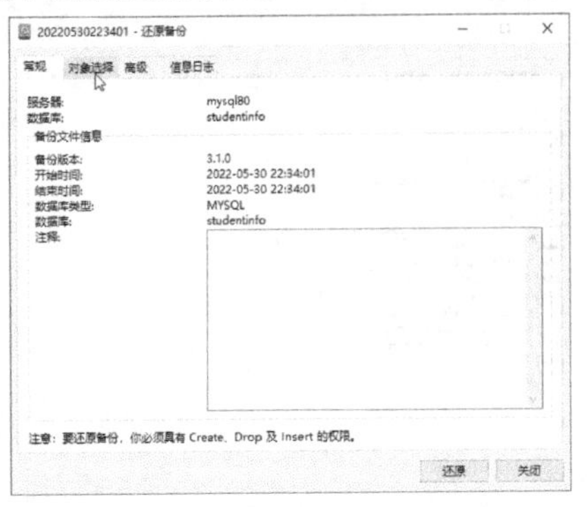

图 13-12 “还原备份”对话框

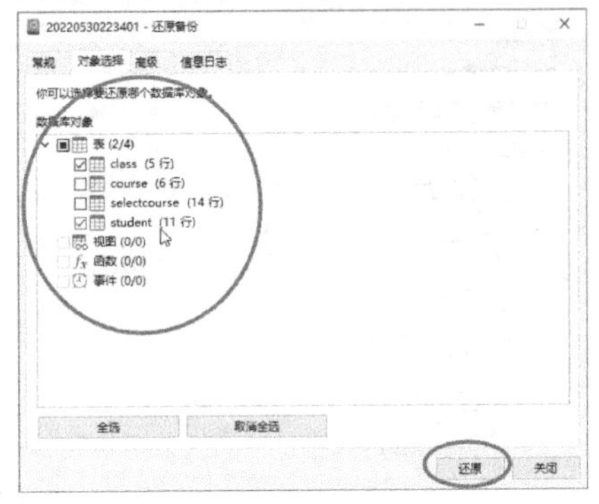

图 13-13 “对象选择”选项卡

5）显示警告对话框，单击“确定”按钮，如图 13-14 所示。

6）显示还原过程，还原成功后显示“信息日志”选项卡，如图 13-15 所示，单击“关闭”按钮。

图 13-14 警告对话框

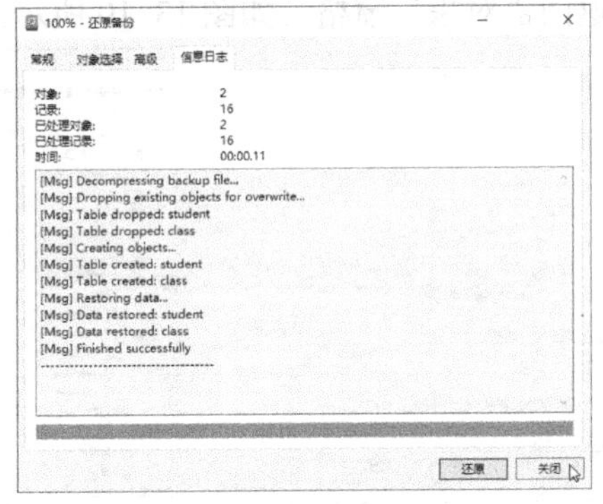

图 13-15 “信息日志”选项卡

7）在 Navicat for MySQL 窗口的“导航”窗格中，在 studentinfo 下右击“表”，从弹出的快捷菜单中选择“刷新”命令，可以看到被删除的 class、student 表出现了。双击 class、student 表，可以查询记录。

注意： *如果在该连接中已经删除了该数据库，例如，删掉了 studentinfo 数据库，则必须先在连接中创建该数据库，然后才能在该数据库中还原对象。*

3. 提取 SQL

可以把所有备份的内容导出为一个脚本文件.sql，以后使用这个脚本文件还原数据库。

【例 13-11】 从备份文件中提取 SQL 脚本文件。

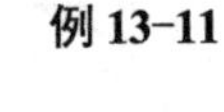
例 13-11

1）在 Navicat for MySQL 窗口的“导航”窗格中，在 studentinfo 数据库下选择“备份”选项。

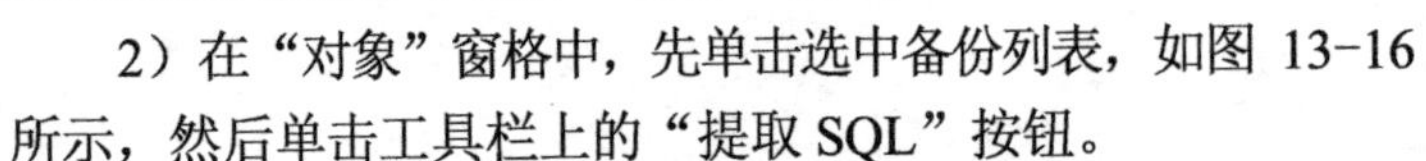

2）在“对象”窗格中，先单击选中备份列表，如图 13-16 所示，然后单击工具栏上的“提取 SQL”按钮。

3）打开“提取 SQL”对话框，然后单击“对象选项”选项卡。

4）展开“表”，选中要提取为 SQL 的表，如图 13-17 所示，然后单击“提取”按钮。

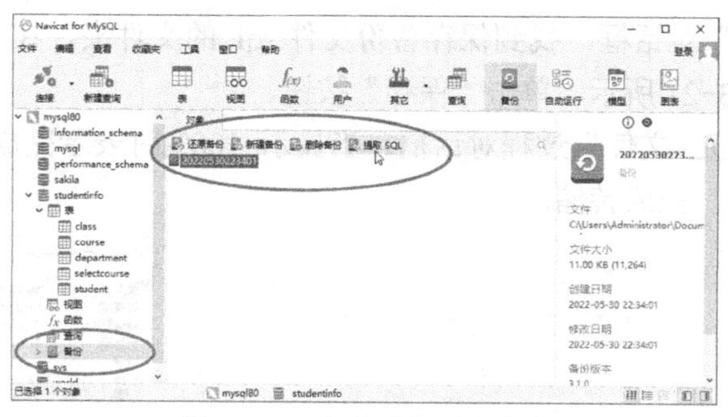

图 13-16　备份对象列表窗格

5）打开“另存为”对话框，可以选择保存位置和更改文件名，最后单击“保存”按钮，如图 13-18 所示。

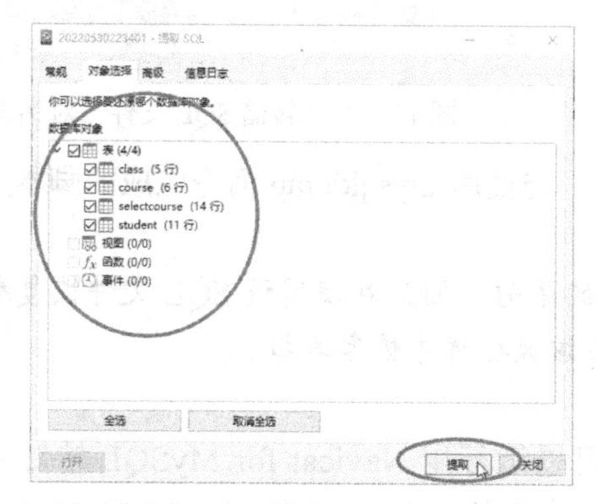

图 13-17　“对象选项”选项卡

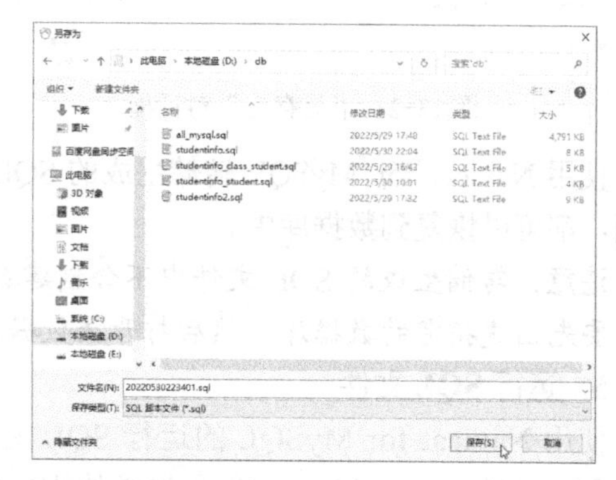

图 13-18　“另存为”对话框

6）显示提取过程，最后显示“提取 SQL”对话框的“信息日志”选项卡，如图 13-19 所示，单击“关闭”按钮。

4．转储 SQL 文件

通过转储 SQL 文件，可以把某个数据库直接导出为一个脚本文件.sql，以后使用这个脚本文件还原数据库。这是最常用的一种备份数据库的方法。

例 13-12

【例 13-12】 生成 studentinfo 数据库的备份脚本文件。

1）在 Navicat for MySQL 的“导航”窗格中双击要转储的数据库名 studentinfo，打开该数据库。

2）右击该数据库名 studentinfo，在弹出的快捷菜单中选择“转储 SQL 文件”→“结构和数据”命令，如图 13-20 所示。

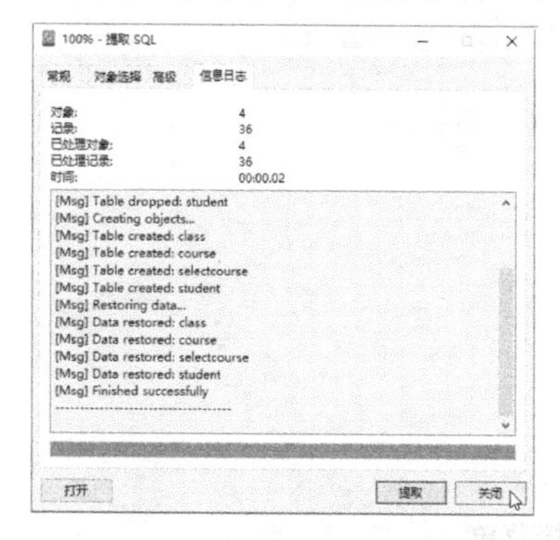

图 13-19　“信息日志”选项卡

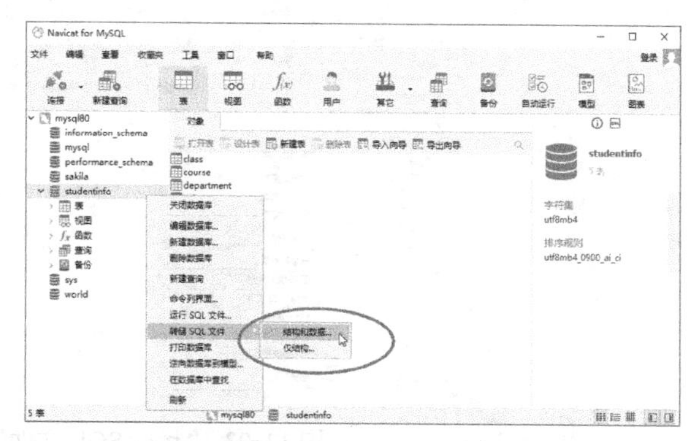

图 13-20　“转储 SQL 文件”快捷菜单

3）打开“另存为”对话框，找到保存备份文件.sql 的文件夹，在“文件名”文本框后输入备份文件名，如图 13-21 所示，单击“保存”按钮。

4）打开“转储 SQL 文件”过程对话框，当显示 100%时表示完成转储，如图 13-22 所示，单击“关闭”按钮，完成转储。

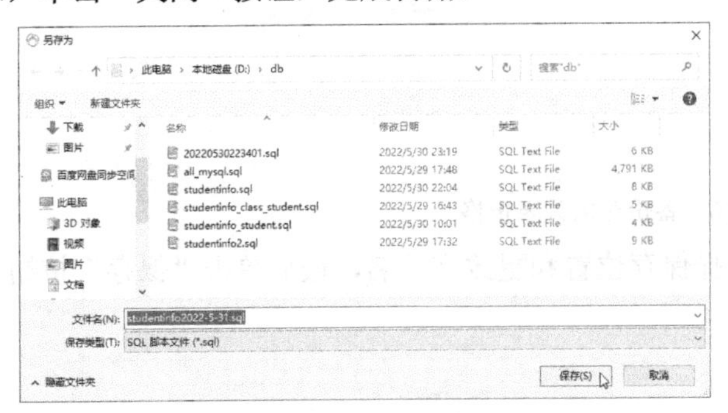

图 13-21 “另存为”对话框

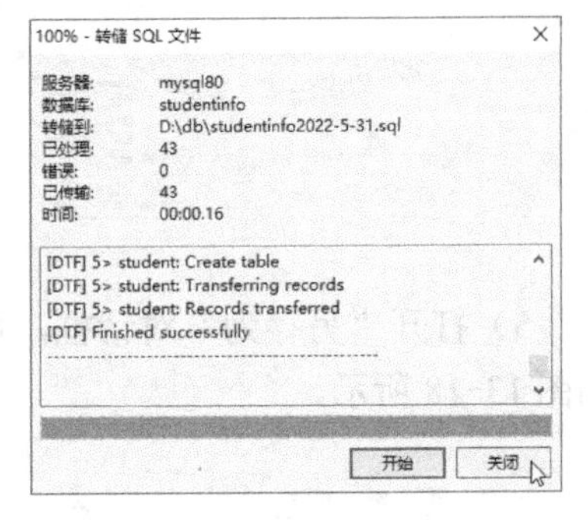

图 13-22 “转储 SQL 文件”对话框

使用 Navicat for MySQL 转储生成的 SQL 文件，与使用 mysqldump 命令生成的脚本文件相同，都可以恢复到数据库中。

注意：转储生成的 SQL 文件中不含创建数据库的语句，因此在使用该 SQL 文件恢复数据前，要先创建指定的数据库，然后打开该数据库，在该数据库中恢复数据。

5. 运行 SQL 文件

使用 Navicat for MySQL 的运行 SQL 文件，可以运行用 Navicat for MySQL 转储生成的 SQL 文件、mysqldump 命令生成的脚本文件，实现恢复数据。

例 13-13

【例 13-13】 从脚本文件恢复 studentinfo 数据库。

1）如果要恢复数据到的数据库不存在，则要先创建该数据库。

2）在 Navicat for MySQL 的“导航”窗格中双击要恢复的数据库名 studentinfo，打开该数据库。

3）模拟数据丢失，在 studentinfo 数据库中删掉几个或全部表。

4）右击该数据库名 studentinfo，在弹出的快捷菜单中选择“运行 SQL 文件”命令，如图 13-23 所示。

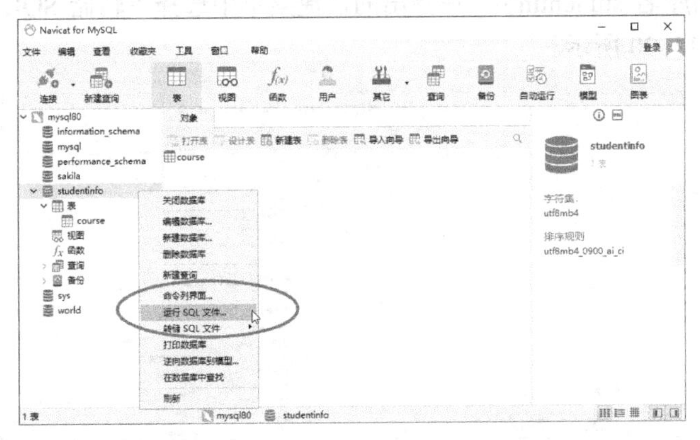

图 13-23 “运行 SQL 文件”快捷菜单

5）打开“运行 SQL 文件”对话框，如图 13-24 所示，单击“文件”文本框后的“...”按钮。

6）打开“打开”对话框，找到保存脚本的文件夹，选中脚本文件，如图 13-25 所示，单击“打开”按钮。

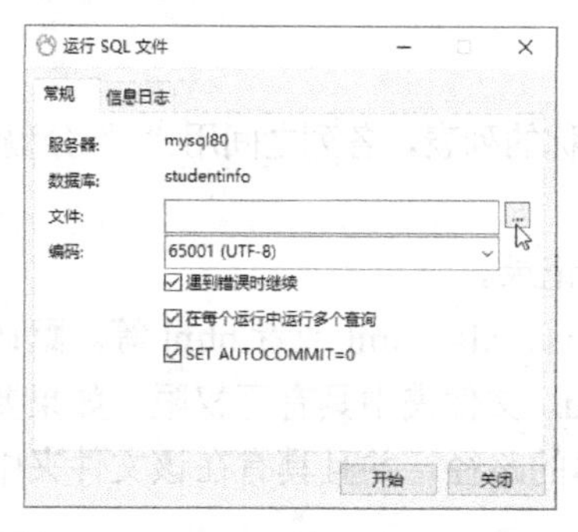

图 13-24 “运行 SQL 文件”对话框

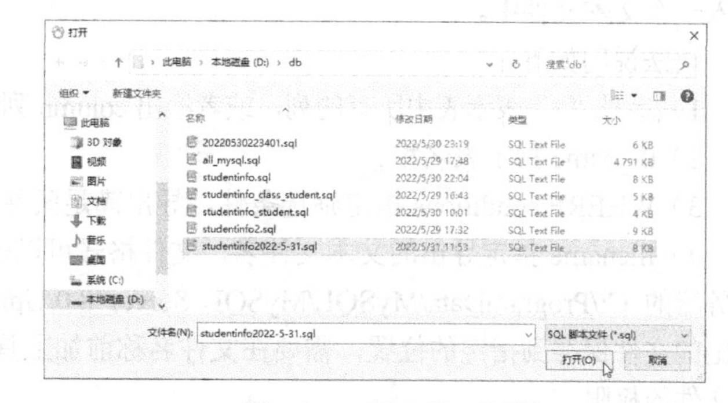

图 13-25 “打开”对话框

7）返回“运行 SQL 文件”对话框，在“编码”下拉列表中选择“65001(UTF-8)”选项，再选中其他复选框，如图 13-26 所示，最后单击“开始”按钮。

8）显示“运行 SQL 文件”过程对话框，当显示 100%时表示运行完成，如图 13-27 所示，单击“关闭”按钮，完成恢复。

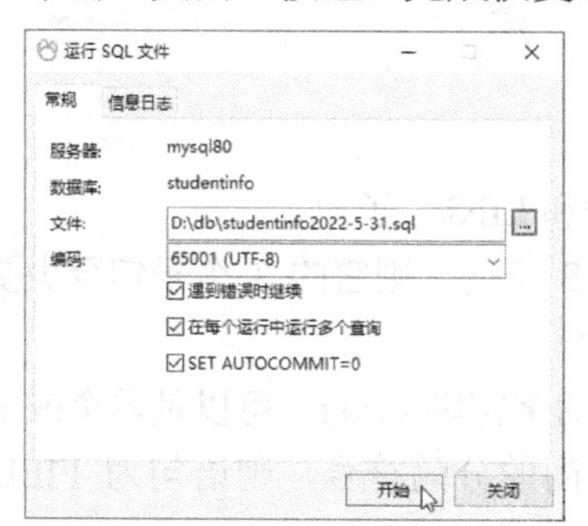

图 13-26 “运行 SQL 文件”对话框

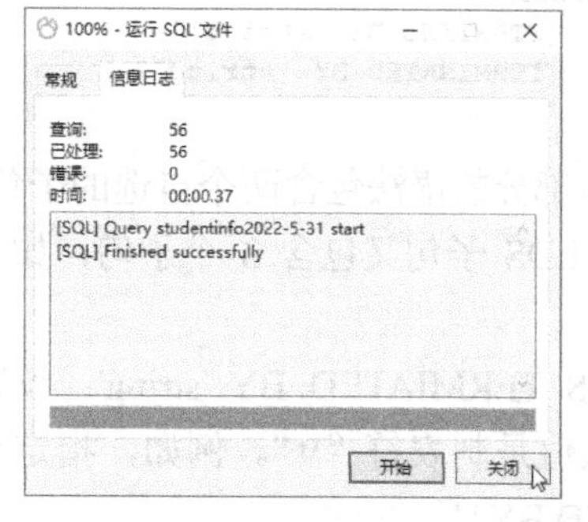

图 13-27 “100%-运行 SQL 文件”对话框

9）在 Navicat for MySQL 的“导航”窗格中，在 studentinfo 下右击“表”，从弹出的快捷菜单中选择“刷新”命令，看到表已经恢复。双击表名，可以看到表中的记录。

13.5 表记录的导出与导入

MySQL 数据库中的表记录可以导出为 sql 文件、txt 文本文件、xls 文件、xml 文件或者 html 文件。这些导出的文件也可以导入 MySQL 数据库中作为数据表的记录。

这种方法只能导出或导入记录，而不包括表的结构，若表的结构文件损坏，则必须先创建原来表的结构。

13.5.1 使用 SELECT...INTO OUTFILE 语句导出文本文件

MySQL 中，可以使用 SELECT...INTO OUTFILE 语句将表中的记录导出为一个文本文件，其语法格式如下。

```
    SELECT {* | column1[, column2...]} FROM tb_name [WHERE conditions] INTO OUTFILE 'filename'
[options];
```

该语句分为两部分，前半部分是一个普通的 SELECT 语句，通过这个 SELECT 语句查询需要的记录；后半部分是导出记录的要求，该语句的功能是将表中 SELECT 语句的查询结果写入一个文本文件中。

语法说明如下。

1）星号“*”表示表中所有的列，或者给出 column 列名称的列表，各列之间用“，”分隔。

2）tb_name 指定表名称。

3）WHERE conditions 指定筛选条件，导出满足条件的记录。

4）filename 指定导出的文本文件名，文件格式可以是 txt、xls、xml 或者 html 等。默认在服务器的 C:/ProgramData/MySQL/MySQL Server 8.0/Uploads 文件夹中具有写权限。如果要将导出的文件保存到指定的位置，需要在文件名称前加上具体的路径，并且具有在该文件夹中保存文件的权限。

5）option 参数为可选参数项，可决定数据行在文件中存放的格式。options 的格式如下。

```
[FIELDS
    [TERMIATED BY 'string']
    [[OPTIONALLY] ENCLOSED BY 'CHAR']
    [ESCAPED BY 'CHAR']
]
[LINES
    [STARTING BY 'string']
    [TERMINATED BY 'string']
]
```

options 部分的语法包含两个自选的子句：FIELDS 子句和 LINES 子句。

① FIELDS 子句又包含 3 个子句，如果指定了 FIELDS 子句，则它的 3 个子句至少要指定 1 个。

FIELDS TERMIATED BY 'string'：设置作为列分隔符的字符串 string，可以是单个或多个字符，默认值是制表符“\t”。例如，指定逗号作为列值之间的分隔符号，则语句为 FIELDS TERMIATED BY ','。

FIELDS ENCLOSED BY 'CHAR'：设置括住 CHAR、VARCHAR 和 TEXT 等字符型列值的符号，只能为单个字符，默认不使用任何符号。例如，指定文件中字符列值放在“$”号之间，则语句为 FIELDS ENCLOSED BY '$'。如果加上 OPTIONALLY，则表示所有的值都放在双引号之间。

FIELDS ESCAPED BY 'CHAR'：设置转义字符，只能为单个字符，默认值为“\”。例如，使用“*”取代“\”作为转义字符，则语句为 FIELDS ESCAPED BY '*'。

② LINES 子句包含两个子句。

LINES STARTING BY 'string'：设置每行开头的字符串，可以为单个或多个字符，默认无任何字符。

LINES TERMINATED BY 'string'：设置每行结束的字符串，可以为单个或多个字符，默认值为“\n”。

注意：使用 SELECT...INTO OUTFILE 语句导出的文件，其格式可以是.txt、.xls、.xml、.doc 等，通常是.txt 格式。导出的文件中只包括数据，不包括创建数据表的信息。

SELECT…INTO OUTFILE 语句可以把一个表转储到服务器上。如果想要在服务器主机之

外的客户主机上创建导出文件，则不能使用本语句。

【例 13-14】 把 studentinfo 数据库的 student 表中的所有记录导出到在服务器上的默认文件夹 C:/ProgramData/ MySQL/ MySQL Server 8.0/Uploads/st2022-1.txt。

例 13-14

SQL 语句如下。

```
USE studentinfo;
SELECT * FROM student INTO OUTFILE 'C:/ProgramData/MySQL/MySQL Server 8.0/Uploads/
st2022-1.txt';
```

在 Navicat for MySQL 的“查询编辑器”窗格中运行以上 SQL 语句后，用文件资源管理器浏览到 C:/ProgramData/ MySQL/ MySQL Server 8.0/Uploads 文件夹，可以看到生成的 st2022-1.txt 文件，双击该文件名，在记事本中打开该文件，结果如图 13-28 所示。

st2022-1.txt - 记事本

文件(F)　编辑(E)　格式(O)　查看(V)　帮助(H)

202210010108	刘雨轩	男	2003-05-22	北京	2022100101
202210010123	李嘉欣	女	2003-03-15	上海	2022100101
202240010215	王宇航	男	2002-12-28	北京	2022400102
202260010306	张雅丽	女	2003-04-19	浙江	2022600103
202260010307	丁思婷	女	2002-11-24	广东	2022600103
202260010309	白浩杰	男	2003-08-23	广西	2022600103
202263050132	徐东方	男	2003-07-17	云南	2022630501
202263050133	范慧	女	2003-08-08	贵州	2022630501
202263050135	邓健辉	男	2003-06-11	河南	2022630501
202270010103	孙丽媛	女	2003-04-21	湖南	2022700101
202270010104	黄杨	男	2003-02-13	湖北	2022700101

第 1 行，第 1 列　100%　Unix (LF)　UTF-8

图 13-28　导出的 st2022-1.txt 文件的内容

【例 13-15】 在 studentinfo 数据库中，导出 student 表中所有女生的记录，保存在服务器上的默认文件夹 C:/ProgramData/MySQL/MySQL Server 8.0/Uploads/st2022-3.txt。其中，列值之间用“,”分隔，字符型数据用双引号括起来，每条记录以“<”开头，以“>\r\n”结尾。

SQL 语句如下。

```
SELECT StudentID, StudentName, Sex, Birthday, Address, 100 FROM student
    WHERE Sex = '女' ORDER BY StudentID
    INTO OUTFILE 'C:/ProgramData/MySQL/MySQL Server 8.0/Uploads/st2022-3.txt'
    CHARACTER SET utf8mb4
    FIELDS TERMINATED BY ',' OPTIONALLY ENCLOSED BY '"'  # ' " '单引号中是 1 个双引号
    LINES STARTING BY '<' TERMINATED BY '>\r\n';
```

说明，TERMINATED BY '>\r\n'使得每条记录占一行，在 Windows 操作系统下“\r\n”是回车换行。

在 Navicat for MySQL 的“查询编辑器”窗格中运行以上 SQL 语句后，在 C:/ProgramData/MySQL/MySQL Server 8.0/Uploads 文件夹中，用记事本打开 st2022-3.txt 文件，结果如图 13-29 所示。

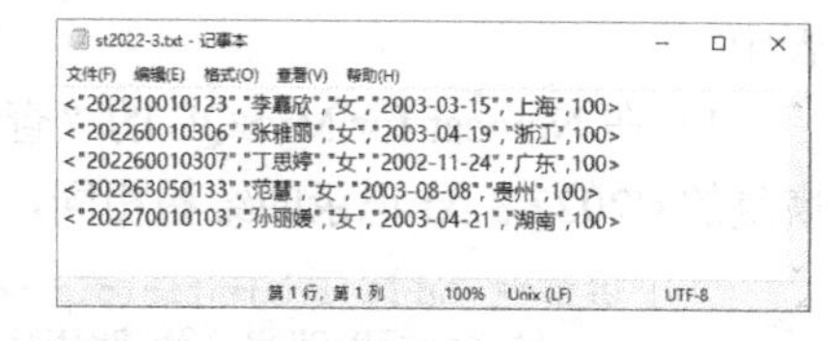

图 13-29　导出的 st2022-3.txt 文件的内容

13.5.2　使用 LOAD DATA INFILE 语句导入文本文件

MySQL 中，可以使用 LOAD DATA INFILE 语句将文本文件中的记录导入 MySQL 数据库中，其基本语法格式如下。

```
LOAD DATA [{LOW_PRIORITY | CONCURRENT}] INFILE 'filename'
[{REPLACE | IGNORE}] INTO TABLE tb_name
[options] [IGNORE n LINES] [{column | UserVariables}], …] [SET column=expression, ….];
```

语法说明如下。

1）LOW_PRIORITY|CONCURRENT：若指定 LOW_PRIORITY 则延迟语句的执行；若指定 CONCURRENT，则导入时，其他线程可以同时使用该表的数据。

2）filename：导入的文件名，该文件由 SELECT...INTO OUTFILE 语句生成。

3）REPLACE|IGNORE：如果为 REPLACE，则文件中出现与原有记录相同的唯一关键字值时，输入记录会替换原有记录；若为 IGNORE，则不替换原有记录。

4）tb_name：数据表名。

5）options 参数的常用选项与 SELECT...INTO OUTFILE 语句相同。

6）IGNORE n LINES：忽略文件中的前 n 行记录，n 表示忽略的行数。

7）column|UserVariables：如果需要载入一个表的部分列或文件中列值顺序与表中列的顺序不同，就必须指定一个列清单。column 是列名，UserVariables 是用户定义的变量名。

8）SET column=expression,…：SET 子句可以在导入数据时修改表中列的值，column 是列名，expression 是表达式。

注意：为了避免主键冲突，最好使用 REPLACE INTO TABLE 将数据进行替换导入。

如果表结构已经被破坏，需要在创建表结构后，才可以使用 LOAD DATA INFILE 语句导入表记录。

【例 13-16】 把服务器上 C:/ProgramData/MySQL/MySQL Server 8.0/Uploads/st2022-1.txt 文件导入 studentinfo 数据库的 student 表中。

在 Navicat for MySQL 中打开 studentinfo 数据库，在"查询编辑器"窗格中运行下面的 SQL 语句。

```
LOAD DATA INFILE 'C:/ProgramData/MySQL/MySQL Server 8.0/Uploads/st2022-1.txt'
REPLACE INTO TABLE student;
```

为避免主键冲突，要用 REPLACE 选项直接将记录进行替换来恢复数据。

打开 student 表，可以看到记录已经导入。

【例 13-17】 在 studentinfo 数据库中创建一张新表 student3，使用 LOAD DATA INFILE 语句将 C:/ProgramData/MySQL/MySQL Server 8.0/Uploads/st2022-3.txt 中的记录导入 student3 表中。

1）在 Navicat for MySQL 的"查询编辑器"窗格中首先创建 student3 表，表的结构要与待恢复的 st2022-3.txt 记录的结构相同。SQL 语句如下。

```
CREATE TABLE studentinfo.student3 (
    StudentID CHAR(12) PRIMARY KEY,
    StudentName VARCHAR(20) NOT NULL,
    Sex CHAR(2) NOT NULL,
    Birthday DATE NULL DEFAULT NULL,
    Address VARCHAR(30),
    Number INT
) ENGINE=InnoDB CHARACTER SET= utf8mb4;
```

2）从 st2022-3.txt 文本文件恢复记录，SQL 语句如下。

```
LOAD DATA INFILE 'C:/ProgramData/MySQL/MySQL Server 8.0/Uploads/st2022-3.txt'
    INTO TABLE studentinfo.student3
    CHARACTER SET utf8mb4
    FIELDS TERMINATED BY ',' OPTIONALLY ENCLOSED BY '"'  # ' " '单引号包括 1 个双引号
    LINES STARTING BY '<' TERMINATED BY '>\r\n';
```

3）语句成功运行后，查询 student3 表中的数据，SQL 语句如下。

```
SELECT * FROM studentinfo.student3;
```

查询结果如图 13-30 所示。

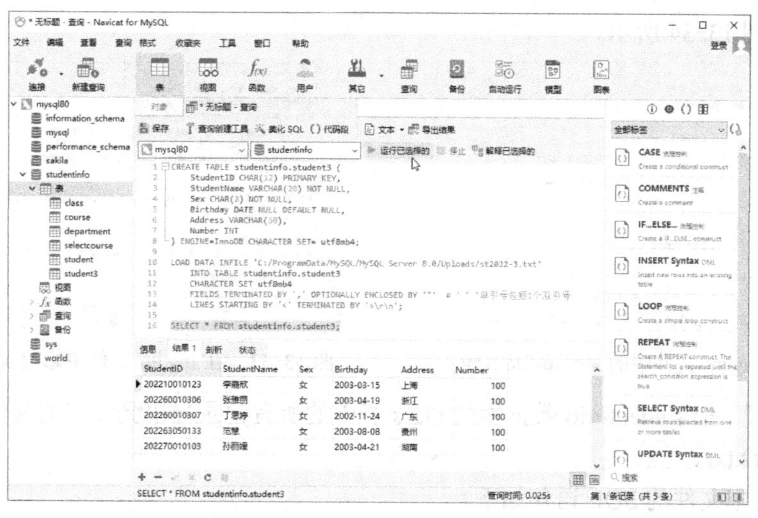

图 13-30　导入后的表记录

13.5.3　设置导出文本文件的路径

使用 SELECT...INTO OUTFILE 语句导出的文本文件默认保存在服务器的 C:/ProgramData/MySQL/MySQL Server 8.0/Uploads 文件夹中。如果要将导出的文件保存到其他文件夹，首先要设置该文件夹具有保存该文件的权限。

设置导出文本文件的路径

1）本地保存数据由 secure-file-priv 参数控制，查看该值使用下面的语句。

```
SHOW VARIABLES LIKE '%secure%';
```

在 Navicat for MySQL 的“查询编辑器”窗格中运行以上 SQL 语句，运行结果如图 13-31 所示。

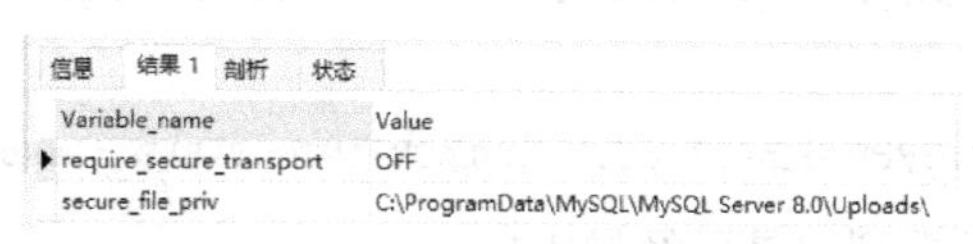

图 13-31　显示 secure-file-priv 参数值

2）要以管理员身份运行记事本，右击“记事本”，从快捷菜单中选择“以管理员身份运行”选项，使用“记事本”的“文件”→“打开”命令打开 my.ini 文件。查找到 secure-file-priv，如图 13-32 所示。

3）在 my.ini 文件中修改该参数，将 secure-file-priv 参数注释，然后在该语句下添加如下语句。

```
secure-file-priv = "d:/db"
```

添加后如图 13-33 所示。

4）添加完成后保存，并重启 MySQL 服务器（关于重启，请参考“1.2.4　MySQL 服务器的启动或停止”）。这样 MySQL 就拥有了向 D:/db 文件夹中存放文件的权限，但仅限于该文件夹。

5）重新执行“SHOW VARIABLES LIKE '%secure%';”语句，可看到文件夹已经改为设置的文件夹，如图 13-34 所示。

图 13-32　my.ini 文件中的 secure-file-priv

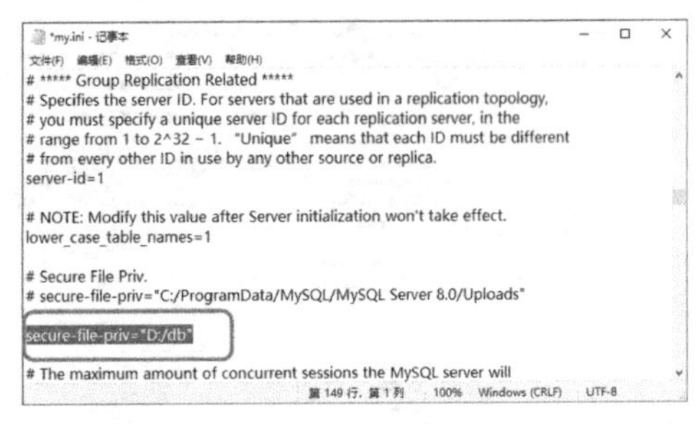
```
# ***** Group Replication Related *****
# Specifies the server ID. For servers that are used in a replication topology,
# you must specify a unique server ID for each replication server, in the
# range from 1 to 2^32 − 1. "Unique" means that each ID must be different
# from every other ID in use by any other source or replica.
server-id=1

# NOTE: Modify this value after Server initialization won't take effect.
lower_case_table_names=1

# Secure File Priv.
# secure-file-priv="C:/ProgramData/MySQL/MySQL Server 8.0/Uploads"

secure-file-priv="D:/db"

# The maximum amount of concurrent sessions the MySQL server will
```

图 13-33　在 my.ini 文件中修改 secure-file-priv 后

【例 13-18】 把 studentinfo 数据库的 class 表中的所有记录导出到设置的文件夹 D:/db 中，文件名是 classt2.txt。

1）导出文本文件的 SQL 语句如下。

```
SELECT * FROM class INTO OUTFILE 'D:/db/class2.txt';
```

2）在 Navicat for MySQL 的“查询编辑器”窗格中运行以上 SQL 语句后，在 D:/db 文件夹中，用记事本打开 classt2.txt 文件，该文件的内容如图 13-35 所示，文件中的“\N”表示该值为 Null。

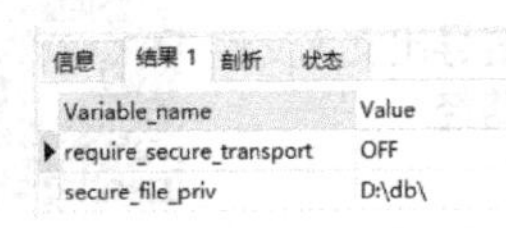

Variable_name	Value
require_secure_transport	OFF
secure_file_priv	D:\db\

图 13-34　显示 secure-file-priv 改后的参数值

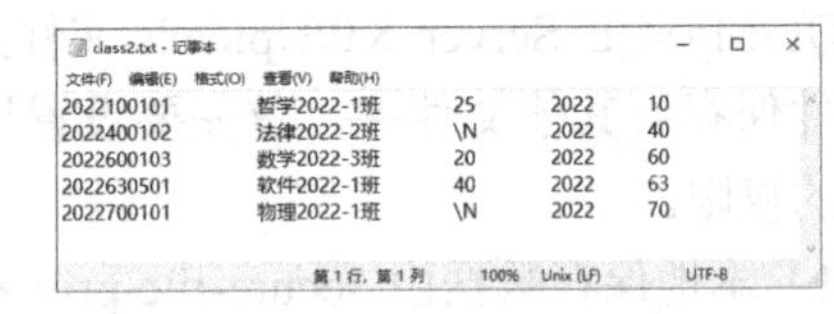

2022100101	哲学2022-1班	25	2022	10
2022400102	法律2022-2班	\N	2022	40
2022600103	数学2022-3班	20	2022	60
2022630501	软件2022-1班	40	2022	63
2022700101	物理2022-1班	\N	2022	70

图 13-35　class2.txt 文件的内容

3）删除 class 表中的所有记录，SQL 语句如下。

```
DELETE FROM class;
```

4）把 D:/db/class2.txt 文件导入 class 表中，在“查询编辑器”窗格中运行下面的 SQL 语句。

```
LOAD DATA INFILE 'D:/db/class2.txt' REPLACE INTO TABLE class;
```

5）打开 class 表，可以看到记录已经导入。

13.5.4 用 mysql 命令导出文本文件

mysql 命令除了用来登录 MySQL 服务器和还原备份文件外，也可以导出文本文件。使用 mysql 命令导出文本文件的基本语法格式如下。

```
mysql -u username -p[password] {-e | --execute=}"select statement" db_name > filename.txt
```

语法说明如下。

1）username 是登录 MySQL 服务器的用户名，可以是 root 用户或具有导出权限的用户。

2）password 表示该登录用户的密码。

3）使用-e 或--execute=选项就可以执行 SQL 语句。

4）select statement 是用来查询记录的语句。

5）db_name 指定要导出记录的表所属的数据库名。

6）filename.txt 表示导出文件的路径和文件名，当导出文件中没有路径时，文件默认存放

在当前打开“命令提示符”窗口的文件夹，如 C:\Windows\System32。如果需要存储在指定的文件夹中，则需要指定包含完整路径的文件名。

注意：使用本方法备份数据库，导出的文件中不包含创建数据库的语句。

【例 13-19】 使用 mysql 命令将 studentinfo 数据库的 student 表中的女生记录导出到文本文件。

在“命令提示符”窗口执行下面的命令。

```
C:\Users\Administrator>mysql -u root -p -e "SELECT * FROM student WHERE Sex='女';" studentinfo > d:/db/st2022-5.txt
```

或

```
C:\Users\Administrator>mysql -u root -p --execute="SELECT * FROM student WHERE Sex='女';" studentinfo > d:/db/st2022-6.txt
Enter password: ******
```

命令执行完毕后，在 d:/db 文件夹中生成文件 st2022-5.txt 和 st2022-6.txt，在记事本中打开该文件，如图 13-36 所示，使用这种方法导出的文件中带有列名。

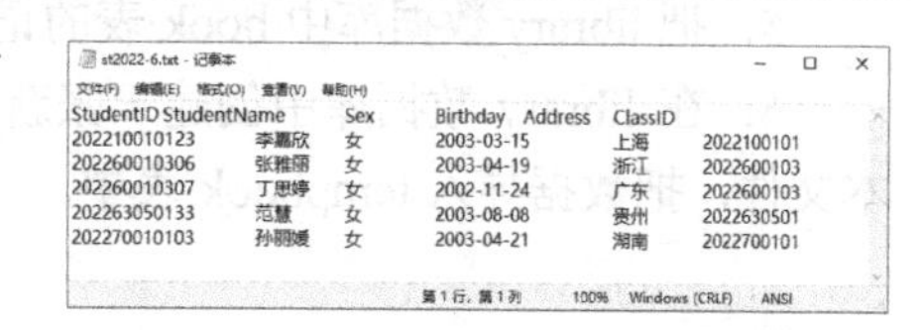

StudentID	StudentName	Sex	Birthday	Address	ClassID
202210010123	李露欣	女	2003-03-15	上海	2022100101
202260010306	张雅丽	女	2003-04-19	浙江	2022600103
202260010307	丁思婷	女	2002-11-24	广东	2022600103
202263050133	范慧	女	2003-08-08	贵州	2022630501
202270010103	孙丽媛	女	2003-04-21	湖南	2022700101

图 13-36 st2022-6.txt 文件的内容

13.6 习题 13

一、选择题

1. 在数据库系统生命周期中可能发生的灾难不包括（　　）。

   A．系统故障　　B．事务故障

   C．掉电故障　　D．介质故障

2. 按备份时服务器是否在线划分数据库备份，其中不包括（　　）备份。

   A．热备份　　B．完全备份

   C．冷备份　　D．温备份

3. 热备份是指（　　）。

   A．当数据库备份时，数据库的读/写操作均不受影响

   B．当数据库备份时，数据库的读操作可以执行，但是不能执行写操作

   C．当数据库备份时，数据库不能进行读/写操作，即数据库要下线

   D．上面说的都不对

4. （　　）故障发生时，需要数据库管理员进行手工操作恢复。

   A．停电　　B．误删除表数据

   C．死锁　　D．操作系统错误

5. 增量备份是指（　　）。

   A．备份整个数据库

   B．备份自上一次完全备份或最近一次增量备份以来变化了的数据

   C．备份自上一次完全备份以来变化了的数据

   D．上面说的都不对

6. 软硬件故障常造成数据库中的数据破坏，数据库恢复就是（　　）。

   A．重新安装数据库管理系统和应用程序

   B．重新安装应用程序，并将数据库做镜像

C．重新安装数据库管理系统，并将数据库做镜像

D．在尽可能短的时间内，把数据库恢复到故障发生前的状态

7．在还原数据库时，首先要进行（　　）操作。

A．创建数据表备份　　B．创建完整数据库备份

C．创建冷备份　　D．删除最近事务日志备份

二、练习题

1．使用 mysqldump 命令备份数据库 library 中的所有表。

2．使用 mysqldump 命令备份数据库 library 中的 book 表。

3．使用 source 命令将 library 中所有表的备份文件恢复到数据库 library 中。

4．使用 mysql 命令将数据库 library 中 book 表的备份文件恢复到数据库 library 中。为避免主键冲突，要用 REPLACE INTO TABLE 直接将数据进行替换来恢复数据。

5．把 library 数据库中 book 表的记录导出为一个文本文件。

6．在 library 数据库中创建一张新表 tempbook，表结构与 book 相同。然后使用导出的文本文件，把数据导入 tempbook 表中。

第14章　日 志 文 件

本章介绍日志文件，包括错误日志文件、二进制日志文件、通用查询日志文件和慢查询日志文件。

14.1　MySQL 日志简介

当数据遭到破坏时，只能恢复已经备份的文件，受限于备份数据的周期或频率，有些更新的数据会丢失。为了解决这个问题，就采用了日志文件技术。

日志是记录数据库的日常操作和错误信息的文件，日志文件记录着数据库运行期间发生的变化，实时记录了修改、插入和删除的 SQL 语句。通过分析这些日志文件，可以了解数据库的运行情况、日常操作、错误信息和哪些地方需要进行优化。当数据库遭到意外的损害时，可以通过日志文件查询出错原因，并且可以通过日志文件还原数据。

MySQL 日志文件分为 4 种，分别是二进制日志（binary log）文件、错误日志（error log）文件、通用查询日志（general-query log）文件和慢查询日志（slow-query log）文件。

14.2　错误日志文件

错误日志（error log）文件记录 MySQL 服务启动和停止，以及 MySQL 服务器在运行过程中发生任何严重错误时的相关信息。当数据库出现任何故障导致无法正常使用时，建议首先查看此日志。错误日志功能是默认开启的，而且无法被关闭。

14.2.1　查看错误日志

如果 MySQL 服务出现问题，可以到错误日志中查找原因。

1．查看错误日志的存储路径和文件名

查看错误日志的存储路径和文件名分别使用的 SQL 语句如下。

```
SHOW VARIABLES LIKE 'datadir';
SHOW VARIABLES LIKE 'log_error';
```

【例 14-1】 查看错误日志的存储路径和文件名。

例 14-1

可以在 MySQL 8.0 Command Line Client 或通过“命令提示符”窗口登录 MySQL，或在 Navicat for MySQL 的“命令列界面”窗格中运行以上 SQL 语句，运行结果如图 14-1 所示。

从执行结果看到错误日志文件名是 Desktop-01.err，位于 MySQL 默认的数据文件夹 C:/ProgramData/MySQL/MySQL Server 8.0/Data 下。在文件资源管理器下查看该错误日志文件，如图 14-2 所示。

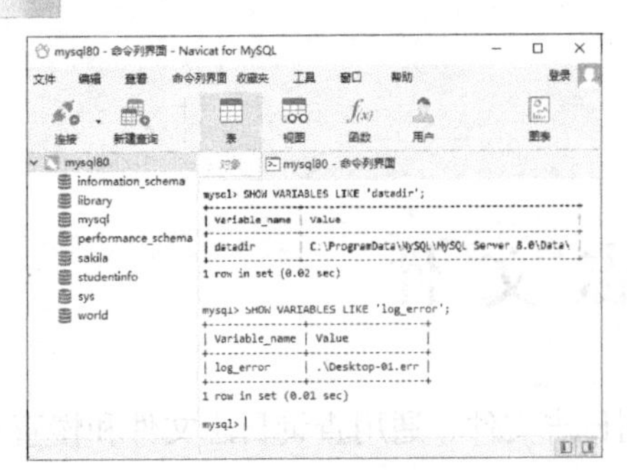

图 14-1　查看错误日志的存储路径和文件名

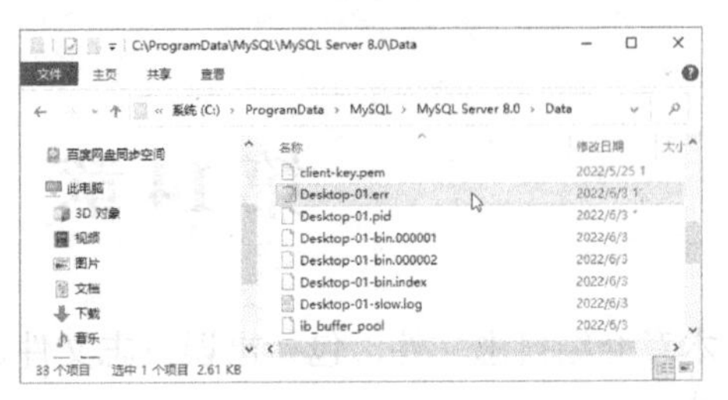

图 14-2　错误日志文件

2. 查看错误日志的内容

错误日志文件是文本文件，使用文本程序就可以查看。在 Windows 操作系统下，可以使用记事本等应用程序查看。

【例 14-2】 使用记事本查看 MySQL 错误日志。

使用“文件资源管理器”浏览 C:/ProgramData/ MySQL/ MySQL Server 8.0/Data，找到错误日志文件，例如 Desktop-01.err，双击该文件，选用记事本打开，错误日志文件的内容如图 14-3 所示。

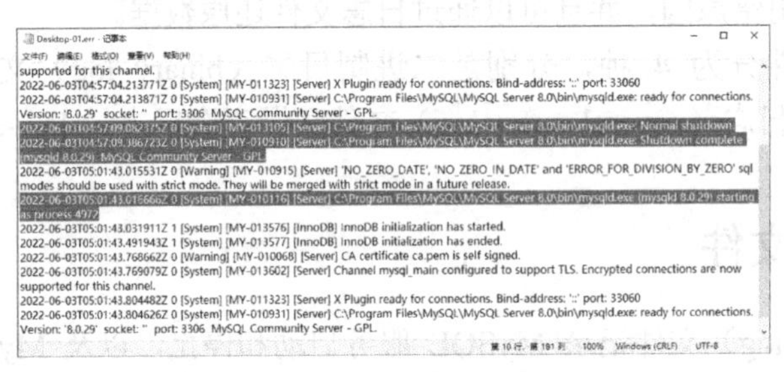

图 14-3　错误日志文件的内容

从该日志文件中可以看到，有一次停止（Normal shutdown）MySQL 服务的时间，一次启动（starting）MySQL 服务的时间。还可以看到其他一些信息。

MySQL 服务器发生异常时，管理员可以在错误日志中找到发生异常的时间、原因，然后根据这些信息解决异常。

14.2.2　设置错误日志

错误日志功能默认是开启的，一般是无法被禁止的。默认情况下，错误日志存储在 MySQL 数据库的数据文件夹 C:/ProgramData/MySQL/MySQL Server 8.0/Data。错误日志文件的存储位置和名称，通过 my.ini 文件中[mysqld]组中的 log-error 选项设置，语法格式如下。

```
[mysqld]
log-error [=[path/]filename]
```

语法说明如下。

1）path 设置错误日志文件保存的路径，如果省略则默认保存在数据文件夹下。

2）filename 为错误日志文件名称，如果省略 filename，则默认的错误日志文件名为 hostname.err，其中 hostname 表示主机名。

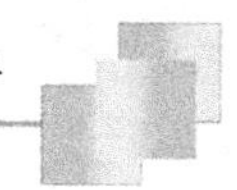

注意：修改 my.ini 文件的配置项后，需要重新启动 MySQL 服务参数才能生效。

在 Windows 的“开始”菜单中，右击“记事本”，从快捷菜单中选择“以管理员身份运行”选项，使用“记事本”的“文件”→“打开”命令，打开“打开”对话框，并在该对话框中找到 C:/ProgramData/MySQL/MySQL Server 8.0，然后在“文件名”下拉列表中选“所有文件(*.*)”选项，双击 my.ini 文件即可打开 my.ini 文件。在 my.ini 文本中找到 log-error，如图 14-4 所示。

设置完成后保存，并重启 MySQL 服务。

图 14-4　my.ini 文件中的 log-error

14.2.3　删除错误日志文件

数据库管理员可以把很长时间之前的或者认为没有用的错误日志文件删除，从而增加 MySQL 服务器上的硬盘空间。

在 Windows 系统中，如果希望创建新的错误日志文件，需要先把正在使用的错误日志文件删除，或者改为其他文件名。可以使用“文件资源管理器”删除错误日志文件或者改为其他文件名。

14.2.4　创建新的错误日志文件

创建新的错误日志文件的方法有 3 种。

- 重新启动 MySQL 服务会自动创建一个新的错误日志文件。
- 使用 mysqladmin 命令创建新的错误日志，其命令的基本语法格式如下。

```
mysqladmin -u root -p flush-logs
```

- 也可以执行 FLUSH LOGS 语句来创建新的错误日志，SQL 语句如下。

```
FLUSH LOGS;
```

后两种方法不但会创建新的错误日志文件，还会同时创建新的二进制日志文件。

【例 14-3】 创建一个新的错误日志文件。

1）用文件资源管理器浏览到 C:/ProgramData/MySQL/MySQL Server 8.0/Data 下，把 Desktop-01.err 文件名更改为其他文件名，例如，Desktop-01-2022-06-03.err_old。

2）以管理员身份运行“命令提示符”，在该窗口中以 root 用户登录 MySQL 服务器，输入下面的命令。

```
C:\Users\Administrator>mysqladmin -u root -p flush-logs
```

按〈Enter〉键，显示：

```
Enter password: ******
```

输入密码后按〈Enter〉键，如图 14-5 所示。

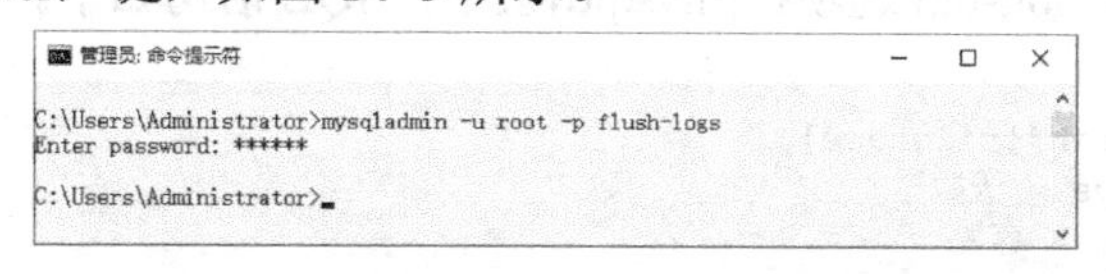

图 14-5　在“命令提示符”窗口创建新的错误日志

mysqladmin 命令将在原来的路径创建新的错误日志文件，文件名仍然是 Desktop-01.err。

14.3 二进制日志文件

二进制日志（binary log）文件中采用事务方式记录了数据库中数据的改变，如 INSERT、UPDATE、DELETE、CREATE 等语句都会记录到二进制日志中，并且记录了语句发生时间、执行时长、操作数据等其他额外信息，但是它不记录 SELECT、SHOW 等那些不修改数据的 SQL 语句。

二进制日志主要用于数据库的恢复、主从复制和审计操作。如果 MySQL 数据库意外停止，可以通过二进制日志文件来查看用户执行了哪些操作，对数据库服务器文件做了哪些修改，然后根据二进制日志文件中的记录来恢复数据库服务器。

14.3.1 查看是否启用了二进制日志

使用 SHOW VARIABLES 语句可以查看二进制日志的开启状态，语句如下。

```
SHOW VARIABLES LIKE 'log_bin';
```

如果系统变量 log_bin 的值为 ON 表示开启了二进制日志，为 OFF 表示没有开启二进制日志。

【例 14-4】 查看是否启用了二进制日志。

在 Navicat for MySQL 的“命令列界面”窗格中运行，SQL 语句和运行结果如下。

```
SHOW VARIABLES LIKE 'log_bin';
+---------------+-------+
| Variable_name | Value |
+---------------+-------+
| log_bin       | ON    |
+---------------+-------+
1 row in set (0.01 sec)
```

14.3.2 查看日志文件保存的位置

对于安装版 MySQL，日志文件默认保存在 C:/ProgramData/MySQL/MySQL Server 8.0/Data 文件夹中。查看日志文件位置的 SQL 语句如下。

```
SHOW VARIABLES LIKE 'datadir';
```

【例 14-5】 查看二进制日志文件保存的位置。

在 Navicat for MySQL 的“命令列界面”窗格中运行，SQL 语句和运行结果如下。

```
SHOW VARIABLES LIKE 'datadir';
+---------------+---------------------------------------------+
| Variable_name | Value                                       |
+---------------+---------------------------------------------+
| datadir       | C:\ProgramData\MySQL\MySQL Server 8.0\Data\ |
+---------------+---------------------------------------------+
1 row in set, 1 warning (0.00 sec)
```

如果启用了二进制日志，则默认保存在该数据文件夹下。

14.3.3 设置二进制日志

默认情况下，二进制日志功能是关闭的。可以在 MySQL 配置文件 my.ini 中添加 log-bin 选项来开启二进制日志。log-bin 选项在[mysqld]组中，SQL 语句如下。

```
[mysqld]
log-bin [ = [path/]filename]
expire_logs_days = 天数
max_binlog_size = 容量
```

语法说明如下。

1）log-bin 是定义开启二进制日志的选项关键词。

2）path 定义二进制日志文件保存的路径，如果省略则默认保存在数据文件夹下。

3）二进制日志的文件名以 filename.number 的形式表示，如果省略 filename，则默认的二进制日志文件名为 hostname-bin.number，其中 hostname 表示主机名，例如 Desktop-01。每次重启 MySQL 服务后，都会生成一个新的二进制日志文件，这些日志文件的文件名中 filename 部分不会改变，number 会不断递增，例如 filename.000001、filename.000002 等，以此类推。除了生成上述文件外，还会生成一个名为 filename.index 的文件，文件内容为所有日志的清单，可以用记事本打开。对于解压缩版的 MySQL，二进制日志的文件名默认为 binlog.number。

4）expire_logs_days 定义二进制日志自动删除的天数，即清除过期日志的天数。

5）max_binlog_size 定义单个二进制日志文件的最大尺寸。超出最大尺寸，二进制日志就会关闭当前文件，创建一个新的二进制日志文件。该选项的大小范围一般为 4KB～1GB。

在配置文件 my.ini 中设置 log-bin 选项以后，MySQL 服务器将会一直开启二进制日志功能。删除 log-bin 选项后就可以停止二进制日志功能。如果需要再次启动这个功能，又需要重新添加 log-bin 选项。

需要注意的是，在实际数据库应用过程中，日志文件最好不要和数据文件存放在同一个磁盘上，防止因磁盘故障而无法恢复数据。

注意： 配置文件 my.ini 修改保存后，一定要重启 MySQL 服务，修改才能生效。

【例 14-6】 配置 my.ini 文件，启用二进制日志，并把二进制日志文件保存到 d:/mysql_log，文件名为 binlog。

例 14-6

1）先创建文件夹 d:/mysql_log。

2）以管理员身份运行记事本，打开 my.ini 文件。

3）在[mysqld]组中添加或修改以下选项。

```
[mysqld]
log-bin = "d:/mysql_log/binlog"
expire_logs_days = 5
max_binlog_size = 100M
```

添加完毕后保存文件并关闭“记事本”。

4）重启 MySQL 服务进程，即可启用二进制日志。重启 MySQL 服务后，在 d:/mysql_log 文件夹下可以看到 binlog.000001 文件和 binlog.index 文件。

说明：要确认 d:/mysql_log 文件夹是存在的，否则不能成功启动 MySQL 服务。

下面的操作都启用了二进制日志，同时二进制日志文件保存在 d:/mysql_log 文件夹中。

14.3.4　查看二进制日志设置

使用 SHOW VARIABLES 语句查看二进制日志设置，其 SQL 语句如下。

```
SHOW VARIABLES LIKE 'log_bin%';
```

【例 14-7】 使用 SHOW VARIABLES 语句查询二进制日志的设置。

SQL 语句如下。

```
SHOW VARIABLES LIKE 'log_bin%';
```

在 Navicat for MySQL 的“命令列界面”窗格中运行以上 SQL 语句，运行结果如图 14-6 所示。

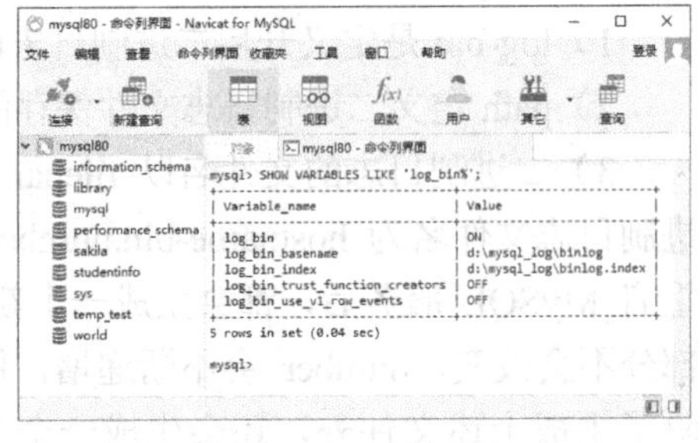

图 14-6　查询二进制日志的设置

由运行结果可以看出：

1）log_bin 的值为 ON，表明二进制日志已经开启。

2）二进制日志文件的保存位置为 d:/mysql_log，基本文件名为 binlog，索引文件名为 binlog.index。

3）log_bin_trust_function creators 变量表示是否可以信任函数创建者。在复制架构中，函数有可能导致主从数据的不一致，MySQL 会限制函数的创建、修改和调用。

4）log_bin_use_vl_row_events 变量表示是否使用版本 1 的二进制日志行事件；默认为 OFF，即使用版本 2 的二进制日志行事件。

14.3.5　生成新的与查看当前的二进制日志文件

1．生成新的二进制文件

如果要生成一个新的二进制日志文件，可以重启 MySQL 服务。

生成一个新的二进制日志文件的 SQL 语句如下。

```
FLUSH LOGS;
```

2．查看当前正在写入的二进制日志文件

查看当前正在写入的二进制日志文件的 SQL 语句如下。

```
SHOW MASTER STATUS;
```

【例 14-8】 生成新的二进制文件，查看当前正在写入的二进制日志文件。

在 Navicat for MySQL 的“命令列界面”窗格中运行。

1）为了多生成几个二进制文件，多次执行下面的 SQL 语句。

```
FLUSH LOGS;
FLUSH LOGS;
FLUSH LOGS;
FLUSH LOGS;
mysql> FLUSH LOGS;
Query OK, 0 rows affected (0.57 sec)
```

2）查看当前正在写入的二进制文件，SQL 语句和运行结果如下。

```
SHOW MASTER STATUS;
+---------------+----------+--------------+------------------+-------------------+
| File          | Position | Binlog_Do_DB | Binlog_Ignore_DB | Executed_Gtid_Set |
+---------------+----------+--------------+------------------+-------------------+
| binlog.000005 |      157 |              |                  |                   |
+---------------+----------+--------------+------------------+-------------------+
1 row in set (0.02 sec)
```

14.3.6　查看所有的二进制日志文件

查看当前 MySQL 服务器所有的二进制日志文件 SQL 语句如下。

```
SHOW {BINARY | MASTER} LOGS;
```

说明：BINARY 与 MASTER 关键字的作用相同，都指二进制日志。

【例 14-9】 列出当前服务器中所有的二进制日志文件。

SQL 语句和运行结果如下。

```
SHOW BINARY LOGS;
```

```
+---------------+-----------+-----------+
| Log_name      | File_size | Encrypted |
+---------------+-----------+-----------+
| binlog.000001 |       201 | No        |
| binlog.000002 |       201 | No        |
| binlog.000003 |       201 | No        |
| binlog.000004 |       201 | No        |
| binlog.000005 |       157 | No        |
+---------------+-----------+-----------+
5 rows in set (0.02 sec)
```

在上面二进制日志文件列表中，各列说明如下。

1）Log_name：二进制日志文件的名称。

2）File_size：二进制日志文件的大小，单位是 KB。

3）Encrypted：二进制日志文件是否加密。

14.3.7　删除二进制日志文件

二进制日志文件记录着大量信息，如果长时间不删除，将会占用大量磁盘空间。因此，需要适当地删除二进制日志文件。例如，在备份 MySQL 数据库之后，可以删除备份之前的二进制日志文件。删除二进制日志文件的方法有以下几种。

1．根据编号删除二进制日志文件

删除指定二进制日志文件中指定编号之前的日志文件，其语法格式如下。

```
PURGE {BINARY | MASTER} LOGS TO 'filename.number';
```

语法说明：filename.number 指定文件名，执行该语句将删除比此文件名编号小的所有二进制日志文件，但不包括指定编号的文件。

【例 14-10】 删除 binlog.000003 之前的二进制日志文件。

1）删除二进制日志文件之前，先查看二进制日志文件的文件列表，SQL 语句和运行结果如下。

```
SHOW BINARY LOGS;
```

```
+---------------+-----------+-----------+
| Log_name      | File_size | Encrypted |
+---------------+-----------+-----------+
| binlog.000001 |       201 | No        |
| binlog.000002 |       201 | No        |
| binlog.000003 |       201 | No        |
| binlog.000004 |       201 | No        |
| binlog.000005 |       157 | No        |
+---------------+-----------+-----------+
5 rows in set (0.02 sec)
```

2）删除指定编号 binlog.000003 之前的二进制日志文件，SQL 语句和运行结果如下。

```
PURGE BINARY LOGS TO 'binlog.000003';
```

```
mysql> PURGE BINARY LOGS TO 'binlog.000003';
Query OK, 0 rows affected (0.23 sec)
```

3）查看删除二进制日志文件后的文件列表，SQL 语句和运行结果如下。

```
SHOW BINARY LOGS;
```

```
+---------------+-----------+-----------+
| Log_name      | File_size | Encrypted |
+---------------+-----------+-----------+
| binlog.000003 |       201 | No        |
| binlog.000004 |       201 | No        |
| binlog.000005 |       157 | No        |
+---------------+-----------+-----------+
3 rows in set (0.02 sec)
```

从文件列表看到，指定文件已经被删除了。

2．根据创建时间删除二进制日志文件

删除指定时间之前创建的二进制日志文件，其语法格式如下。

```
PURGE {BINARY | MASTER} LOGS BEFORE 'yyyy-mm-dd hh:MM:ss';
```

语法说明：执行该命令将删除指定日期 yyyy-mm-dd hh:MM:ss 以前的所有二进制日志文件。

【例 14-11】 删除 2022 年 6 月 3 日 9:53 之前创建的二进制日志文件。

```
PURGE BINARY LOGS BEFORE '2022-6-3 9:53:00';
```

执行上面的语句后，该日期时间之前创建的二进制日志文件都将被删除，但该日期时刻的日志会被保留，请读者根据自己计算机中创建日志的时间修改时间参数。

3. 删除所有二进制日志文件

删除所有二进制日志文件使用的语句如下。

```
RESET MASTER;
```

说明：在 MySQL 命令行客户端中输入并执行上面的语句后，所有二进制日志会被删除，MySQL 将重新创建新的二进制日志，新二进制日志文件从 000001 开始编号。

14.3.8 查看二进制日志文件的使用情况

使用 SHOW BINLOG EVENTS 可以查看当前及指定二进制日志文件的使用情况，该语句可以将指定的二进制日志文件以事件行的方式返回，其语法格式如下。

```
SHOW BINLOG EVENTS [IN 'filename.number'] [FROM pos] [LIMIT [offset,] row_count];
```

语法说明如下。

1）filename.number 指定某个二进制日志文件名。如果不指定，则默认查询第 1 个二进制日志文件。

2）pos 指定开始查询的位置，pos 参数值必须是某条二进制日志记录开始或结束的位置，否则会报错。如果不指定则从整个文件首个 pos 点开始。

3）offset 是偏移量，不指定就是 0。

4）row_count 是查询的总条数，如果不指定则为所有行。

【例 14-12】 查看二进制日志文件 binlog.000002，从 234 位置开始，显示 5 条。

SQL 语句和运行结果如下。

```
SHOW BINLOG EVENTS IN 'binlog.000002' FROM 234 LIMIT 5;
mysql> SHOW BINLOG EVENTS IN 'binlog.000002' FROM 234 LIMIT 5;
+---------------+-----+----------------+-----------+-------------+-----------------------------------------------------------------------+
| Log_name      | Pos | Event_type     | Server_id | End_log_pos | Info                                                                  |
+---------------+-----+----------------+-----------+-------------+-----------------------------------------------------------------------+
| binlog.000002 | 234 | Query          |         1 |         357 | CREATE DATABASE temp_test /* xid=42 */                                |
| binlog.000002 | 357 | Anonymous_Gtid |         1 |         434 | SET @@SESSION.GTID_NEXT= 'ANONYMOUS'                                  |
| binlog.000002 | 434 | Query          |         1 |         574 | use `temp_test`; CREATE TABLE test(tid INT, tname CHAR(10)) /* xid=60 */ |
| binlog.000002 | 574 | Anonymous_Gtid |         1 |         653 | SET @@SESSION.GTID_NEXT= 'ANONYMOUS'                                  |
| binlog.000002 | 653 | Query          |         1 |         733 | BEGIN                                                                 |
+---------------+-----+----------------+-----------+-------------+-----------------------------------------------------------------------+
5 rows in set (0.04 sec)
```

按表格方式显示二进制日志内容，各列说明如下。

Log_name：查询的二进制日志文件名。

Pos：pos 起始点。

Event_type：事件类型。

Server_id：标识是由哪台服务器执行的。

End_log_pos：pos 结束点，即下一行的 pos 起始点。

Info：执行的 SQL 语句。

14.3.9 导出二进制日志文件中的内容

使用二进制日志文件可以存储更多的信息，效率也更高。但是，由于二进制日志文件使用二进制的形式保存，因此不能直接用记事本等编辑程序打开二进制日志文件并查看。

使用 mysqlbinlog 命令可以查看二进制日志文件中的内容，也可以导出为外部文件，其语法格式如下。

```
mysqlbinlog [option] filename.number [ > outerFilename | >> outerFilename]
```

语法说明如下。

1）filename.number 是要导出的二进制日志文件名，文件名中包含路径，如果路径或文件名中包含空格，则要用双引号括起来。

2）outerFilename 是导出后生成的文件名，一般为文本文件格式。

3）“>”符号表示导入到文件中，替换文件中的内容；“>>”符号表示追加到文件中。

4）option 参数的选择项如下。

省略：查看或导出二进制日志中的所有内容。

--start-position=n1 --stop-position=n2：查看或导出二进制日志中指定位置间隔的内容，其范围是[n1, n2]。

--start-datetime="dt1" --stop-datetime="dt2"：查看或导出二进制日志中指定时间间隔的内容，其范围为[dt1, dt2)。

【例 14-13】 使用 mysqlbinlog 命令，查看指定的二进制日志文件的内容。

例 14-13

1）为了更好地查看二进制日志文件内容，先执行 FLUSH LOGS 语句产生新的二进制日志文件，然后查看日志文件名列表。在 Navicat for MySQL 中的“查询编辑器”窗格中执行如下 SQL 语句。

```
FLUSH LOGS;
SHOW BINARY LOGS;
```

信息　结果 1　剖析　状态

Log_name	File_size	Encrypted
binlog.000001	201	No
binlog.000002	157	No

2）准备数据。因为二进制日志文件中只记录数据库中数据的改变，下面创建一个数据库，在该数据库中定义表，并添加记录，然后删除记录。这样就可以在二进制日志文件中看到数据的改变。

① 创建一个数据库 temp_test，SQL 语句如下。

```
CREATE DATABASE temp_test;
```

创建数据库 temp_test 的语句保存在 binlog.000002 二进制日志文件中。

② 产生新的二进制日志文件，查看日志文件名列表，SQL 语句如下。

```
FLUSH LOGS;
SHOW BINARY LOGS;
```

产生新的二进制日志文件 binlog.000003。

③ 在 temp_test 数据库中创建 test 表，并且向表中插入 3 条记录，SQL 语句如下。

```
USE temp_test;
CREATE TABLE test(tid INT, tname CHAR(10));
INSERT INTO test(tid, tname) VALUES (1, 'aa'), (2, 'bb'), (3, 'cc');
```

上面创建表 test、插入记录的语句，保存在 binlog.000003 文件中。

④ 产生新的二进制日志文件，查看日志文件名列表，SQL 语句如下。

```
FLUSH LOGS;
```

```
SHOW BINARY LOGS;
```

产生新的二进制日志文件 binlog.000004。

⑤ 最后执行 DELETE 语句，删除 test 表中的所有记录。SQL 语句如下。

```
DELETE FROM test;
```

删除表记录的语句保存在 binlog.000004 文件中。

3）查看 binlog.000003 文件的命令如下。

```
C:\Users\Administrator>mysqlbinlog "d:/mysql log/binlog.000003"
```

在"命令提示符"窗口中输入上面的命令，运行结果如图 14-7 所示。

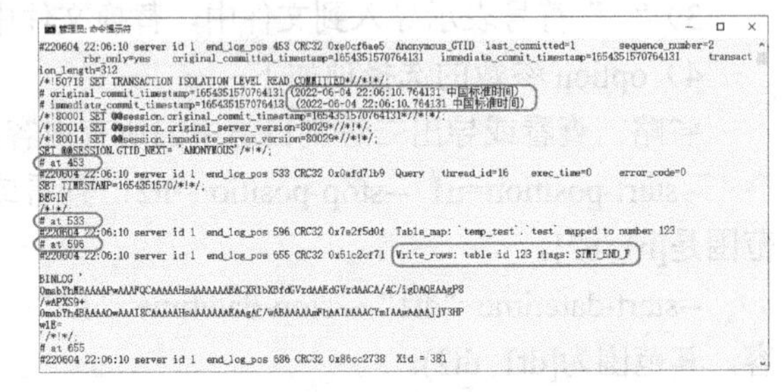

图 14-7 查看二进制日志文件的内容

说明：图中的# at 453、# at 533 等是位置点，在恢复数据库时用于指定恢复到的位置。

通过以上方式查看二进制日志文件不是很方便，可以把它导出为一个外部文本文件来查看。

【例 14-14】 使用 mysqlbinlog 命令，把指定的二进制日志文件导出为一个文本文件。

把二进制日志文件 binlog.000004 导出为一个文本文件 d:/bin-004.txt，命令如下。

```
C:\Users\Administrator>mysqlbinlog "d:/mysql log/binlog.000004" > "d:/bin-004.txt"
```

在"命令提示符"窗口中执行上面的命令，结果如图 14-8 所示。

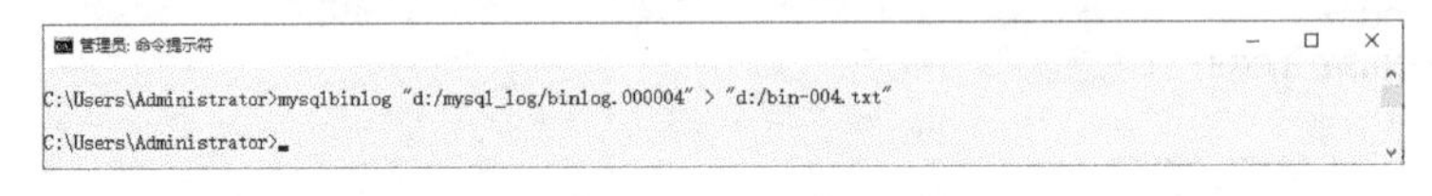

图 14-8 执行导出为一个文本文件命令

执行成功后，生成的文本文件 d:/bin-004.txt 可以使用文本编辑程序来查看。

说明：在上面例题中，请读者改成自己的二进制日志文件名。

14.3.10 使用二进制日志文件恢复数据库

如果数据库遭到损坏，首先应该使用最近的备份文件还原数据库。但是，在最近的备份以后，数据库还可能进行了一些更新，这时候就可以使用二进制日志来恢复数据。

基于日志文件的恢复分为 3 种：完全恢复、基于时间点恢复和基于位置恢复。

使用 mysqlbinlog 命令恢复数据库的语法格式如下。

```
mysqlbinlog [option] filename.number | mysql -u username - p[password]
```

语法说明如下。

1）filename.number 表示使用恢复的二进制日志文件名，并且要指定所在的路径。如果需要从多个二进制日志恢复，则必须是编号 number 小的先恢复。该文件不能是正在写入的当前二进制日志文件。

2）option 是可选参数选项。

省略：按照二进制日志中的所有内容恢复数据库。

--start-datetime="dtl" --stop-datetime="dt2"：按照二进制日志中指定的开始时间点 dt1 和结

束时间点 dt2 恢复数据库，其范围为[dt1, dt2)。

--start-position=n1 --stop-position=n2：按照二进制日志中指定的开始位置 n1 和结束位置 n2 恢复数据库。

1．完全恢复

例 14-15

【例 14-15】 从二进制日志文件 binlog.000003 完全恢复数据库。

1）为了演示恢复 test 表和其中的记录，先删掉 test 表，SQL 语句如下。

```
USE temp_test;
DROP TABLE test;
```

2）由于 binlog.000003 中完整地保存了创建 test 表，并且向表中插入 3 条记录的数据，所以用 binlog.000003 文件恢复。在“命令提示符”窗口中，执行如下完全恢复命令。

```
C:\Users\Administrator>mysqlbinlog "d:/mysql log/binlog.000003" | mysql -uroot -p
Enter password: ******
```

3）查看 test 表及表中的记录，SQL 语句和运行结果如下。

```
SELECT * FROM test;
```

tid	tname
1	aa
2	bb
3	cc

看到表和记录已经恢复。

说明：在恢复时，选取合适的二进制日志文件非常重要，数据库管理员必须知道从哪个二进制日志文件中恢复。例如，从 binlog.000004 中就不可能恢复表和记录，因为该文件中没有保存创建表和插入记录的语句。

2．基于时间点的恢复

例 14-16

【例 14-16】 使用基于时间点来恢复数据。

1）为了更好地查看日志文件中的内容，先产生一个新的日志文件，SQL 语句如下。

```
FLUSH LOGS;
SHOW BINARY LOGS;
```

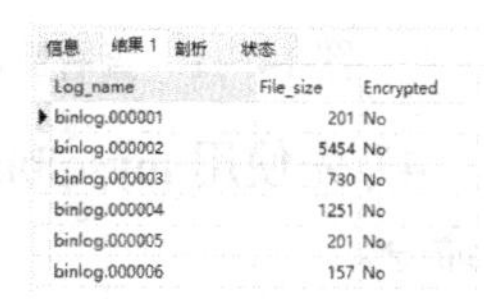

Log_name	File_size	Encrypted
binlog.000001	201	No
binlog.000002	5454	No
binlog.000003	730	No
binlog.000004	1251	No
binlog.000005	201	No
binlog.000006	157	No

图 14-9　查看二进制文件

运行结果如图 14-9 所示。

当前正在写入的二进制日志文件是 binlog.000006。对于读者，请改成自己正在写入二进制日志的文件。

2）准备数据。

① 在 temp_test 数据库的 test 表中添加 3 条记录，SQL 语句如下。

```
USE temp_test;
INSERT INTO test(tid, tname) VALUES (555, 'eee'), (666, 'fff'), (777, 'ggg');
```

上面插入记录的语句，保存在 binlog.000006 文件中。

② 假设这时发生了误删除操作，删掉了两条记录，SQL 语句如下。

```
DELETE FROM test WHERE tid='2';
DELETE FROM test WHERE tid='555';
```

③ 再向 test 表中添加 1 条记录，并查询记录，SQL 语句如下。

```
INSERT INTO test(tid, tname) VALUES (888, 'hhh');
```

```
SELECT * FROM test;
```

运行结果如图 14-10 所示。

④ 产生一个新的日志文件，SQL 语句如下。

```
FLUSH LOGS;
```

tid	tname
1	aa
3	cc
666	fff
777	ggg
888	hhh

图 14-10　查看记录

产生一个新的日志文件的目的是后面对该表的删除、插入操作，都记录到了 binlog.000007 文件中，不会影响 binlog.000006 文件的恢复。

3）把记录恢复到删除之前。由于插入记录和删除记录的语句都保存在 binlog.000006 文件中，所以使用完全恢复是不行的。此时若要恢复到删除前的状态，就需要跳过删除语句，恢复删除语句前、后的语句。

① 把 binlog.000006 文件导出为一个文本文件，命令如下。

```
C:\Users\Administrator>mysqlbinlog "d:/mysql log/binlog.000006" > "d:/bin-006.txt"
```

② 在“命令提示符”窗口中执行上面的命令，然后使用记事本打开 d:/bin-006.txt 文件，从内容中找到要恢复的时间点。

从图 14-11 中看到，因为执行了两条 DELETE 语句，要把执行第一个 DELETE 语句的时间作为时间点，执行删除的时间点是 2022-06-05 10:14:08。这个时间点可以作为误操作之前的时间点，恢复从开始到这个时间点之间的操作。

从删除记录的时间点向后找，看到插入记录的时间点是 2022-06-05 10:27:03，如图 14-12 所示。这个时间点可以作为误操作之后的时间点，恢复从这个时间点开始，直到结束。

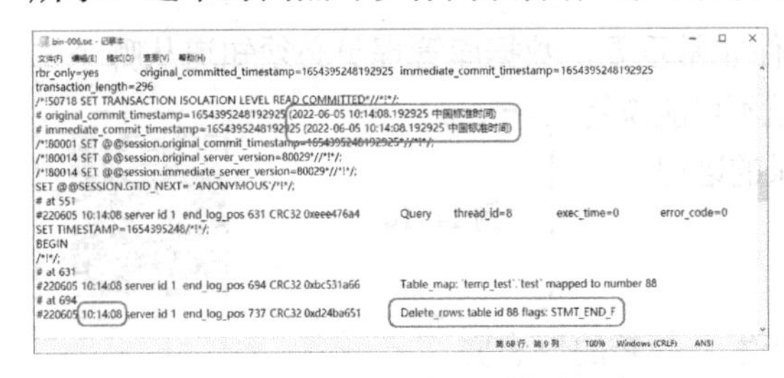

图 14-11　查看删除记录的时间点

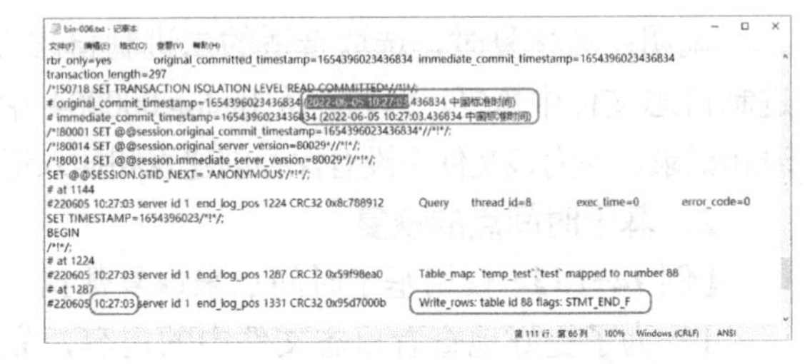

图 14-12　查看插入记录的时间点

4）先使用 mysqlbinlog 命令恢复到误操作时间点之前，在“命令提示符”窗口中执行下面的命令。

```
C:\Users\Administrator>mysqlbinlog  --stop-datetime="2022-06-05  10:14:08"  "d:/mysql log/binlog.000006" | mysql -uroot -p
Enter password: ******
```

5）在 temp_test 数据库的 test 表中查看记录，SQL 语句如下。

```
SELECT * FROM test;
```

显示 test 表中的记录如图 14-13 所示。恢复时再次执行了插入记录语句。

```
INSERT INTO test(tid, tname) VALUES (555, 'eee'), (666, 'fff'), (777, 'ggg');
```

由于该表没有设置主键约束，所以出现了重复记录。tid 为 2 的记录没有被恢复，这是因为在 binlog.000006 文件中没有该记录的插入语句（该插入语句在例 14-15 中创建的 binlog.000003 文件中）。

6）跳过误操作的时间点，继续执行后面的二进制日志，在“命令提示符”窗口中执行下面的命令。

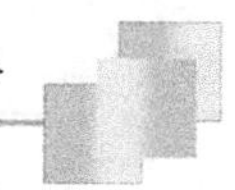

```
C:\Users\Administrator>mysqlbinlog  --start-datetime="2022-06-05  10:27:03"  "d:/mysql log/binlog.000006" | mysql -uroot -p
Enter password: ******
```

其中，--stop-datetime="2022-06-05 10:14:08"和--start-datetime="2022-06-05 10:27:03"是两个关键的时间点。

7）在 temp_test 数据库的 test 表中查看记录，SQL 语句如下。

```
SELECT * FROM test;
```

显示 test 表中的记录如图 14-14 所示。恢复时再次执行了插入记录语句。

```
INSERT INTO test(tid, tname) VALUES (888, 'hhh');
```

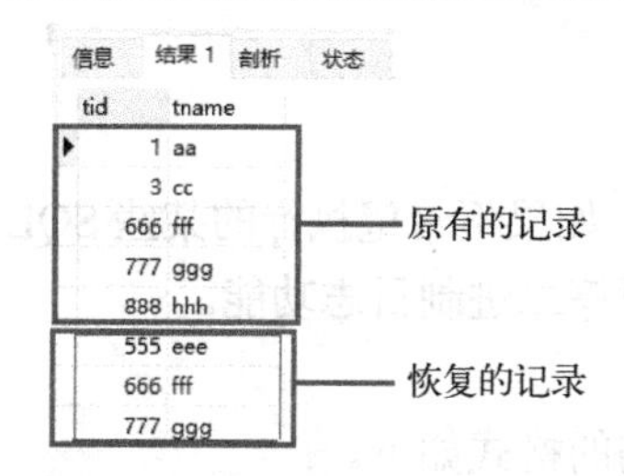

图 14-13　test 表中的记录（一）

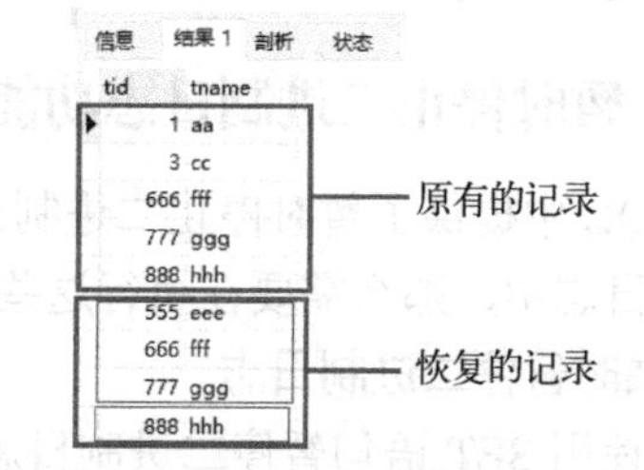

图 14-14　test 表中的记录（二）

3. 基于位置的恢复

基于时间点的恢复可能出现一个非常严重的问题，就是在这个时间点中可能存在误操作和正确操作，那么正确的操作也被跳过去了。所以就要使用更为精确的恢复方式，即基于位置恢复。

【例 14-17】 使用基于位置来恢复数据。

例 14-17

1）准备数据。

① 产生新的日志文件，SQL 语句如下。

```
FLUSH LOGS;
SHOW BINARY LOGS;
```

② 在 temp_test 数据库中，删除 test 表中的所有记录，目的是便于查看记录。SQL 语句如下。

```
USE temp_test;
DELETE FROM test;
```

2）查找恢复位置。假设恢复 binlog.000006 文件中删除记录之前的插入记录的操作，也就是恢复下面的 SQL 语句。

```
USE temp_test;
INSERT INTO test(tid, tname) VALUES (555, 'eee'), (666, 'fff'), (777, 'ggg');
```

使用记事本打开 d:/bin-006.txt 文件，从内容中找到要恢复的前、后位置。开始位置点要选在这个事务开始 BEGIN 的位置，结束位置点应选在该事务提交 COMMIT 后的位置，如图 14-15 所示。

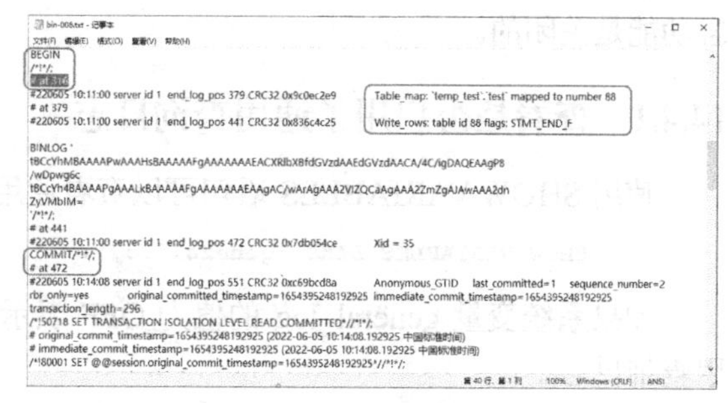

图 14-15　查找恢复位置

3）根据分析日志文件找到的误操作前后的位置，使用 mysqlbinlog 命令执行基于位置恢复数据，在“命令提示符”窗口中执行下面的命令。

```
C:\Users\Administrator>mysqlbinlog --start-position=316 --stop-position=472 "d:/mysql
log/binlog.000006" | mysql -uroot -p
Enter password: ******
```

其中，--start-position=316 和--stop-position=472 是两个位置。

4）查看 test 表的记录，SQL 语句和运行结果如下。

```
SELECT * FROM test;
```

信息　结果 1　剖析　状态

tid	tname
555	eee
666	fff
777	ggg

恢复记录成功。

14.3.11　暂时停止二进制日志功能

MySQL 中提供了暂时停止二进制日志功能的语句。如果不希望执行的某些 SQL 语句记录在二进制日志中，那么需要在执行这些 SQL 语句之前暂停二进制日志功能。

1. 临时暂停二进制日志

可以使用 SET 语句暂停二进制日志功能，SET 语句的格式如下。

```
SET sql_log_bin= { 0 | 1 };
```

该参数的值为 0 时，暂停记录二进制日志；如果为 1，则恢复记录二进制日志。

2. 关闭二进制日志

使用 SET 可以临时暂停二进制日志功能，当重启 MySQL 服务后，二进制日志将由 my.ini 文件中的选项决定。如果需要关闭二进制日志，在 my.ini 文件的[mysqld]中添加或修改下面的选项。

```
[mysqld]
disable-log-bin
```

或

```
skip-log-bin
```

添加完成后保存，并重启 MySQL 服务即可关闭二进制日志。

14.4　通用查询日志文件

通用查询日志（general-query log）文件是记录用户所有操作的日志文件，包括启动和关闭 MySQL 服务、更新语句和查询语句等。考虑 MySQL 运行性能，默认情况下，通用查询日志功能是关闭的。

14.4.1　查看是否启用了通用查询日志

使用 SHOW VARIABLES 语句可以查看通用查询日志的开启状态，其语句如下。

```
SHOW VARIABLES LIKE 'general_log';
```

如果系统变量 general_log 的值为 OFF 表示没有开启通用查询日志，为 ON 表示开启了通用查询日志。

【例 14-18】 查看是否启用了通用查询日志。

在 Navicat for MySQL 的“命令列界面”窗格中运行，SQL 语句和运行结果如下。

```
SHOW VARIABLES LIKE 'general_log';
+---------------+-------+
| Variable_name | Value |
+---------------+-------+
| general_log   | OFF   |
+---------------+-------+
1 row in set (0.04 sec)
```

14.4.2　设置通用查询日志

通用查询日志的设置可以写在 MySQL 配置文件 my.ini 文件中，也可以在全局变量（global）中临时修改设置。

1. 在配置文件中设置

在配置文件 my.ini 的[mysqld]组中，设置通用查询日志的系统变量，其语法格式如下。

```
[mysqld]
log-output={NONE | FILE | TABLE | FILE, TABLE }
general-log={ 1 | 0}
general_log_file =[path/]filename
```

语法说明如下。

1）log-output 设置通用查询日志的存储方式。NONE 为不输出；FILE 表示将日志存入文件，默认值是 FILE；TABLE 表示将日志存入数据库，日志信息会被写入 mysql.slow_log 表中；FILE,TABLE 同时支持两种日志存储方式，以逗号隔开。日志记录到系统的专用日志表中要比记录到文件耗费更多的系统资源，因此对于需要启用查询日志，又需要能够获得更高的系统性能，那么建议优先记录到文件。

2）general-log 设置是否启用通用查询日志，1 为启用，0 为不启用。

3）general_log_file 设置通用查询日志的路径和文件名。如果不设置，通用查询日志文件将默认存储在 MySQL 数据文件夹的 hostname.log 文件中，其中 hostname 为 MySQL 数据库的主机名。

【例 14-19】 设置启用通用查询日志，输出日志为文件，保存在 d:/mysql_log/general.log。

以管理员身份运行记事本，打开 my.ini 文件，在 mysqld 组中，添加或修改启用通用查询日志的系统变量参数。

```
[mysqld]
log-output=FILE
general-log=1
general_log_file="d:/mysql_log/general.log"
```

重启 MySQL 服务进程，即可启用通用查询日志。

查看是否启用了通用查询日志以及保存位置，SQL 语句和运行结果如下。

```
SHOW VARIABLES LIKE '%general%';
+------------------+--------------------------+
| Variable_name    | Value                    |
+------------------+--------------------------+
| general_log      | ON                       |
| general_log_file | d:/mysql_log/general.log |
+------------------+--------------------------+
2 rows in set (0.07 sec)
```

查看通用查询日志的输出方式，SQL 语句和运行结果如下。

```
SHOW VARIABLES LIKE 'log_output';
+---------------+-------+
| Variable_name | Value |
+---------------+-------+
| log_output    | FILE  |
+---------------+-------+
1 row in set (0.02 sec)
```

2. 临时修改设置

开启或关闭通用查询日志，其语法格式如下。

```
SET GLOBAL general_log={on|off|1|0};
```

设置日志输出方式为文件，其语法格式如下。

```
SET GLOBAL log_output={'FLIE' | 'TABLE' | 'FILE,TABLE'};
```

设置通用查询日志文件的路径，其语法格式如下。

```
SET GLOBAL general_log_file=[path/]filename
```

14.4.3 查看通用查询日志文件中的内容

用户的所有操作都会记录到通用查询日志文件中，如果希望了解某个用户最近的操作，可以查看通用查询日志文件。通用查询日志输出格式为 FILE，则通用查询日志文件是以文本文件的形式存储的，可以使用文本文件编辑程序查看。

例 14-20

【例 14-20】 查看通用查询日志文件 d:/mysql_log/ general.log 中的内容。

1）在 Navicat for MySQL 的“查询编辑器”窗格中运行下面的 SQL 语句。

```
USE studentinfo;
SELECT * FROM student WHERE Sex='女';
INSERT INTO selectcourse (StudentID, CourseID, Score) VALUES ('202270010103', '100101', 99);
```

关闭 Navicat for MySQL。

2）用记事本打开 d:/mysql_log/general.log 文件，如图 14-16 所示，左侧显示执行语句的开始时间、语句类别、SQL 语句等内容。

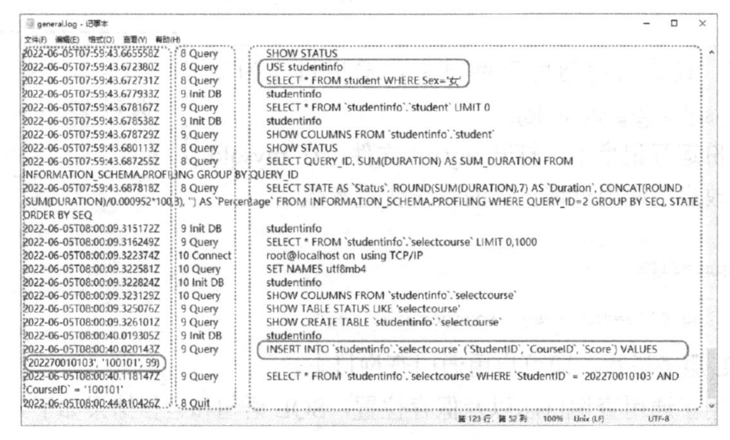

图 14-16 通用查询日志文件的内容

14.4.4 删除通用查询日志

通用查询日志记录用户的所有操作。如果数据库的使用非常频繁，那么通用查询日志将会占用非常大的磁盘空间。数据库管理员可以删除很长时间之前的通用查询日志。

注意： 服务器打开日志文件期间不能重新命名日志文件。所以，首先必须停止 MySQL 服务；然后重新命名日志文件；最后，重启 MySQL 服务，并创建新的日志文件。

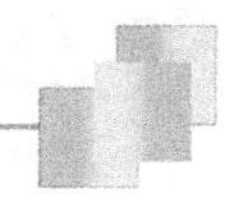

14.5　慢查询日志文件

慢查询日志（slow-query log）文件中记录执行查询时长超过指定时长的查询语句。通过分析慢查询日志，可以找出执行时间较长、执行效率较低的语句，然后优化查询。

14.5.1　设置慢查询日志

默认情况下，慢查询日志功能是开启的。慢查询日志的设置可以写在 MySQL 配置文件 my.ini 中。

在配置文件 my.ini 的[mysqld]组中，设置慢查询日志的系统变量，其语法格式如下。

```
[mysqld]
log-output={NONE | FILE | TABLE | FILE, TABLE }
slow_query_log= {1 | 0}
slow_query_log_file =[path/]filename
long_query_time = n
```

语法说明如下。

1）log-output 设置日志的存储方式。NONE 为不输出，FILE 为文件（默认），TABLE 为表，FILE，TABLE 为文件和表混合输出。本项设置与通用查询日志共用。

2）slow_query_log 是启用慢查询的开关，当值为 1 时开启慢查询，为 0 时关闭慢查询。

3）slow_query_log_file 指定日志文件存放位置，path 设置慢查询日志文件的路径，filename 设置慢查询日志的文件名。如果省略 slow_query_log_file，则保存在 MySQL 的数据文件夹下，文件名为 hostname-slow.log 其中 hostname 为 MySQL 数据库的主机名。

4）long_query_time 选项设置如果查询时间超过这个时间值 n，查询语句将被记录到慢查询日志文件，时间以秒为单位，默认为 10s。

【例 14-21】 设置启用慢查询日志，保存在 d:/mysql_log/slow.log，超时为 2s。

例 14-21

以管理员身份运行记事本，打开 my.ini 文件，在[mysqld]组中，添加或修改启用通用查询日志的系统变量参数。

```
[mysqld]
slow_query_log=1
slow_query_log_file="d:/mysql_log/slow.log"
long_query_time=2
```

保存后重启 MySQL 服务进程，则按新的设置启用慢查询日志。

【例 14-22】 查看是否启用了慢查询日志、保存位置和超时时间。

查看是否启用了慢查询日志、保存位置，SQL 语句和运行结果如下。

```
SHOW VARIABLES LIKE 'slow_query%';
+---------------------+-------------------------------+
| Variable_name       | Value                         |
+---------------------+-------------------------------+
| slow_query_log      | ON                            |
| slow_query_log_file | d:/mysql_log/slow_query.log   |
+---------------------+-------------------------------+
2 rows in set (0.02 sec)
```

查看通用查询日志和慢查询日志的输出方式，SQL 语句和运行结果如下。

```
SHOW VARIABLES LIKE 'log_output';
+---------------+-------+
| Variable_name | Value |
+---------------+-------+
| log_output    | FILE  |
+---------------+-------+
1 row in set (0.01 sec)
```

查看超时时间，SQL 语句和运行结果如下。

```
SHOW VARIABLES LIKE 'long_query_time';
+-----------------+----------+
| Variable_name   | Value    |
+-----------------+----------+
| long_query_time | 2.000000 |
+-----------------+----------+
1 row in set (0.03 sec)
```

long_query_time 以微秒记录 SQL 语句运行时间。如果记录到表中，只会记录整数部分，不会记录微秒部分。

14.5.2 查看慢查询日志

慢查询日志以文本文件的形式存储，可以用文本文件程序查看。

【例 14-23】 查看慢查询日志。

1）一般情况下，查询速度非常快，即使查询有几十万条记录的表，也只需要零点几秒。要想模拟执行一次有实际意义的慢查询比较困难，为了让 SELECT 语句的执行时间延长，可以通过如下语句模拟慢查询。在 Navicat for MySQL 的“查询编辑器”窗格中运行下面的 SQL 语句，运行过程中，窗口底部状态栏的右侧会显示查询时间。

```
SELECT SLEEP(5);                    #等待 5s 执行
```

下面的查询语句，每一行记录等待 2s，SQL 语句如下。

```
USE studentinfo;
SELECT SLEEP(2), StudentID, StudentName FROM student;
```

2）查看共执行过几次慢查询，SQL 语句和运行结果如下。

```
SHOW GLOBAL STATUS LIKE '%slow_queries%';
```

信息 结果 1 剖析 状态

Variable_name	Value
Slow_queries	2

3）查看慢查询日志文件保存的位置，SQL 语句和运行结果如下。

```
SHOW VARIABLES LIKE 'slow_query%';
```

信息 结果 1 剖析 状态

Variable_name	Value
slow_query_log	ON
slow_query_log_file	d:/mysql_log/slow_query.log

4）使用记事本打开慢查询日志文件 d:/mysql_log/slow_query.log 查看慢查询日志，如图 14-17 所示，看到有两条查询语句被记录到该日志中。

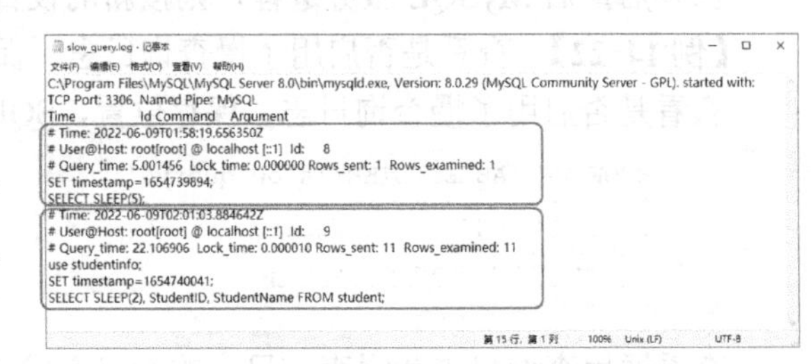

图 14-17 使用记事本查看慢查询日志

慢查询日志文件中主要有以下几项。

- Time：记录日志的时间。这里的时间时区是不对的，可以通过 log_timestamps= system 设置。
- User@Host：登录 MySQL 的用户名和主机地址。
- Id：每个登录 MySQL 用户的 Id，自动分配。例如，用 root 分别登录多个客户端，则每个客户端的 Id 不同，以便区分。

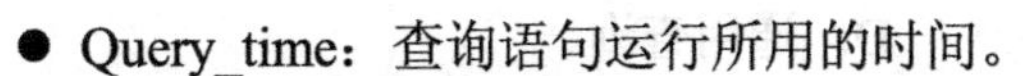

- Query_time：查询语句运行所用的时间。
- Lock_time：锁表的时间。
- Rows_sent：返回的行数。
- Rows_examined：读取的行数。
- SET timestamp：记录查询操作的时间，用于为此客户端设置时间，其语法格式如下。

```
SET TIMESTAMP = {timestamp_value | DEFAULT}
```

其中，timestamp_value 为一个 UNIX 时间标记，而不是 MySQL 时间标记。

5）具体的查询语句。

如果希望专业地分析慢查询，则需要使用专业的慢查询分析工具，MySQL 提供的慢查询日志分析工具有 mysqldumpslow、mysql，主要功能是统计各查询的执行时间、次数、占比等，同时把分析结果输出到文件中，可以借助分析结果找出问题进行优化。

14.5.3　删除慢查询日志

慢查询日志的删除方法与通用查询日志的删除方法相同，可以使用 mysqladmin 命令通过重建日志文件来删除，也可以使用手工方式来删除。删除之后需要重新启动 MySQL 服务，重启之后就会生成新的慢查询日志文件。

如果希望备份旧的慢查询日志文件，可以将旧的日志文件改名，然后重启 MySQL 服务。

14.6　习题 14

一、选择题

1．MySQL 的日志中，除（　　）外，其他日志都是文本文件。

A．二进制日志　　B．错误日志
C．通用查询日志　　D．慢查询日志

2．MySQL 的日志在默认情况下，只启动了（　　）的功能。

A．二进制日志　　B．错误日志
C．通用查询日志　　D．慢查询日志

3．下列文件名属于 MySQL 服务器生成的二进制日志文件是（　　）。

A．bin_log.000001　　B．bin_log_txt
C．bin_log_sql　　D．errors.log

4．如果很长时间不清理二进制日志文件，就会浪费很多的磁盘空间。删除二进制日志文件的方法不包括（　　）。

A．删除所有二进制日志文件　　B．删除指定编号的二进制日志文件
C．根据创建时间来删除二进制日志文件　　D．删除指定时刻的二进制日志文件

5．当误操作删除数据时，可以利用（　　）日志来恢复数据。

A．错误　　B．二进制
C．慢查询　　D．通用查询

6．如果 MySQL 启动异常，应该查看（　　）日志文件。

A．错误　　B．二进制

C．慢查询　　　　　　　　　　　　　　　　D．通用查询

二、练习题

1．使用 SHOW VARIABLES 语句查询当前日志设置。

2．使用 SHOW BINARY LOGS 语句查看二进制日志文件的个数及文件名。

3．使用 PURGE MASTER LOGS 语句删除某个日期前创建的所有二进制日志文件。

4．使用 SHOW BINLOG EVENTS 语句指定二进制日志文件的使用情况。

5．使用 mysqlbinlog 命令把二进制日志文件中的内容导出为外部文件，使用记事本查看该日志。

6．使用记事本查看 MySQL 错误日志文件。